건축전기설비기술사 기출문제해설 ❺

Professional Engineer Building Electrical Facilities

(105,106,107,108,109,110회)(2015년~2016년)

건축전기·전기응용기술사
김 일 기 저

● 문제를 쉽게 풀이하여 누구나 이해 할 수 있도록 함
● 최근 개정된 법규를 반영함
● 그림과 표를 많이 삽입하여 쉽게 이해 하도록 함
● 중요한 내용은 암기비법으로 쉽게 암기하도록 함

건축전기설비기술사 기출문제해설 (5권)

초 판	2017년 2월 1일	
저 자	김일기	

발 행 인	이재선	
발 행 처	도서출판 nt media	
주 소	서울시 영등포구 영등포동 618-79	
대 표 전 화	02) 836-3543~5	
팩 스	02) 835-8928	
홈 페 이 지	www.ntmedia.kr	

값 40,000원
ISBN 979-11-87180-07-4
978-89-92657-57-0 (세트)

이 책의 저작권은 도서출판 NT미디어에 있으며, 무단복제 할 수 없습니다.

상담전화 02) 836-3543~5
홈페이지 www.ginamedu.co.kr

머 리 말

　기술사법에 기술사는 "과학기술에 관한 전문적 응용능력을 필요로 하는 사항에 대하여 계획, 연구, 설계, 분석, 조사, 시험, 시공, 감리, 평가, 진단, 시험 운전, 사업 관리, 기술 판단, 기술 중재 또는 이에 관한 기술자문과 기술지도를 그 직무로 한다"라고 되어 있습니다.

　이와 같이 기술사는 그 직무 분야가 다양한 만큼 시험 문제도 매우 폭 넓게 출제되고 있습니다.

　본인이 건축전기설비 기술사 자격을 취득하면서 겪은 애로 사항은 좋은 교재를 찾기가 쉽지 않은 것이었습니다. 그래서 이 교재를 만들게 되었습니다.

　이 책의 특징은
1. 최근 기출 문제를 누구나 알기 쉽게 작성하였습니다.
2. KSC IEC 60364(건축전기설비) 및 Green Energy 관련 법규등 최근 개정 내용을 반영 하였습니다.
3. 그림도 세부 내용이 필요한 일부를 제외하고는 본인이 직접 CAD를 이용하여 쉽게 그려서 수험생 여러분도 답안지에 옮겨 그릴 수 있도록 하였습니다.
4. 일부 답안은 본인이 강의하고 있는 학원 기본서를 수정없이 옮겼기 때문에 질문과 약간의 차이가 있을 수 있으니 양해 해 주시기 바라며 10점 문제도 차후를 생각하여 가능한 25점 답안으로 작성하였습니다.

본인이 기술사 시험공부를 하면서 나름대로 터득한 기술사 공부 방법 10계명을 정리해 드리니 공부 하는데 지침이 되시길 바랍니다.

기술사 공부방법 10계명

1. **주변을 정리하고 애경사는 가족의 도움을 받으세요.**
　기술사는 많은 시간과 노력이 필요합니다. 보통 3,000시간 이상은 투자를 한다고 보시면 될 것이며 집중을 안 하면 그 보다도 훨씬 더 많은 시간이 소요된다고 보시면 됩니다.
　기술사가 영어로는 Professional Engineer입니다. 즉 그 분야의 프로가 되어야 가능하다는 말이겠지요. 프로는 1등을 해야지 2등은 별 의미가 없지 않습니까?

2. **주변에 공부하는 것을 알리세요.**
　어느분들은 공부하는 것을 알리지 않고 몰래 하던데 이는 만약 떨어지면 창피하다는 이유겠지요.
　그러면 중간에 그만 둘 수도 있다는 말이 아닙니까?

그래서는 안 됩니다.

나는 죽어도 합격할 때까지 하겠다는 마음이 아니면 대부분 중간에 포기합니다. 주변분 들께 공부하는 것을 알리고 회식 등에서 빼 달라고 솔직하게 이야기 하십시오. 그러면 좋은 결과가 있을 것입니다.

3. 좋은 교사와 좋은 교재를 선택하세요.

   제가 공부하면서 제일 어려웠던 부분이 이 부분이었다면 이해가 되시겠지요?

4. 매일 3시간 이상 꾸준히 투자하세요.

   평일 근무시간 후 적어도 3시간씩을 투자하라고 권하고 싶습니다.
   회식이 끝나고 집에 와서 공부를 하지 못하고 책을 폈다가 바로 덮는다 해도 정신만은 하루 3시간이 필요합니다.

5. 휴가와 공휴일을 최대한 활용하세요.

   기술사 자격 취득하는 몇 년간만 가족들의 양해를 구하고 휴가와 공휴일은 도서관으로 직행하세요.

6. 자기만의 Sub-Note를 반드시 만들고 암기 비법을 개발하세요.

   PC가 아닌 손으로 직접 Sub-Note를 만들고 암기 비법을 개발하여 자신의 암기비법 노트를 만드세요.

7. 짬을 최대한 이용하세요.

   출퇴근 때 전철이나 운전 중 신호 대기 시간에 암기 노트를 활용하시고 회사에서도 최대한 짬을 만들어 보세요.

8. 기술 관련 매스컴, 정보등을 가까이 하세요.

   전기 신문등을 수시로 보시고 전기관련 잡지등과 가까이 하세요. 보물이 숨겨져 있을 수 있습니다.

9. 기본에 충실하고 이해를 한 다음 외우세요.

   기술사 시험은 기사와 달리 공부의 양이 방대하고 답안도 짜임새가 있도록 기술해야 합니다. 그러려면 기본에 충실해야 하고, 이해를 한 다음에는 열심히 외워야 시험장에서 답안 작성이 가능합니다.

10. 중간에 포기하지 마세요.

    건축전기설비 기술사는 평균 합격률이 매회 1% 정도입니다. 결코 쉬운 시험이 아니지만 포기하지 않고 열심을 다한다면 언젠가는 합격의 기쁨을 맛볼 수 있습니다.

아무쪼록 본서를 통해 기술사라는 관문을 통과하여 한 단계 Up-Grade 된 인생을 살 수 있기를 바라고 하나님의 축복이 본서를 공부하시는 모든 분들과 발간에 도움을 주신 여러분에게 함께 하시길 기도드립니다.

저자 씀

목차

1장 제105회(2015.02) 문제지 ·· 1
　　 제105회(2015.02) 문제해설 ·· 7

2장 제106회(2015.05) 문제지 ·· 77
　　 제106회(2015.05) 문제해설 ·· 85

3장 제107회(2015.08) 문제지 ·· 175
　　 제107회(2015.08) 문제해설 ·· 183

4장 제108회(2016.02) 문제지 ·· 265
　　 제108회(2016.02) 문제해설 ·· 273

5장 제109회(2016.05) 문제지 ·· 355
　　 제109회(2016.05) 문제해설 ·· 361

6장 제110회(2016.08) 문제지 ·· 437
　　 제110회(2016.08) 문제해설 ·· 445

1장

제105회 (2015.02)

기출문제

건축전기설비
기술사
기출문제

국가기술자격 기술사 시험문제

기술사 제 105 회   제 1 교시 (시험시간: 100분)

| 분야 | 전기전자 | 자격종목 | 건축전기설비기술사 | 수험번호 | | 성명 | |

※ 다음 문제 중 10문제를 선택하여 설명하시오. (각10점)

1. 30층 이상의 건축물에 엘리베이터 설치 시 설계 고려사항과 엘리베이터 군(Group) 관리 방식을 설명하시오.

2. 조명설계시 눈부심 평가방법과 빛에 의한 순간적인 시력장애 현상에 대하여 설명하시오.

3. 전력용 콘덴서의 열화원인과 열화대책에 대하여 설명하시오.

4. 전력간선의 배선 부설방식을 분류하고 특징을 설명하시오.

5. 피뢰기의 열 폭주 현상을 설명하시오.

6. 3권선 변압기의 용도와 특징에 대하여 설명하시오.

7. 공심변류기의 구조와 특성에 대하여 설명하시오.

8. 저압전로 중 저압 개폐기 필요개소 및 시설방법에 대하여 설명하시오.

9. 전기설비에서 역률개선 기대효과에 대하여 설명하시오.

10. 접지시스템의 접속방법 중 발열 용접과 압착 슬리브 접속방법에 대하여 설명하시오.

11. 태양광 발전설비의 전력계통 연계 시 인버터의 단독운전 방지기능에 대하여 설명하시오.

12. LED(Light Emitting Diode)램프의 발광원리와 특징을 간단히 설명하시오.

13. 22.9kV 수전설비의 부하전류가 18A이며 변류비가 30/5인 변류기를 통하여 과전류 계전기를 시설하였다. 120%의 과부하에 차단기를 동작시키고자 할 때, 과전류 차단기의 Tap은 몇 암페어에 설정하여야 하는지 설명하시오.

국가기술자격 기술사 시험문제

기술사 제 105 회 　　　　　　　　　제 2 교시 (시험시간: 100분)

분야	전기전자	자격종목	건축전기설비기술사	수험번호		성명	

※ 다음 문제 중 4문제를 선택하여 설명하시오. (각25점)

1. 등전위본딩의 개념과 감전보호용 등전위본딩에 대하여 설명하시오.
2. GPT(Grounded Potential Transformer)에서 발생되는 중성점 불안정 현상의 발생 원인과 대책에 대하여 설명하시오.
3. 변압기 이행전압의 개념과 보호방법을 설명하시오.
4. 수변전설비 설계시 환경에 미치는 영향과 대안을 설명하시오.
5. 한전에서 정하고 있는 분산형 전원의 계통연계 기준에 대하여 설명하시오.
6. 아래 그림과 같은 계통의 F점에서 3상단락 고장이 발생할 때 다음 사항을 계산하시오.
   (단, G1, G2는 같은 용량의 발전기이며 Xd'는 발전기 리액턴스 값)
   가. 한류리액터 X_L이 없을 경우 차단기 A의 차단용량[MVA]
   나. 한류리액터 X_L을 설치해서 차단기 A의 차단용량을 100[MVA]로 하려면 이에 소요 될 한류리액터의 리액턴스(X_L)값

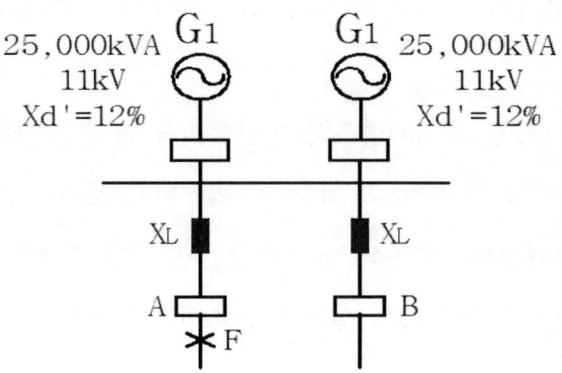

국가기술자격 기술사 시험문제

기술사 제 105 회   제 3 교시 (시험시간: 100분)

분야	전기전자	자격종목	건축전기설비기술사	수험번호		성명	

※ 다음 문제 중 4문제를 선택하여 설명하시오. (각25점)

1. 에너지 다소비형 건축물 설계 시 제출되는 전기설비 부문의 에너지 절약 계획서에서 수변전설비, 조명설비, 전력간선 및 동력설비의 의무사항과 권장사항에 대하여 설명하시오.

2. 원방감시제어(SCADA : Supervisory Control and Data Acqusition)시스템에 대하여 설명하시오.

3. 동상 다조 케이블을 포설할 때 동상 케이블에 흐르는 전류의 불평형 방지 방안에 대하여 설명하시오.

4. 공동구 내 설치되는 케이블의 방화대책에 대하여 설명하시오.

5. 풍력발전용 발전기 선정시 고려사항과 풍력터빈의 정지장치 시설기준에 대하여 설명하시오.

6. 무정전전원장치(UPS) 설계시 고려사항과 UPS용 축전지 용량산정에 대하여 설명하시오.

국가기술자격 기술사 시험문제

기술사 제 105 회   제 4 교시 (시험시간: 100분)

분야	전기전자	자격종목	건축전기설비기술사	수험번호		성명	

※ 다음 문제 중 4문제를 선택하여 설명하시오. (각25점)

1. 태양광발전용 전력변환장치(PCS)의 회로방식에 대하여 설명하시오.
2. 전력선 통신시스템(PLC : Power Line Communication)에 대하여 설명하시오.
3. DALI(Digital Addressable Lighting Interface) 프로토콜을 이용한 광원의 조광 기술에 대하여 설명하시오.
4. 변압기의 수명과 과부하운전과의 관계를 설명하고, 과부하 운전시 고려사항을 설명하시오.
5. 설계대상 건축물이 내진대상인 경우, 전기설비의 내진설계 개념 및 내진대책에 대하여 설명하시오.
6. 에너지 저장시스템(ESS)의 종류인 초 고용량 커패시터(Super Capacitor)에 대하여 설명하시오.

1장

제105회 (2015.02)
문제해설

건축전기설비 기술사 기출문제

1.1 30층 이상의 건축물에 엘리베이터 설치 시 설계 고려사항과 엘리베이터 군(Group)관리 방식을 설명하시오.

1. 설치 기준

구 분	승용 승강기	비상용 승강기
일반 건축물	6층 이상 연면적 2,000㎡ 이상	높이 31m를 초과하는 건축물 - 최대 바닥면적 1,500㎡ 이하 : 1대 이상 - 최대 바닥면적이 1,500㎡를 초과 : 1,500㎡를 넘는 3,000㎡ 마다 1대씩 더한 대수
공동 주택	6층이상 (6인승 이상) - 계단실형: 계단실마다 1대 이상 - 복도형 : 100세대마다 1대 이상	10층 이상인 공동주택 : 승용승강기를 비상용승강기의 구조

2. 설치 시 설계 고려사항

 1) 수량 계산 : 대상 건축물의 교통수요에 적합해야 한다.
 2) 층별 대기시간 : 허용 값 이하가 되게 한다.
 3) 엘리베이터 배치 : 운용에 편리한 배열로 되어야 하고, 서비스를 균일하게 할 수 있도록 건물의 중심부에 설치토록 하여야 한다.
 4) 건물의 출입층 : 2개층이 되는 경우는 각각의 교통수요 이상이 되어야 한다.
 5) 군 관리운전시 : 동일군 내의 서비스층은 같게 한다.
 6) 초고층, 대규모 빌딩 : 서비스 그룹을 분할한다.

3. 엘리베이터 군(Group)관리 방식
  수대의 엘리베이터가 설치된 경우 그의 이용 상황에 따라 수대의 엘리베이터를 유기적으로 군 관리 하여 운전하는 방식
 1) 전자동 군관리 방식(GSS : Group Supervisory System)
   - 출·퇴근의 일시적 Peak가 없는 호텔 등에 적용
 2) Peak Service 군관리 방식
   - 출·퇴근의 일시적 Peak가 걸리는 건물에 적용
   - 일시적으로 특정층의 교통 혼잡을 해소하는 효과가 있음

3) 예약 안내 군관리 방식
    - 대규모 호텔, 대규모 전용 건축물에 적용
    - 각 층간 교통 혼잡을 해소하기 위해 즉시 예약, 대기시간 단축 등의 기능을 부여하여 운점 함.
4) 군관리 방식의 효과
    - 인건비 절감
    - 승객 대기 시간 단축
    - 부하율(승객수)의 균등화
    - 러쉬 아워 해소
    - 수명 연장 등

1.2 조명설계시 눈부심 평가방법과 빛에 의한 순간적인 시력장애 현상에 대하여 설명하시오.

1. 눈부심 평가방법
   GLARE(눈부심)의 평가는 VCP법과 GI법이 있다.
   1) VCP(Visual Comfart Probability)법
      여러 사람이 어떤 조명기구를 보았을 때 느끼는 쾌감과 불쾌감의 비율로서 관찰자의 주관성이 개입될 수 있다.
   2) GLARE INDEX 법
      광원의 휘도를 측정하여 눈부심의 정도를 판단하는 방법으로 정확도가 커짐.
      G I = 10 log G   여기서 G : 글레어 정수

G I	불쾌한 느낌
10이하	느끼지 않는다.
10~16	느낀다.
16~22	신경이 쓰인다.
22~28	불쾌하다.
28이상	지나치다.

      * 조명에서 GI가 최소한 22이하가 되어야한다.

   3) 눈부심의 허용한계
      - 항상 시야에 들어오는 광원   : 0.2 스틸브
      - 때때로 시야에 들어오는 광원 : 0.5 스틸브
   4) 위에서 G는 다음과 같이 측정한다.
      $$G = 0.24 \Sigma \frac{Ls^{1.6} \times W^{0.8}}{L_b} \cdot \frac{1}{p^{1.6}}$$
      Ls : 광원의 휘도 (Cd/㎡)   Lb : 배경의 휘도 (Cd/㎡)
      W : 광원과 관측자가 이루는 입체각 P : 각 광원의 위치에 따른 지수

2. 순간적인 시력장애 현상(순응:Adaptation)
   눈에 들어오는 빛이 극히 적은 경우에는 눈의 감광도는 대단히 높아지고, 눈에 들어오는 빛의 양이 많으면 감광도는 떨어진다.
   이와 같이 우리의 눈은 다른 밝기에서도 물체가 보이도록 익숙해지는 것을 순응이라 한다.
   또한 사람이 어두운 데서 밝은 곳으로 갔을 때 또는 밝은 곳에 있다가 어두운 곳으로 갑자기 간다든지 하면 사물을 식별하는데 시간이 걸리며 이를 명순응과 암순응이라 한다.

1) 명순응
   어두운 곳에서 밝은 쪽으로의 순응
   수초~수분 정도 걸린다.
2) 암순응
   밝은 쪽에서 어두운 쪽으로의 순응
   수분 ~수십 분 정도 걸린다. (응용 : 터널 조명)

1.3 전력용 콘덴서의 열화 원인과 열화 대책에 대하여 설명하시오.

1. 콘덴서의 열화 원인
  1) 주위 온도 영향
     콘덴서의 최고 허용 온도는 일반적으로 40℃이다.
     따라서 주위 온도가 높은 경우 과열에 따라 수명이 단축되게 된다.
  2) 과전압 및 과전류
     허용 전압 : 110% 이하
  3) 고조파 전류
     허용 고조파 전류 : 35% 이하

2. 열화 방지 대책
  1) 온도 상승 방지
     - 발열기기와 200mm 이상 이격
     - 콘덴서 기기간 : 100mm 이상 이격
     - 상부 : 300mm 이상 공간 확보
     - 환기구 및 환기 장치 설치

  2) 과전압 대책
     - 진상 운전 방지(진상시 컨덴서 개방)
     - 유도 전동기의 자기 여자 용량 이하로 콘덴서 설치
     - 완전 방전 후 재투입
     - 개로시 재점호 발생하지 않는 차단기 선정(진공 개폐기, 가스차단기)

  3) 과전류 대책
     - 직렬 리액터 설치(투입시 돌입전류 및 고조파 전류 억제)
     - 직렬 리액터 용량(제5고조파 : 6%, 제3고조파 : 변압기 △결선)

3. 보호 방식
  1) 외부 환경에 의한 보호
    (1) 과전압 보호
        콘덴서의 연속 사용 전압은 정격 전압의 110% 정도이므로 그 이상의 전압에 대하여는 보호를 해야 한다.
        일반적으로 정격 전압의 130%에서 2초내 동작하도록 하며 과거에는 유도형 한시 과전압 계전기를 많이 사용하였으나 최근에는 전자식 디지털 계전기가 많이 보급되고 있다.

(2) 저전압 보호

　　정격 전압의 70% 이하에서 2초내 동작

2) 내부 사고에 의한 보호
　(1) 단락 보호 (PF)
　　- 소자 파괴에서 단락에 이르는 순간에 단락전류를 차단하여 회로를 개방
　　- PF의 한류효과에 의하여 1/2 CYCLE정도로 차단
　　- 선정시 고려사항
　　　　① 콘덴서 정격전류의 1.5배 정격전류를 통전 할 수 있을 것
　　　　② 콘덴서 정격전류의 7배 전류가 0.2초간 흘러도 용단하지 않을 것
　　　　③ 돌입 전류에 동작하지 말 것
　　- PF의 보호는 콘덴서 정격용량 50 KVAR 이하가 적합하다.
　(2) 과전류 보호(OCR)
　　　일반적으로 과전류 계전기 사용
　　　투입시 투입전류(정격 전류의 약5배)에 동작하지 말아야 함.
　　　동작은 정격 전류의 150% 정도가 적당함.
　(3) 지락 보호(OCGR, SGR)
　　　전력 계통의 중성점 접지방식, 대지 분포 용량 등에 따라 그 영향이 다르기 때문에 일괄적인 보호 방식은 곤란함.
　　　모선에 접속된 타 Feeder와 선택 차단방식 적용

1.4 전력간선의 배선 부설방식을 분류하고 특징을 설명하시오.

1) 배선의 부설방식

배선방식	장 점	단 점
배관배선	· 금속관 보호시 화재의 우려가 없고 기계적인 보호성 우수	· 수직배관시 장력지지가 어려움 · 간선용량이 제한적
케이블배선 (트레이 사용)	· 허용전류가 크고, 방열 특성이 우수, 부하 증가시 대응이 용이 · 내진성이 큼	· 케이블이 굵어 굴곡 반경이 큼
버스덕트	· 대용량을 콤팩트하게 배전 가능 · 예정된 부하증설이 즉시 가능	· 접속부품이 많음 · 사고시 파급 범위가 커짐 · 내진성이 작음

2) 간선의 배선방식

나뭇가지식	개별방식	병용방식	루프식
· 간단, 경제적임 · 부하 감소에 따라 전선 굵기 감소 · 신뢰도가 낮고 고장 영역이 넓어짐 · 주로 소규모 채택	· 고장 최소화 · 큰용량에 적용 · 전압강하 적음 · 사고 파급효과 적음 · 설치비 고가 · 배전 복잡	· 많이 사용 하는 방식 수지식과 평행식 혼용 · 신뢰도 중간 · 설비비 중간	· 신뢰도 최고 · 중요부하 적용 · 설비비 최고가 · 거의 정전 없음 회로구성 복잡

1.5 피뢰기의 열 폭주 현상을 설명하시오.

1. 개요
1) 산화아연 소자에 일정전압을 인가하면 소자의 저항분에 의한 누설전류 발생
2) 이 누설전류에 의한 발열량과 방열량이 평형 일 때 온도 안정
3) 발열량 ≥ 방열량이면 ZnO 소자 온도 상승 및 누설전류 증가
   -> 피뢰기 과열 -> 열축적 -> 파괴

2. 산화아연 피뢰기의 열폭주 현상

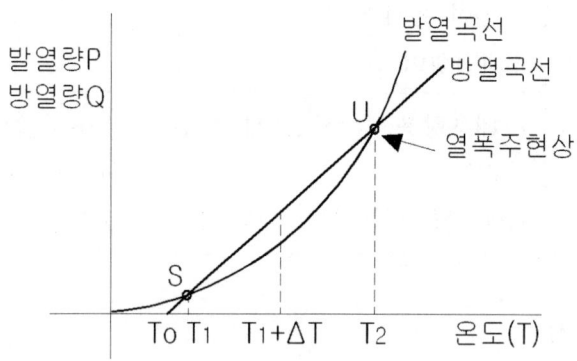

1) 발열곡선 : 발열량(P)은 온도에 대하여 지수함수적으로 증가
2) 방열곡선 : 방열량(Q)은 주위온도와 소자온도의 차에 비례
3) P = Q 일때 안정
4) P < Q (U점이하) : 온도변화 ΔT가 U보다 작을 때 점차 온도가 낮아져 S점에서 안정됨.
5) P > Q(U점 초과) :
   - 산화아연 소자가 열화하여 전압 과전류 특성이 악화
   - 개폐서지등 열적요인으로 소자온도 및 누설전류가 증가하면서 열폭주 현상 발생

3. 결론
1) 산화 아연 소자 피뢰기는 동작 책무 시험에 파괴되지 않아야 하며
2) 사용시의 인가전압에 의해 파괴되지 않아야 하며 서지 방전전류에 의해서도 파괴되지 않아야 한다.
3) 정격검토 : 정격전압, 방전개시전압, 공칭방전전류, 방전내량 등
4) 사고시 대비 : Disconnector 취부형 사용

1.6 3권선 변압기의 용도와 특징에 대하여 설명하시오.

1. 3권선 변압기란
   다권선 변압기란 3개 이상의 권선을 갖는 변압기를 말하고 그 중 권선을 3개 갖는 변압기를 3권선 변압기라고 한다.
   즉, 1개의 변압기에 1차, 2차, 3차권선을 갖고 있는 변압기를 말한다.

2. 주 용도
   1) 제3고조파 방지
      변압기의 결선이 Y-Y이면 제3고조파가 발생하여 파형이 찌그러지기 때문에 △결선으로 된 소용량의 제3권선을 별도로 설치하여 왜곡을 방지하는데 있다.
   2) 소내 전원용
      345kV 또는 154kV 변전소등의 소내에 주 변압기 3차에 3권선을 두어 소내용의 전원을 얻는데 사용
   3) 2종 전원
      2차 및 3차에 각각 다른 권수비를 적용하여 두가지의 전압과 전원 용량을 얻는데 사용할 수 있다.
   4) 조상용
      2차 권선에 유도성 부하가 있는 경우 3차 권선에 진상용 콘덴서를 설치하여 1차 회로의 역율을 개선할 수 있다.

1.7 공심변류기의 구조와 특성에 대하여 설명하시오.

1. 공심 CT 구조

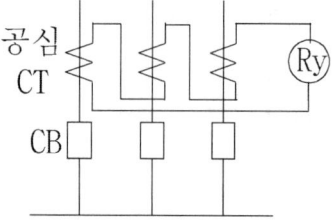

  1) 관통형 변류기의 일종이나 철심이 없는 것이 특징이다.
  2) 상호 공심 리액터이다.
  3) 1차 전류에 대하여 2차측에는 전압이 발생되도록 제작되어 있다.

2. 특성
  1) 철심이 없기 때문에 철심 포화에 의한 오차가 없다.
  2) 2차측이 개방되어도 적은 전압이 발생되어 안전하다.
  3) 이 CT는 주로 모선보호방식에 사용된다.
     전압은 1200/5V로 표시된다.

1.8 저압전로 중 저압 개폐기 필요개소 및 시설방법에 대하여 설명하시오.

1. 관련 규정
   판단기준 37, 169, 176
   내선 규정 1465절

2. 저압 개폐기 필요개소 및 시설방법
   1) 부하전류를 끊거나 흐르게 할 필요가 있는 개소
   2) 인입구 기타 고장, 점검, 측정, 수리등에서 개로할 필요가 있는 개소
   3) 퓨즈의 전원측
      다만 분기회로용 과전류 차단기 이후의 퓨즈 교환시 충전부에 접촉할 우려가 없을 경우는 생략할 수 있다.
   4) 분전반의 주 개폐기(인입용 제외)는 특히 필요할 경우 이외에는 생략 할 수 있다.

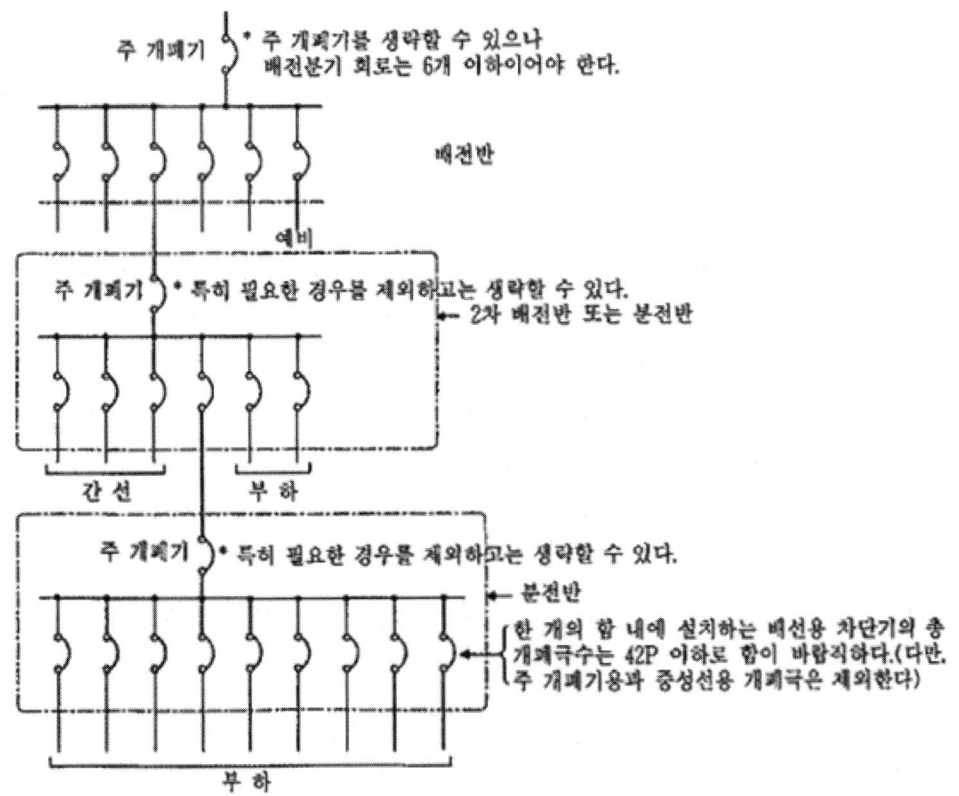

주 개폐기의 시설

1.9 전기설비에서 역률개선 기대효과에 대하여 설명하시오.

1) 전압 강하의 감소

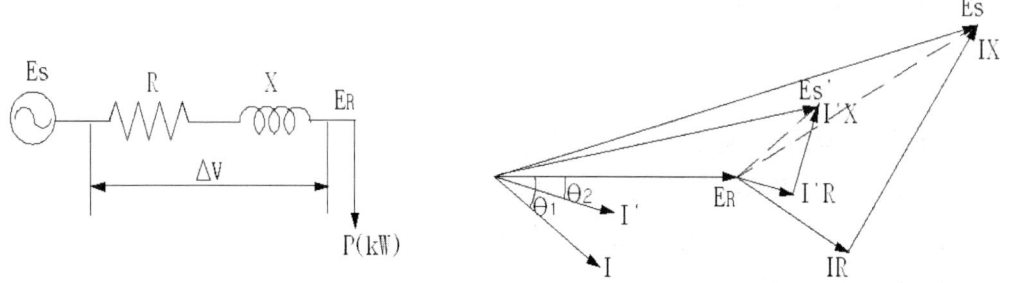

Es:송전단 상전압　　Er:수전단 상전압　　R,X:선로 저항 및 리액턴스
Io:부하전류　　　　Pr:부하전력(1상분)　　cosθ:부하역율

(1) 전압강하 원인 : 선로와 변압기의 저항, 리액턴스

　　전압강하 $\Delta V = Es - Er = I(R\cos\theta + X\sin\theta)$

－여기서 전압강하는 X가 클수록, 부하 전류가 클수록, 역율이 낮을수록 커진다.

(2) 전압강하 영향 : 전기기기의 과열, 전동기 기동 불량, 출력 감소, 수명 단축등

2) 변압기 손실(동손) 저감 및 배전선의 손실 저감

변압기 손실에는 변압기 철심에서 발생하는 철손과 코일에서 발생하는 동손이 있다. 철손은 부하 전류에 의하여 변하지 않지만 동손은 부하전류의 제곱에 비례하여 증가한다.

따라서 역율을 개선하면 부하 전류가 감소하여 동손을 줄일 수 있다.

전력 손실 비율을 계산으로 구하면

$$\frac{W_2}{W_1} = k\frac{I_2^2}{I_1^2} = k(\frac{\cos\theta_1}{\cos\theta_2})^2 \text{이 된다.}$$

예. $\cos\theta_1 = 0.85$　　$\cos\theta_2 = 0.95$라면 (k는 1이라 보고)

$$\frac{W_2}{W_1} = k\frac{I_2^2}{I_1^2} = k(\frac{\cos\theta_1}{\cos\theta_2})^2 = (\frac{0.85}{0.95})^2 = 0.8 \text{ 로 감소}$$

* 감소율 $K = [1 - (\frac{\cos\theta_1}{\cos\theta_2})^2] \times 100$ (%)

3) 설비의 여유도 증가

    ΔP : 역율 개선후 증가할 수 있는 유효 전력(KW)

    Pa : 피상 전력(일정)

    Q_1 : 개선전 무효 전력(KVAR) $Cos\theta_1$: 개선전 역율

    Q_2 : 개선후 무효 전력(KVAR) $Cos\theta_2$: 개선후 역율

    Qc : 콘덴서 용량

  * 콘덴서 용량

$$Qc = Q_1 - Q_2 \fallingdotseq Pa(\sin\theta_1 - \sin\theta_2)$$
$$\fallingdotseq Pa(\sqrt{1-\cos^2\theta_1} - \sqrt{1-\cos^2\theta_2})$$

  * 역율 개선에 의해 증가할 수 있는 유효 전력

$$\Delta P = Pa(\cos\theta_2 - \cos\theta_1)\ (KW)$$

  * 예 $\cos\theta_2$: 0.95, $\cos\theta_1$: 0.85라면 10% 유효 전력 증가

4) 수용가 전기요금 절감

    상기 3)에서와 같이 전력 손실이 줄임으로서 전력 요금 낭비를 줄일수도 있겠으나 업무용이나 산업용같이 역율을 표시하는 수용가는 90% 역율을 기준으로 전력 회사와 기본요금이 책정되어 있고 만약 역율이 90%를 넘으면 91~95%까지 1%마다 0.5%씩을 기본요금에서 할인되고 90% 미만이 되면 60%까지 1%마다 0.5%씩 기본요금이 추가된다. (주택용은 제외)

1.10 접지시스템의 접속방법 중 발열 용접과 압착 슬리브 접속방법에 대하여 설명하시오.

1. 발열 용접

   발열용접 방식은 외부로부터의 어떠한 힘이나 압력을 가하지 않은 상태에서 금속간의 열을 이용하여 접속하는 방식으로 구리와 구리 쇠와 구리등을 열적으로 용융시켜 분자적으로 연결하는 방식이다.

   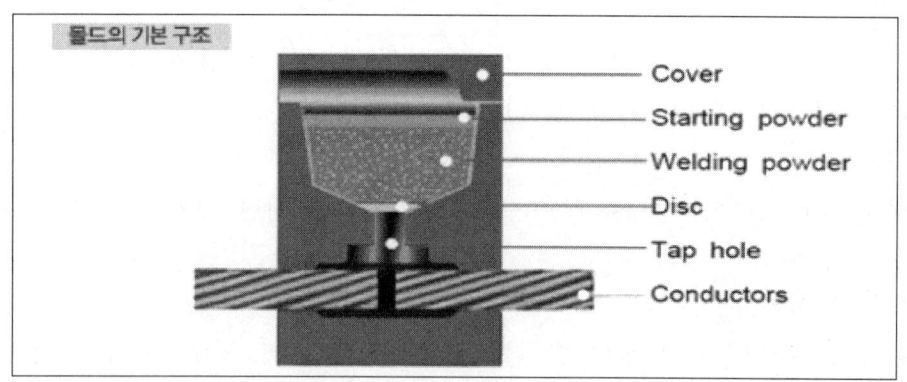

   그림과 같이 탄소로 된 주물(Mold)내에 동선과 접지봉 혹은 연결금속을 넣고 Welding 재료를 이용하여 발열용접을 한다. 몰드 형태는 나동선 및 연결금속의 크기와 형태에 따라 매우 다양한 종류가 있으며 사용 조건에 맞는 몰드를 선택하여 사용할 수 있다.

2. 압착 슬리브 접속방법

   압착 슬리브 접합에 사용되는 슬리브는 기본적으로 C-형 슬리브, 압착 단자, 원형 압착 슬리브 등이 있다.
   이러한 압착 슬리브는 유압식 압착기를 이용하여 압착 접속한다.
   가장 일반적으로 사용되는 압착 슬리브의 모델을 살펴보면 다음과 같다.
   1) C-형 슬리브
      접지선의 분기 혹은 도선 간의 접속이나 도선의 분기에 주로 사용한다.

   2) 압축단자(Teminal)
      접지선이나 도선이 접지반(MGB)이나 장비에 접속되기 위해 도선의 끝 부분에 압착하게 된다.
      압착단자는 구멍이 한 개(One-Hole) 혹은 두개(Two-Hole)인 동관 단자가 대부분이며, 이 구멍에 황동 볼트와 너트를 넣어 단단하게 조여서 연결한다.

3) 원형 압착 슬리브

도선간의 접속에 주로 사용한다.

접지선이나 도선 상에 접속점이 전기적으로 문제가 될 때 접속점을 보다 확실히 연결하기 위해 사용한다.

도선간의 연결은 굴곡이 없이 직선 형태로 접속하게 된다.

RING TYPE 터미널	FORK TYPE 터미널	PIN TYPE 터미널	각형 터미널 (NFB용)	농반난자 (1Hole, 2Hole)
RING TYPE PG터미널	FORK TYPE PG 터미널	PIN TYPE PG 터미널	PG 스리브	슬리브 (Short, Long)
신수난자 (RECEPTACLE/TAB)	C형 슬리브	수뿔난자	무스바난자 (부스바+케이블)	SOLDER 터미널

1.11 태양광 발전설비의 전력계통 연계 시 인버터의 단독 운전 방지 기능에 대하여 설명하시오.

1. 단독 발전 운전이란

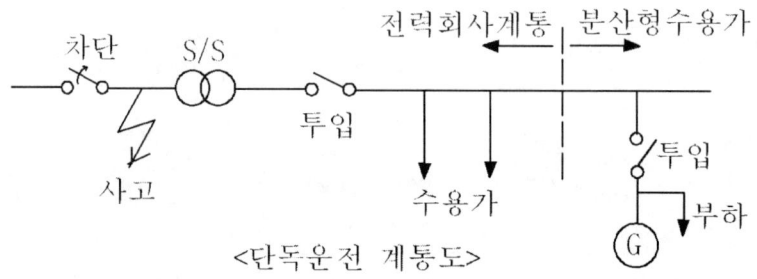

<단독운전 계통도>

1) 위 그림처럼 계통측의 사고나 단전으로 계통측의 모선에 전압이 인가되지 않더라도, 그 계통의 부하와 그에 연계된 분산형 전원의 수급이 균형을 이룬다면 분산형 전원의 단독 운전이 이루어진다.
2) 이렇게 단독운전이 계속 된다면 계통측의 전원이 복전 되었을 때 여러 가지 문제가 발생된다.

2. 단독 발전 운전 문제점
   1) 단독 운전이 계속되고 있을 때 계통측의 전원이 복전 된다면 전력회사 전원과 분산형 전원의 위상차로 인하여 단락사고나 탈조가 일어나 통에 악 영향 끼치게 된다.
   2) 전력 회사측에서 이 계통이 정전일거라 생각하고 생각하고 작업을 하게 되는 작업원에게 감전의 우려가 발생함

3. 단독 운전 방지 검출 방식
   1) 수동(Passive) 방식의 검출 장치
      분산형 전원이 단독 운전으로 이행할 때 다음 요소들을 검출
      - 과 부족 전압 신속 검출 차단
      - 과전류 차단
      - 주파수 변동 차단
      위의 방법은 부하가 분산형 전원과 균형을 이룬다면 단독 운전의 검출이 불가능할 수도 있다는 단점이 있어 이를 보완한 다음 방법이 있다.

   2) 능동(Active) 방식의 검출 방식
      - 설비의 유효전력 및 무효전력등을 상시 변동을 주어

- 분산형 전원이 단독운전으로 이행할 때 나타나는 주파수등을 검출하여 단독 운전을 판단하는 방식임.

4. 인버터 요구 기능
   1) 최대 전력 추종 제어 기능
      - 태양전지는 일사량에 따라 출력 특성이 많이 변동됨.
      - 인버터의 최대 전력점에서 응답제어 하도록 최대 전력 추종 제어가 요구됨.

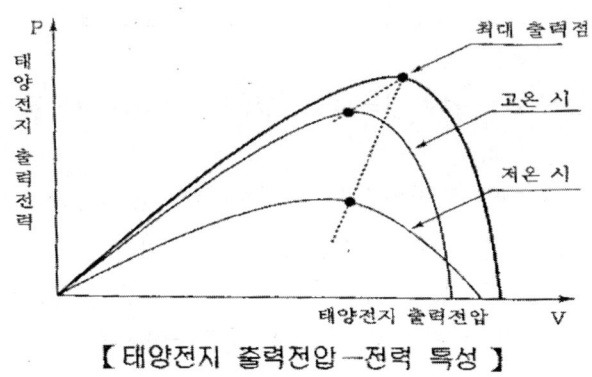

【 태양전지 출력전압-전력 특성 】

   2) 고 효율 제어 기능
      - 스위칭 손실 및 고정 손실도를 최대한 억제 할 수 있는 제어기 적용

   3) 고조파 및 고주파 억제 기능
      - 주로 IGBT를 고속으로 ON, OFF 하기 때문에 고주파 노이즈 발생
      - 다상 펄스 방식 및 필터를 이용하여 제거

   4) 계통 연계 보호 기능(단독 운전 방지 기능 포함)
      - 인버터의 고장이나 계통 사고시에 피해 범위를 최소화 하기 위해 사고시 계통 분리 또는 인버터 정지등 기능

   5) 보호 시스템
      - 단락, 과전류 보호
      - 지락 보호
      - 과전압 및 저전압 보호등

   6) 소음 저감 기능
      - 동작 주파수를 가청 주파수(20 kHz) 이상으로 동작

1.12 LED(Light Emitting Diode)램프의 발광원리와 특징을 간단히 설명하시오.

1. 발광 원리

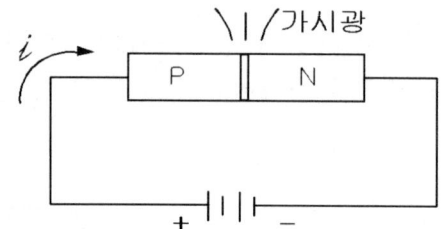

1) LED램프는 갈륨(Ga), 알루미늄(Al), 인(P), 비소(As)등을 화합시킨 반도체로 구성된다.
2) 기본원소 화학 결정에 특별한 화학적 불순물(Dopant)을 첨가할 경우 발광 스펙트럼이 좁은 특성을 갖는 다양한 발광 다이오드를 얻을 수 있다.
3) LED발광은 다이오드의 P-N접합부에 적당히 도포된 크리스탈내에 직류 전류가 흐르면 전자 발광 현상에 의하여 빛을 발한다.

2. 특징
(장점)
1) 반도체로 인해 처리속도가 빠르다.
2) 전력 소모가 적다. (기존 광원에 비해 50~80% 에너지 절감)
3) 필라멘트를 사용하지 않기 때문에
   - 수명이 길고(5~10만시간)   - 충격에 강하며
   - 산업 폐기물 배출을 80% 이상 줄일 수 있고 - 유지 보수비용이 절감된다.
4) 총 천연색 구현이 가능하다.
5) 중금속등 환경 유해물질 사용을 하지 않아 환경 친화적이다.
6) 초소형으로 구조적으로 여러 가지 디자인이 가능하다.
7) 다이오드를 이용하므로 대량생산이 가능함.
8) 자외선 방사가 적음

(단점)
접합부에서 열이 많이 발생하므로 열처리 기술이 필요함.

3. 동특성
1) 전압 - 전류 특성
 - LED에 인가되는 전압에 대한 전류의 변화 특성
 - LED는 일정 전압이 인가될 때까지 전류가 흐르지 않다가 임계전압에서 급격한 전류가 변화 함.

2) 온도 - 전류 특성
   - 주위 온도 변화에 따른 순방향 전류의 변화 특성
   - 주위 온도가 높을수록 허용 전류가 크게 감소함.
   - LED 램프의 안전 운전과 효율 및 수명 향상을 위해 온도 상승을 억제하는 방열대책이 요구된다.(방열판 부착)

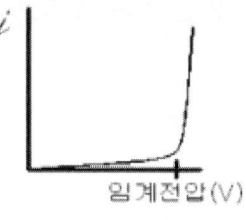

3) 전류 - 광출력 특성
   - LED에 흐르는 순방향 전류에 대한 광도의 변화 특성
   - 정격 전류 내에서는 전류와 광도가 서로 비례함.
   - 허용 전류보다 큰 전류가 흐를 경우 열손실로 직선성이 없어지며 발광효율 저하 및 소손등 수명단축의 원인이 됨.

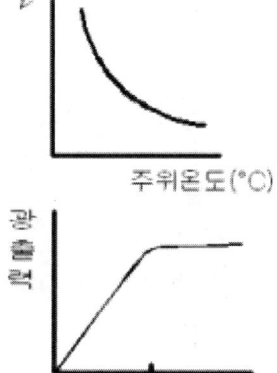

1.13 22.9kV 수전설비의 부하전류가 18A이며 변류비가 30/5인 변류기를 통하여 과전류 계전기를 시설하였다. 120%의 과부하에 차단기를 동작시키고자 할 때, 과전류 차단기의 Tap은 몇 암페어에 설정하여야 하는지 설명하시오.

1. 회로도

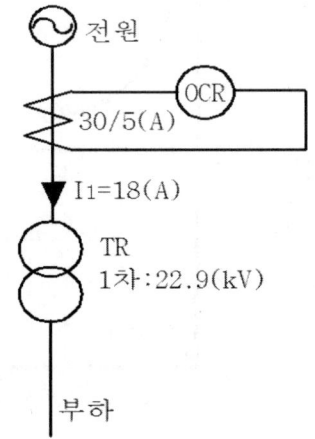

2. 유도형 계전기 Tap 선정
   - 문제를 차단기 Tap이 아니고 계전기 Tap으로 정정하여야 함.
   1) 1차 정격 전류 : 18(A)
   2) 과부하율 : 120(%)
   3) CT 2차 전류 $I_2 = 18 \times 1.2 \times \dfrac{5}{30} = 3.6(A)$
   4) Tap : Type 2 Inverse Type의 4(A) 탭에 Setting 한다.
   5) 이 때 Pick Up 전류는

   $Tap \times CT배율 = 4 \times \dfrac{30}{5} = 24(A)$이 된다.

   6) 유도형 Tap
   - Type 1 : 2 - 3 - 4 - 5 - 6(A)
   - Type 2 : 3 - 4 - 5 - 6 - 8(A)
   - Type 3 : 4 - 5 - 6 - 8 - 10 - 12(A)

3. 디지털 계전기 Tap 선정
   1) 디지털 계전기의 경우는 0.01(A) 단위로 Tap 선정이 가능함
   2) Tap : 3.6(A) 탭에 Setting 한다.
   3) 이 때 Pick Up 전류는

   $Tap \times CT배율 = 3.6 \times \dfrac{30}{5} = 21.6(A)$이 된다.

2.1 등전위 본딩의 개념과 감전보호용 등전위 본딩에 대하여 설명하시오.

1. 등전위 본딩 개념
- 대지 전위가 다른 2개 이상의 대전된 도체가 접근해서 존재하게 되면 그 둘 사이에서 방전을 일으킬 수가 있다. 따라서 당해 도체간의 전위차를 최소화하기 위해 이들을 도선으로 접속하는 것을 본딩이라 한다.

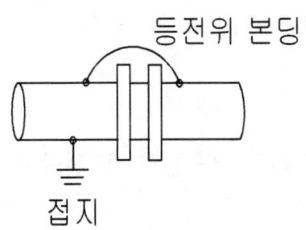

그림과 같이 도체 A와 B를 등전위로 하기 위해 도선으로 양자를 접속하는 것이 본딩이고, A 또는 B를 대지와 동전위로 하기 위해 도선으로 도체와 대지를 결합한 것이 접지이다.

2. 접지 구성

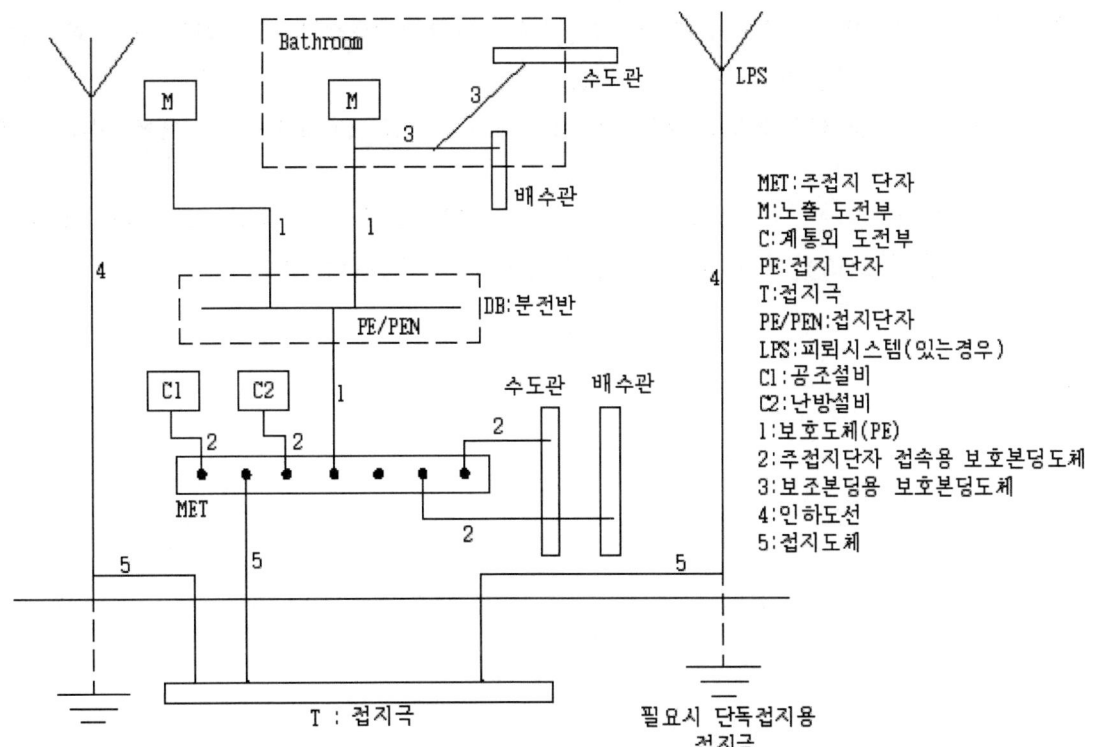

3. 감전보호용 등전위 본딩 (KSC IEC 60364-2013)
   1) 보호접지와 보호 등전위 본딩
      (1) 보호접지
         - 노출도전부는 계통접지의 방식별로 규정된 조건하에서 보호도체에 접속 되어야 한다.
         - 동시에 접근 가능한 노출 도전부는 개별, 그룹별 또는 집합적으로 같은 계통 접지에 접속 되어야 한다.
         - 각 회로는 해당 접지단자에 접속된 보호도체를 이용해야 한다.

   2) 보호 등전위 본딩
      (1) 각 건물 내에서는 접지도체, 주 접지단자 그리고 다음의 도전부는 보호 등전위 본딩 도체에 연결되어야 한다,
         - 가스나 식수를 건축물 내로 공급하기 위한 금속배관
         - 통상 사용상태에서 접근이 가능한 경우 금속재질의 중앙 난방설비와 공조설비와 같은 계통외 도전부 구조물
         - 합리적으로 실행이 가능한 경우 철근콘크리트의 금속 보강재
      (2) 건물 외부로부터 인입된 도전부는 건축물 안으로 들어가는 지점과 가능한 한 가깝게 접속해야 한다.
      (3) 보호 등전위 본딩을 위한 도체는 KS C IEC 60364- 5- 54에 따라야 한다.
      (4) 모든 통신 케이블의 금속외피는 케이블의 소유자 또는 운영자의 요구사항을 고려하여 보호 등전위 본딩에 접속 되어야 한다.

2.2 GPT(Grounded Potential Transformer)에서 발생되는 중성점 불안정 현상의 발생원인과 대책에 대하여 설명하시오.

1. 중성점 불안정 현상이란
    1) 중성점이 계통의 혼란 전기적 충격, 단선등으로 인해 철공진을 일으키는 과도진동이 발생하고 이것이 오래 지속하여 정상진동으로 회복되는 것을 말함.
    2) 계기용 변압기 특이현상중 하나임.

2. 발생원인
    1) 전력 계통이 비접지 계통일 때 계기용 변압기를 접지한 경우
    2) 전력 계통이 접지 계통일 때 일시적으로 계통 분리가 되어 비접지계로 되었을 때
    3) 계기용 변압기의 2차 부담이 극히 적을 때, 전력 계통에 갑자기 전압이 인가되거나 1선 지락 사고의 복구와 같은 전기적인 충격에 의한 전력 계통의 혼란시
    4) 차단기, 개폐기, 단로기등의 개방 또는 퓨즈의 용단과 같은 전력 계통의 단선등
    5) 전기 충격에 의해 PT의 대지전압이 높아져서 철심이 포화되기 때문에 방향성의 돌입전류가 흐르게 되고, 이것이 다른상의 대진 전압을 높여 다음의 2상의 PT가 포화되기 때문임.

3. 현상
    1) 1선 대지전압이 정상 전압의 2-3배까지 상승
    2) GPT에 상시 여자 전류의 수십배에 이르는 전류가 흐름.

4. 방지대책
    1) GPT 부담을 적당히 선정
    2) Open Δ에 적정 용량의 CLR을 삽입
        CLR크기 : 3.3kV -> 50Ω
        　　　　　6.6kV -> 25Ω

참고. (71.4.5)
1. 기본파 철공진 이상전압
    1) 원인
        - 선로의 단선
        - 개폐기의 불안정한 투입
        - Fuse 용단
            즉, 회로가 단선 상태가 되면 변압기의 여자 임피던스와 선로의 정전용량이 철공진을 한다.

2) 대책
- 사고시 직렬공진이 일어나지 않도록 회로구성
- 차단기, 개폐기류의 불안정한 투입방지
- 차단기, 개폐기류의 보수 철저

2. 특수 철공진 이상전압

철심이 있는 리액터(주로 GPT)의 포화에 의해 고조파 전압, 전류가 발생하고, 이 고조파가 회로와 공진했을때 발생하는 현상으로 GPT중성점 불안정현상이 대표적이다.

1) GPT불안정 현상 원인
- 계통이 비접지일 때 PT를 접지한 경우
- 계통이 접지계일 때 일시적으로 계통분리에 의해 비접지 계통이 된 경우
- PT의 2차 부담이 적은 경우

2) 영향
- 철공진을 일으켜 중성점 과도 진동 현상 발생
- PT 대지전압이 높아져 철심 포화 -> 계통 절연 파괴
- 포화 -> 다른상 대지전압 발생 -> 포화의 악순환 현상 발생

3) 대책
- PT의 적정 부담 선정
- 3차측 Open Δ측에 CLR 삽입
  CLR크기 : 3.3kV -> 50Ω
  6.6kV -> 25Ω

2.3 변압기 이행전압의 개념과 보호방법을 설명하시오.

1. 변압기 이행 전압이란
   1) 변압기의 1차측에 가해진 서지가 정전적 혹은 전자적으로 2차측으로 이행되는 현상
   2) 변압기 2차 권선 및 2차측에 접속되는 기기의 절연에 영향을 줌.

2. 정전 이행 전압
   1) 변압기 권선에 가해지는 서지 전압이 양 권선간 및 2차 권선과 대지간의 정전 용량으로 분압되어 생기는 전압.

   2) 등가 회로

   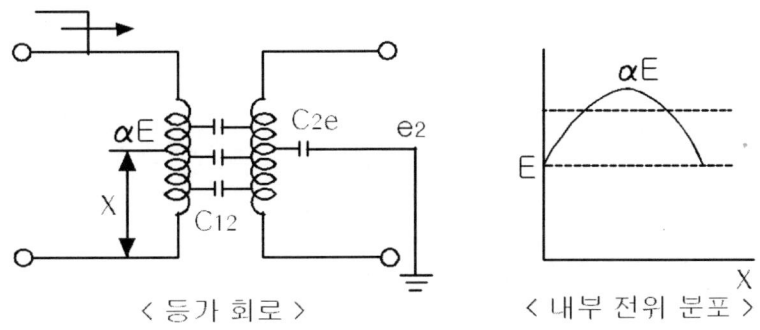

   < 등가 회로 >　　　　< 내부 전위 분포 >

   3) 2차 권선으로 이행되는 전압 $e_2 = E \cdot \dfrac{\alpha C_{12}}{C_{12} + C_{2e}}$

   　여기서 E : 1차측 서지 전압
   　　　　C12 : 변압기 1,2차 권선 정전 용량
   　　　　C2e : 변압기 2차권선과 대지간 정전 용량
   　　　　α : 변압기 구조에 따른 정수(보통 1.3 ~ 1.5)

   4) 고압측 전압이 높아질수록 권선간의 절연거리가 커져서 양 권선간의 정전 용량은 작아짐.

   5) 정전 이행 전압의 저감 대책
   　- 2차측에 피뢰기 설치
   　- 2차측에 보호 콘덴서 설치하여 2차권선과 대지간 정전 용량을 크게 한다.
   　　(많이 사용하는 방식임)
   　- 2차측 BIL을 높인다.

3. 전자 이행 전압
   1) 변압기 1차 권선을 흐르는 서지 전류에 의한 자속이 2차 권선과 쇄교하여 유기되는 전압.
   2) 전자 이행 전압은 권선비에 비례하여 정해지며 부하 임피던스가 클수록 큰 값이 된다.
   3) 전자 이행 전압은 실제로 크게 문제가 되지는 않는다.

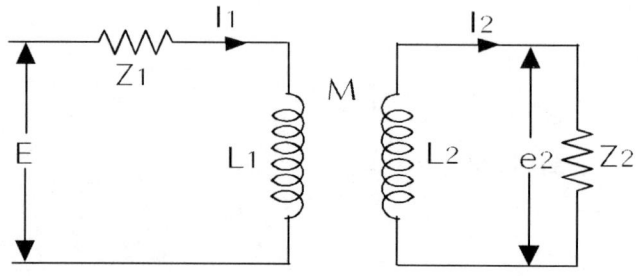

2.4 수변전 설비 설계시 환경에 미치는 영향과 대안을 설명하시오.

1. 개요
   수변전 설비 설계시에는 주변의 지역을 조사하여 민원이 발생하지 않도록 해야하며, 소음, 화재시 발생할 문제, 유도 장해 문제, 환경과의 조화등을 고려해야 한다.

2. 환경 대책
   1) 소음 대책
      전기 설비의 소음은 변압기 및 발전기에서 발생하는 소음이 대부분 이지만 옥외에 시설하는 변전소는 차단기 투 개폐시에 발생하는 개폐음도 무시할 수 없는 경우가 있다.
      (1) 변압기의 소음
         - 변압기의 소음은 철심의 자기에 의한 떨림에 의한 소음이 문제가 되므로, 가능한 좋은 재질의 규소 강판을 사용하는것이 좋으며, 설계시 저 소음 변압기 및 고 효율 변압기로 지정 하는것이 좋다.
         - 변압기 외함 하부에는 고무등을 이용하여 방진 구조로 한다.
         - 변압기 외함을 큐비클등에 내장한다.

      (2) 발전기 소음
         발전기는 상용 발전과 비상용 발전이 있지만 대부분 수용가들은 상용 전원의 정전시 비상 부하에 전원을 공급하기 위한 비상용 발전기가 많아 사용 빈도는 높지 않지만 사용시 소음, 진동, 배기가스 등이 문제가 될 수 있다.
         - 가능한 기초를 독립기초로 하여 진동시 건물에 전달되지 않도록 설계
         - 발전기 및 원동기 하부에 방진 구조를 한다.
            소형 발전기 : 방진 고무
            대형 발전기 : 방진 스프링
         - 발전기실 내부 벽과 천정을 흡음 재질로 마감한다.
         - 특수한 경우 발전기를 외함에 내장하고 패킹으로 방음 처리를 한다.
         - 연도로 배기하는 중간에 소음기를 설치한다.

      (3) 차단기등의 개폐 소음
         - 가능한 저소음 구조인 가스 차단기나 진공 차단기를 채택한다.
         - 부득이 공기 차단기를 사용할 경우는 소음기(머플러)를 설치하여 소음을 저하 시킨다.

2) 화재 및 누유 대책

  기름을 사용하는 변압기 또는 차단기가 과부하, 내부 이상등에 의해 폭발하여 화재가 발생하는 경우와 전력용 케이블이 과열되어 화재가 발생하는 경우가 있어 여기에 대한 대책이 필요하다.

- 상당한 부분의 변압기나 케이블의 화재는 과부하가 원인이 되므로 과부하를 피하여 운전한다.
- 화재 발생시 본체가 파괴되지 않도록 탱크를 보강한다.
- 사고시 고속 릴레이와 차단기를 이용하여 고속 차단한다.
- 소화 설비 보강
  고정식 소화 설비(할론가스등)를 설치하여 화재시 자동으로 소화 되도록 설비
- 방화벽, 방화 구획, 방화문 설치
- 기름을 사용하는 설비 주변에 방유벽을 설치하여 누유시, 기름이 구내에 한정되도록 설계

3) 유도 장해 방지 대책
   - 지락 전류를 줄인다.
   - 거리를 멀리하여 전력선과 통신선 사이의 상호 인덕턴스를 줄인다.
   - 양 선로 병행 길이를 줄인다.
   - 유도 장해를 받는 시간을 줄인다.
   - 통신선과의 사이에 차폐선을 설치한다.

4) 환경과의 조화
   - 부지 조성시 기존 환경을 자연 상태로 유지토록 노력하고 주변에 녹화 시행
   - 울타리를 낮추어 위화감 감소 및 주변에 수목 식수
   - 건축물의 외관이나 색채를 환경과 조화토록 설계
   - 전기 설비는 가능한 GIS를 채택하여 기기 설치 면적 축소등

3. 수 변전설비의 환경적 고려사항

No.	검토항목		기준치	기본적인 대책
1	외적인 영향	지진	진도 5에 견딜것	내진 설계
2		홍수		가능한 지하를 피하고 부득이한 경우 배수 펌프 설치
3		염해		옥외 -> 옥내 설계
4		부식성 가스		옥외 -> 옥내 설계
5		습도		제습 장치 설계
6		외부 화재		방화 구조 특히 갑종 방화문
7		동물 침입		침입구를 글래스 울등으로 막는다.
8	내적인 영향	소음	60 dB 이하	소음이 적은 기기 검토 엔진 : 소음기 설치 발전실 : 벽과 천정에 흡음판 부착
9		진동		진동 고무나 스프링 설계
10		화재,폭발		전기 화재 소화기 구비 분말, 하론가스, 탄산가스등
11		온도 상승	주위온도 40°C 이하	가급적 과부하 운전을 피하고 에어컨 설비 및 배기 닥트 설치
12	기타	유지 보수		충분한 유지 보수 공간 확보
13		장래 증설		건축물 증설, 설비 증설, 자동화등으로 용량 증설에 따른 요유 공간 확보

4. 수 변전 기기별 환경 대책

No.	기기명	환경문제	개선안	효과
1	발전기	소음 및 가스 발생	디젤엔진 -> 가스터빈	소음 및 가스발생 저하
2	유입변압기	기름 과열 폭발 화재	유입식 -> 몰드식	화재 폭발 원인 제거 기름사용 억제에 의한 토질 오염 최소화
3	축전지	산에 의한 피해	납 축전지 -> 알칼리	산 발생 억제 및 납 성분 미사용

2.5 한전에서 정하고 있는 분산형 전원의 계통연계 기준에 대하여 설명하시오.

인용 : '전력계통 신뢰도 및 전기품질유지기준'(지식경제부, 2011.12)

1. 개정 배경
   - 최근 신재생에너지등 비중앙급전발전기의 급속한 증가로 전력계통의 안정성과 전기품질의 저하가 우려되어 전기품질 유지 및 광역정전 사고예방을 위해 (비중앙 급전발전기 : 20MW 이하 또는 계통운영자의 급전지시 및 통제를 받지 않은 발전기로서 '09년도 현재 전체 발전설비의 7.8% 점유)
   - D-DOS 등 사이버테러 발생시 전력제어시스템의 마비로 인한 대규모 정전 가능성이 지속적으로 제기됨

2. 개정의 주요내용
   1) 신재생 발전기의 전력계통 적정연계기준 신설
   2) 비중앙급전발전기의 발전기 운영정보 제공
   3) 전력통신·제어설비의 사이버해킹 대비 보안기준 마련
   4) 전력계통운영 및 계통계획간 상호협력체계 강화

제 2 장 전기품질

제4조(계통주파수 조정 및 유지범위)

전기사업자는 전력거래소의 급전지시에 따라 발전력 조정 등의 방법으로 계통주파수를 평상시 60±0.2Hz의 범위 이내로 유지하여야 한다.
다만, **비상 상황의 경우에는** 62Hz~57.5Hz 범위 내에서 유지할 수 있다.

제6조(전압유지범위)
1. 765kV : 765 ± 5% (726kV ~ 800kV)
2. 345kV : 345 ± 5% (328kV ~ 362kV)
3. 154kV : 154 ± 10%(139kV ~ 169kV)

제7조(고조파, 플리커 허용치 및 전압불평형률)
1. 고조파와 플리커 허용치 : 전력계통이 안정적으로 유지될 수 있도록 합리적으로 설정하여 운영하여야 한다.
2. 송전용전기설비 전압 불평형률 : 3% 이내 유지
3. 발전기 상간 전압 불평형률 : 1% 이하
   고조파 전압 왜형률 : 5%이하

제 4 장 발전설비 신뢰도

제22조(발전기의 주파수 운전 기준)
  1. 60± 1.5Hz 연속 운전
  2. 58.5 ~ 57.5Hz 범위에서 최소한 20초 이상 운전상태 유지

제23조(발전기의 무효전력 출력)
  지상역률 0.9에서 진상역률 0.95 범위

제27조(자동전압조정장치)
  정격 20MVA이상의 동기발전기의 경우, 자동전압조정장치는 발전기의 전 운전 범위에 걸쳐서 정상상태 단자전압을 설정치(Set Point)의 ±0.5% 이내로 유지할 수 있는 성능을 갖추어야 한다.

제29조(계통안정화장치)
  전력시장에 신규로 진입하는 500MVA이상의 동기발전기는 계통안정화장치를 구비하여야 한다.

제 6 장 배전설비 신뢰도

제40조(배전계통 운영)
  ① 배전사업자는 고압배전선로 고장시 정전 구간을 최소화하고 부하융통이 가능하도록 배전 간선간의 연계선로 구성 등 방안을 강구하여야 한다.
  ② 배전사업자는 배전선로와 기기의 보호, 재해방지 및 공급신뢰도 향상을 위하여 배전계통에 보호장치를 설치하여야 한다.

제41조(배전전압 품질)
  배전사업자는 변전소 송출단 이후 배전선로의 전압을 전기사업법시행규칙 제18조 및 별표3의 제1호에 의거 안정적으로 유지하여야 한다.

[별표 3] <개정 2013.3.23>
표준전압·표준주파수 및 허용오차(제18조 관련)

1. 표준전압 및 허용오차

표준전압	허용오차
110볼트	110볼트의 상하로 6볼트 이내
220볼트	220볼트의 상하로 13볼트 이내
380볼트	380볼트의 상하로 38볼트 이내

2. 표준주파수 및 허용오차

표준주파수	허용오차
60헤르츠	60헤르츠 상하로 0.2헤르츠 이내

제 8 장 신재생 발전설비 신뢰도

제46조(신재생발전기의 계통연계 등)
① 신재생발전사업자는 신재생발전기의 계통연계 또는 운전시 전력 계통의 신뢰도 및 전기품질유지에 협조하여야 한다.
② 송·배전사업자는 신재생발전기의 적정 계통연계기준을 마련·운영하여야 한다. 다만, 그 기준의 수립에 관한 사항은 지식경제부 장관의 인가를 받아야 한다.
③ 신재생발전기 계통연계 기준의 적용 대상은 다음 각호의 1과 같다
   1. 육지계통 : 전력계통에 신규로 접속되는 20MW 이상의 발전기
   2. 제주계통 : 배전계통에 전용선로로 연계되는 규모이상의 발전기

제47조(신재생발전기의 주파수 운전 기준)
신재생발전기의 주파수 운전기준은 제22조를 적용한다.

제48조(신재생발전기의 무효전력 출력)
① 신재생발전기의 무효전력제공 성능은 정격출력(MW) 기준으로 다음 각 호와 같다.
   1. 풍력발전기 : 지상 0.95 ~ 진상 0.95
   2. 조력발전기 : 지상 0.95 ~ 진상 0.95
   3. 부생가스, 매립지가스 발전기 : 지상 0.90 ~ 진상 0.95
② 발전기의 무효전력 출력은 전력거래소에 등록한 발전기별 특성범위 내에서 운영할 수 있어야 한다.

제49조(신재생발전기의 순시전압저하시 유지성능)
① 신재생발전기는 인근계통 고장시 순시전압저하에도 연계운전을 유지할 수 있는 성능을 갖추어야 한다.
② 전력거래소는 계통검토 및 보호협조를 고려한 기준을 제시하여야 한다.

<한전 분산형 전원 배전 계통 연계 기술기준> (107.1.3)
1. 특고압 계통
   분산형전원의 연계로 인한 순시전압변동률은 발전원의 계통 투입·탈락 및 출력 변동 빈도에 따라 다음 <표2.5>에서 정하는 허용 기준을 초과하지 않아야 한다. 단, 해당 분산형전원의 변동 빈도를 정의하기 어렵다고 판단되는 경우에는 순시전압변동률 3%를 적용한다.

<표 2.5> 순시전압변동률 허용기준

발전원의 계통 투입·탈락 및 출력 변동 빈도	순시전압변동률
1시간에 2회 초과 10회 이하	3%
1일 4회 초과 1시간에 2회 이하	4%
1일에 4회 이하	5%

2. 저압계통
   계통 병입시 돌입전류를 필요로 하는 발전원에 대해서 계통 병입에 의한 순시전압변동률이 6%를 초과하지 않아야 한다.

2.6 아래 그림과 같은 계통의 F점에서 3상단락 고장이 발생할 때 다음 사항을 계산하시오.
(단, G1, G2는 같은 용량의 발전기이며 Xd'는 발전기 리액턴스 값)

가. 한류리액터 X_L이 없을 경우 차단기 A의 차단용량[MVA]
나. 한류리액터 X_L을 설치해서 차단기 A의 차단용량을 100[MVA]로 하려면 이에 소요될 한류리액터의 리액턴스(X_L)값

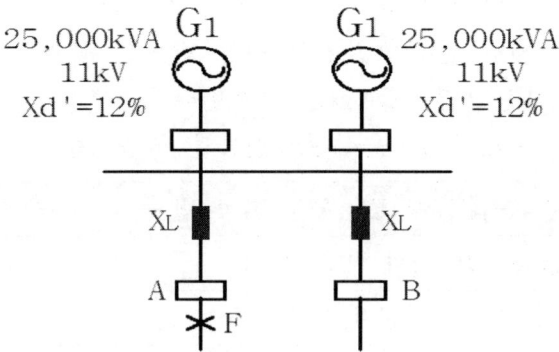

1. 한류리액터 X_L이 없을 경우
 1) 기준용량 : 100(MVA)로 계산
 2) 기준용량으로 %임피던스 환산
  - %ZG1 = $\%Zs \times \dfrac{Pn}{Ps} = 12 \times \dfrac{100}{25} = 48(\%)$
  - %ZG2 = $\%Zs \times \dfrac{Pn}{Ps} = 12 \times \dfrac{100}{25} = 48(\%)$

 3) 임피던스 Map

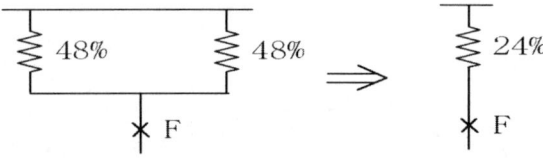

 4) 차단기 용량 계산
  $Ps = \dfrac{100}{\%Z} \times Pn = \dfrac{100}{24} \times 100 = 416.67(MVA)$

 따라서 차단기 용량은 520(MVA)를 사용하면 된다.

2. 한류리액터 X_L이 있을 경우
 1) 기준용량 : 100(MVA)로 계산

2) 기준용량으로 %임피던스 환산

- %ZG1 = $\%Zs \times \dfrac{Pn}{Ps} = 12 \times \dfrac{100}{25} = 48(\%)$

- %ZG2 = $\%Zs \times \dfrac{Pn}{Ps} = 12 \times \dfrac{100}{25} = 48(\%)$

- %ZXL = $\dfrac{P \times Z}{10\,V^2} = \dfrac{100 \times 10^3 \times X_L}{10 \times 11^2} = 82.64 X_L$

3) 임피던스 Map

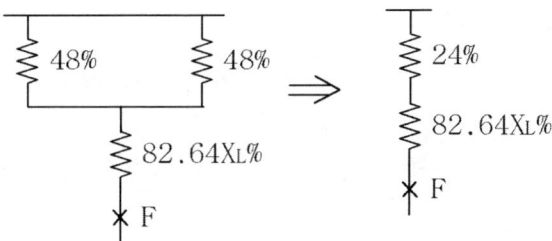

4) XL값 계산

- $Ps = \dfrac{100}{\%Z} \times Pn$

  $100 = \dfrac{100}{24 + 82.64 X_L} \times 100$ 에서

  $X_L = \dfrac{100 - 24}{82.64} = 0.91965(\Omega)$

5) 검산

- %ZXL = $\dfrac{P \times Z}{10\,V^2} = \dfrac{100 \times 10^3 \times 0.91965}{10 \times 11^2} = 76(\%)$

- 임피던스 Map

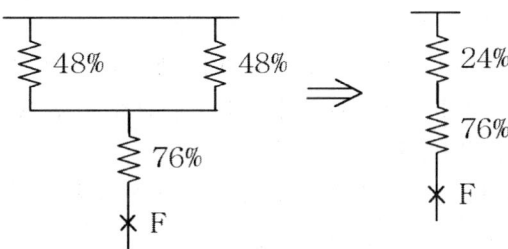

- $Ps = \dfrac{100}{\%Z} \times Pn = \dfrac{100}{24 + 76} \times 100 = 100(MVA)$

3. 정답 가 : 차단기 용량 520(MVA)
         나 : $X_L = 0.91965(\Omega)$

3.1 에너지 다소비형 건출물 설계 시 제출되는 전기설비 부문의 에너지 절약 계획서에서 수변전설비, 조명설비, 전력간선 및 동력설비의 의무사항과 권장사항에 대하여 설명하시오.

1. 적용범위

2013년 9월 1일 부터는 냉난방을하는 연면적의 합계가 500제곱미터 이상인 경우에는 건축물의 용도와 관계없이 에너지절약계획서를 첨부하여야 한다.

2. 전기부문(2013년 개정반영)

항목	구분	적용설비
수변전 설비	의무 사항	1. 고효율변압기 설치 　몰드변압기, 아몰퍼스 변압기, 자구 미세화 변압기 채택
	권장 사항	1. 직접강압방식을 채택 　일반적으로 특고->저압 직강압 방식 채택 2. 변압기의 대수제어가 가능하도록 뱅크 구성 　부하 종류, 계절 부하등 고려(전등, 전열, 동력, 비상용등 분리) 3. 수용율, 장래 여유율, 배전방식을 고려하여 용량을 산정 4. 역률개선용콘덴서를 집합 설치하는 경우 : 자동역률조절장치 설치. 　APFR은 단계적이어서 콘덴서 투입시 돌입전류가 크지만 　SCR을 이용한 SVC는 돌입전류가 적어 전력품질이 좋아짐. 5. 최대수요전력 제어설비를 채택 　최대 수요 전력 제어방식에는 　1. Peak Cut 제어 2. Peak Shift 제어 3. 발전기 Peak 운전 6. 층별 및 구획별로 전력량계 설치 : 임대가 주목적인 건축물
간선 및 동력 설비	의무 사항	1. 전압강하 : 내선규정을 따라야 한다. 2. 역률 개선용 콘덴서 : 전동기별로 설치
	권장 사항	1. 승강기 제어방식 : 에너지절약형 　- 승강기 속도 제어로 VVVF 제어방식 채택 　- 승강기 Gearless방식 : 에너지 절약 약 30%, 장수명, 저진동, 저소음 2. 고효율 유도전동기 채택 　다만, 간헐적으로 사용하는 소방설비용 전동기는 제외
조명 설비	의무 사항	1. 고효율 조명기기를 사용 　램프, 안정기, 반사갓등 2. 형광램프 전용안정기를 사용 : 전자식 3. 공동주택 각 세대내의 현관 및 숙박시설의 객실 입구 : 　인체감지점멸형 또는 점등후 일정시간후 자동 소등되는 조명기구를 채택

		4. 필요에 따라 부분조명이 가능하도록 점멸회로를 구분 5. 일사광이 들어오는 창측의 전등군 : 부분점멸이 가능하도록 설치(다만, 공동주택은 제외) 6. 층별, 구역별, 세대별 일괄소등스위치 설치

	권장
	사항
		1. 옥외에는 고휘도방전램프(HID Lamp) 또는 LED 램프를 사용
		2. 옥외 조명회로 : 격등 점등과 자동점멸기에 의한 점멸
		3. 공동주택의 지하주차장
		  - 자연채광용 개구부가 설치되는 경우 :
		    주위 밝기를 감지하여 전등군별로 자동 점멸되거나 스케쥴제어가 가능하도록 할 것.
		4. 유도등 : 고효율 인증제품인 LED유도등 설치.
		5. 백열전구 : 사용하지 말 것.
		6. KS A 3011에 의한 작업면 표준조도를 확보하고 효율적인 조명 설계에 의한 전력에너지를 절약한다.

제어 설비	권장 사항	1. 수변전설비 : 자동제어설비 2. 조명설비 : 군별 또는 회로별 자동제어. 3. 여러 대의 승강기가 설치되는 경우 : 군관리 운행방식 4. 팬코일 유닛 : 실의 용도별 통합제어.

대기
전력
	의무
	사항
		1. 공동주택
		  거실, 침실, 주방에는 대기전력자동차단콘센트 또는 대기전력 자동차단 스위치를 1개 이상 설치하여야 하며, 대기전력자동차단콘센트 또는 대기전력차단스위치를 통해 차단되는 콘센트 개수가 전체 개수의 30% 이상이 되어야 한다.
		2. 공동주택 외 건축물
		  대기전력자동차단콘센트 또는 대기전력차단 스위치를 통해 차단되는 콘센트 개수가 거실에 설치되는 전체 콘센트 개수의 30% 이상이 되어야 한다. 다만, 업무시설 등에서 OA Floor를 통해서만 콘센트배선이 가능한 경우에 한해 자동절전멀티탭을 통해 차단되는 콘센트 개수를 산입할 수 있다.

	권장 사항	도어폰, 홈게이트웨이 등은 대기전력저감 우수제품으로 등록된 제품을 사용

3.2 원방감시제어(SCADA:Supervisory Control and Data Acqusition)시스템에 대하여 설명하시오.

1. 개요
SCADA 시스템은 Supervision Control And Data Acquisition(취득. 이득) 의 약자로서 발전소간, 변전소간 전력 감시 제어를 자동화한 '집중 원격 감시 제어 시스템'이다.

1986년 한전에서 미국의 시스템을 처음 도입하고 이후 한전 전력 계통 외에도 빌딩에도 도입하여 빌딩 전력 감시 제어시스템에 적용하고 있다.

SCADA 시스템은 전자, 통신, 컴퓨터를 이용하여 계측 및 제어를 할 수 있도록 되어 있으며 기본 목적은 무인화에 있었다.

2. 구성
1) 컴퓨터 및 주변장치
   - 전체 시스템을 총괄 제어하는 핵심이다.
   - 원방 감시 제어를 Real Time으로 처리하기 위해 각종 프로그램을 수행하고 필요한 모든 결과 및 정보를 출력시킨다.
2) Interface 장치
   - 시스템(기계)과 운전원(사람) 사이에 자유로운 연락이 있어야 시스템 운용의 목적을 충족할 수 있다.
   - Control Desk, CRT, Logger, 전력 계통반, 경보장치등으로 구성.
3) 전송 장치
   - 자료 취득 및 상호 통신을 할 수 있는 장치
   - 각 원격 변전소로부터 필요한 정보를 중앙으로 받아들이고, 중앙의 원격 조작 신호를 전송함으로서 중앙과 단말간의 정보 전송을 위한 제반 장치를 말한다. (T/D, Modem등)
4) 원격소 장치
   - 각 변전소에 설치된 단말장치(Remote Terminal Unit)로서 통신부, 공통 제어부, 신호 변환부로 구성되며 필요한 모든 데이터를 취득하여 중앙으로 전송한다.

3. SCADA 시스템의 기능
1) 원방 제어 (Remote Control) 및 감시 기능
   - 변전실의 무인 운전이 가능하도록 차단기의 원격 투입 조작과 변압기의 전압 조정을 원방에서 실시.
   - 각종 차단기, 보호 계전기, 변압기 Tap위치, 출입문 상태등을 감시

2) 자동 경보 및 기록 기능
   - 변전실의 화재, 보안상태는 물론 전력 계통의 이상 발생시 사고 분석을 하여 경보를 발하여 여러 변전소를 집중 감시 제어하도록 함.
   - 사고나 이상상태등 모든 자료를 자동적으로 일정 주기로 측정 기록.
3) 원격 검침 기능
   - 전압, 전류, 부하량, 무효전력, 역율, 전력량, 주파수등을 원격 검침

4. SCADA 시스템의 효과

과거 시스템	SCADA 시스템
1. 인간 능력에 한계가 있다.	컴퓨터에 의해 조작 운영함으로 조작 범위 넓어짐.
2. 송수신 정보의 부정확	전자 장비에 의해 정확도 높아짐.
3. 사고 발생 감지 지연	조기 감지 및 신속한 조치가 가능
4. 합리적 계통 운영이 불가하고 고의 확대 및 전력 손실의 우려.	계통을 합리적으로 운용할 수 있고 전력 공급 신뢰도가 향상됨.
5. 수작업에 의한 기록으로 많은 인력 소모	주기적인 자동 기록으로 시간대별 정확한 데이터가 기록되고 인력 절감이 된다.

5. SCADA 시스템의 향후 전망

SCADA 시스템은 한전에서는 이미 발전소 및 변전소에서는 표준화가 되어 실용화 되었고 이 시스템을 발전시킨 전력 중앙 감시 시스템, 나아가 BAS 및 인텔리젠트 빌딩 시스템까지 진행이 되고 있으며, 향후 유비쿼터스를 도입하여 도시 전체를 네트워크화한 시스템으로 발전할 것으로 보인다.

3.3 동상 다조 케이블을 포설할 때 동상 케이블에 흐르는 전류의 불 평형 방지 방안에 대하여 설명하시오.

1. 개요

   케이블 트레이 공사방법은 전기설비 판단기준 제194조에 규정하고 있으나 동상 케이블에 대한 구체적인 방법이 없어 KSC IEC 60364-5-523 를 인용하여 기술하기로 한다.

2. 병렬도체

   두 개 이상의 선 도체 또는 PEN 도체가 병렬로 접속된 경우 다음에 따른다.
   1) 부하전류가 균등하게 배분될 수 있도록 조치를 취한다.
   2) 전선이 같은 재질 같은 단면적을 가지고, 거의 길이가 같고, 그 전체 길이에서 분기회로가 없으며 다음 어느 하나일 경우 이 요건을 충족한 것으로 본다.
      - 병렬 전선이 다심 케이블 또는 꼬인 단심 케이블 또는 절연전선
      - 병렬전선이 꼬이지 않은 단심 케이블 또는 삼각배치 또는 수평배치의 절연전선으로서 단면적이 동선은 50mm^2 알루미늄선은 70 mm^2 이하.
      - 병렬전선이 꼬이지 않은 단심케이블 또는 삼각배치 혹은 수평의 절연전선으로서 단면적이 동선은 50 mm^2, 알루미늄선은 70mm^{2}를 초과하고 이러한 구성에 필요한 특수한 배치법을 적용.

      특수한 배치법은 서로 다른 상 또는 극을 적절하게 그룹 짓고 간격을 두는 것으로 이루어진다.
   3) 전류가 적절히 분배되지 않거나 넷 이상의 도체가 병렬로 연결되어야 하는 경우 부스바 시스템의 사용을 고려한다.

3. 동상 다조 부설시 전류 불평형 정도

케이블 배열	전류불평형
Ⓐ Ⓑ Ⓒ Ⓐ' Ⓑ' Ⓒ'	동상내 불평형 없음.
Ⓐ Ⓑ Ⓒ Ⓒ' Ⓑ' Ⓐ'	동상내 불평형 없음.
Ⓐ Ⓑ Ⓒ Ⓒ' Ⓑ' Ⓐ'	동상내 불평형 없음.
Ⓐ Ⓑ Ⓒ Ⓐ' Ⓑ' Ⓒ'	동상내 불평형 있음.
Ⓐ Ⓐ' Ⓑ Ⓒ Ⓒ' Ⓑ'	동상내 불평형 없음.

케이블 배열	전류불평형
Ⓐ Ⓐ′ Ⓐ″ Ⓑ Ⓑ′ Ⓑ″ Ⓒ Ⓒ′ Ⓒ″	전류 불평형 있음(약 5%) 동상 케이블을 이격시킬수록 불평형은 감소한다.
Ⓐ　Ⓐ′　Ⓐ″ Ⓑ Ⓒ Ⓑ′ Ⓒ′ Ⓑ″ Ⓒ″	전류 불평형 있음(약 10%) 정삼각형을 작게 하고 그룹 간격을 크게 하면 불평형이 감소한다.
Ⓐ　ⒷⒷ″　Ⓒ Ⓐ′ Ⓐ″ Ⓑ′ Ⓒ′ Ⓒ″	전류 불평형 있음(약 10%) 그룹 간격을 크게 하면 불평형이 감소한다.
Ⓐ Ⓐ′ Ⓐ″ Ⓑ Ⓑ′Ⓑ″ Ⓒ Ⓒ′ Ⓒ″	전류 불평형 있음(약 50%)
Ⓐ Ⓑ Ⓒ Ⓐ′ Ⓑ′ Ⓒ′ Ⓐ″ Ⓑ″ Ⓒ″	전류 불평형 있음(약 10%)
Ⓐ Ⓑ Ⓒ Ⓒ′ Ⓑ′ Ⓐ′ Ⓐ″ Ⓑ″ Ⓒ″ Ⓒ‴ Ⓑ‴ Ⓐ‴	동상내 불평형 없음
Ⓐ Ⓐ′ Ⓐ″ Ⓐ‴ Ⓑ Ⓑ′ Ⓑ″ Ⓑ‴ Ⓒ Ⓒ′ Ⓒ″ Ⓒ‴	전류 불평형 있음(약 10%) 동상 케이블을 이격시킬수록 불평형은 감소한다.

3.4 공동구 내 설치되는 케이블의 방화대책에 대하여 설명하시오.

1. 개요
   지하구(지하공동구)란 전력, 통신용의 전선이나 가스, 냉난방의 배관 또는 이와 비슷한 것을 수용하기 위하여 설치한 지하공작물로서 사람이 점검 또는 보수하기 위하여 출입이 가능 한 것 중 폭이 1.8m 이상이고 높이가 2m 이상이며 길이가 50m(단, 전력 또는 통신용의 경우 500m)이상인 것

2. 지하구 화재의 발생원인
   1) 내부원인(케이블자체의 발화)
      - 과전류 단락, 지락, 누전에 의한 발화
      - 접촉부 과열에 의한 발화
      - 스파크등에 의한 발화
      - 절연열화 및 탄화에 의한 발화
      - 다회선 포설에 의한 허용전류 저감률 부족으로 온도상승에 의한 발화
      - 시공불량등에 의한 온도상승으로 부분 발열발화

   2) 외부원인(외부 발화원에 의한 발화)
      - 공사중 용접불꽃등에 의한 발화
      - 케이블 주위에서 기름등의 가연물의 연소에 의한 발화
      - 케이블이 접속되어 있는 기기류의 과열에 의한 발화
      - 타구역에서 발생한 화재가 케이블로 연소확대에 따른 발화
      - 방화

3. 지하구 화재의 특성
   1) 지하의 밀폐공간성
   2) 연소확대의 위험성
   3) 연소시 유독가스 및 연기 대량발생

4. 지하구의 안전대책
   1) 지하구 공간의 용적확대 : 수요 예측을 통한 중장기적인 계획
   2) 장기적으로 보다 미래적인 지하구 설계지점의 개발
      - 내화성능 보유 : 통로 및 케이블 공간의 구획설치
      - 소방, 방재시설의 구비 : 사고감지 및 대응체계 구축
      - 수용 케이블이나 난방관의 난연화 증진 : 지하구내 연소가능한 물질의 저감
      - 관리용 시설의 개선 : 상시 점검이 가능한 시스템 구축
      - 배연, 환기시설의 개선

5. 소방시설의 종류
   1) 자동화재탐지 설비
      - 지하구의 하나의 경계구역의 길이는 700m 이하로 할 것
      - 설치할 감지기의 종류
         ㉮ 정온식 감지선형 감지기
         ㉯ 주소형감지기 (아날로그감지기)
      - 정온식 감지선형감지기는 지하구등에 지지물이 적당하지 않는 장소에서 보조선을 설치하고, 그 보조선 위에 설치할 것
      - 지하구에 설치하는 감지기는 먼지, 습기등의 영향을 받지 아니하고, 발화지점을 확인할 수 있는 감지기 (즉 주소형감지기)를 설치할 것

   2) 통합감시시설 구축기준
      - 소방관서와 공동구의 통제실간의 화재등 소화활동에 관련된 정보를 상시 교환할 수 있는 정보통신망을 설치할 것
      - 정보통신망은 광케이블 또는 이와 유사한 성능을 가진 선로로서 원격제어가 가능할 것
      - 주수신기는 공동구의 통제실에, 보조수신기는 관할 소방관서에 설치하여야 하고 수신기에는 원격 제어가 가능할 것
      - 비상시에 대비하여 예비선로를 구축할 것

   3) 무선통신보조설비
   4) 연소방지설비
      - 지하구 안에 설치된 케이블, 전선등에는 연소방지용 도료를 도포
      - 단, 케이블, 전선등이 옥내소화전설비의 화재안전기준에서 정한 내화배선 방법으로 설치한 경우나 이와 동등 이상의 내화성능이 있는 경우에는 연소방지도료를 도포하지 않아도 된다.

   5) 방화벽(전력 또는 통신산업용의 지하구에 한함)
      - 내화구조로서 홀로 설 수 있는 구조로 할 것
      - 방화벽에 출입문을 설치하는 경우에는 방화문으로 할 것
      - 방화벽을 관통하는 케이블, 전선등에는 내화성이 있는 화재차단재로 마감할 것
      - 방화벽의 위치는 분기구 및 환기구등의 구조를 고려하여 설치할 것
   6) 소화기 등

3.5 풍력발전용 발전기 선정시 고려사항과 풍력터빈의 정지장치 시설기준에 대하여 설명하시오.

1. 풍력 발전용 발전기 선정시 고려사항
   1) 입지 조건
      풍력 발전소는 바닷가 육상에 설치하는 방법과 바다 위에 설치하는 방법이 있으며, 미관의 문제, 장소의 제약, 기술적인 문제 등 여러 가지 이유로 육상보다는 해상이 선호되고 있으며 다음과 같은 조건을 고려해야 한다.
      - 설치 지역의 풍속, 풍향 조건
      - 설치 지역 토양이 큰 하중을 견딜 수 있는지 여부
      - 출입 가능 도로 존재 여부(공사 자재 등의 공급이 가능한지 여부)
      - 송전 선로의 존재 여부
      - 건설에 따른 부지 확보 가능 여부
      - 경관 영향 및 발생 소음 영향

   2) 풍력발전기의 종류
      (1) 기어에 의한 분류
       ① 기어식
          가. 구성 : 회전자 -> 기어장치 -> 유도발전기(정전압/정주파수) -> 인버터 -> 전력 계통

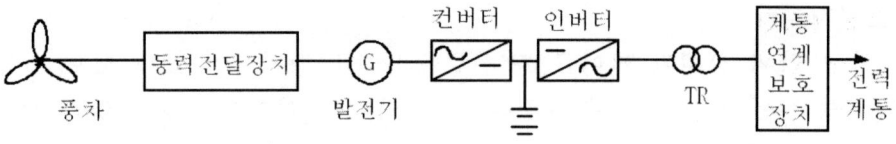

          나. 장점
            - 장기간 노하우로 신뢰도 높음
            - 계통 연계가 용이함
            - 제작 비용이 저렴
          다. 단점
            - 기어의 마모로 유지 보수 어려움
            - 소음 발생 및 고장 발생 빈도 높음
            - 유지관리 비용 과다
            - 저출력시 역율 보상 필요
       ② 기어레스식
          가. 구성 : 회전자 -> 동기발전기(가변전압/가변주파수) -> 인버터 -> 전력계통
          나. 장점

- 기어등 기계부품의 생략으로 내부 구조가 간단하여 유지보수 용이
- 기어가 없어 소음 발생이 적음
- 역율 제어가 가능하며 출력에 관계없이 고역율임.

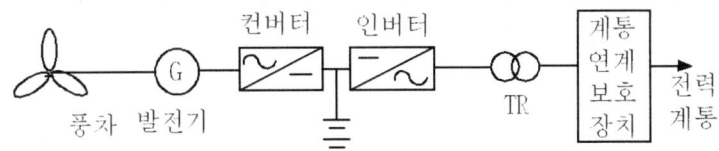

다. 단점
- (동기)발전기 부피가 커서 설치가 어려움
- 중량이 무거워서 지지물 구조가 커져야 함.
- 인버터 사용으로 계통 연계시 고조파 발생
- 발전기가 외부에 노출되어 절연 문제 우려

(2) 축에 의한 분류
① 수평축 형 :
　　주로 프로펠라형이 사용

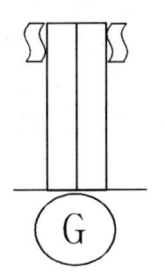

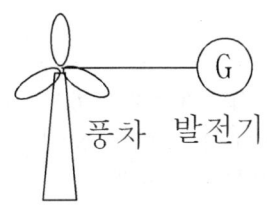

② 수직축 형 : 다리우스형과 사보이우스형중
　　　　　　다리우스형이 많이 사용.

(3) Link 방식에 따른 분류
- DC Link 방식
- AC Link 방식

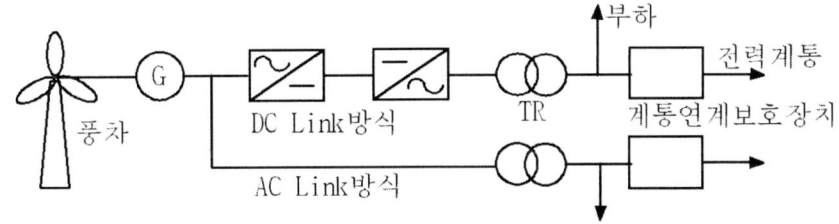

3) 기타 고려사항
- 발전기 정격전압, 정격용량, 주파수
- 계통 연계 방식 및 보호 방식등

2. 풍력터빈의 정지장치 시설기준
   인용 : 전기설비 기술기준 발전용 풍력설비 제 13 조 (풍력터빈 정지장치의 시설)

   기술기준 제170조에 따른 풍력터빈 정지장치는 표 13과 같이 자동으로 정지하는 장치를 시설하는 것을 말한다.

[표 13]

이 상 상 태	자동정지장치	비 고
풍력터빈의 회전속도가 비정상적으로 상승	○	
풍력터빈의 컷 아웃 풍속	○	
풍력터빈의 베어링 온도가 과도하게 상승	○	정격 출력이 500 kW 이상인 원동기(풍력터빈은 시가지 등 인가가 밀집해 있는 지역에 시설된 경우 100 kW 이상)
풍력터빈의 주요 베어링 또는 그 부근의 축에서 회전 중에 발생하는 진동이 과도하게 증가	○	시가지 등 인가가 밀집해 있는 지역에 시설된 것으로 정격출력 10 kW 이상의 풍력터빈
제어용 압유장치의 유압이 과도하게 저하된 경우	○	용량 100 kVA 이상의 풍력발전소를 대상으로 함.
압축공기장치의 공기압이 과도하게 저하된 경우	○	
전동식 제어장치의 전원전압이 과도하게 저하된 경우	○	

3.6 무정전전원장치(UPS) 설계시 고려사항과 UPS용 축전지 용량산정에 대하여 설명하시오.

1. 무정전 전원장치(UPS) 설계시 고려사항
   1) 부하 내용의 중요도 파악 및 UPS 공급 부하 선정
      부하 용량   3Φ P = $\sqrt{3}$ E I x 10^{-3} (KVA)
                 1Φ P =   E I x 10^{-3} (KVA)
   2) 수용율
      일반 : 0.8 ~ 1.0   통신부하 : 1.0
   3) 고조파 전류 영향에 따른 여유 용량 및 억제 대책
      여유 용량   3Φ 1.2 - 1.4
                 1Φ 1.3 - 2.0
   4) 장래 증설 또는 여유율
   5) 시동 돌입 전류 및 억제 대책
   6) 과부하 내력
   7) 부하 불평형율 : 단상 혼용 부하의 경우 20% 내외
   8) 전압 및 전압 변동율 결정
   9) 주파수 및 주파수 변동율
   10) 부하 역율
   11) 수전방식 및 발전기와의 협조
   12) 환경 조건 검토
      - 주위온도 및 공조시스템 설치 여부
      - 소음, Noise, 내진, 방진, 먼지, 환기, 소화기등
      - 설치 Lay Out, Space, 내 하중등
   13) 경제성 등
   14) UPS 운용 시스템 및 특징
      (1) 단일 시스템

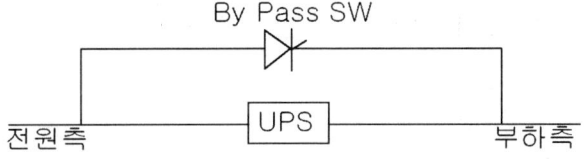

      - 바이패스 전환 회로에 SCR을 사용한 반도체 S/W에 의해 무순단으로 전환.
      - 소용량에서 대용량까지 단일 시스템의 표준
      - 경제적이며 고 신뢰도 시스템임.

(2) 병렬 시스템

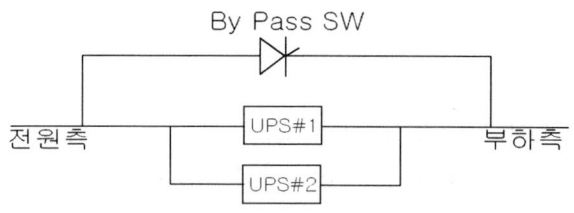

- UPS를 2대 또는 그 이상으로 병렬 운전하여 신뢰성을 높인 시스템.
- 금융기관 전산실, 병원 수술실등 고 신뢰성을 요구하는 시스템에 적용

2. UPS용 축전지 용량산정 방법(100.1.2)
   1) UPS 용량 산정
   (1) 일반부하 용량
      P = α β (ΣPL + PT)
      α : 수용율 (0.8 ~ 1.0)
      β : 고조파 여유 계수 (1.25)
      PL : 부하량   (KVA)
      PT : 증설 가능 여유량 (20% 정도)
   (2) 돌입 전류를 고려한 용량
      $P \geq \dfrac{Ps}{0.5}$
      Ps : 최대 돌입 용량

   (3) 과전류 내량을 고려한 용량
      $P \geq \dfrac{\Sigma P_L + Ps}{r}$
      PL : 부하량
      Ps : 돌입 용량
      r : 과부하 내량
      상기 3가지 값 중에 제일 큰값을 적용한다.

   2) UPS용 축전지 용량 산정
   (1) 축전지 용량 $Ah = \dfrac{부하용량(kVA) \times 10^3 \times \cos\theta \times 시간(분)}{방전종지전압 \times 셀수 \times 효율 \times 보수율 \times 60} (Ah)$

   (2) 축전지 전류 $I = \dfrac{부하용량(kVA) \times 10^3 \times \cos\theta}{DC전압 \times 셀수 \times 효율} (A)$

4.1 태양광발전용 전력변환장치(PCS)의 회로방식에 대하여 설명하시오.

1. 개요
   태양광 발전 시스템에서 가장 중요한 파워콘디셔너는 아래와 같이 구성됨.
   1) 인버터부 : 태양전지의 직류출력을 교류로 변환하여 전력을 공급하는 장치
   2) 보호장치 : 계통측에 이상 발생시 안전하게 정지
   3) 필터부 : 인버터에서 발생되는 고주파를 제거

2. 인버터(POWER CONDITIONER)의 기능과 회로방식
   1) 기능
      - 태양전지에서 출력된 직류전력을 교류 전력으로 변환
      - 한전의 전력 계통 (22.9KV 또는 380/220V)에 역 송전
      - 태양전지의 성능을 최대한으로 하는 설비
      - 이상시나 고장시 보호기능등을 종합적으로 갖춤.
   2) 회로방식
      POWER CONDITIONER의 회로 방식에는 여러 가지가 있으나 크게 나누어 상용주파 변압기 절연방식, 고주파 변압기 절연방식, Transless 방식등이 있음.
      (1) 상용주파(LF) 절연 변압기 방식

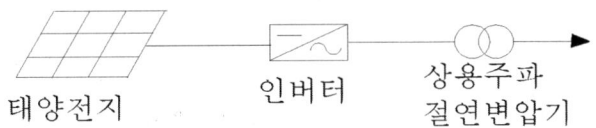

      - 태양전지의 직류 출력을 상용주파의 교류로 변환 후 변압기로 전압을 변환하는 방식임.
      - 내부 신뢰성이 높고 직류 유출이 적어 Noise Cut 성능 우수
      - 상용주파 변압기를 이용하기 때문에 중량이 무겁고 부피가 커지며
      - 변압기 전력손실이 커서 효율이 떨어지는 단점이 있음.

      (2) 고주파(HF) 절연 변압기 방식

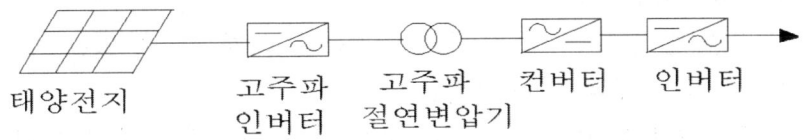

      - 태양전지의 직류 출력을 고주파의 교류로 변환한 후 고주파 변압기로 변압한다.
        이후 고주파 교류->직류, 직류->상용주파 교류로 변환하는 방식이고 고주파 절연 변압기가 직류 유출을 방지한다.

- LF방식에 비하여 전력 손실이 적어 효율이 좋음.
- 소형 경량이지만 회로가 복잡하고 가격이 고가임

(3) Transless 방식

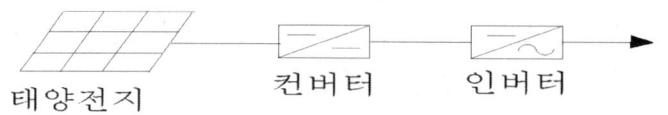

- DC-DC컨버터 : 정전력 출력 특성으로 승압을 목적으로 한다.
  DC-AC인버터 : 상용 주파 교류로 전환
- 2차 회로에 변압기를 사용하지 않는 방식으로
- 소형 경량이며 저가임.
- 상용전원과의 사이에 비 절연이므로 직류의 유출 가능성이 있음.
- 이 방식이 신뢰도와 효율이 높아 발전 사업용으로 유리하다.

3. 인버터 요구 기능
 1) 최대 전력 추종 제어 기능
   - 태양전지는 일사량에 따라 출력 특성이 많이 변동됨.
   - 인버터의 최대 전력점에서 응답제어 하도록 최대 전력 추종 제어가 요구됨.

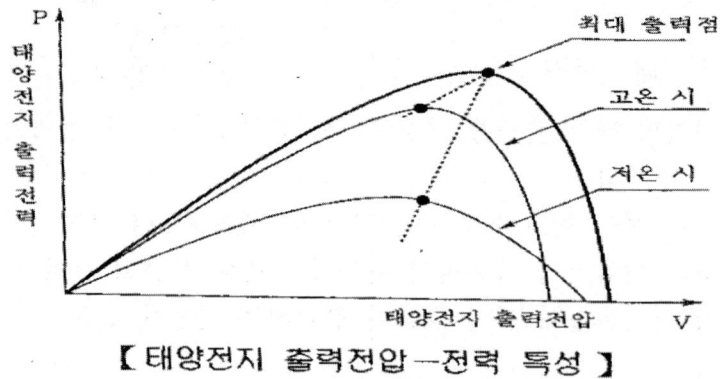

【 태양전지 출력전압-전력 특성 】

 2) 고 효율 제어 기능
   - 스위칭 손실 및 고정 손실도를 최대한 억제 할 수 있는 제어기 적용
 3) 고조파 및 고주파 억제 기능
   - 주로 IGBT를 고속으로 ON, OFF 하기 때문에 고주파 노이즈 발생
   - 다상 펄스 방식 및 필터를 이용하여 제거
 4) 계통 연계 보호 기능
   - 인버터의 고장이나 계통 사고시에 피해 범위를 최소화 하기 위해 사고시 계통 분리 또는 인버터 정지등 기능

5) 보호 시스템
   - 단락 및 과전류 보호
   - 지락 보호
   - 과전압 및 저전압 보호등
6) 소음 저감 기능
   - 동작 주파수를 가청 주파수(20 kHz) 이상으로 동작

4.2 전력선 통신시스템(PLC:Power Line Communication)에 대하여 설명하시오.

1. 정의
   1) 전기통신 설비의 기술기준에 관한 법칙' 제3조(정의)에 따르면 "전력선 통신"이란 전력공급선을 매체로 이용하여 행하는 통신을 말한다.
   2) 즉, PLC(Power Line Communication)란 전력선을 통신선으로 사용하여 전원과 통신 신호를 다중화하여 동시에 전송하는 시스템이다.
   3) KSX 4600-1 전력선 통신 2006년 제정됨.
   4) 미국 : 자동화, 제어 및 빌딩관리용 ISO/IEC 14908 국제 표준 승인
      유럽 : 전자시스템용 ISO/IEC 14543 국제 표준을 승인 받는 등 저속 부문의 전력선통신 국제 표준은 전 세계적으로 활발히 진행되고 있다.

2. 전력선 통신(PLC)의 원리
   1) 전력선을 통신 매체로 이용하여 저주파 전력신호인 상용주파수 60 Hz에 수백KHz ~ 수십MHz의 고주파 신호를 싣는 방식임.
   2) 전력선의 통신 신뢰도를 확보하고 전원의 품질(Ripple)에 영향을 주지 않는 통신 방식을 적용하면, 전원 콘센트를 통신 단자로 활용해 어느 곳에서나 편리하고 저렴하게 통신망으로 활용 가능하다.

3. PLC 계통도(구성)

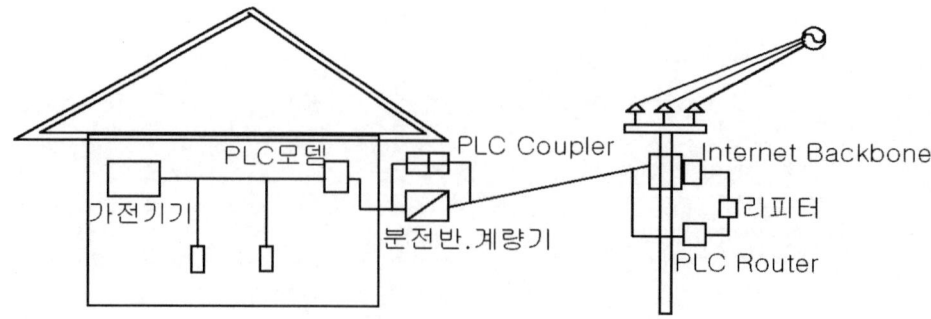

   1) Internet Backbone : 인터넷망에서 전력선에 신호를 증폭 재생 중계하는 장치
   2) 리피터 : 신호 감쇄를 증폭시켜 주는 장치

3) PLC Router : 광역통신망(WAN)에서 근거리 통신망(LAN)으로 연결
4) PLC Coupler : 분전반이나 전력량계를 By pass시켜 신호 단절 제거
5) PLC MODEM : 통신신호를 변조/복조해 주는 장치

4. PLC 분류
   1) PLC는 통신 속도에 따라 저속 · 중속 · 고속 통신으로 구분된다.
   2) 또한 전송 속도에 따라 적용 대상이 구분되는데, 그 이유는 적용 대상별로 필요한 데이터량이 다르며 이에 따라 요구되는 속도도 달라지기 때문이다.

구 분	통신 속도	적용 대상
저속	60 bps ~ 수백 bps	- Home Network (가스, 조명등 단순 제어용)

중속	수천 bps ~ 수만 bps	- Home Network
		  (가전기기 Networking)
		- Industrial 기기 제어 및 감시
		  (조명제어, 전력감시제어등)

고속	1 Mbps 이상	- Broadband Network - AMR(광역 원격검침) - 디지털 영상 전송

5. 전력선 통신의 특징
   1) 전송로가 송전선과 배전선이므로 안정적이고 견고함.
   2) 별도의 통신선이 불필요하므로 구성비가 저렴.
   3) 확장성이 우수
   4) 배전선 도달 지점까지 가능하다.
   5) 단일 매체에 의해 양방향 통신 가능하다.
   6) 자동 검침 이외에 부하관리 및 배전 자동화 시스템이 가능하다.
   7) 국내 기술의 개발에 따라 원가를 낮출 수 있다.

6. 응용분야
   1) 초고속 인터넷 통신
   2) 인터넷전화
   3) 홈네트워킹 및 홈오토메이션
   4) 원격검침
   5) DSM(직접 부하 제어)에 이르기까지 다양한 활용이 가능함.
   6) 조명 · 전력제어
   7) 가로등 제어 · 감시
   8) 에어컨 순환 제어

7. 전력선 통신의 기술상 문제점
   1) 신호 레벨의 유지가 어렵다
      (부하 임피던스 변동, 신호레벨 제한등)
      부하 임피던스 변동, 전원 품질 유지를 위해 Ripple레벨 제한으로 S/N비 확보 어려움
   2) 전자, 전기 기기에 잡음이 최소인 최적의 주파수 대역 선정의 어려움.
      (1) 변압기등 전원기기의 광범위한 분포로 잡음 유입원이 다수 존재한다.
      (2) 저주파 대역에서는 감쇄가 적으나 잡음이 크고, 고주파 대역에서는 잡음은 작으나 감쇄가 크다.
   3) 통신 매체 공유 방식 및 배선 문제
      (1) 특정 주파수의 반송파가 항상 양호한 전송 특성을 보장하지 않는다.
      (2) 전기 저항과 전력 용량만 규정되어 있고, 특성 임피던스, 전파정수와 같은 통신 선로에 긴요한 선로정수는 규정이 없음.
      (3) 시변이며 페이딩이 임의의 주파수에서 발생하여 사전에 예측하기 힘들다.

참고 : S / N 비 [signal to noise ratio, 比]
  - 신호대 잡음비의 줄임말.
  - 필요한 신호 레벨에 대해 불필요한 잡음이 어느 정도의 레벨로 포함되어 있는지를 dB로 나타낸 값이다.
  - 표기대로 신호 레벨을 잡음 레벨로 나눈 대수(의 관계)이므로 그 값이 클수록 바람직하다. (지식백과)

4.3 DALI(Digital Addressable Lighting Interface)프로토콜을 이용한 광원의 조광기술에 대하여 설명하시오.

1. 개요

　최근에 스마트 빌딩과 관련해서 조명시스템의 지능적 제어에 관한 관심이 높아지고 있다. 조명 시스템의 지능제어는 궁극적으로 광원의 on/off 뿐만 아니라 조광제어를 포함하게 된다.

　1990년대 말에 조광제어를 효과적으로 하기 위해서 DALI (Digital Addressable Lighting Interface)라는 프로토콜이 개발된 바 있으며 이때 DALI는 형광등을 그 대상으로 하였다. 그러나 최근에 LED 조명이 향후 새로운 주 조명이 되는 추세이고 LED의 경우 조광이 매우 쉽고 구현 가격도 낮기 때문에 DALI에 대한 관심 및 적용이 다시 증가하고 있다.

2. DALI 시스템의 구성

　1) DALI 시스템은 일반적으로 그림1과 같이 구성된다.

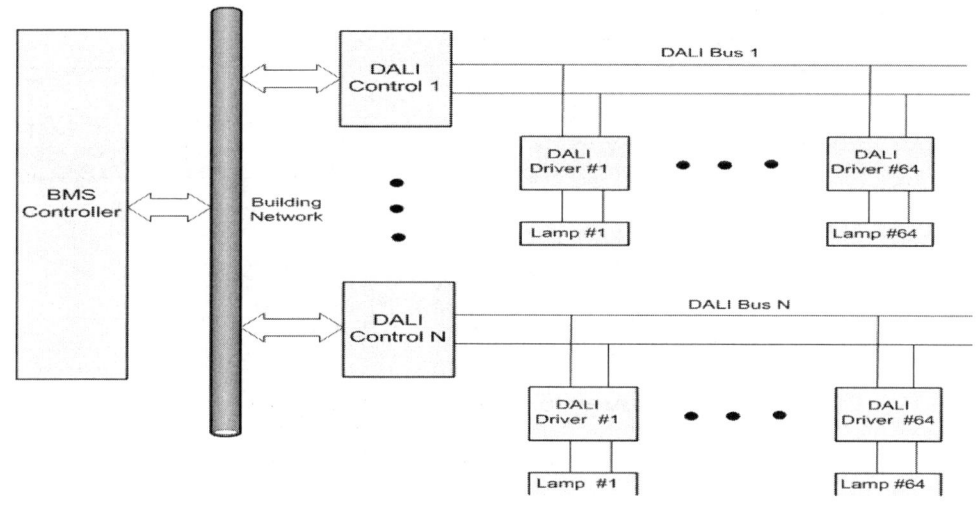

DALI 제어시스템의 구성

　2) 한 개의 DALI 제어기에 의해 구성되는 DALI loop 또는 bus를 통해서 최대 64개의 주소를 갖는 조명기구들을 독립적으로 제어할 수 있고 양방향 통신이 가능하다.
　3) 조명기구들은 조합하여 그룹으로 제어 할 경우 16 그룹으로 나누어서 동작시킬 수 있다.
　4) DALI 제어기는 독립운전으로도 동작할 수 있고 gate way나 transmitter를 사용하여 건물의 네트워크에 연결하여 BMS(Building Management System)과 연계된 양방향 통신의 서브시스템으로도 동작 시킬 수 있다.

5) DALI Bus로 사용되는 도선은 특별하지 않고 일반적으로 사용되는 도선 twisted 또는 shielded cable을 사용할 수 있다.
6) 두 DALI 장치의 최대거리는 300m를 넘어갈 수 없다.
   DALI 시스템간에는 전류를 2mA까지 허용하며 전압강하를 2V이하로만 허용하며 한 개의 DALI loop에 흐를 수 있는 최대전류는 250mA이다.
7) LED나 형광등의 에너지를 최종적으로 제어하는 것은 전용 전력 변환장치가 수행한다.
   통상 이것은 형광등의 경우 안정기로 불리우며 LED의 경우는 드라이버로 명칭되며 이들을 control gear로 명칭하기도 한다.
8) DALI 제어를 위해서는 DALI 프로토콜로 동작되는 전용 드라이버가 필요하며 이를 위해서 기존의 드라이버나 안정기에 추가로 마이크로 콘트롤러가 사용된다.

3. DALI 드라이버
   1) DALI 드라이버는 그림2와 같이 기존의 드라이버 구조에 DALI 제어가 가능하도록 구성된다.

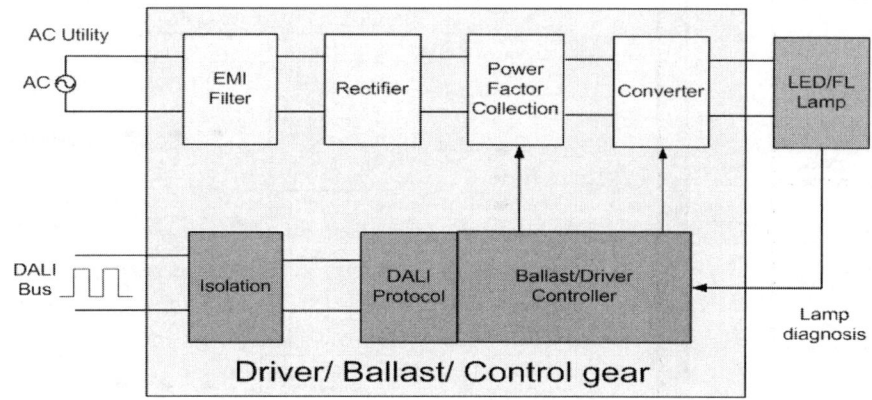

DALI 드라이버 안정기의 구조

   2) DALI 버스를 통해서 광원에 대한 제어명령을 받아서 수행하고 광원의 상태와 관련된 데이터를 bus로 넘겨서 DALI 제어기에 전달한다.
   3) 각 데이터는 신호 제어계와 전력제어계의 전기적 분리를 위해서 전기적으로 포토커플러나 트랜스포머에 의해서 절연된 신호로 통신되어야 한다.
   4) DALI용 드라이버는 자체에 광 출력과 fade time, 액세스가 가능한 주소와 그룹에 대한
      파라미터가 저장되게 된다.
   5) DALI 제어기가 드라이버로부터 받는 정보는 현 조명상태와 광원의 출력레벨 그리고 램프와 안정기의 상태에 관한 것이다.

6) DALI 시스템하에서 조광의 범위는 0.1%~100%로 설정이 가능하며 조광의 최소레벨값은 제품에 따라 달라질 수 있다.

4. DALI 특징 및 프로토콜
   1) 처음 유럽의 조명회사들에게서 제안되었던 DALI는 현재 IEC 62386에 의한 개방형 표준의 조광 제어방식이며 이에 적합한 프로토콜을 사용한 경우 서로 다른 회사의 제품들도 상호 연계되어 동작할 수 있다.
   2) 이것은 기본적으로 송신과 수신을 위한 디지털 통신 프로토콜에 의해서 동작되나 통신매체로는 단순한 2선 방식을 사용하여 간편한 설치를 지향하고 있다.
   3) 조명제어의 경우 이더넷과 같이 많은양의 데이터를 신속히 처리할 필요가 없기 때문에 데이터 전송율은 1초에 1200bit로 늦어도 된다.
   4) DALI 프로토콜은 밝기를 조절할 수 있고 이것들은 선형적인 값이 아닌 로그함수의 관계로 광원을 조절하게 되어 있다.
   5) DALI는 원하는 조명 작업과 주어진 상황에 맞추어서 다양한 명령을 프로그램 할 수 있는 융통성을 갖고 있다.
   6) 작업공간의 변화에 대해 별도의 배선 작업 없이 조명의 변경이 가능하다.
   7) 양방향의 정보통신으로 안정기와 광원의 상태를 파악할 수 있기 때문에 유지보수에도 효과적이다.
   8) 재실감지 조명, 스케줄 조명 그리고 수요 관리 측면에서의 피크 커트용 조명제어등 여러 기법의 제어방식을 수행할 수 있으므로 적절히 적용될 경우 30%~60%의 에너지 절약이 가능하다

5. 결론
   1) 현재 LED 광원의 보급으로 지능적 조명제어가 용이하게 되었고 조광제어에 대한 구현 가격이 현저히 감소함에 따라 DALI 시스템은 향후 시장에서 크게 활용 될 전망이다.
   2) 동시에 여러 유무선 통신방식과 보다 지능화 된 여러 건물 관리시스템등과 연계되어 효과적인 조명 제어용으로 특화되어 활용될 수도 있기 때문에 DALI의 새로운 활용방법과 성능향상에 관한 연구는 지속될 것으로 보인다.

4.4 변압기의 수명과 과부하 운전과의 관계를 설명하고, 과부하 운전시 고려사항을 설명하시오.

인용 : 주변압기 운영 기준(한전 송변변전 A01/변운05)

1. 변압기의 수명과 과부하 운전과의 관계
   1) 변압기의 수명이란 운전 중에 온도, 습도 및 산소의 존재 등에 의하여 절연물이 점차적으로 열화 되고 이상전압이나 전자 기계력 등의 전기적 또는 기계적 스트레스를 받을 경우에 절연 파괴될 위험성이 증가 된다.
   변압기의 경우 운전을 개시한 후에 이 위험도가 높아지는 시점까지의 기간을 변압기의 수명이라고 한다.
   2) 열 열화 요인과 변압기 수명
   - 변압기의 수명은 절연재료의 수명으로 결정된다. 절연재료에는 절연재료의 허용최고온도에 따라 유입변압기에 해당되는 A종 및 몰드변압기에 해당되는 B종, F종 등으로 구별되며 이것들은 절연재료의 내열수명 특성에 의해 구분되고 있다.
   - 절연재료의 수명은 절연재료의 온도 즉, 운전시의 부하율에 크게 의존하게 되는데 변압기의 정격용량(부하율 100%)시에 절연재료의 온도가 허용 최고온도로 설계, 제작되었을때 부하율과 내열수명과의 관계를 다음 그림과 같다.

   3) 부하율과 내열수명의 관계
   부하율 110%의 과부하로 운전할 경우에는 수명이 짧아지고 내열수명은 정격부하 운전시 수명의 1/4이 된다.
   부하율 80% 정도로 여유를 가진 운전 상태시에는 내열수명이 10배 이상이 된다.
   따라서 변압기의 수명은 절연재료의 사용온도, 즉 부하율이나 주위온도 상태에 따라 크게 달라지게된다.

2. 변압기 운전 허용온도
   일반 변압기에 대한 정격운전 허용온도는 다음 표에 의하여 운전한다.

구 분	자 연 순 환	강 제 순 환
주 위 온 도 (℃)	40 ℃	40 ℃
권선허용 온도상승 (℃)	55 ℃	65 ℃
절연유 최고온도 (℃)	55 ℃	55 ℃

   변압기의 허용온도 기준

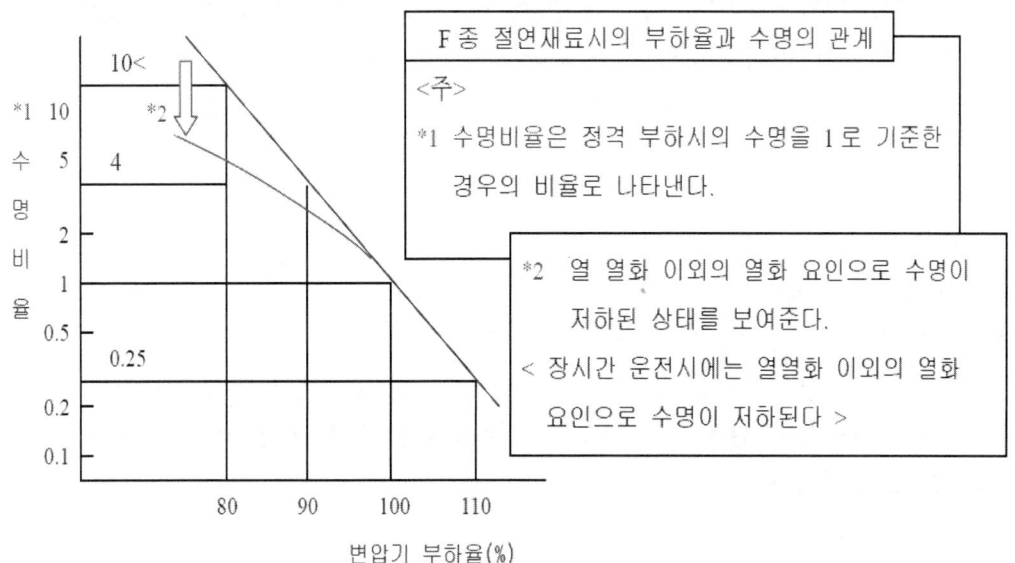

3. 변압기 과부하 운전
  1) 변압기 과부하 운전조건
    - 주위 온도가 저하했을 때
    - 온도상승 시험기록이 규정온도 상승 한도에 미달될 때
    - 단시간 운전
  2) 과부하 운전 제외조건
    - 사용년수가 15년 이상인 변압기
    - 가스 분석결과 가연성 가스총량의 판정치가 "要主意"를 초과하는 변압기
    - 수리 경력이 있거나 절연물의 수리 실적이 있는 변압기
    - 직렬기기(CB, LS, CT등)의 상태가 과부하 운전의 정격을 초과하는 경우
    - 주위온도가 40℃를 초과하는 경우
  3) 과부하 운전 방법
    (1) 냉각 방식 변경
       유입 자냉식에 송풍기를 설치하면 20~30% 과부하 운전 가능변압기
    (2) 주위온도 저하
       변압기의 냉각 공기온도를 30℃ 기준으로 온도를 1℃ 내릴 때마다 0.8%씩 과부하 운전 가능함.
    (3) 온도 상승 한도 운전
       규정상 변압기 권선 온도 평균 상승한도를 55℃로 하는데, 55℃보다 5℃ 낮아지는 경우 매 1℃마다 1%씩 과부하 운전이 가능함.
       예, 온도상승이 40℃인 경우
       (55-5-40) x 1% = 10% 과부하 운전이 가능함.

(4) 단시간 과부하 운전(24시간내 1회)
   평상시 적은 부하로 운전중 20% 이상 순간 과부하 운전 가능(4시간 정도)
(5) 부하율이 떨어졌을때 과부하 운전
   부하율이 90% 미만의 경우 90%에서 떨어지는 1%마다 0.5%씩 과부하 운전 가능

4. 과부하 운전 중 조치사항
  1) 보호회로의 확인
   - 주변압기 온도계의 경보 운전을 확인한다.
   - 과전류 계전기 등의 정정치는 정정부서 및 급전부서와 협의하여 적정치로 상향 조정하되, 급격하게 부하 증가시는 선 조치 후 보고토록 한다.
  2) OLTC의 수동운전
  3) 보조 냉각장치 가동
  4) 주변압기 절연유 상태확인
  5) 기기의 감시 및 순시 강화
   - 부하는 [kVA]를 기준으로 하고 전압, 전류, 유효 및 무효전력을 병행감시 하되, 매 시간대별 순시 및 기록을 시행한다.
   - 과부하 운전시 변압기 및 직렬기기의 상태, 단자 접속부의 과열상태 등에 유의하여 매시간대별 순시 및 기록을 시행한다.
   - 과부하운전이 불가능할 경우는 급전계통으로 보고하여 별도 조치토록 한다.

4.5 설계대상 건축물이 내진대상인 경우, 전기설비의 내진 설계 개념 및 내진대책에 대하여 설명하시오.

1. 개요
   1) 지진의 원인
      지구는 내부에 핵이 있고 지구 표면에 표층(PLATE)이 있으며 그 중간에 맨틀이 있다. 이 맨틀이 지구 내부의 압력에 의해 약간씩 이동하면서 PLATE를 밀거나 당겨 지구 상부의 PLATE가 무너지거나 갈라진다.
   2) 지진의 종류
      지진에는 종파와 횡파가 있으며 그 피해는 횡파가 더 크다.
      종파 : 지진파를 종의 방향으로 전달하며 지구 내부 핵까지 통과한다.
      횡파 : 지진파를 횡의 방향으로 전달하며 핵을 통과하지 못하고 핵에서 반사하는 성질이 있다.

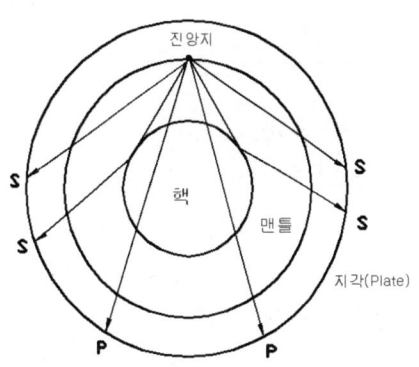

2. 내진 설계 기준(건축법)
   1) 층수 3층 이상 건축물
   2) 연면적 1,000㎡ 이상 건축물
   3) 기둥과 기둥사이의 거리가 10m 이상인 건축물
   4) 높이 13m 이상 건축물
   5) 처마 높이 9m 이상 건축물
   6) 국가적 문화유산으로 보존할 가치가 있는 건축물
   7) 국토해양부령으로 정하는 지진구역안의 건축물
      - 지진 구역안의 건축물 : 지진구역 1내의 중요도 특 또는 1의 건축물
      - 지진 구역 1 : 강원도, 전라남도, 남해안, 제주도를 제외한 전 지역

3. 중요도 및 중요도 계수

중요도	구 분	용도 및 규모	중요도 계수
특	지진후 피해복구에 필요한 중요시설과 유해물질을 다량 저장하고 있는 구조물	1. 연면적 1,000㎡이상 위험물 저장 및 처리시설, 국가 또는 지방자치 청사, 외국공관, 소방서, 발전소, 방송국, 전신전화국 2. 종합병원, 수술이나 응급시설이 있는	1.5

		병원	
1	지진으로 인한 피해를 입을 경우 대중에게 큰 위험을 초래할 수 있는 구조물	1. 위 시설 2. 연면적 5,000㎡이상 공연장, 집회장, 관람장, 전시장, 운동시설, 판매시설, 운수시설, 아동복지시설, 노인복지시설, 사회복지시설 3. 5층 이상 숙박시설, 오피스텔, 기숙사, 아파트 4. 학교	1.2
2,3	-	1. 내진등급 특, 1에 해당하지 않는 구조물	1.0

4. 내진 설계 목적
 1) 인명의 안전성 확보
  지진발생시 전기설비의 파괴로 인한 직접적인 영향으로부터 인명을 안전하게 보호하기 위하여 설치방법등을 강구해야 한다.
 2) 재산의 피해 축소
  지진이 내습한 이후 각종 장비의 신속한 복구 및 피해를 최소화 하여야 한다.
 3) 설비 기능의 유지
  지진 발생시 인명의 신속한 대피 및 인명구조를 위한 장비사용과 비상 전원의 기능을 확보하여야 한다.

5. 전기 설비의 중요도
 사회적 중요도, 용도등을 고려하여 등급 결정한다.
 1) A급(비상용) : 지진시 피해를 크게 주며 인명 보호에 중요한 역할을 할 수 있는 설비 (비상 발전기, 비상 승강기, 축전지, 비상 간선)
 2) B급(일반용) : 지진 피해로 2차 피해를 줄 수 있는 설비
  (변압기, 배전반, 일반 간선)
 3) C급(기타) : 지진 피해를 비교적 적게 받는 설비로서 비교적 간단히 보수 및 복구될 수 있는 설비(일반 조명등, 콘센트등)

6. 내진 대책
 1) 건축물과 전기 설비의 공진 방지 설계
  지진 발생시 건축물의 고유 진동수와 전기 설비의 진동수가 겹쳐 공진을 일으키면 그 피해가 더욱 커지게 된다. 따라서 이 공진 주파수를 검토하여 피할 수 있는 설계가 필요하다.

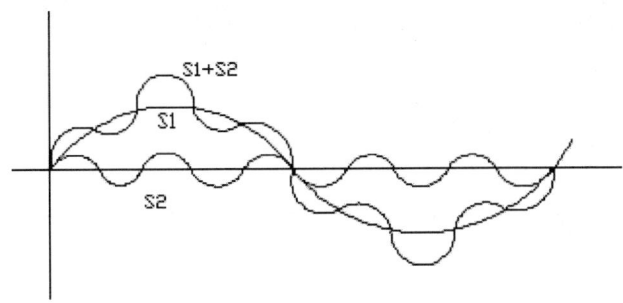

$S_1 + S_2 = $ 최대
$S_1 - S_2 = $ 최소
충격파가 5주기시
공진 제일 커진다.

2) 장비의 적정 배치
  (1) 내진력이 적은 설비, 중요도가 높은 설비를 하부 배치
  (2) 지진시 오동작 또는 폭발성 우려 기기를 하부 배치
  (3) 공조 위생등 설비 배치시 피난 경로를 피하여 배치
  (4) 중요 시설은 점검 확인이 용이한 장소에 배치

3) 사용 부재를 강화하는 방법
  (1) 전기 설비 배관 및 행거등의 사용 부재의 강도(관성력, 인장력등) 확보
  (2) 사용 부재를 보강하여 고정할 것

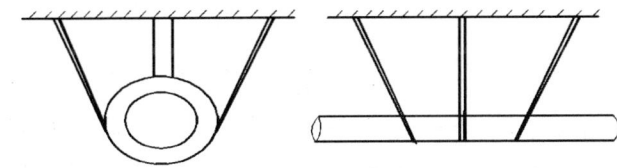

4) 가대의 기초 강화(기기의 바닥, 측면, 상부를 고정)

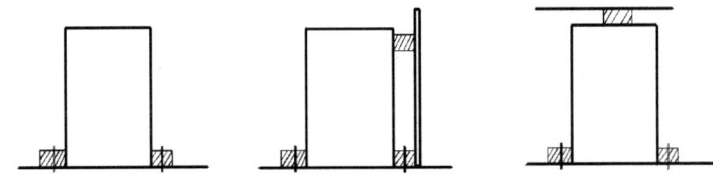

5) 기기별 내진 대책
  (1) 변압기
    - 기초 앙카 볼트로 고정
    - 방진 장치가 있는 것은 내진 Stopper 설치
    - 지지 애자 부분에 가요 전선으로 접속하여 변압기 보호
  (2) 가스 절연 개폐장치
    (옥외 가스 절연 장치.GIS)

- 기초부를 중심으로 한 정적 내진 설계
- 가공선 인입의 경우 붓싱은 공진을 고려하여 동적 설계
  (큐비클형 가스 절연 개폐장치. C-GIS)
- 반과 반, 반과 변압기 접속 : 가요성 케이블 사용

(3) 보호 계전기
- 진동에 약한 유도형 대신 진동에 강한 정지형 또는 디지털형 사용
- 기초부를 보강한다.
- 협조상 가능한 범위에서 타이머를 삽입한다.

(4) 자가 발전 설비
- 기초와 주변 기초를 별도로 콘크리트 기초
- 바닥에 진동을 흡수하기 위한 고무판을 설치
- 연료는 외부 공급 방식이 아닌 자체 저장 시설에 의해 공급할 것
  (도시 가스는 지진발생시 공급이 차단될 우려가 있음)
- 발전기 냉각방식은 외부 시수가 아닌 자체 라디에터 냉각방식 일 것
  (시수는 지진 발생시 공급 차단 우려 있음)
- 엔진의 배기덕트, 냉각수, 연료라인등에는 가요관 설치

(5) 축전지 설비
- 앵글 Frame은 관통 볼트에 의하여 고정시키거나 또는 용접 방식이 바람직 함.
- 바닥면 고정은 강도적으로 충분히 견딜수 있도록 처리한다.
- 축전지 상호간의 틈이 없도록 내진 가대를 제작할 것
- 축전지 인출선은 가요성이 있는 접속재로 충분한 길이의 것을 사용하고 S자 배선을 한다.

(6) 엘리베이터
- Rail 이탈 주의
- 로프나 케이블등이 승강로의 돌출부에 걸리지 않도록 시공

(7) 전선
- 가요성 자재 사용
- 접속부 배선은 여유 있게 한다.

(8) 케이블 트레이 및 케이블 덕트
일정 간격(8m정도)마다 내진 지지

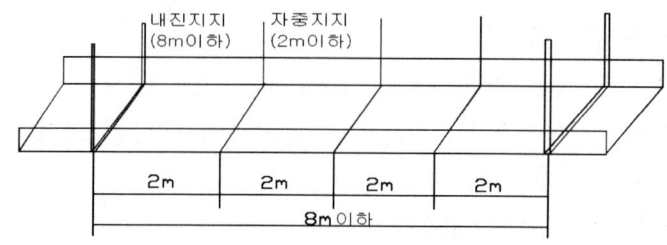

4.6 에너지 저장시스템(ESS)의 종류인 초 고용량 커패시터(Super Capacitor)에 대하여 설명하시오.

1. 초 고용량 커패시터의 개요
   1) 초 고용량 커패시터는 콘덴서 또는 전해액 커패시터에 비해 월등히 많은 용량을 가지는 에너지 저장 장치로 수퍼 커패시터 (Supercapacitor) 또는 울트라 커패시터 (Ultra capacitor)로 명명되기도 한다.
   2) 초 고용량 커패시터는 많은 에너지를 모아두었다가 수십 초 또는 수분 동안에 높은 에너지를 발산하는 동력원으로 기존의 콘덴서와 이차 전지가 수용하지 못하는 성능 특성 영역을 채울 수 있는 유용한 제품이다.
   3) 초 고용량 커패시터의 종류 중 대표적인 전기 이중층 커패시터(Electric Double Layer Capacitor, EDLC)에 대하여 설명하기로 한다.

2. 전기 2중층 [electric double layer, 電氣二重層]
   1) +의 전하와 -의 전하가 있는 계면에서 같은 면 밀도로 대단히 짧은 거리를 두고 상대해 존재하는 계.
   2) 전기이중층을 형성하는 것으로서 이온과 쌍극자의 경우가 있다.
      금속이온이 포함된 액체와 접촉해서 전기 2중층을 형성하는 경우, 용액 내의 쌍 이온은 금속 표면에 1분자층 정도 흡착되어 있고, 나머지의 쌍이온은 용액 내에 어느 정도 확산하여 존재한다(확산층).

3. 전기 2중층 캐패시터의 원리
   1) 고체와 액체와 같이 서로 다른 2쌍이 접하는 면에 전기가 저장되는 "전기 2중층" 현상을 이용한다.
   2) 그림과 같이 이온성 용액중에 한쌍의 전극을 담그고, 전기분해가 발생하지 않는 정도의 전압을 인가하면(전기분해가 일어나면 콘덴서의 역할이 없어짐)
   3) 각각의 전극 표면에 이온이 흡착되어 +와 -의 전기가 저장된다.
   4) 전기 2중층 캐패시터(Capacitor)는 기존 납축전지의 대체용으로 각광을 받고 있다.
      이중에 리튬 이온 캐패시터(Lithium Ion Capacitor : LIC)가 대표적이다.

4. 특징
   (장점)
   1) 순시 대용량의 전지를 저장 또는 방출이 가능(따라서 하이브리드 자동차의 핵심 부품임)
   2) 소형이면서 "F:Farad"단위의 정전용량의 가짐.

3) 특별한 충전회로 및 방전회로가 필요 없음.
4) 환경성이 우수한 Cleen Energy임.
   (단점)
1) 사용 조건에 따라 액이 새어나올 수 있음.
2) 알칼리 콘덴서와 비교하여 내부저항이 높아서 교류에는 사용할 수 없음.

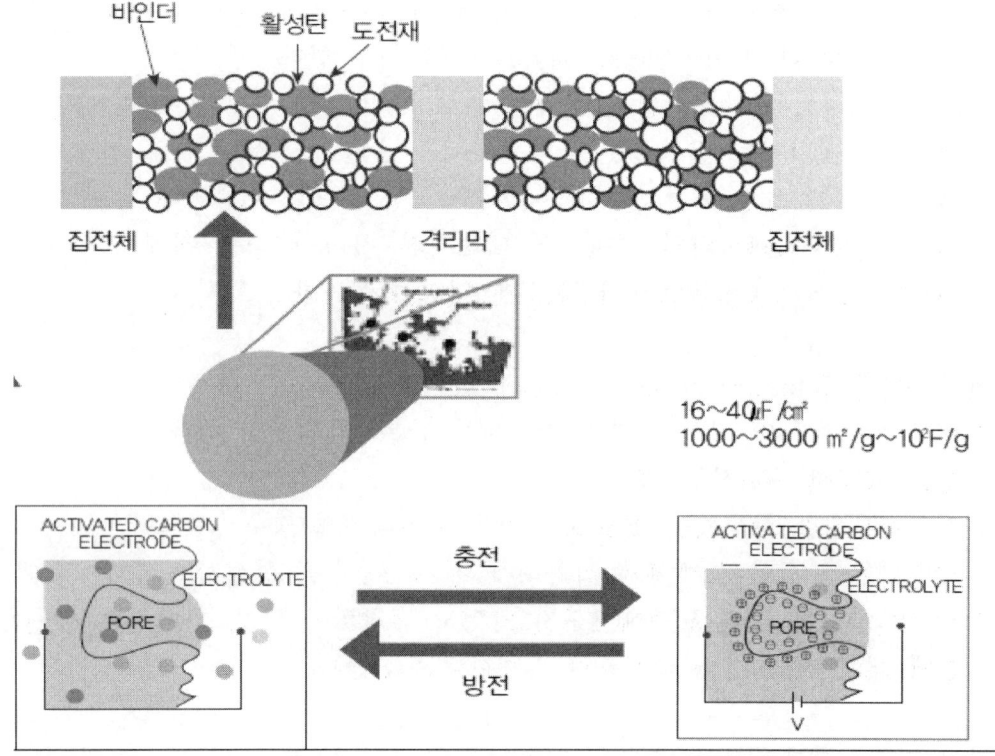

5. 용도
   1) 비디오, 오디오 기기의 메모리 백업
   2) 휴대기기의 전지 교환시 보조 전원
   3) 시계, 표시등의 태양 전지 사용기기의 축전원
   4) 소형 모터 및 셀 모터의 기동전원등

(참고) 리튬 이온 캐패시터(Lithium Ion Capacitor : LIC)
   - LIC는 정극 활물질에 전기 이중층 캐패시터용 활성탄을, 음극 활물질에 리튬 이온 2차 전지용 탄소 재료를 이용한 하이브리드형의 캐패시터이다.
   - 정극과 음극 각각의 집전체에 다공박막을 사용해 음극과 리튬의 금속박막을 합선시킴으로써 셀 내부에서 용이하게 리튬 이온을 음극에 담지(프리도프)시킬 수 있다.

- 지금까지의 일반적인 리튬 이온 2차 전지와 달리, 리튬 소스를 정극에 의존하지 않기 때문에 정,부극 활성 물질량의 비율이나 충전 심도 등 설계 자유도가 높다.
- 이 때문에 전기 2중층 캐패시터와 같은 수준의 신뢰성 및 출력 밀도를 확보하면서 2차 전지 같은 수준의 에너지 밀도를 갖게 할 수 있을 것으로 기대하고 있다.

당신의 노력을 존중하라.
당신 자신을 존중하라.

자존감은 자제력을 낳는다.
이 둘을 모두 겸비하면,
진정한 힘을 갖게 된다.

(클린트 이스트우드)

2장

제106회 (2015.05)
기출문제

건축전기설비
기술사
기출문제

국가기술 자격검정 시험문제

기술사 제 106 회 　　　　　　　　　제 1 교시 (시험시간: 100분)

분야	전기전자	자격종목	건축전기설비기술사	수험번호		성명	

※ 다음 문제 중 10문제를 선택하여 설명하시오. (각10점)

1. 수변전설비 설계에서 변압기 용량 산정 방법에 대하여 설명하시오.

2. 변류기 부담의 종류 및 적용에 대하여 설명하시오.

3. 건축물의 접지공사에서 접지전극의 과도현상과 그 대책에 대하여 설명하시오.

4. 전력케이블 손실을 종류별로 설명하시오.

　　1) 도체손　　　2) 유전체손　　　3) 연피손

5. 그림과 같이 병렬 연결된 회로에서 R,X 부하가 선로(0.5+j0.4Ω)를 통하여 전력을 공급받고 있다. 부하단 전압이 120Vrms, 부하의 소비전력 3kVA, 진상역률 0.8 이라면

　1) 전원전압을 구하시오.

　2) 선로의 손실전력(유효 및 무효전력)을 구하시오.

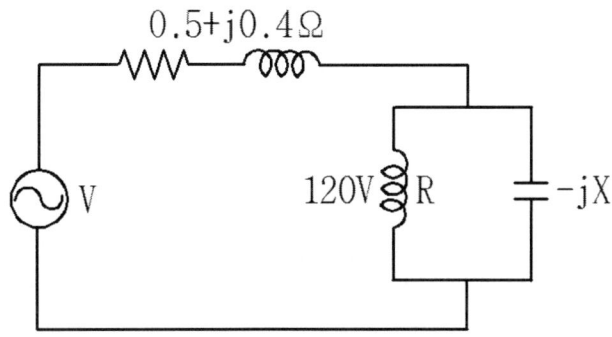

국가기술 자격검정 시험문제

기술사 제 106 회 　　　　　　　　　제 1 교시 (시험시간: 100분)

| 분야 | 전기전자 | 자격종목 | 건축전기설비기술사 | 수험번호 | | 성명 | |

---

6. 저압차단기의 용도별(주택용과 산업용) 적용과 관련하여 다음 사항을 설명하시오.
    1) 용도별 구분의 적용　　2) 적용범위　　3) 동작시간 및 동작특성

7. 백색 LED 광원을 사용한 도광식 유도등에 대하여 설명하시오.

8. 전압강하에 관한 벡터도를 그리고 기본식을 설명하시오.

9. 태양전지 모듈에 설치하는 다이오드와 블로킹다이오드(Blocking Diode)의 역할에 대하여 설명하시오.

10. 수변전 설비의 공급 신뢰도에 대한 다음 사항을 설명하시오.
    1) 사고확률　　　　2) 신뢰도 계산

11. 조도계산시 광 손실률에 대하여 설명하시오.

12. 유도전동기 벡터 인버터 제어의 원리와 구성에 대하여 설명하시오.

13. SMPS(Swiched Mode Power Supply)종류 및 적용방법에 대하여 설명하시오.

국가기술 자격검정 시험문제

기술사 제 106 회 　　　　　　　　　제 2 교시 (시험시간: 100분)

| 분야 | 전기전자 | 자격종목 | 건축전기설비기술사 | 수험번호 | | 성명 | |

※ 다음 문제 중 4문제를 선택하여 설명하시오. 　(각25점)

1. LED 광원에서 백색 LED를 실현하는 방법(종류별 발광원리)에 대하여 설명하시오.

2. 뇌 이상전압이 전기설비에 미치는 영향에 대하여 설명하시오.

3. Bus Duct System의 구성 및 설계, 공사시 유의 사항에 대하여 설명하시오.

4. 특고압 수전설비중 지중 케이블 용량산정 방법에 대하여 설명하시오.

5. 구내방송설비에서 스피커의 종류별 적용과 BGM(Back Ground Music)방송 수신기준의 사무실 스피커 배치방법에 대하여 설명하시오.

6. 주택에 적용되는 최근의 일괄소등 스위치와 융합기술에 대하여 설명하시오.

국가기술 자격검정 시험문제

기술사 제 106 회   제 3 교시 (시험시간: 100분)

분야	전기전자	자격종목	건축전기설비기술사	수험번호		성명	

※ 다음 문제 중 4문제를 선택하여 설명하시오. (각25점)

1. 백화점 조명계획과 관련하여 주요 요소별 설계 및 시공방법에 대하여 설명하시오.

2. 우리나라 공동주택의 변압기 용량산정은 주택법에 의하여 산정되고 있다. 변압기 용량 과적용에 대한 문제점과 대책을 설명하시오.

3. KSC IEC 62305에 규정된 피뢰시스템(LPS, Lightning Protection System)에서 아래 사항에 대하여 설명하시오.

   1) 적용범위   2) 외부 뇌보호 시스템   3) 내부 뇌보호 시스템

4. 22.9kV-Y 수전용 변압기의 보호장치에 대하여 설명하시오.

5. 변전설비의 온라인 진단시스템에 대하여 설명하시오.

6. 저압 계통의 PEN선 또는 중성선의 단선이 될 때 사람과 기기에 주는 위험성과 대책을 설명하시오.

국가기술 자격검정 시험문제

기술사 제 106 회 제 4 교시 (시험시간: 100분)

분야	전기전자	자격종목	건축전기설비기술사	수험번호		성명	

※ 다음 문제 중 4문제를 선택하여 설명하시오. (각25점)

1. 대지저항율 측정에 사용하는 전위강하법 기반 3전극법과 Wenner의 4전극법을 비교 설명하시오.

2. 교류 1kV 초과 전력설비의 공통규정(KSC IEC 61936-1)에서 접지시스템 안전기준에 대하여 설명하시오.

3. 수용가 구내설비에서의 직류 배전과 교류 배전의 특징을 비교하고 직류 배전 도입시 고려사항에 대하여 설명하시오.

4. 고압선로에서 많이 사용되는 VCB를 적용할 때 고려사항과 적용기준을 현재의 기술발전에 근거하여 설명하시오.

5. 태양광 발전에 이용되고 있는 계통형 인버터에 관하여 설명하시오.

6. 동기 전동기의 원리 및 구조와 기동방법, 특징에 대하여 설명하시오.

자신을 믿어라!

자신의 능력을 신뢰하라!

겸손하지만 합리적인
자신감없이는
성공할 수도 행복할 수도 없다.

(노먼 빈센트 필)

2장

제106회 (2015.05)
문제해설

건축전기설비
기술사
기출문제

1.1 수변전설비 설계에서 변압기 용량 산정 방법에 대하여 설명하시오.

1. 개요

   최근 건축물의 대형화, 고층화, 정보화 추세에 따라 전기 설비 증대와 고품질의 전력 공급이 요구되고 있고 다음과 같은 사항을 검토해야한다.
   1) 부하 조사 및 부하 설비 용량의 추정
   2) 수전 설비 용량 및 변압기 대수 결정
   3) 수전 전압 결정
   4) 수전 방식 결정
   5) 단락 전류 추정 및 기기 선정
   6) 전압변동, 전압강하, 정전대책
   7) 부하 밸런스 추정
   8) 접지 방식, 써지보호, 여자돌입전류, 플리커
   9) 주위온도 및 발열량 파악
   10) 단락 보호 방식
   11) 전기설비 기술 기준

2. 변압기 용량 산정 방법
   1) 부하 LIST에 의한 부하 용량 계산 방법
      - 부하를 알 경우 사용하는 방법으로 주로 실시 설계시 적용
      - 실제 설계에 의한 부하 종류별, 군별 용량 집계
         (전등, 전열, 일반동력, 냉방동력, 소방동력, 승강기 동력, 비상용부하 및 기타 특수부하)
   2) 표준 부하 밀도에 의한 부하 용량 추정 방법
   (1) 내선규정 3315절

      내선규정 3315절에 의해 부하 용량을 모를 경우에 적용하며 주로 기본 설계시 적용한다.

      * 총 부하 설비용량 = P x A + Q x B + C [VA]

      A:전용부하밀도 [VA/m^2]   B:공용부하밀도 [VA/m^2]
      C:가산부하 [VA]
      P:전용면적 [m^2]   Q:공용면적 [m^2]

전용 부하	공장, 교회, 극장	10 [VA/m^2]
	여관, 학교, 음식점, 목욕탕	20
	주택, 아파트, 상점	30
공용 부하	복도, 계단, 창고	5
	강당	10

      (가산부하)
      1. 주택, 아파트 1세대당 500(17평 이하)~1000(VA)(17평 초과) 가산
      2. 상점의 진열장 : 진열장폭 1m에 대하여 300(VA) 가산

3. 옥외 광고등, 전광 사인등의 VA는 그대로 계산
4. 극장, 댄스홀등 무대조명, 영화관 특수조명등은 VA를 그대로 계산
5. 고압 전동기등의 고압 부하는 그대로 계산

(2) 집합 주택 (내선 규정 300-2)
P (VA) = 30 (VA/㎡) x 바닥면적(㎡) + (500~1,000)(VA)
( ) 안의 가산 부하는 1,000을 채택하는 것이 바람직 함

(3) 전전화 주택(내선 규정 300-1)
P (VA) = 60 (VA/㎡) x 바닥면적(㎡) + 4,000(VA)

(4) 주택 건설 기준 제40조 (건교부)
세대당 3kW (전용면적 60㎡ 미만) + 초과시 10㎡당 0.5 kW

3) 수전 설비 용량 및 변압기 대수 결정
(1) 부하군마다 수용율, 부하율 감안 수전설비 용량 산출
- 최대 수용 전력 = Σ(부하설비합계 x 수용율)
- 수전설비용량 = $\dfrac{\text{최대 수용 전력}}{\text{역율} \times \text{효율}} (kVA)$

(2) 부등율 적용
- 2 STEP 방식 채택시 Main TR에만 적용
- 수전 변압기 용량 > 부하설비합계 * 수용율 / 부등율

(3) 뱅크수 결정.

용량 [KVA]	1,500미만	1,500~3,000	3,000 이상	특수 부하
뱅 크 수	1	1 ~ 2	2 이상	1

1.2 변류기 부담의 종류 및 적용에 대하여 설명하시오.

1. 변류기 부담의 종류
   - 변류기의 부담이란 변류기의 2차단자간에 접속되는 부하가 정격주파수의 2차 전류하에서 소비하는 피상전력을 말하는데 그 부하의 역률과 함께 표시한다.
   - 변류기의 정격부담이란 규정의 조건 하에서 정해진 특성을 보증할 수 있는 변류기의 권선당 부담을 말하는데 그 값은 표준화 되어있다.

변류기의 정격부담

계 급	정 격 부 담 [단위 : VA]						
0.1 급	2.5	5	-	15	25	-	-
0.2 급	2.5	5	-	15	25	-	-
0.3 급	-	-	-	15	25	40	100
0.4 급	-	5	10	15	25	40	100
0.5 급	-	5	10	15	25	40	100

주 1) 정격 2차전류 0.1A의 변류기는 정격부담 2.5VA 및 5VA에 한한다.
　　2) 정격 2차전류 5A의 변류기는 정격부담 2.5VA를 제외한다.

   - 변류기의 정격부담보다 변류기의 부하 사용부담이 클 경우에는 변류기의 오차가 증가하고 과전류 특성도 나빠진다. 따라서 변류기의 부하로 보호계전기가 연결되어 있는 경우에는 특히 주의하여야 한다.
   - 또한 변류기의 2차배선의 길이가 길 경우에는 배선의 임피던스에 의하여 소모되는 배선의 부담을 무시할 수 없으므로 이를 고려하여야 한다.
   - 예를 들어 변류기의 2차부담은 변류기 2차회로에 정격전류가 흐를 경우 변류기의 2차단자 전압과 정격 2차전류의 적(積)이므로 변류기의 2차권선의 임피던스 Z는

$$Z = \frac{VA}{I^2}$$

단, Z : 변류기 2차권선의 임피던스(Ω)
VA : 변류기 2차권선의 정격부담(VA)
I : 변류기 2차권선의 정격전류(A)

가 되므로 정격부담 100VA, 2차 정격전류 5A의 변류기인 경우에는 변류기 2차권선의 임피던스는 $Z = \frac{100}{25} = 4(\Omega)$이 되므로 이 변류기의 2차권선에 접

속되는 부하의 합성임피던스(계기, 계전기, 배선 등의 합성임피던스)는 4(Ω) 이하를 유지시켜야 한다.

2. 변류기 적용(ANSI)

1) 계전기용

계 급	형 식	임피던스 Z (Ω)	2차전류 I (A)	부담(VA) $I^2 Z$	20배전류시 2차단자전압 $20In \cdot Z$(V)	허용오차 (비오차)
C 100	B-1	1	5	25 VA	100	-10%
C 200	B-2	2	5	50 VA	200	"
C 400	B-4	4	5	100 VA	400	"
C 800	B-8	8	5	200 VA	800	"

2) 계기용

계 급	형 식	임피던스 Z (Ω)	2차전류 I (A)	부담(VA) $I^2 Z$	허용오차
1.2	B-0.5	0.5	5	12.5 VA	1.2%
1.2	B-0.9	0.9	5	22.5 VA	"
1.2	B-1.8	1.8	5	45 VA	"

1.3 건축물의 접지공사에서 접지전극의 과도현상과 그 대책에 대하여
   설명하시오.

1. 개요
   1) 접지는 사용하는 주파수에 따라 정상 상태 또는 과도 상태로 분류된다.
   2) 정상 상태 : 상용 주파수에서의 상태
      과도 상태 : 낙뢰나 고장시의 Surge 전류등에 의한 접지 상태
   3) 서지 전류에는 고주파 성분이 포함되어 있어 접지 도체 임피던스에 의한 전압강하, 도체간 유도전압, 대지의 캐패시터 영향이 커진다.
   4) 현재는 상용 주파수에서 위험전압을 허용값 이하로 낮추는 설계를 주로 하지만, 과도 상태시 접지저항 성능을 개선하기 위한 설계가 시급한 실정이다.

2. 접지 전극의 특성
   1) 접지 도체 배열
      전류는 접지 도체 끝 부분에서 많이 누설됨.

   2) 접지 도체의 유효 거리
      - 유효 거리란 접지 전위 저감에 기여하는 접지 도체의 최대 길이로서
      - 전류 유입점으로부터 반경으로 나타내며
      - 같은 대지 저항율을 가진 토지라면 유효 거리 안에서는 접지 도체를 많이 포설함으로서 접지 저항을 낮출 수가 있지만 유효거리 밖에서는 접지 도체를 많이 포설해도 접지 저항 저감 효과가 적어진다.

   3) 대지 저항율
      - 같은 접지망 면적이라면 대지 저항율이 낮을수록 접지 저항값이 낮아 질 수 있음

3. 과도 현상 저감 대책
   1) 보조 접지망 포설
      - 전류 유입점 부근에 주 접지망외에 보조 접지망을 포설하면 과도 임피던스를 약 20~30% 정도 낮출 수 있다.
      - 보조 접지망 형상은 메시형보다 방사형이 효과적이다.
      - 보조 접지망은 도체의 간격이 좁을수록 효과적이다.
      - 보조 접지망의 굵기는 주 접지망과 같거나 더 굵은 것이 효과적이다.
      - 보조 접지망의 반경은 대지 저항율이 클수록 넓은 것이 좋다.

2) 물리적 저감법
- 접지극의 병렬 접속등 접지 전극의 면적을 크게 하는 방법
- 접지극의 치수 확대
- 깊이 박기
- 메쉬공법
- 볼링공법
- 탄소 접지봉등 신공법 적용

3) 화학적 저감법
  물리적 방법으로 만족한 접지 저항값을 얻지 못할 때 사용하는 것이 바람직하며 보통 30%정도의 접지 저항값을 낮출 수 있다.
- 재래식 : 소금, 염화 마그네슘 사용
  간편하고 시공방법이 용이하나 지속성이 나쁘다.
- 최근방법 : 아스론, 티코겔등 반응형 저감제 사용
- 사용시 주의할 점 : 환경오염이 없어야 한다.

1.4 전력케이블 손실을 종류별로 설명하시오.
   1) 도체손   2) 유전체손   3) 연피손

1. 전력 CABLE의 구조

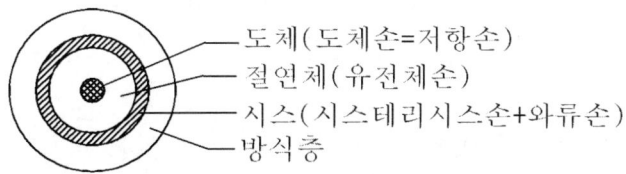

2. 손실의 종류
  1) 도체손
   - 케이블의 도체에서 발생하며, 케이블 손실 중 가장 크고 케이블 허용전류 결정 요소가 됨.
   - $Pc = I^2 R = I^2 \rho \dfrac{l}{A}$ ρ : 고유저항(Cu : 1/58, Al : 1/35)
   - 저감 대책 : 도전율이 좋고 단면적이 큰 도체 사용

  2) 유전체손
   - 케이블의 절연물속에서 생기는 손실

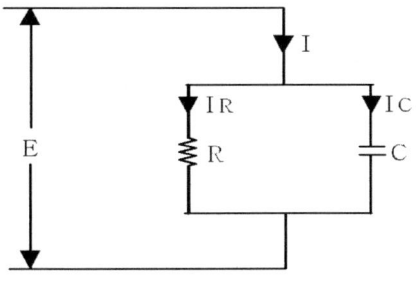 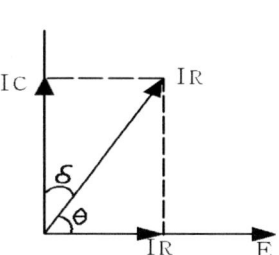

   - $IR = Ic \tan\delta = \omega C E \tan\delta$ ($\tan\delta = \dfrac{I_R}{I_c}$)

     $Wd = IR \cdot E = \omega C E \tan\delta \cdot E = \omega C E^2 \tan\delta$
     절연물의 절연성이 우수하여 IR 을 줄일 수 있는 물질을 사용

3) 연피손
   - 연피 및 알루미늄 등 도전성의 외피를 갖는 케이블의 경우 발생
   - 와 전류손 : 쉬스에 근접 효과 때문에 발생하는 손실
   - 쉬스 회로손 : 케이블 도체 전류에서의 전자 유도 작용에 의해 쉬스를 접지함에 따라 쉬스에 전류 is가 흐르고 쉬스 저항을 Rs라 하면 손실은 $i_s^2 R_s$가 된다.

   - 시스손 $P_s = i_s^2 \cdot R_s$ (W)
   - 와류손 $P_e = V \cdot I_e$
           $= I \cdot I_e \cdot X_m$ (W)
     여기서 V : 유도전압
           I_e : 와전류
           X_m : 상호 리액턴스임

   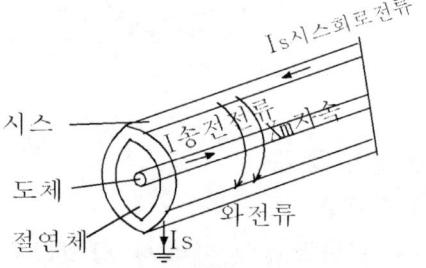

   - 대책
     가. 연가
     나. 시스 접지(편단 접지, 크로스 본드 접지) : 전위와 전류를 동시에 최소한으로 함.

1.5 그림과 같이 병렬 연결된 회로에서 R,X 부하가 선로(0.5+j0.4Ω)를 통하여 전력을 공급받고 있다. 부하단 전압이 120Vrms, 부하의 소비전력 3kVA, 진상역률 0.8이라면
   1) 전원전압을 구하시오.
   2) 선로의 손실전력(유효 및 무효전력)을 구하시오.

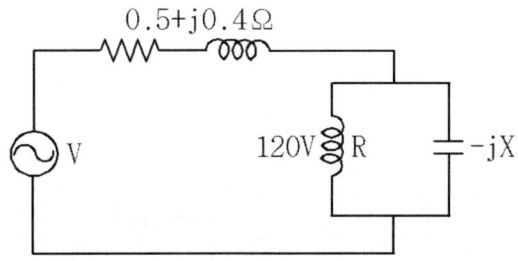

1. 부하의 유효전력과 무효전력계산
 1) 유효전력이란 저항성분에서만 발생하는 전력, 무효전력이란 리액턴스성분에서 발생하는 전력이므로
 2) 유효전력계산 : $P = P_a \cos\theta = 3000 \times 0.8 = 2400 [W]$
    무효전력계산 : $P = P_a \sin\theta = 3000 \times 0.6 = 1800 [Var]$

2. 부하의 저항성분과 리액턴스성분에 흐르는 전류 I_R과 I_X를 각각 계산하면
 1) $I = \dfrac{P}{V}$ 이므로
 2) $I_R = \dfrac{\text{유효전력}}{V} = \dfrac{2400}{120} = 20 [A]$
    $I_X = \dfrac{\text{무효전력}}{V} = \dfrac{1800}{120} = 15 [A]$
    진상역률의 합성부하전류 I는 $I = I_R + jI_X$와 같다. 따라서 부하전류는
    $I = I_R + jI_X = 20 + j15 [A] = 25 \angle 36.869 [A]$

3. 전원전압 및 선로의 손실전력 계산
 1) 진상회로 때의 전원전압
    전압강하식 $E_s = E_r + I(R\cos\theta - X\sin\theta) + jI(X\cos\theta + R\sin\theta)[V]$을 적용하면 역률이 0.8이므로
    $V_s = 120 + 25(0.5 \times 0.8 - 0.4 \times 0.6) + j25(0.4 \times 0.8 + 0.5 \times 0.6) = 124.965 \angle 7.125 [V]$

2) 선로에서 소비되는 유효전력
$$P_l = I^2 R = 25^2 \times 0.5 = 312.5 [W]$$
3) 선로에서 소비되는 무효전력
$$P_l = I^2 X = 25^2 \times 0.4 = 250 [Var]$$

참고 : 전압강하식 정리
1) 지상역률의 전압강하식

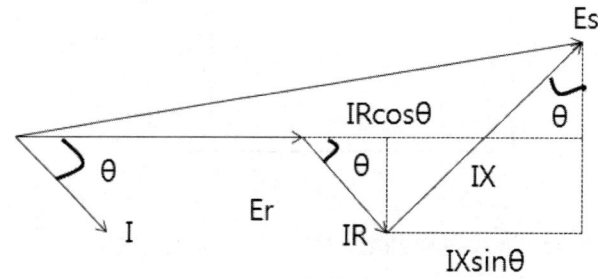

① 공식 : $E_s = E_r + I(R\cos\theta + X\sin\theta) + jI(X\cos\theta - R\sin\theta)[V]$
② 공식 : $E_s = E_r + I(\cos\theta - j\sin\theta)(R+jX) = E_r + (I_R - jI_X)(R+jX)$
  여기서 $I_R = I\cos\theta$, $I_X = I\sin\theta$ 임

2) 진상역률의 전압강하식

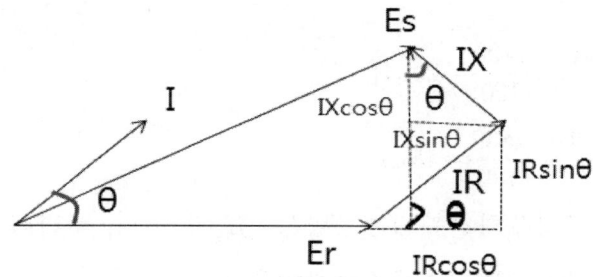

① 공식 : $E_s = E_r + I(R\cos\theta - X\sin\theta) + jI(X\cos\theta + R\sin\theta)[V]$
② 공식 : $E_s = E_r + I(\cos\theta + j\sin\theta)(R+jX) = E_r + (I_R + jI_X)(R+jX)$
  여기서 $I_R = I\cos\theta$, $I_X = I\sin\theta$ 임

1.6 저압차단기의 용도별(주택용과 산업용) 적용과 관련하여 다음 사항을 설명하시오.
   1) 용도별 구분의 적용   2) 적용범위   3) 동작시간 및 동작특성

인용 : 전기설비 판단기준 제 38 조 (저압전로 중의 과전류차단기의 시설)
① 과전류차단기로 저압전로에 사용하는 퓨즈(「전기용품안전 관리법」의 적용을 받는 것)는 수평으로 붙인 경우에 다음 각 호에 적합한 것이어야 한다.
  1. 정격전류의 1.1배의 전류에 견딜 것.
  2. 정격전류의 1.6배 및 2배의 전류를 통한 경우에 표 38-1에서 정한 시간 내에 용단될 것.
  [표 38-1]

정격전류의 구분	시 간	
	정격전류의 1.6배의 전류를 통한 경우	정격전류의 2배의 전류를 통한 경우
30 A 이하	60분	2분
30 A 초과 60 A 이하	60분	4분
60 A 초과 100 A 이하	120분	6분
100 A 초과 200 A 이하	120분	8분
200 A 초과 400 A 이하	180분	10분
400 A 초과 600 A 이하	240분	12분
600 A 초과	240분	20분

② 제1항 이외의 IEC 표준을 도입한 과전류차단기로 저압전로에 사용하는 퓨즈는 표 38-2에 적합한 것이어야 한다.
  [표 38-2]

정격전류의 구분	시 간	정격전류의 배수	
		불용단전류	용단전류
4 A 이하	60분	1.5배	2.1배
4 A 초과 16 A 미만	60분	1.5배	1.9배
16 A 이상 63 A 이하	60분	1.25배	1.6배
63 A 초과 160 A 이하	120분	1.25배	1.6배
160 A 초과 400 A 이하	180분	1.25배	1.6배
400 A 초과	240분	1.25배	1.6배

③ 과전류차단기로 저압전로에 사용하는 배선용차단기는 다음 각 호에 적합한 것이어야 한다.
  1. 정격전류에 1배의 전류로 자동적으로 동작하지 아니할 것.
  2. 정격전류의 1.25배 및 2배의 전류를 통한 경우에 표 38-3에서 정한 시간 내에 자동적으로 동작할 것.

[표 38-3]

정격전류의 구분	시 간	
	정격전류의 1.25배의 전류를 통한 경우	정격전류의 2배의 전류를 통한 경우
30 A 이하	60분	2분
30 A 초과 50 A 이하	60분	4분
50 A 초과 100 A 이하	120분	6분
100 A 초과 225 A 이하	120분	8분
225 A 초과 400 A 이하	120분	10분
400 A 초과 600 A 이하	120분	12분
600 A 초과 800 A 이하	120분	14분
800 A 초과 1,000 A 이하	120분	16분
1,000 A 초과 1,200 A 이하	120분	18분
1,200 A 초과 1,600 A 이하	120분	20분
1,600 A 초과 2,000 A 이하	120분	22분
2,000 A 초과	120분	24분

④ 제3항 이외의 IEC 표준을 도입한 과전류차단기로 저압전로에 사용하는 산업용 배선차단기는 표 38-4에, 주택용 배선차단기는 표 38-5 및 표 38-6에 적합한 것이어야 한다.(추가)

[표 38-4] 산업용 배선차단기

정격전류의 구분	시 간	정격전류의 배수 (모든 극에 통전)	
		부동작 전류	동작 전류
63 A 이하	60분	1.05배	1.3배
63 A 초과	120분	1.05배	1.3배

[표 38-5] 주택용 배선차단기

형	순시트립범위
B	$3I_n$ 초과 ~ $5I_n$ 이하
C	$5I_n$ 초과 ~ $10I_n$ 이하
D	$10I_n$ 초과 ~ $20I_n$ 이하

비고 1. B, C, D : 순시트립전류에 따른 차단기 분류
    2. In : 차단기 정격전류

[표 38-6] 주택용 배선차단기

정격전류의 구분	시 간	정격전류의 배수 (모든 극에 통전)	
		부동작 전류	동작 전류
63 A 이하	60분	1.13배	1.45배
63 A 초과	120분	1.13배	1.45배

1.7 백색 LED 광원을 사용한 도광식 유도등에 대하여 설명하시오.

1. 개요
   1) 백색 LED는 기존의 형광램프와는 달리, 수은을 포함하지 않기 때문에 환경에 친숙한 광원임과 동시에 깨지기 어려운 구조 및 소재이기 때문에 기존의 기구와 비교해 램프를 교환할 때의 Maintenance성이 크게 향상되었다.
   2) 백색 LED를 이용한 도광식 유도등은 표시면의 휘도 차이를 억제해, 유도등 기구 및 피난 유도 시스템용 장치기술기준을 해결하는 높은 시인성도 확보해 유도등에 요구되는 기능을 충분히 만족하면서 여러 가지 공간에 Match할 수 있는 Clean하면서도 Smart한 디자인이다.

2. LED 발광 원리

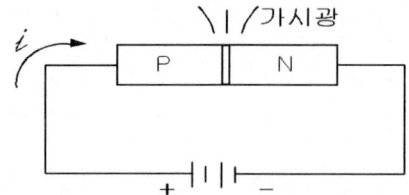

   1) LED램프는 갈륨(Ga), 알루미늄(Al), 인(P), 비소(As)등을 화합시킨 반도체로 구성된다.
   2) 기본원소 화학 결정에 특별한 화학적 불순물(Dopant)을 첨가할 경우 발광 스펙트럼이 좁은 특성을 갖는 다양한 발광 다이오드를 얻을 수 있다.
   3) LED발광은 다이오드의 P-N접합부에 적당히 도포된 크리스탈내에 직류 전류가 흐르면 전자 발광 현상에 의하여 빛을 발한다.

3. LED 도광식 유도등의 장점
   1) 소비전력 절감
      LED유도등은 형광등을 내장한 기존 제품에 비해 80% 이상의 소비전력을 줄여주며, 재해 시 대피효율을 극대화시킬 수 있다는 장점을 가지고 있다.
   2) 환경성 향상
      수은을 사용하지 않음
   3) 작업성 향상
      형광 램프와 비교해 깨지지 않아 취급이 용이하다.
   4) 안전성 향상
      냉음극 램프와 비교해 2차 전압이 낮다.
   5) 성능향상
      저온일 경우 시동특성의 개선.

1.8 전압강하에 관한 벡터도를 그리고 기본식을 설명하시오.

1. 벡터도

   전압 강하 계산을 위해서는 선로정수로서 저항과 인덕턴스만을 생각하여 단상 등가 회로와 벡터도를 그리면 다음과 같다.

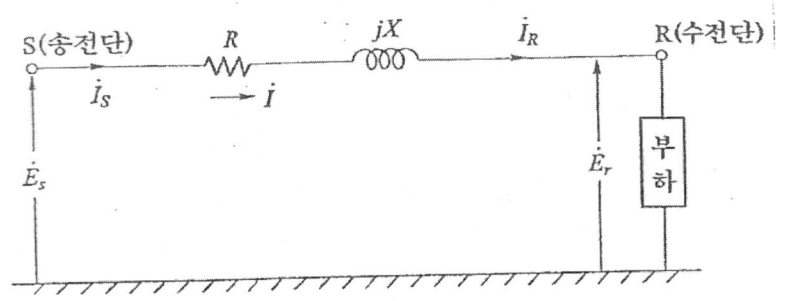

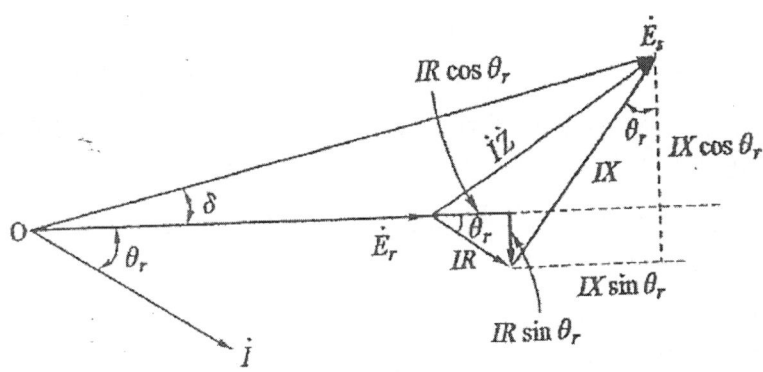

2. 전압 강하 계산 기본식
   - 전압강하 계산법에는 변압기를 포함하지 않고 계산하는 임피던스법과 등가 저항법이 있으며, 변압기를 포함한 계산법으로는 %임피던스법과 암페어 미터법이 있으며 임피던스법은 다음과 같다.
   - 상기 그림에서 Es와 Er는 각각 송전단과 수전단이 중선점에 대한 대지 전압이다.
   - Er와 전류 I와의 상차각을 θ라고 하고 Er를 기준벡터로 잡아주면 벡터도로부터 송전단 전압은 다음식으로 구해진다.
     Es =(Er + IR cosθ + IX sinθ) + j(IXcosθ − IRsinθ)
   - 위에서 제2항은 제1항에 비해 훨씬 작기 때문에 무시하면
     Es = Er +I (R cosθ + X sinθ)가 된다.
   - 전압강하 ΔV = Es − Er = I (R cosθ + X sinθ)
     상기식이 상 전압이므로 선간 전압은 $\sqrt{3}$ 배를 하면 된다.

1.9 태양전지 모듈에 설치하는 다이오드와 블로킹 다이오드(Blocking Diode)의 역할에 대하여 설명하시오.

1. 태양전지 설치도

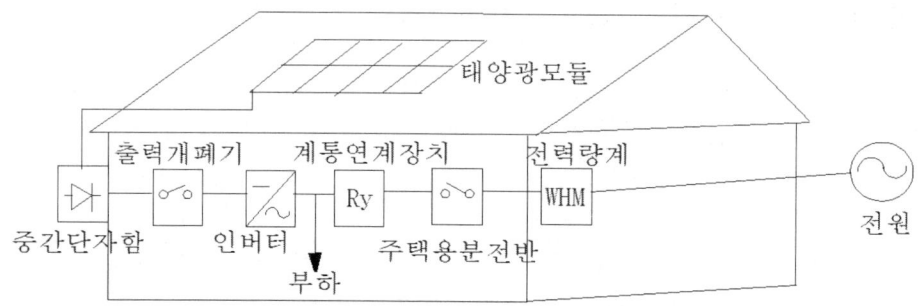

2. 다이오드[diode]
   1) 전류를 한 방향으로만 흐르게 하고, 그 역방향으로 흐르지 못하게 하는 정류를 하는 반도체 소자로 교류를 직류로 변환할 때 쓰인다.
   2) 다이오드에는 이 정류용 다이오드가 흔히 쓰이지만 그 밖에도 여러 가지 용도가 있다.
      예를 들면, 논리 회로를 구성하는 소자 등의 switching에도 다이오드가 많이 사용된다.
      또, 다이오드에는 많은 종류가 있으며 특성이 다르다.
      예를 들어, 빛을 내는 발광 다이오드나 전압에 의하여 정전 용량이 바뀌는 가변 용량 다이오드 등이 있다.

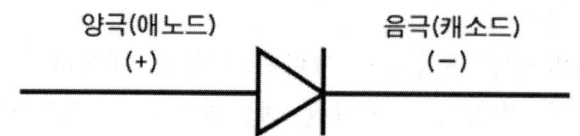

3. Blocking Diode
   1) 원명 : 역저지 다이오드 사이리스터 [reverse-blocking diode-thyristor]
   2) (+)의 전압은 스위칭을 하고, (-)의 전압에 대해서는 역저지 상태가 되는 2단자 사이리스터임.
   3) 블로킹 다이오드는 일반다이오드와 다른것이 아니고, 역전류 방지로 사용하는 다이오드를 블로킹 다이오드라고 부른다.

4. 태양전지 계통
   1) 태양전지간의 전압이 다른 경우

- 태양전지는 같은 곳에서 생산되더라도 각 제품별 출력전압이 약간씩 다르게 출력된다. 또한 먼지나 새똥 등으로 오염된 태양전지는 다른 태양전지들 보다 현격히 낮은 전압을 출력하게 된다.
- 이때 별도의 조치를 취하지 않으면 불량(낮은 전압을 출력하는 태양전지) 모듈로 다른 모듈로 전력이 쏠리게 된다.
- 계통 예

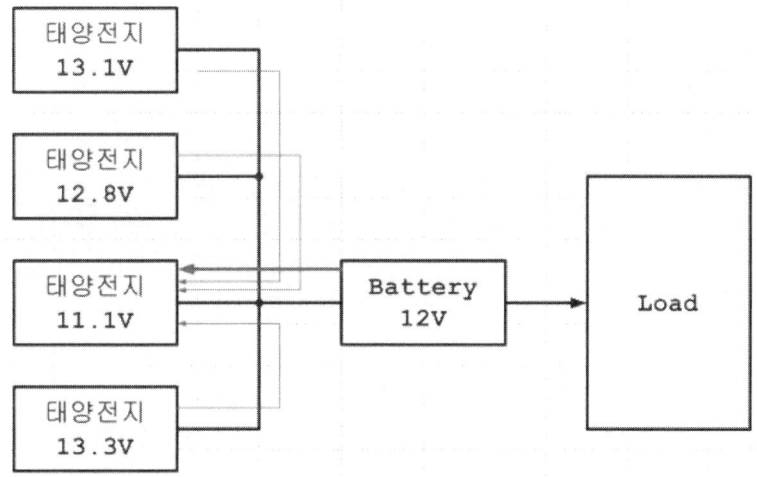

2) 블록킹 다이오드 설치예

역류방지 다이오드만 각 태양전지마다 달아주면 불량, 저출력, 밤이나 흐린 날씨로 인한 출력저하 등의 상황에서도 다른 태양전지에서 발생하거나 배터리가 가진 전력등이 불량한 모듈로 흘러들어가는 일이 원천으로 봉쇄되게 된다.

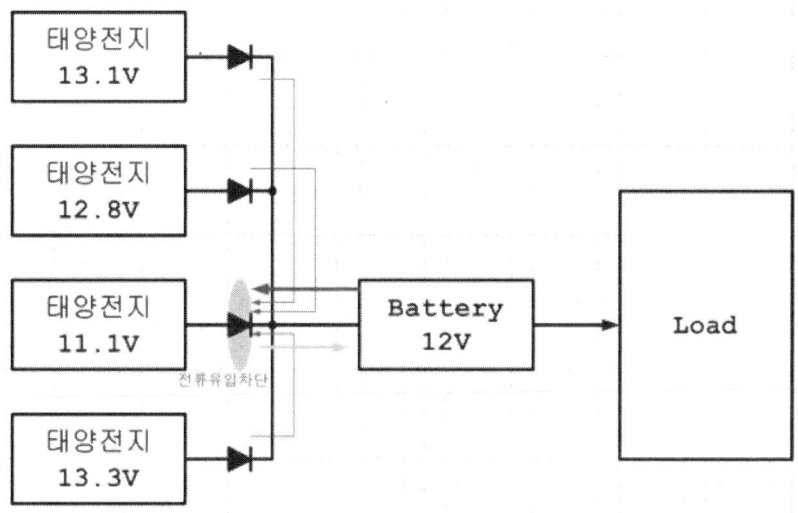

3) 블록킹 다이오드 원리

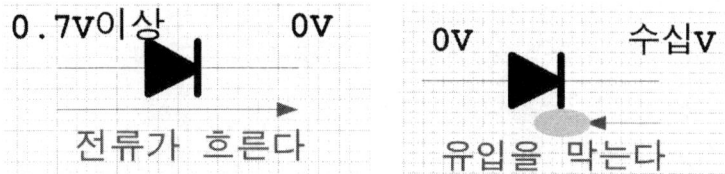

1.10 수변전 설비의 공급 신뢰도에 대한 다음 사항을 설명하시오.
   1) 사고확률   2) 신뢰도 계산

1. 사고 발생율
  1) 사고 확률
     운전 상태 확률 : p
     사고정지 상태 확률 : q
     운전시간의 누계 : R
     사고정지시간의 누계 : S 라 하면
     $$p = \frac{R}{R+S}, \quad q = \frac{S}{R+S}, \quad p+q = 1$$
     이 되고 여기서 q 를 사고 확률 이라 한다.

  2) 사고 발생율
     각 설비는 대상 기간 중에 운전-사고정지-운전을 반복하므로 1회당의 평균운전 계속시간 마다 사고를 일으킨다고 볼 수 있다. 따라서 운전 단위 시간당의 사고 발생 회수는 다음식으로 표시되고 이를 사고발생율이라 한다.
     $$\lambda = \frac{1}{R}$$

2. 신뢰도 계산
  1) 각 설비가 직렬로 구성되어 있는 경우
     공급 신뢰도를 계산하려면 기본 데이터로서 각 구성 설비의 사고 발생율 (λ) 와 평균 정전시간 (S)를 이용하여 다음과 같이 구한다.

     ─[$\lambda_1 S_1$]─[$\lambda_2 S_2$]─ ⟹ ─[$\lambda_s S_s$]─

     $$\lambda_S = \lambda_1 + \lambda_2$$
     $$\lambda_S S_S = \lambda_1 S_1 + \lambda_2 S_2$$
     $$S_S = \frac{\lambda_1 S_1 + \lambda_2 S_2}{\lambda_1 + \lambda_2}$$

2) 각 설비가 병렬로 접속되어 있는 경우

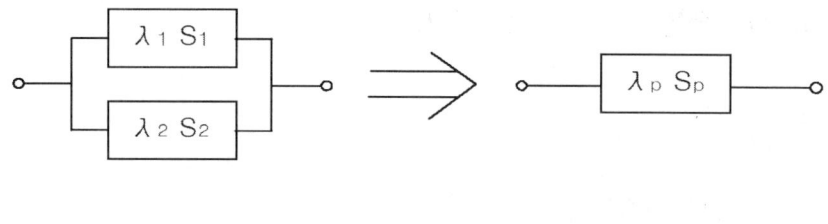

$$\lambda_p = \lambda_1 \lambda_2 (S_1 + S_2)$$

$$\lambda_p S_p = (\lambda_1 S_1)(\lambda_2 S_2)$$

$$S_p = \frac{S_1 S_2}{S_1 + S_2} \text{ 이고 } S_1 = S_2 \text{ 라면 } S_p = \frac{S_1}{2} \text{ 가 된다.}$$

3. 결론

사고로 인한 정전 시간은 각 설비가 직렬로 접속되어 있는 경우보다는 병렬로 되어 있는 경우가 짧기 때문에 수변전 설비도 병렬로 한 2중화로 구성한다면 공급 신뢰도가 향상된다.

1.11 조도계산시 광 손실률에 대하여 설명하시오.

1. 광손실율(LLF)의 의미
   1) LLF란 구미지역에서 주로 사용하는 구역공간법(ZCM법)의 광 손실율로서
   2) Light Loss Factor의 약자이며
   3) 회복 불가능한 요인과 회복 가능한 요인이 있고
   4) 조도 계산 결과를 실제 상황에 맞도록 보정하는 역할을 한다.

2. 회복 불가능한 요인
   1) 조명기구 주위온도 열방출 요인
   2) 공급 전압
   3) 안정기, 램프 광출력 요인(열화)등

3. 회복 가능한 요인
   1) 조명기구 먼지
   2) 실내의 먼지
   3) 램프의 수명 요인

4. 광손실율(보수율, LLF : Light Loss Factor)의 상세 설명
   $M = Ml * Mf * Md * Me$
   1) $Ml = M_1 * M_2$
      Ml : 램프 자체의 사용 시간에 따른 효율 저하
      M_1 : 램프 동정 특성을 고려한 보수율
      M_2 : 램프 교체 방법을 고려한 보수율

   2) $Mf : M_4$
      Mf : 조명기구 사용 시간에 따른 효율 저하
      M_4 : 조명기구 효율 열화 특성을 고려한 보수율

   3) $Md = M_3 * M_4$
      Md : 램프 및 조명기구의 오손에 의한 효율 저하
      M_3 : 램프 오손 특성을 고려한 보수율
      M_4 : 조명기구 오손 특성을 고려한 보수율

   4) Me : 실내 반사면의 오손을 고려한 보수율

1.12 유도전동기 벡터 인버터 제어의 원리와 구성에 대하여 설명하시오.

1. 개요
   1) 벡터제어는 벡터 인버터에 의한 제어를 말하며
   2) 일반 인버터와는 달리 벡터 인버터는 속도 검출 소자(엔코더나 Taco-Generator)의 신호를 제어부에서 받아 유도 전동기의 속도를 제어하는 방식이다.

2. 벡터 제어 원리

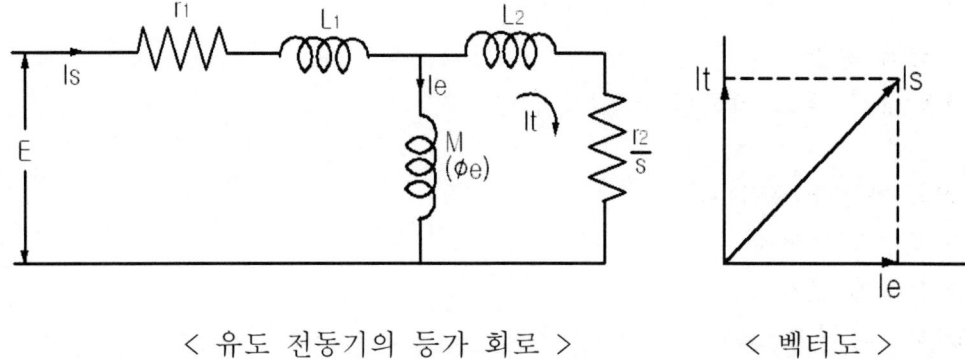

< 유도 전동기의 등가 회로 >　　　　< 벡터도 >

1) 일반 유도 전동기는 자속과 전류가 쇄교하여 토오크를 발생할 때 자속과 전류가 직각으로 쇄교 할 수가 없으나
2) 벡터 제어(위상제어)는 자속을 일으키는 전류(Ie)와 토오크를 일으키는 전류(It)가 직각으로 되도록 인버터에서 공급하는 전류을 위상 제어함.
3) 위 벡터도에서 횡축은 고정자 권선에 자속을 일으키는 여자전류이고 종축은 회전자를 회전시키는 토오크 전류임.
4) 벡터 제어에서는 여자전류는 일정하게 하고 토오크 전류분을 가감하여 속도를 제어함.
5) 모터의 속도를 속도 검출 소자(엔코더나 Taco-Generator)의 신호를 제어부에서 받아 유도 전동기의 속도를 제어함.

3. 구성

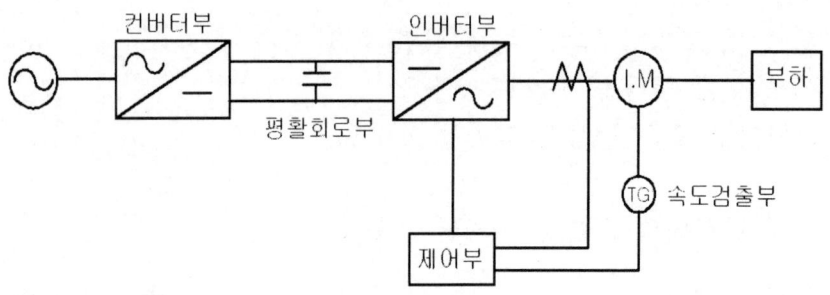

1) 컨버터부 : 상용의 교류 전력을 정류기를 통해 직류전력으로 변환
2) 평활회로부 : 정류기에서 직류로 변환한 후 리플을 제거
3) 인버터부 : 전력 반도체를 이용하여 직류 전력을 교류로 변환
4) 속도 검출부 : 엔코더나 Taco-Generator를 이용하여 모터 속도 검출
5) 제어부 : 속도 검출부의 신호를 받아 유도 전동기의 속도를 제어함.

4. 특징
1) 고 신뢰성, 고 정도
2) 최적의 에너지 절감
3) 연속적으로 속도를 변속할 수 있음.
4) 광범위한 속도 제어
5) 정밀한 속도제어
6) 시동 전류가 작다
7) Soft Start 가능
8) 유지보수가 용이등

5. V/f제어와 벡터제어 비교

구 분	V / f 제어	벡터 제어
제어 방식	전압, 주파수 제어	전류 제어
Loop 방식	Open Loop 방식(개루프 방식)	Closed Loop방식(폐루프 방식)
원 리	속도 검출 소자없이 입력된 신호에 의해 속도 제어	속도 검출 소자에 의해 속도를 검출하여 Feed Back시켜 속도제어
회로 비교	(회로도)	(회로도)

6. 최근 동향
1) 최근에는 속도 검출부의 오차를 줄이기 위해 Senserless 벡터제어 인버터가 개발됨.
2) Sensorless 벡터제어
토오크 성분의 전류를 검출하여 회전속도로 변환하기 때문에 정밀도가 우수하고 소명이 길어지고 유지 보수가 간단함.

1.13 SMPS(Swiched Mode Power Supply)종류 및 적용방법에 대하여 설명하시오.

1. 개요
   1) S.M.P.S : Switching Mode Power Supply의 약자
   2) 전력용 MOSFET등 반도체 소자를 스위치로 사용하여
   3) 교류 입력 전압을 일단 구형파 형태의 전압으로 변환한 후
   4) 필터를 통하여 제어된 직류 출력 전압을 얻는 장치임.

2. 입출력 특성
   일반적으로 많이 사용하는 휴대폰 충전기와 같이 1차는 Free Voltage이며 2차는 정전압인 제품이 많음.
   - 1차 전압   : AC 90 ~ 260V
   - 1차 주파수 : 47~63 Hz
   - 2차 출력   : DC 5V, 12V, 24V 가 대표적임.
                 AC용도 가능

3. 구성

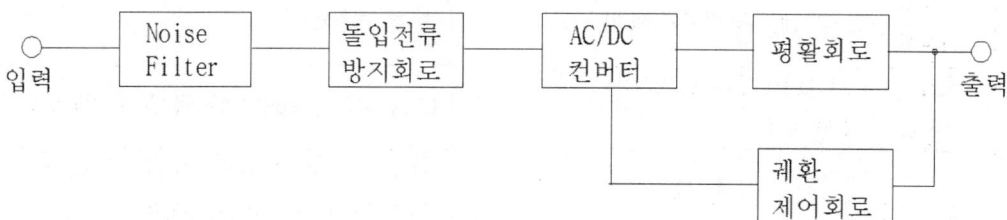

   1) 노이즈 필터
      외부로부터 입력되는 전원 전압에 포함된 Noise를 제거
   2) 돌입전류 방지회로
      외부로부터 입력되는 전원 전압의 돌입전류로부터 회로 보호
   3) AC - DC 컨버터
      다이오드를 이용하여 AC를 DC로 정류
   4) 평활회로
      L-C 필터등으로 구성되어 DC 전류의 평활화
   5) 궤환 제어 회로
      출력 전압의 오차를 줄이기 위한 회로

4. 특징
   1) 장점
      - 종래의 리니어식인 변압기 방식에 비해 효율이 높고
      - 내구성이 강하며
      - 소형, 경량화
      - 가격 저렴
   2) 단점
      - 스위칭에 의한 손실, 인덕터 손실등 전력 손실이 증대
      - 스위칭에 의해 발생하는 써지, 노이즈 발생

5. 용도
   - 휴대폰 충전기, 면도기
   - PC, OA기기, 가전기기
   - 통신용과 산업용 등

2.1 LED 광원에서 백색 LED를 실현하는 방법(종류별 발광원리)에 대하여 설명하시오.

1. LED 색상
   1) 적색 LED
      GaAs와 AlAs의 혼합 결정인 GaAlAs, GaAs와 GaP의 혼합 결정인 GaAsP가 주로 사용되어 왔다.

   2) 녹색 LED
      AlP와 GaP가 가장 좋지만 간접천이형 반도체이기 때문에 발광효율을 비약적으로 향상시키기 어려웠다. 또한 순녹색의 발광도 얻어지지 않았으나 추후 InGaN의 박막 성장이 성공하게 됨에 따라 고휘도 녹색 LED의 구현이 가능하게 되었다.

   3) 청색 LED
      가장 실현하기 어려웠던 색으로 처음에는 SiC, ZnSe, GaN 등 세 가지 물질이 경합을 벌렸다.
      GaN은 고휘도 청색 및 녹색 LED의 출현이 가능하게 되었다.

2. 백색 LED의 구현방법
   1) 하나의 칩에 형광체를 접목시키는 방법
      - 청색 LED를 광원으로 사용하고, 노란색(560nm)을 내는 형광물질을 통과시키는 형태의 백색 LED가 처음으로 등장하게 되었다.
      - 백색 LED는 청색과 노란색의 파장 간격이 넓어서 색 분리로 인한 섬광효과를 일으키기 쉽다.
      - UV LED가 여기광원으로 사용됨에 따라 단일 칩 방법으로 조명용 백색 LED 구현에 있어서 새로운 전기를 맞이하게 되었다.

   2) 멀티 칩으로 백색 LED를 구현하는 방법
      - RGB의 3개 칩을 조합하여 제작하는 것이다.
        그러나 각각 칩마다 동작 전압의 불균일성, 주변 온도에 따라 각각의 칩의 출력이 변해 색 좌표가 달라지는 현상 등의 문제점을 보이고 있다.
        따라서 백색 LED의 구현보다는 회로 구성을 통해 각각의 LED 밝기를 조절하여 다양한 색상의 연출을 필요로 하는 특수 조명 목적에 적합한 것으로 판단된다.

3) 보색 관계를 갖는 2개의 LED를 결합

주황색과 청녹색을 4대 1의 비율로 섞으면 백색광이 되는데 주황색에서 적색까지의 발광색을 조절할 수 있는 InGaAlP LED의 경우 성능지수가 100lm/W를 초과함에 따라 현재 조합된 백색 LED의 조명 효율이 형광등과 가까운 정도이다.

LED의 조명 효율이 빠른 속도로 높아지고 있는 추세에 비추어 몇 년 후면 형광등보다 높은 LED 조명등이 출현할 것이라 전망된다.

2.2 뇌 이상전압이 전기설비에 미치는 영향에 대하여 설명하시오.

1. 이상전압 개요
   1) 외부 이상전압(외뢰)
      - 직격뢰
      - 유도뢰
   2) 내부 이상전압(내뢰)
      (1) 과도 이상전압
         - 개폐시 이상전압
      (2) 지속성 이상전압
         - 상용주파 이상전압
         - 철심포화 이상전압
            기본파 철공진 이상전압과 특수 철공진 이상전압으로 나눈다.

2. 외부 이상전압(외뢰)
   1) 직격뢰
      - 선로·기기등 도체에 직접 뇌격하는 경우를 말한다.
      - 역 플레쉬 오버 (섬락)는 철탑 및 가공지선등이 낙뢰시 뇌격전류와 철탑저항에 의한 전압강하로 철탑 및 가공지선등의 전위가 대폭 상승하여 도체간에 전위차가 크게 되어 절연내력을 초과할 경우 도체에서 섬락이 발생한다.
   2) 유도뢰
      - 도체에서 뇌운의 전하와 반대극성의 전하가 정전유도작용에 의해 나타나는 현상이다.
      - 뇌운간 또는 뇌운과 대지간의 방전으로 뇌운의 전하가 소멸될 때 도체상에 구속된 전하가 자유전하로 되어 선로로 진행하여 침입하는 서지이다.
   3) 대책
      - 가공지선 및 피뢰설비 설치
      - 피뢰설비의 접지저항을 작은값이 되도록 한다.(10Ω이나 5Ω 이하)
      - 피뢰기 설치 : 피 보호기기로 부터 근접 설치

3. IEC 62305 제2부 : 위험성(Risk) 관리
   IEC 62305 제2부에서는 낙뢰로 인한 위험 요소의 평가를 위한 절차에 대하여 설명한다.
   1) 손상의 원인
      뇌격 전류는 손상의 기본적인 원인이며 뇌격점에 따라 다음과 같은 원인으로 구별한다.

S1 : 구조물에 대한 직접뢰
S2 : 건축물 근처의 뢰격
S3 : 구조물에 접속된 인입 설비의 직격뢰
S4 : 인입 설비 근처의 뢰격

2) 손상의 유형(Damage)
낙뢰에 의한 위험성의 평가를 위하여 다음과 같이 손상을 세가지 유형으로 구분한다.
D1 : 인축에 대한 상해
D2 : 물리적 손상(화재, 폭발, 기계적파괴, 화학 물질 누출 등)
D3 : 전기 및 전자 시스템의 고장

3) 손실의 유형(Loss)
손상의 각 유형은 그 손상 단독이거나 또는 다른 손상과 결합되거나 보호 대상물에 다양한 결과의 손실을 일으키며, 발생 될수 있는 손실의 유형은 보호 대상물 자체와 그 내용물의 특성에 따라 좌우 되며 다음과 같은 손실의 유형으로 나타낸다.
L1 : 인명의 손실
L2 : 공공 설비의 손실
L3 : 문화 유산의 손실
L4 : 경제적 손실(구조물과 그의 내용물, 인입설비와 기능의 손실)

4. 낙뢰 피해 종류
1) 구조물 및 건축물 피해
 - 구조물 및 건축물의 파괴
 - 직격뢰 또는 유도뢰에 의한 화재, 폭발에 의한 피해
2) 인축에 미치는 피해
 - 직격뢰에 의한 감전 사고로 사망 또는 중상
 - 유도뢰에 의한 감전 사고로 사망 또는 중상
3) 설비 피해
 (1) 직격뢰에 의한 설비 피해
  - 공청 안테나, CCTV 등 피해
  - 송전선 및 전차선로등 파괴
  - 무선통신 중계기 파괴
 (2) 유도뢰에 의한 설비 피해
  - 전기 기기 및 전자 기기 파손
  - 전기 기기 및 전자 기기 고장

5. 대책
   1) 직격뢰
      - 규격에 맞는 피뢰침, 피뢰용 지선 설치
      - 접지 저항값을 규정치 이하로 관리
   2) 유도뢰
      - 피뢰기(LA) 설치
      - SPD 설치등

2.3 Bus Duct System의 구성 및 설계, 공사시 유의 사항에 대하여 설명하시오.

1. 개요 (내선규정 2245)

   Bus Duct는 대전류 용량의 간선을 필요로 하는 장소에 설치면적, 전압강하, 안전성, 경제성 등을 고려하여 우수한 절연내력을 가진 절연피복을 도체(Bus)에 씌워 절연간격을 최소화 하여 제작된 대전류 용량의 전력간선에 Cable 대신 사용되고 있다.

2. Bus Duct 구성
   1) 도체 (Conductor)
      Busway의 도체는 동(Cu)또는 알루미늄(Al)을 사용한다.
   2) 외함 (Enclosure)
      Busway는 압연 강판 또는 알루미늄을 사용한다.
   3) 절연물 (Insulating Material)
      도체 절연은 전기적, 기계적 성질이 우수하며, 내열성에서도 우수한 Class B종(130℃)의 Polyester Film을 3겹 이상 적층하여 절연 한다.

3. Bus Duct 종류
   1) 형태상 분류

종 류	내 용
Feeder Type	옥내 간선, 대전류에 주로 사용하며 도중에 부하를 접속하지 않음.
Plug in Type	도중에 부하 접속이 가능한 플러그 설치 부하변경, 기기회로에 주로 사용
Trolly Type	이동부하 접속이 가능한 트롤리 접속식 구조

   2) 재료에 의한 분류

도 체	덕 트
Al	Al
Al	Fe
Cu	Al
Cu	Fe

3. Bus Duct 특징
 1) 부피가 작고 가볍다.
 2) 밀폐형이므로 외함 내부로 먼지나 이물질 침입이 적다.
 3) 생산 기간이 짧아 건설 공기를 단축할 수 있다.
 4) BUS 사이를 공기가 아닌 절연물로 절연하여 절연 성능이 우수하다.
 5) BUS간에 MOLDING이 되어 단락 강도에 강하다.
 6) BUS의 용량을 크게 할 수 있어 전압강하를 줄일 수 있다.
 7) 절연 레벨을 높여 내화 성능이 우수할 뿐 아니라 화재시 MOLDING내부에 공기유입이 없어 화재 확산을 막을 수 있다.
 8) 금속 또는 알루미늄 외피를 접지하여 통신 장해를 줄일 수 있다.
 9) PLUG IN 구조는 접속부의 연결이 쉬워 건설 공기를 줄일 수 있다.

5. 설계시 고려사항
 1) 용량: 200~5,000[A]
   (일반적으로 1,000[A] 이상시 Cable보다 경제적)

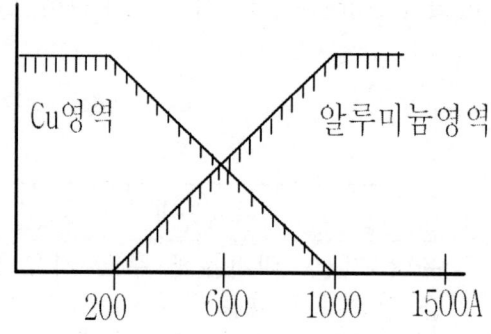

<도체 채용 범위>

 2) 전류용량 결정시 검토사항 :
  - 허용전류 : 상시, 단락시, 순시
  - 허용전압강하 : 내선 규정
  - 기계적 강도 : 단락, 신축, 진동, 지진등
  - 고조파전류 함유분
  - 장래 부하의 증설등 확장성을 감안

 3) 종합적인 경제성, 견고성, 부피 등을 감안하여 Al-Fe가 많이 사용됨.

 4) 이종 금속간 전기부식 검토

6. 시공시 고려사항
   관련규격 : 판단기준 188, 내선규정 2245
   1) 도체
      - 띠모양 동 도체 : 단면적 20㎟ 이상
                      알루미늄 도체 : 단면적 30㎟ 이상
      - 관모양이나 둥근 막대모양 : 지름 5mm 이상 동 도체

   2) 시설장소
      - 옥내용 : 건조한 장소로서 노출장소 또는 점검 가능한 은폐장소
      - 옥외용 : 사용 전압 400V 미만에 한하여 옥측, 옥외에 시설 가능

   3) 덕트
      - 덕트는 그 최대폭에 따라 규격(내선규정 제2245절) 이상의 강판이나 알루미늄판으로 견고하게 제작되어야 한다.
      - 최소 1.2mm이상이고 폭이 커질수록 강판의 두께가 커짐.

   4) 버스덕트 시설 방법
      - 덕트는 3m 이하의 간격으로 견고하게 지지할 것
      - 상호간에는 견고하고 전기적으로 완전하게 지지할 것
      - 내부(환기형은 제외)는 먼지가 침입하지 않도록 할 것
      - 끝부분은 막을 것(환기형은 제외)
      - 수직으로 시설하는 경우에는 내부 도체를 적합하게 지지하는데 적합한 것을 사용할 것
      - 습기가 많은 장소 또는 물기가 있는 장소에 시설하는 경우에는 옥외형을 사용하고 내부에 물이 침입하여 고지지 않도록 할 것
      - 벽이나 바닥을 관통할 경우에 관통부분에 접속부를 만들지 말 것

   5) 도체의 접속과 절연
      - 도체 상호의 접속은 볼트 조임 또는 이와 동등이상으로 견고하게 접속해야 하고
      - 은, 주석등으로 도금하여 전기적으로 완전하게 접속해야 한다.
      - 내부도체는 0.5m이하의 간격으로 비 흡습성의 절연물로 견고하게 지지하고, 극간 접촉 또는 덕트 내면과 접촉이 없도록 해야 한다.

   6) 접지
      - 사용전압 400V 미만 : 제3종 접지

- 사용전압 400V 이상 : 특별 제3종 접지

7) 기타
- 접속개소 BONDING 실시
- 진동방지용 FLEXIBLE BUS 접속연결
- 수축, 팽창을 고려하여 EXPANSION JOINT설치
- 설치후 절연저항 : 20MΩ 이상일 것
- 주요 접속부는 온도 센서 설치하여 상시 보호
- 관통부 구획 통과시 실링 처리

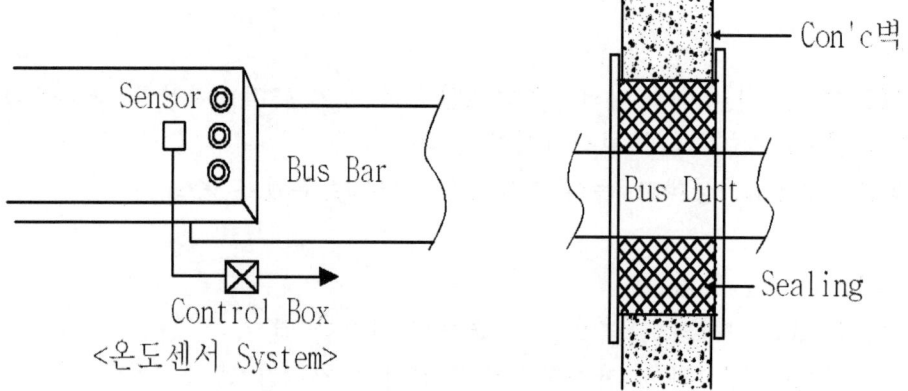

2.4 특고압 수전 설비중 지중 케이블 용량산정 방법에 대하여 설명하시오.

1. 지중 케이블 용량산정 방법
   1) 전선의 허용 전류
      (1) 연속시(상시) 허용 전류

      허용전류 $I = A \times S^m - B \times S^n$ (A)

      여기에서 S : 도체의 공칭 단면적 (㎟)

      A,B : 케이블 종류와 설치방법에 따른 계수

      m,n : 케이블 종류와 설치방법에 따른 지수

      대개의 경우 첫 번째 항만 적용하면 되고, 두 번째 항은 대형 단심 케이블을 사용하는 경우에만 적용하면 된다.

허용 전류표	구분	구리도체		알루미늄 도체	
		A	m	A	m
A.52-2	2	11.2	0.6118	8.61	0.616
	3≤120㎟	10.8	0.6015	8.361	0.6025
	3<120㎟	10.19	0.6118	7.84	0.616
	4	13.5	0.625	10.51	0.6254
	5	13.1	0.600	10.24	0.5994
	6≤16㎟	15.0	0.625	11.6	0.625
	6<16㎟	15.0	0.625	10.55	0.640
	7	17.6	0.551	13.5	0.551

   (2) 단락시 허용 전류

   단락 또는 지락시 고장전류가 통전 가능한 허용 전류를 말하며 흐르는 시간도 대개 2초 이하이고 이때의 전선의 단면적은 다음과 같다.

   단면적 $S = \dfrac{\sqrt{I_s^2 \cdot t}}{k} = 0.0496 I_n$ (mm²)

   여기서 I_s : 단락 고장 전류 (A) = 20In

   t : 차단 장치의 동작 시간(초) = 0.1초

   k : 절연재료에 의한 온도 계수 (XLPE:130)

(3) 순시(기동시) 허용 전류
- 기동 전류가 큰 전기 기기 동작 시 배전선의 손상 없이 짧은 시간(0.5초) 내에 최대로 허용 할 수 있는 순시 전류로 전선의 열화특성, 기계적 특성, 전기적 특성을 고려하여 결정하여야 한다.

2) 전압강하
 (1) 임피던스법에 의한 전압강하

$$\Delta e = E_s - E_r = K_w L I (R \cos \theta + X \sin \theta)$$

- 여기에서 Kw : 배전 방식에 의한 계수

X항은 무시, R에 고유저항($\frac{1}{58} \times \frac{100}{97}$)을 대입하여 간단히 하면 아래와 같이 나타낼 수 있다.

전 기 방 식	전 압 강 하
- 1φ2w - 직류 2선식 (Kw:2)	$e = \frac{35.6 L I}{1000 A}$
- 3φ3w (Kw: √3)	$e = \frac{30.8 L I}{1000 A}$
- 3φ4w, 1φ3w (Kw:1)	$e = \frac{17.8 L I}{1000 A}$
e : 상전압 강하임. 따라서 380/220V 회로에서 전압강하율은 e / 220 이어야 함.	

(2) 내선 규정에 의한 허용 전압강하 (1415-1)
- 저압 배선중의 전압 강하는 간선 및 분기회로에서 각각 표준전압의 2% 이하로 하는것을 원칙으로 한다.
- 단, 전기사용장소안에 시설한 변압기에서 공급하는 경우에는 간선의 전압 강하를 3%이하로 할 수 있다.
- 공급 변압기 2차측 단자(전기 사업자로부터 공급을 받는 경우는 인입선 접속점)에서 최원단(遠端) 의 부하에 이르는 전로가 60m를 초과하는 경우에는 다음에 따를 수 있다.

구 분	120 m 이하	200m 이하	200m 초과
전기 사업자로부터 공급	4 % 이하	5 % 이하	6 % 이하
전기사용장소안에 시설한 변압기에서 공급	5 % 이하	6 % 이하	7 % 이하

3) 기계적 강도
   (1) 단락시 열적 용량
   (2) 단락시 전자력
   (3) 진동
   (4) 신축

4) 연결점의 허용온도

5) 열방산 조건

6) 간선 계산시 기타 고려 기타
   (1) 장래 증설에 대한 여유도
   (2) 부하의 수용율
   (3) 비선형부하의 연결

2. 지중 케이블 보정 계수
   1) 주위 온도 보정 계수
      지중 케이블의 허용전류에 적용되는 지중 주위온도가 20℃ 이외인 경우의 보정계수

지중 온도 ℃	절연체	
	PVC	XLPE 또는 EPR
10	1.10	1.07
15	1.05	1.04
20	1.00	1.00
25	0.95	0.96
30	0.89	0.93
35	0.84	0.89
40	0.77	0.85
45	0.71	0.80
50	0.63	0.76
55	0.55	0.71
60	0.45	0.65

   2) 복수 회로 보정 계수
   - 열저항 R (㎡.h.℃/Kcal),(㎡K/W)
      고체 내부의 한 지점에서 다른 한 지점까지 열량이 통과할 때 이 통과 열량에 대한 저항의 정도를 말한다.
      표 B.52.18-지중에 직접 시설한 복수회로, 케이블에 대한 저감 계수.

표 B.52.2~표 B.52.5의 설치방법 D2 단심 또는 다심케이블

회로수	케이블간 간격[a]				
	0 (케이블 접촉)	1케이블의 지름	0.125m	0.25m	0.5m
2	0.75	0.80	0.85	0.90	0.90
3	0.65	0.70	0.75	0.80	0.85
4	0.60	0.65	0.70	0.75	0.80
5	0.55	0.55	0.65	0.70	0.80
6	0.50	0.55	0.60	0.70	0.80
7	0.45	0.51	0.59	0.67	0.76
8	0.43	0.48	0.57	0.65	0.75
9	0.41	0.46	0.55	0.63	0.74
12	0.36	0.42	0.51	0.59	0.71
16	0.32	0.38	0.47	0.56	0.68
20	0.29	0.35	0.44	0.53	0.66

다심케이블	
단심케이블	

비고 1 이 값은 매설 깊이가 0.7m, 토양의 열저항률이 2.5K·m/W인 경우에 적용한다. 이 값은 표 B.52.2~표 B.52.5에 제시된 케이블의 크기와 설치 형태 범위에 대한 평균값이다. 평균을 구해 그 값을 반올림하여 ±10% 오차 범위의 값을 얻을 수 있다.(보다 정확한 값이 필요할 경우, KS C IEC 60287-2-1에서 규정하는 방법으로 계산할 수 있다)

비고 2 열저항률이 2.5K·m/W 미만일 경우 일반적으로 보정계수가 증가할 수 있으며, KS C IEC 60287-2-1에 규정된 방법으로 계산할 수 있다.

비고 3 각 상당 병렬도체 m개로 구성된 회로가 있다면, 저감계수를 결정하기 위해서는 회로를 m개 회로로 간주해야 한다.

2.5 구내방송설비에서 스피커의 종류별 적용과 BGM(Back Ground Music)방송 수신기준의 사무실 스피커 배치방법에 대하여 설명하시오.

1. 관련 규정
   건축전기설비설계기준(국토해양부) 제12장

2. 일반사항
   1) 방송설비는 증폭장치, 입력장치(마이크로폰, CD 플레이어, 레코드플레이어, 라디오튜너 등), 출력장치(스피커)와 배선으로 구성한다.

   2) 방송설비 설계 시 주변소음에 대하여 확성 음의 읍압 레벨이 높도록 해야 하며, 이 차이는 안내방송과 같은 경우에는 5~10 dB, 음악 감상의 경우는 15~20 dB, 환경음악(BGM)방송의 경우는 3~5 dB 정도 높게 한다.

   3) 비상방송이 요구되는 경우에는 일반적으로 방송설비의 구성을 일반방송과 비상방송 겸용으로 사용할 수 있도록 한다.

3. 입력장치
   1) 입력장치로 사용되는 기기는 마이크로폰, CD 플레이어, 레코드플레이어, 라디오 튜너 등이며, 기능에 따라 선별하여 사용한다.

   2) 마이크로폰은 소리의 진동을 전기신호로 변환하는 방식에 따라 일반적으로 다이나믹형, 콘덴서형, 일렉트렉트형 중 특성에 따라 선정한다.
      (1) 다이나믹마이크로폰은 전원이 필요 없고, 튼튼하며, 온도, 습도의 영향이 적고, 동작이 안정되어 건축물 내·외부에 사용한다.

      (2) 콘덴서마이크로폰은 주파수특성이 좋아서 고품질음향이 요구되는 스튜디오. 녹음 및 측정용으로 사용한다.

      (3) 일렉트렉트마이크로폰은 콘덴서형의 일종으로 진동판으로 고분자 화합물(테프론등)을 사용한 것이다. 이것은 소형으로 경제적이며 특성이 좋아서 일반적 마이크로폰 등으로 사용한다.

   3) 시작과 종료를 알리도록 전자챠임이나 아나운스멘트 또는 환경음악(BGM) 등을 시계와 기계적으로 연동하거나 마이크로프로세서에 의해 프로그램적으로 연동시킨다.

4) 믹서(믹싱콘솔)는 여러 가지로 입력된 신호를 출력레벨 주파수 특성에 따라 조정하고 혼합하여 증폭기로 보낸다.

4. 증폭장치(AMP)
   1) 증폭기는 전력증폭기(파워앰프)와 전압증폭기가 있으며, 전력증폭기는 스피커나 안테나 등에 전력을 보내기 위한 것이고, 전압증폭기는 전력증폭기 앞에 설치하며 입력장치에 따라 설계한다.

   2) 증폭기 출력계산은 다음 식을 참조하고 실내의 체적(㎥)에 대한 전력증폭기의 출력의 관계는 다음 그림을 참조한다.

   $$P_E \geq \sum P_S$$
   여기서, P_E : 증폭기 출력 (W)
   P_S : 스피커 각각의 입력합계 (W)

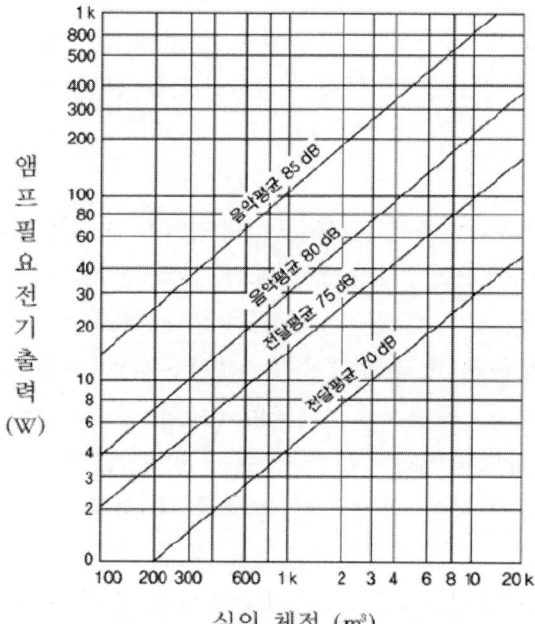

주 : 일반적으로 콘형스피커에 적용된다.

   3) 증폭기용 전원용량 계산은 다음 식을 참조한다.
   $$P_A = k \times P_E$$
   여기서, P_A : 증폭기의 소비전력 (W)
   P_E : 증폭기 출력 (W)
   k : 소비전력 계수(일반적으로 3)

4) 증폭기는 설치형식상 탁상 형, 랙(캐비닛)형, 데스크 형으로 구분하며, 일반적으로 소규모일 경우는 탁상 형, 대규모설비일 경우는 랙 형과 데스크형의 조합으로 설계한다.

5. 스피커 종류 및 배치 방법
   1) 스피커 종류
      스피커는 전기에너지를 음 에너지로 바꾸는 것으로 콘 형 스피커와 혼 형 스피커를 사용한다.
      (1) 콘 형 스피커
         진동판이 직접 진동하여 음을 반사시키는 형태로서 단일 형, 콘형 스피커 몇개를 직선 배열한 컬럼 형, 음향용으로 복수배치 형태인 프로시니엄 형(Proscemium) 스피커를 사용하고 주로 옥내에 사용한다.

      (2) 혼 형 스피커
         진동판의 진동이 공간 매개 기구인 혼을 통하여 음을 방사 시키는 형태로서 효율이 높으며, 주로 옥외와 체육관 등으로서 대 출력 요구 장소에 사용한다.

   2) 스피커 배치 방법
      설치개소 수에 따라 집중방식, 분산방식, 집중 및 분산방식으로 배치한다.
      (1) 집중방식
         스피커를 한 방향으로 또는 한 개 장소로 모아서 설치하는 것으로서 원음의 방향과 같으므로 방향성이 좋지만 원거리가 되는 경우는 음향이 작아지고 잔향이 많으면 명료도가 떨어진다.

      (2) 분산방식
         천장이 낮고, 면적이 넓고, 소음레벨이 높은 경우와 집중배치로 음향전달이 어려운 경우와 방향성이 특별히 요구되지 않은 경우에 설치한다.

      (3) 집중 및 분산방식
         방향성 효과는 집중방식으로 얻게 하고 원거리가 되는 장소와 음압이 작은 장소는 분산배치 방식으로 한다.
         다만, 먼 곳의 분산배치 스피커의 음향이 집중배치 스피커의 음향보다 빨라지게 되어 음의 방향성과 이중성이 나타날 우려가 있는 경우는 시간지연장치를 사용한다.

3) 사무실에서의 스피커 배치(BGM방송 수신기준)
   (1) 콘형 스피커의 음향커버범위(반정각 60° 기준)이내에 사람의 귀 높이를 1 m 정도로 하여 배치 간격을 산정한다.

   (가) 스피커배치는 다음을 참고한다.

   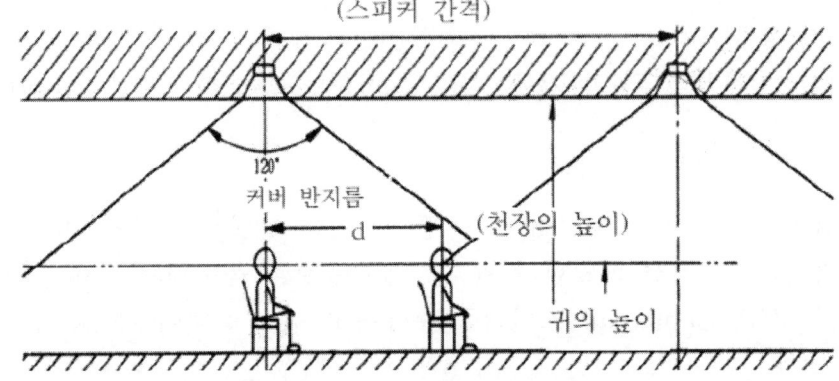

   (나) 설계 시 스피커 1개가 담당(커버)하는 면적은 다음 표를 참조한다.

용도	천장의 높이 (m)	스피커의 간격 (m)	스피커 1개 담당면적 (m^2)
BGM방송	2.5 이하 2.5~4.5 4.5~15	5 6 9	25 이내 36 이내 81 이내
안내방송	-	9~12	81~144

   (2) 사무실의 벽으로부터 1 m 까지는 음향 담당(커버) 범위에서 제외한다.

   (3) 일반 안내방송의 경우처럼 짧은 방송인 경우는 음량을 높일 수 있으므로 간격을 넓혀서 설치한다.

4) 공연장, 강당, 체육관의 스피커배치
   (1) 집중배치를 기준하여 스피커 성능, 설치위치에 따른 잔향시간, 소음레벨 등을 고려한다.

   (2) 스피커 배치는 일반적으로 주 음향장치로서 무대전면 상부의 프로시니엄 스피커, 무대 측면의 스테이지 사이드 스피커가 사용되며, 보조 음향장치로서 무대전면 좌석 커버를 위한 스테이지 프론트 스피커와 공연자를 위한 스테이지 모니터 스피커를 설치한다.

(3) 중앙에 무대나 경기장이 있는 경우는 일반적으로 천장중앙에 애리너 형 스피커를 설치한다.

(4) 대형 스피커가 설치되는 경우는 충분한 건축물 구조적인 검토와 설치하는 구조물과 와이어로프의 하중 검토를 해야 한다.

6. 음량조절기(ATT)
   1) 비상방송 겸용의 스피커배선에 음량조절기(Attenuator)를 설치하는 경우에는 앰프랙에 설치된 스피커셀렉터로부터 3선식으로 배선되어야 한다.

   2) 음량조절기는 일반방송(안내, BGM 등)의 경우 작게 하거나 끊을 수 있도록 한다. 다만, 비상방송 시 조절하지 못하도록 한다.

2.6 주택에 적용되는 최근의 일괄소등 스위치와 융합기술에 대하여 설명하시오.

참고 : 조명학회지 2014. 5월호

1. 개요

'일괄소등스위치'는 층 및 구역 단위 또는 세대 단위로 설치되어 층별 또는 세대 내의 조명 등을 일괄적으로 켜고 끌 수 있는 스위치로 편리, 안전, 에너지 절감을 제공하는 대표적인 설비기술의 하나이며 그동안 여러 차례 융합 기술을 통해 발전하고 있다.

2. 법 규정
   - 국토해양부는 건물분야에서의 온실가스 절감을 위해 2025년까지 제로에너지 주택 건설을 목표로 하고 있으며, 이를 위한 수단으로 2009년 10월 20일 '친환경 주택의 건설기준 및 성능'을 고시하여 에너지 절감형 친환경 주택 건설을 추진하고 있다.
   - 이 고시는 「주택건설기준 등에 관한 규정」 제64조 제3항에 따라 친환경 주택의 성능 및 건설기준에 관하여 위임된 사항과 그 시행에 필요한 사항을 정함을 목적으로 20세대 이상의 공동주택을 건설하는 경우에 해당되며, 제14조에 일괄소등스위치를 설치하도록 규정하고 있다.

3. 기술 융합을 통한 편리성, 안전성, 에너지절감

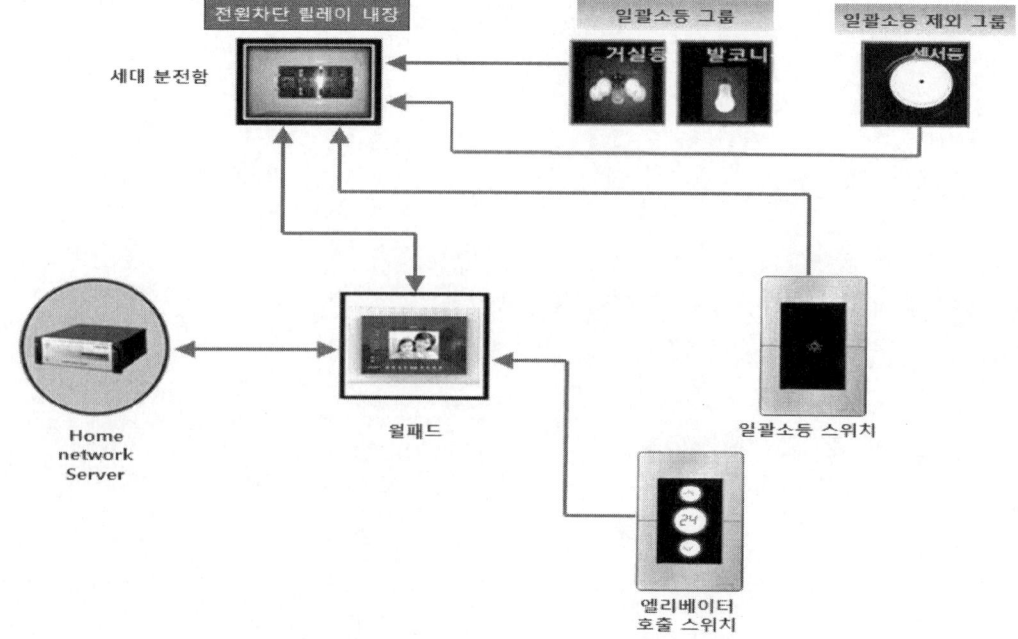

그림 2. 홈네트워크시스템과 일괄소등스위치

1) 주거부문에 홈네트워크 시스템이 도입되면서 세대내에 설치되는 조명스위치, 난방온도조절기, 기타 정보 가전기기들의 통신이 가능해졌고 월패드를 통해 상태 정보를 확인하고 동작제어가 가능하게 되었다.
2) 일괄조명스위치가 홈네트워크 시스템에 연동 되면서 조명 전원 사이에 연결된 스위치 ON/OFF 조작에서 세대분전반에 설치된 전원차단 릴레이와 네트워크 스위치의 신호에 의해 전원 회로를 ON/OFF 하는 조명 차단 방법도 사용되기 시작하였다.
3) 현관 입구라는 위치적인 편리성으로 인해 일부 건설사는 일괄 조명스위치와 별도로 엘리베이터 위치 확인 및 호출이 가능한 스위치와 가스밸브 차단스위치 등을 설치하여 홈 네트워크 시스템과 연동하기도 하였다.
4) 개별 설치되던 가스밸브 차단 스위치, 엘리베이터호출 스위치, 대형 평형의 복도조명등 3로스위치 등은 일괄소등스위치와 융합된 스위치로 발전되기도 하였으며, 매입박스, 배관, 데이터배선등을 공유하므로 추가적인 기능향상에도 불구하고 공사비 상승을 낮출 수 있었다.
5) 이후에도 계속 일괄소등스위치와 다른 기능의 융합은 진행되었으며, 가스차단, 엘리베이터 호출 이외 월패드에서 수행했던 방범보안설정과 해제, 난방차단, 가전기기와 연결된 콘센트의 대기전력 차단 등 안전성과 에너지절감 기능을 한 단계 업그레이드 시켰으며, 이러한 편리, 안전, 에너지절감을 제공하는 다기능 일괄소등스위치가 H건설사에 적용되기도 하였다.
6) 그림 4는 다기능 일괄소등스위치의 외형과 회로결선도이다.

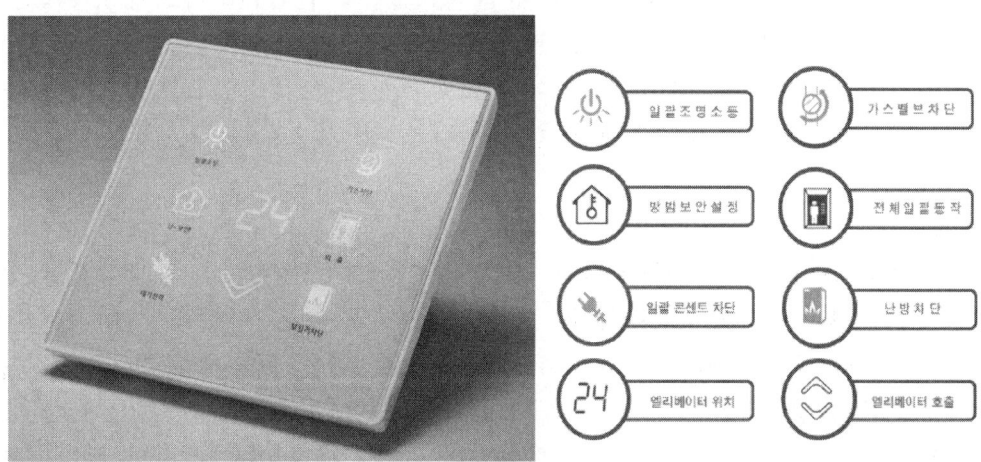

그림 4. 다기능 일괄소등스위치

7) 일괄소등스위치가 건축자재인 신발장과도 융합되어 보통 때에는 거울로 사용하다가 거울 속 디스플레이 터치스크린을 이용하여 일괄소등, 엘리베이터 호출, 가스차단, 방범 설정이 가능하며, 디스플레이를 통해 차량 주차 위치 정보를 확인하고 일기예보를 스마트하게 제공받는 날씨 생활정보기가 적용되기도 하였다.

8) 날씨 정보는 웨더아이, 기상청의 정보를 제공받아 단지 서버에서 월패드로 전송하고 월패드에서 485프로토콜로 변환하여 날씨 생활 정보기에 데이터를 전달하며, 주차 위치는 주차 위치 서버의 주차 정보를 홈네트워크시스템 단지 서버로 이동하여 텍스트 정보를 디스플레이로 제공한다.
9) 입주자 외출시 날씨 생활정보기 내 Microwave Sensor가 인체를 감지하여 날씨 및 주차위치 정보를 음성 및 화면으로 표시하고 입주자가 귀가시 현관 마그네틱 감지기의 신호가 먼저 감응되고 Microwave Sensor가 뒤에 작동하는 방식으로 거주자의 외출과 귀가에 맞추어 정보 제공을 스마트하게 제공하는 상태까지 발전하였다.
10) 또한 일괄소등스위치와 홈네트워크 무선네트워크 연동은 스마트폰 어플을 통해 일괄소등스위치의 ON 제어도 가능한 상태에 있다.

4. 일괄소등스위치와 연계한 전력피크 분산
    1) 2011년 9월 15일 순환정전 이후 최근 몇 년 동안 여름철 전력수급이 큰 문제이며, 작년에 전력수급 상황은 매우 위태로운 위기 상황 이였다.
    2) 단기적인 전력수급의 문제는 여름철 냉방부하를 줄이는 것이며, 장기적으로는 기상이변의 원인인 온실 가스 감축과 에너지의 효율적 사용일 것이다.
    3) 장·단기적 에너지문제를 해결하는 방안의 하나로 일괄소등스위치에 에어컨(냉방기기) 콘센트 또는 리모컨스위치를 연결하고 에너지관리시스템(HEMS)에 의해 원격에서 전력수요관리를 지원하는 시스템이다.
    4) 한전에서는 수요관리를 위해 건물 냉방기기 원격관리시스템 설치와 제어에 지원금을 제공하고 있으며, 과거에는 페이져(일명 삐삐)를 통해 전원을 10~15분 가량 차단하는 원격제어 에어컨을 보급하였으므로 일괄소등스위치에 에어컨 관리시스템의 응용이 가능 할 것으로 본다.

5. 결 론
    1) 2013년 12월 대통령께서는 녹색기후기금(GCF)사무국 출범식에서 "앞으로 기후변화 대응을 창조경제 핵심 분야의 하나로 설정해 에너지관리시스템(EMS), 신재생에너지 등 기후변화 대응을 위한 기술개발 투자를 확대하고 관련 산업 발전과 시장 창출을 가속화해 갈 것임"을 말씀하셨다.
    2) 주거부문에 적용된 일괄소등스위치는 조명, 난방, 대기전력의 에너지를 절감하면서도 거주자에게 다양한 편리성, 안전성을 제공하는 주요 기기로 발전되고 있다.
    3) 더불어 일괄소등스위치를 통한 조명 및 전력부하 차단은 장·단기적인 전력피크부하 분산에 기여 할 수 있을 것이다. 단, 에너지사용정보를 제공하는 원격 검침과 홈네트워크 시스템 등과 연계되는 에너지관리시스템(EMS)을 통해 전력 변동 상태 확인이 가능해야 할 것이다.

4) 앞으로 주거부문 이외 건물부문의 층 및 구역 단위에 적용하는 일괄소등스위치도 공급자 중심의 설비가 아닌 사용자의 편리성, 안전성, 에너지절감 등을 위한 기술 융합과 발전을 기대해 본다.

3.1 백화점 조명계획과 관련하여 주요 요소별 설계 및 시공 방법에 대하여 설명하시오.

1. 개요

   소비자의 용구를 충족시키기 위해서는 집입 동선의 리듬있는 분의기 조명으로 백화점의 이미지를 강하게 해야 하며, 상품을 돋보이게 할 수 있는 액센트 조명이 이루어져야 하고, 쾌적한 분위기를 조성하여 구매를 증진시켜야 한다.

2. 백화점 건축물의 특징
   1) 상품을 돋보이게 하기 위하여 무창으로 건축
   2) 건물 자체를 화려하게 하고
   3) 1층은 Show Window를 설치하여 쇼핑을 즐기도록 한다.
   4) 건축물 천정이 높고 방재에 대비해야 한다.
   5) 불특정 다수가 출입하여 입 출입구를 돋보이게 해야 한다.

3. 백화점 조명시 고려사항
   1) 조명을 백화점의 격식이나 이미지에 맞도록 꾸민다.
   2) 주 조명에 보조 조명을 추가하여 전체적으로 상품을 돋보이게 한다.
   3) 천장 조명에 의한 기준조도와 Show Case 조도의 Balance 필요
      기준조도 : 500~700 (lx)
      Show Case 조도 : 기준 조도의 2~3배
   4) 상품의 종류에 따라 광색을 달리한다.

4. 백화점 내부 조명

장 소	조 명 방 식
1. 전반 조명	- 백화점내 평균 조도를 항상 유지해야 하므로 효율이 높은 조명기구 채택 - 기구는 간단히 옮길 수 없으므로 장래성을 고려하여 선정하고 배치 - 조명 방식으로는 밝고 부드러운 확산 광 조명, 다운라이트 조명등 - 입체감을 가질 수 있도록 스폿트 라이트 병용
2. 진열창	- 진열창은 백화점의 얼굴로 충분한 매력이 있어야 함. - 3~4초 동안에 상점 앞을 지나는 고객의 주의를 끌 수 있어야 함. - 상점내 전반 조명의 2~4배 밝기 필요 - 천연색 형광등이나 백열등, 할로겐등으로 액센트 조명
3. 진열장	- 상점 전반 조명의 2배 이상의 조도가 필요 - 진열장 하단이 어두워 지지 않도록 진열장의 1/3 지점을 조명 - 의류 매장 : 색채가 여러 가지이고 반사율이 나쁘므로 밝은 조명 필요

	- 양품점 : 밝은 전반 조명 필요하고 연색성 고려	
	- 서점 서가 : 침착하고 밝은 조명이 필요하고 충분한 수직면 조도가 필요하므로 아래 방향에서의 조명도 고려	
4. 진열대	- 진열창을 소형으로 만든 형태로 상점내 점반 조명의 3~4배 밝기 필요 - 슬림라인 형광등이나 T-5 처럼 가늘고 긴 조명기구를 양 둘레에 따라 설치하고 반사갓을 사용하여 눈부심을 제거.	

5. 매장별 조명
   1) 의류 매장
      - 온색 계통의 광색 조명을 연출하여 아름다움을 강조
      - 조명기구 : 다운라이트, 브라켓, 할로겐 Spot Light, 직접 및 간접조명
   2) 귀금속 매장
      - 온색 계통의 광색 조명을 연출
      - 할로겐 Spot Light, 진열장내 Slim Light
   3) 식당가
      - 밝고 즐거운 분위기 조명
      - 광천정, 코오브등 건축화 조명
      - 샹들리에등으로 Point를 줌
   4) 식품 매장
      - 청결함을 보일 수 있는 조명
      - 커버가 있는 형광등, 코드 팬던트등

6. 백화점 외부 조명
   1) 전기 싸인 조명
      - 직사 싸인 : 광원이 직접 눈에 들어오는 것
         네온관, 사인전구등
      - 반사 싸인 : 피조면을 밝게 하는 조명
      - 투명 사인 : 반투명 유리, 플라스틱등을 투과하여 조명
   2) 광원
      - 네온관 : 색과 형체를 자유롭게 할 수 있음
                고전압이 가하여 지므로 설치시 안전 주의
      - 사인 전구 : 적, 황, 청, 녹, 백색등으로 점멸, 5~150W
      - 할로겐 램프
      - 나트륨 램프
      - 크세논 램프등이 이용 됨.

3.2 우리나라 공동주택의 변압기 용량산정은 주택법에 의하여 산정되고 있다. 변압기 용량 과 적용에 대한 문제점과 대책을 설명하시오.

참고 : 조명학회지 2010. 9월호

1. 개요

기존 공동주택 변압기 최대 이용전력이 낮아 변압기 용량의 여유가 매우 높은 것으로 판단되며 이는 설계시 과다 용량으로 설계되고 있는 것으로 지적되고 있다.

전력용 변압기의 손실 발생 등을 고려할 경우 변압기 설계에 필요한 여러 가지 계수를 종합적인 검토가 필요하다.

2. 변압기용량 산정을 위한 계수

 1) 수용률

수용률은 수용가내에 시설된 전부하 설비용량에 대하여 실제로 사용되고 있는 부하의 최대 수요전력의 비율을 나타내는 계수로서 변압기용량 산정시 중요한 계수이다. 수용률이 과도하게 적용되면 초기 시설비용이 증가하고 전력손실이 증대시키는 요인이 된다.

$$수용율 = \frac{최대수요전력(KW)}{부하설비용량합계(KW)} \times 100(\%)$$

 2) 변압기 최대 이용률

변압기 최대이용률이란 고객이 보유하고 있는 변압기 시설용량에 대한 최대수요전력의 비율이다.

$$변압기\ 최대\ 이용률 = \frac{최대수요전력(kVA)}{변압기시설용량(kVA)} \times 100(\%)$$

변압기 최대이용률이 낮다는 것은 변전설비 이용면에서 비효율적이며 변압기의 과다용량이 지적된다.

3. 변압기 용량 산정을 위한 세대부하 계산법

 1) 내선규정 3315절

  * 총 부하 설비용량 = P x A + Q x B + C [VA]
    A:전용부하밀도 [VA/m²]   B:공용부하밀도 [VA/m²]
    C:가산부하 [VA]
    P:전용면적 [m²]   Q:공용면적 [m²]

2) 집합 주택 (내선 규정 300-2)
   P (VA) = 30 (VA/㎡) x 바닥면적(㎡) + (500~1,000)(VA)

3) 전전화 주택(내선 규정 300-1)
   P (VA) = 60 (VA/㎡) x 바닥면적(㎡) + 4,000(VA)

4) 주택 건설 기준 제40조 (건교부)
   세대당 3kW (전용면적 60㎡ 미만) + 초과시 10㎡당 0.5 kW

4. 변압기 용량 과 적용 예
   1) 표5는 최근에 건립된 아파트로서 조사한 아파트중 1군데 단지에서 변압기 최대이용률이39[%]로 조사되었고 나머지 단지에서도 30[%]이하의 이용률로 조사되었다.
   2) 조사된 공동주택 단지의 최대수요전력 현황을 보면 공통적으로 변압기 용량의 여유가 많고 특히 최근에 건립된 아파트일수록 전력용 변압기의 여유가 많음을 알 수 있다.

표 5. 2000년대 건립 된 아파트모델의 최대수요전력 현황
Table 5. Demand power of the apartments built in 2000s

구 분	세대수	시설용량 ([kVA])	최대수요전력 ([kW])	이용률 ([%])
E 아파트	1,077	2,400	941	39
F 아파트	494	1,300	382	29
G 아파트	898	2,050	578	28
H 아파트	305	1,250	359	29
I 아파트	731	2,150	664	30
J 아파트	370	1,500	402	27
K 아파트	337	2,250	706	32

5. 변압기 용량 과 적용에 대한 문제점과 대책
   1) 수용률 적정화
      변압기는 용량이 여유가 너무 많으면 전력손실이 커지고 초기 투자비가 커져서 불합리하다.
      공동주택 변압기 최대전력 사용의 조사에 의하면 표5 에서 보듯이 변압기 이용률이30[%] 전후로 매우 낮아서 용량의 여유가 너무 많다는 것을 알 수 있다.

이로 인한 전력손실이 대단히 많은 것으로 추정되며 투자비 손실도 상당 할 것으로 추정된다.

간선굵기 선정시 사용하는 수용률을 현행 내선규정의 수용률을 적용하고 변압기 이용률을 60[%]까지 상승시켜 변압기용량 선정시 사용하는 수용률을 25~30[%] 낮추어 변압기 용량을 선정할 것을 제안한다.

표9는 실태 조사된 30[%] 전후의 전력변압기 이용률을 56~60[%]로 상승시켜서 현행 수용률을 30[%] 낮추었을 때의 조정안이며 설계시적용을 제안한다.

표 9. 30[%] 하향 조정된 수용률
Table 9. Adjusted downward demand factor by 30[%]

세대수	현행 수용률	조정 수용률
100	45	32
200	44	31
300	43	30
400	42	30
500	42	30
600	41	29
800	41	29
850초과	40	28

2) 기본 용량 하향 조정

최근의 한 연구에 의하면 전력용 변압기를 합리적으로 운영하기 위하여 세대부하 적용기준을 임대 아파트의 경우 3[kVA]에서 75[%]인 2.25[kVA]로 조정할 것을 제안하고 있다.

7. 결 론

공동주택의 전력용 변압기의 이용률 실태를 조사하여 본 결과 현 설계 방식으로 시설된 변압기의 이용률이 30[%] 전후로 낮게 나타나며 용량의 여유가 너무 많아 전력손실이 많이 발생함을 알 수 있다.

변압기의 전력손실을 최소화하여 에너지 손실을 줄이는 방법으로 변압기 용량 적정화하는 방법을 제안한다.

변압기 용량 최적화 방안으로 변압기의 이용률을 높이기 위해 수용률을 현행보다 5~30[%]를 줄여서 적용하도록 제안한다.

3.3 KSC IEC 62305에 규정된 피뢰시스템(LPS, Lightning Protection System)에서 아래 사항에 대하여 설명하시오.
　1) 적용범위　　2) 외부 뇌보호 시스템　　3) 내부 뇌보호 시스템

1. 적용범위
　KS C IEC 62305에서는 다음 설비의 피뢰시스템 시설을 위해 따라야 할 원칙에 대해서 기술한다.
　- 사람은 물론 설비 및 내용물을 포함하는 구조물
　- 구조물에 접속된 인입설비
　　다음의 경우는 이 규격의 범위에서 제외한다.
　- 철도시스템
　- 차동차, 선박, 항공, 항만시설
　- 지중 고압관로
　- 구조물에 연결되지 않은 배관, 전력선 또는 통신선

2. 외부 뇌보호 시스템
　제3부에서는 피뢰 시스템에 의한 구조물의 물리적 손상보호 및 피뢰 시스템 주위의 접촉전압과 보폭 전압에 의한 인축의 보호에 대하여 설명한다.
　1) 수뢰부 시스템
　　(1) 돌침 방식
　　　선단에 뾰족한 금속도체를 설치, 뇌격전류를 흡입, 방류
　　　수평면적이 좁은 건물, 위험물 저장소에 적용
　　(2) 수평도체
　　　보호하고자하는 건축물의 상부에 수평도체를 설치하여 인하도선을 통하여 대지로 방류하며 투영면적이 비교적 큰 건물이나 송전선등에 유리.
　　(3) 메쉬 방식(케이지 방식)
　　　피보호물 주위를 적당한 간격의 Mesh로 감싸, 완전히 보호하는 방식이며, 산악지대, 레이더기지, 휴게소, 천연기념물, 나무등에 적용

　2) 인하도선 시스템
　　뇌격 전류에 의한 손상을 줄이기 위하여 뇌격점과 대지 사이의 인하도선은 다음과 같이 설치한다.
　　　- 여러개의 병렬 전류 통로를 형성 할 것
　　　- 전류 통로의 길이를 최소로 할 것
　　　- 구조물의 도전성 부분에 등전위 본딩을 실시할 것
　　　- 지표면과 매 10~20m높이마다 측면에서 인하도선($50mm^2$이상)을 서로 접속.

- 수뢰부가 분리된 피뢰 시스템의 인하도선은 돌침인 경우 1조 이상 분리 되지 않은 피뢰 시스템은 2조 이상의 인하도선이 필요하다.
- 인하도선은 가능한한 구조물의 모퉁이마다 설치한다.
- 인하도선이 절연재료로 피복되어 잇어도 처마 또는 수직 홈 통안에 설치하면 안된다.
- 벽이 불연성 재료인 경우 인하도선을 벽의 표면이나 내부에 설치 가능하나, 가연성인 경우 뇌격 전류에 의한 온도 상승이 벽에 위험을 주지 않는다면 인하도선을 벽에 설치할 수 있다.
- 벽이 가연성 재료이며 온도 상승이 벽에 위험을 주는 경우에는 벽에서 0.1m 이상 이격하여 인하도선을 설치해야한다.
- 인하도선과 가연성 재료 사이의 거리를 충분히 확보할 수 없는 경우에는 인하도선의 단면적을 100㎟이상으로 한다.
- 자연적 부재이용 : 철골등 자연부재의 상단부와 하단부의 전기저항이 0.2Ω이하인 경우 인하도선으로 사용할 수 있으며 이때에 접속부는 땜질, 용접, 압착, 나사 조임등의 방법으로 확실하게 해야 한다.

3) 접지 시스템
  (1) A형 접지극
    판상 접지극, 수직 접지극, 방사형 접지극등

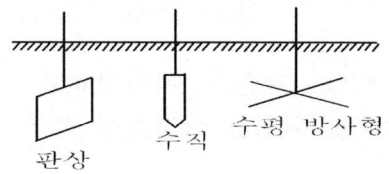

  (2) B형 접지극
    환상 접지극, 망상 접지극, 또는 기초 접지극

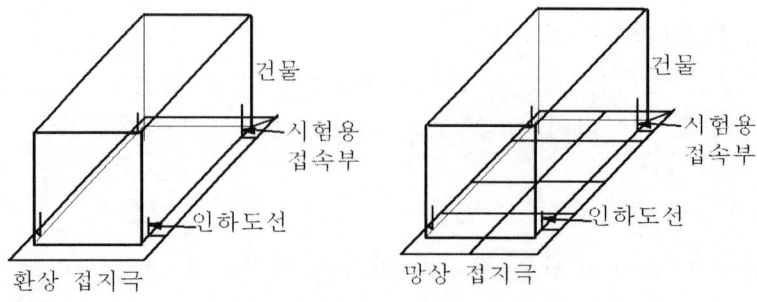

3. 내부피뢰시스템(KSC IEC 62305-3부)(88.3.3)
  1) 피뢰 등전위 본딩
    (1) 등전위화는 다음과 같은 피뢰시스템을 서로 접속함으로써 등전위화를 이룰 수 있다.

- 구조물 금속 부분
- 금속제 설비
- 내부시스템
- 구조물에 접속된 외부 도전성 부분과 선로

(2) 피뢰 등전위본딩을 내부시스템에 시설할 때, 뇌격전류 일부가 내부 시스템에 흐를 수 있으므로 이의 영향을 고려해야 한다.

(3) 상호간의 접속은 다음과 같은 방법으로 할 수 있다.
- 자연적 구성부재를 통한 본딩
- 본딩 도체로 직접 접속할 수 없는 장소의 경우는 SPD 를 설치한다.

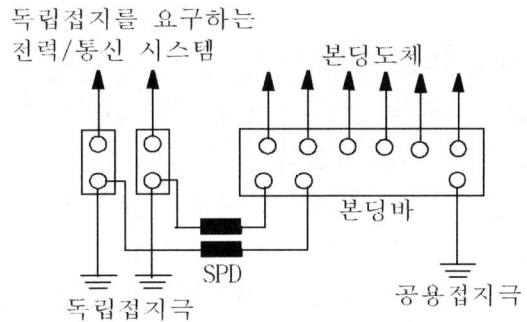

(4) 피뢰등전위본딩을 시설하는 방법은 중요하여, 통신기술자, 전기기술자, 기타 관련 기술자, 기관의 당국자와 협의해야 한다.
(5) 서지보호장치는 점검할 수 있는 방법으로 설치해야 한다.

2) 금속제 설비에 대한 피뢰 등전위본딩 시설 방법
- 본딩도체는 그것을 통과하는 뇌격전류에 견딜 수 있도록 한다.
- **본딩 바 상호 또는 본딩 바를 접지시스템에 접속하는 도체의 최소단면적**

피뢰레벨	재료	단면적 (mm^2)
I ~ IV	구리	16
	알루미늄	22
	강철	50

- 내부 금속설비를 본딩 바에 접속하는 도체의 최소단면적

피뢰레벨	재료	단면적 (mm^2)
I ~ IV	구리	6
	알루미늄	8
	강철	16

- 본딩용 도체는 쉽게 점검할 수 있도록 설치하고 본딩용 바에 접속하여야 한다.

- 본딩용 바는 접지시스템에 접속되어야 한다.
- 대형 건축물(일반적으로 높이 20 m 이상)에서는 두 개 이상의 본딩용 바를 설치하고, 상호 접속해야 한다.
- 피뢰 등전위본딩 접속은 가능한 한 똑바르고 곧게 연결해야 한다.

3) 외부 도전성 부분에 대한 피뢰 등전위 본딩
- 외부 도전성 부분이란 뇌격 전류가 흐를 수 있는 배관, 케이블 금속 요소, 금속덕트등의 금속물체를 말하며 가능한 한 피보호 구조물 가까이에서 등전위 본딩을 실시한다.
- 외부 도전성 부분에 흐를 수 있는 뇌격전류에 견딜 수 있는 굵기이어야 한다.

4) 내부시스템에 대한 피뢰 등전위본딩
- 내부 시스템이란 구조물 내부의 전기 전자 시스템을 말하며 피뢰 등전위 본딩은 반드시 2)절에 따라 시설한다.
- 만약 내부시스템 도체가 차폐되어 있거나 금속관 내에 배선되어 있으면 차폐층과 금속관을 본딩하는 것으로 충분하다.
- 내부시스템 도체가 차폐되지도 않고, 금속관 내에 배선되지 않은 경우는 내부시스템 도체는 서지보호장치를 설치해야 한다.
- TN계통에서 보호도체(PE)와 중성선 겸용 보호도체(PEN)는 직접 또는 서지보호장치를 통하여 본딩 바에 접속한다.

3.4 22.9kV-Y 수전용 변압기의 보호장치에 대하여 설명하시오.

1. 개요
   전력용 변압기는 수전 설비중 가장 중요한 설비이며 이를 보호하기 위한 보호 장치는 기계적 및 전기적 보호 장치로 분류되며, 내부 사고는 사전에 방지 또는 사고시 파급범위를 최소화 하고 외부 단락 사고 또는 지락 사고시 변압기에 미치는 영향을 최소화하기 위해 설치된다.

2. 변압기 보호 장치 관련 규정(전기 설비 기술기준의 판단기준 제 48조)
   특별 고압용 변압기 내부에 고장이 생겼을 경우에 보호하는 장치는 다음 표와 같이 시설하여야한다.
   다만, 변압기 내부에 고장이 생겼을 경우에 그 변압기의 전원인 발전기를 자동적으로 정지하도록 시설한 경우에는 그 발전기의 전로로부터 차단하는 장치를 하지 아니하여도 된다.

뱅크 용량의 구분	동작 조건	장치의 종류
5,000kVA 이상 10,000kVA 미만	변압기 내부고장	자동 차단 장치 또는 경보 장치
10,000kVA 이상	변압기 내부고장	자동 차단 장치
타냉식 변압기 (강제순환방식)	냉각장치에 고장이 생긴 경우 또는 변압기 온도가 현저히 상승한 경우	경보 장치

3. 전기적 보호 장치
   변압기의 전기적 보호의 경우 다음 항목을 보호항목으로 생각할 수 있다.
   - 과부하 및 후비보호
   - 변압기 권선의 상간 및 층간 단락보호
   - 권선의 지락보호
   1) 과전류 계전기
      - 변압기 용량 5000kVA미만의 비율차동 계전기가 설치 되지 아니한 소용량 변압기 내부 보호
      - 과부하에 의한 변압기 소손 방지
      - 비율 차동 계전기 설치시 후비 보호용으로 사용

   2) 비율 차동 계전기(Ratio Differential Current Relay. RDR)
      가. 동작 원리

- 변압기 내부 고장시 1차 전류와 2차 전류의 차이를 이용하여 내부 고장을 전기적으로 검출 (동작력>억제력 일 때 동작)

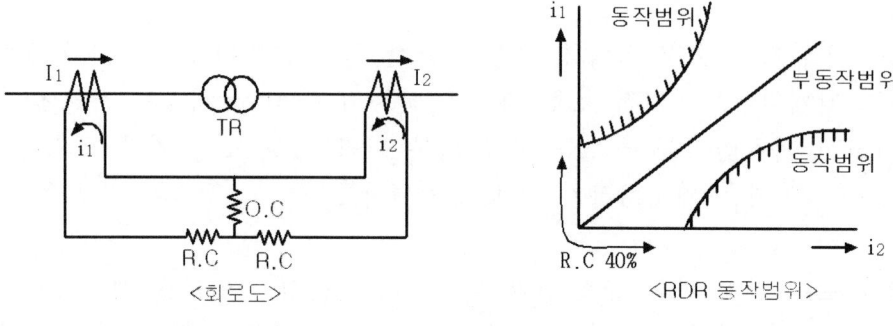

<회로도>　　　　　　　　　<RDR 동작범위>

- 동작 비율 $= \dfrac{\text{동작 전류}}{\text{억제 전류}} \times 100 = \dfrac{i_1 - i_2}{i_1 \text{ 또는 } i_2} \times 100 (\%)$

나. 비율 차동 계전기 적용시 문제점과 대책
 (1) 여자 돌입 전류에 의한 오동작
　　변압기 무 부하 투입시 여자 돌입 전류가 정격 전류의 7~8배 흘러 오동작이 발생하므로 다음과 같은 대책이 필요함.

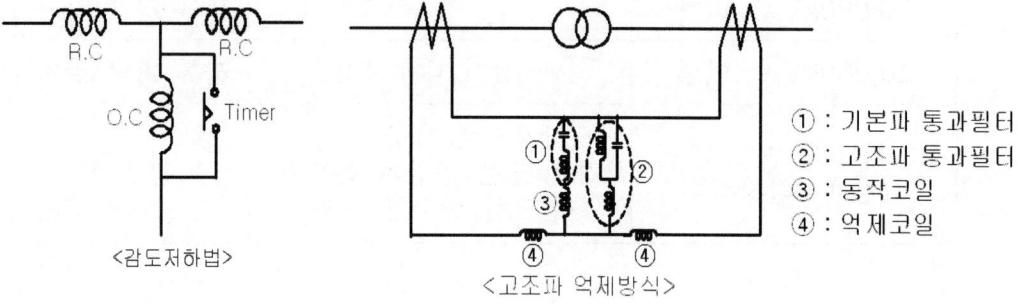

<감도저하법>　　　　　<고조파 억제방식>

① 감도 저하법
　　변압기 투입시 순간적으로(0.2초) 비율 차동 계전기 감도를 저하시킴.
　　=> Timer 사용 방식
② 고조파 억제 방식
　　변압기 여자 돌입 전류에 포함된 고조파 전류를 고조파 필터를 통과시켜 오동작 방지
③ 비 대칭 저지법
　 - 대칭분 : 동작
　 - 비 대칭분(돌입 전류) : 동작 억제
　 - 동작 코일과 저지 계전기를 직렬 접속하여 비 대칭파 전류로 저지 계전기를 동작시켜 동작을 억제함.

(2) 위상각 차에 의한 오 동작

TR Y-△ 결선시 1,2차간 $30°$ 위상차가 있어 전류가 CT를 통과하면 위상차에 의해 동작 코일에 전류가 흘러 오 동작함.

대책 : 위상각 보정
- TR 결선 △-Y -> CT 2차를 Y-△로 결선
  Y-△ -> CT 2차를 △-Y로 결선

(3) 변류비 불일치(변류비차)에 의한 오 동작

보상 CT(CCT)를 사용하여 평형 유지

(4) CT 특성 불 일치(재질등)

탭 선정으로 오차 정정

4. 기계적 보호 계전기

1) 부흐홀츠 계전기

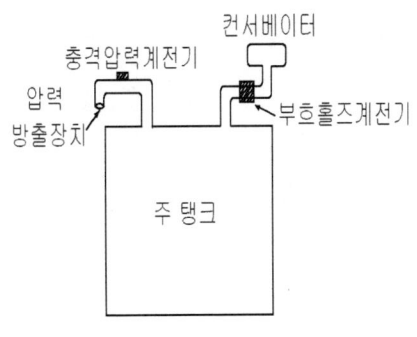

(1) 그림과 같이 Float S/W B_1 과 Float Relay B_2 를 조합한 계전기
(2) 동작 : 과열등으로 절연유가 분해하여 가스화되어 유면이 내려가면 B_1 의 Float S/W가 경보 발령 -> 유면이 급강하 하여 Float Relay B_2가 동작 하면 회로 차단.
(3) 설치 장소
주 탱크와 콘서베이터를 연결하는 중간에 설치.

2) 충격 압력 계전기

(1) 변압기 내부 사고시에는 분해 가스가 발생하여 이상 압력이 생기므로 이 압력을 검출하여 차단하는 장치
(2) 동작
- 급격한 압력 상승시에는 Float를 밀어 올려 접점 폐로
- 완만한 압력 상승시에는 Float 에 있는 가는 구멍을 통해 Float 양면의 압력이 균등화되어 동작하지 않음.
(3) 설치 개소
유면위의 탱크 내부나 맨홀 뚜껑 등에 설치.

3) 방출 안전 장치
- 변압기 커버에 취부되며 변압기 외함내에 이상 압력 발생을 막아주는 장치로 일정 압력 초과시 방압변이 동작하여 변압기의 폭발을 막아준다.
- 여러번 동작시 손상되지 않고 충분히 견디도록 강하게 만들어져 있고 동작 부분은 방압막, 압축스프링, 가스켓 및 보호덮개로 구성되어 있다.

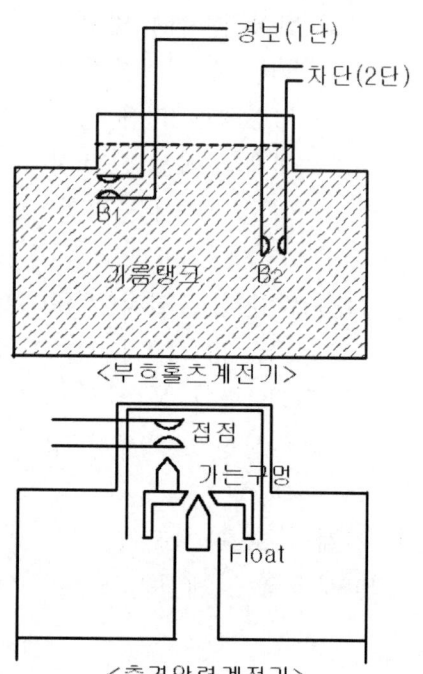

<부흐홀츠계전기>

<충격압력계전기>

3.5 변전설비의 온라인 진단 시스템에 대하여 설명하시오.

1. 열화의 원인 및 형태

   변압기 열화 상태는 크게 나누어 전기적, 열적, 화학적, 기계적, 환경적 요인 등 5개로 나뉘지만 실제는 그 사용 환경에 따라 이들이 중복 되어 복합적으로 진행해 간다.

열화 요인	원 인
1.전기적 요인	과부하 및 단락전류 이상전압 (직격뢰, 유도뢰, 개폐서지) 열 사이클 : 경부하 및 중부하 반복 발생 전력 품질 : 고조파, 전자파등 유입
2.열적 요인	절연유 열화 냉각장치 불량 절연물 내부 공극 발생
3.화학적 요인	기름의 화학적 분해 수분 침투등
4.기계적 요인	운반도중 충격 철심 및 권선의 전자력에 의한 진동 나사 조임의 헐거워짐
5.환경적 요인	부식성 가스 습한 장소 주위온도 영향등

2. On-Line 진단 방식

   1) 부분 방전 시험(UHF 시험)

      부분 방전은 절연물중 Void, 이물질, 수분등에 의해 발생하는 코로나 방전에 의한 국부적인 열화 검출을 목적으로 다음과 같은 방법에 의해 이상 유무를 확인함.

      전자파를 측정하여 누설 전하량이 10pC 이내시 양호

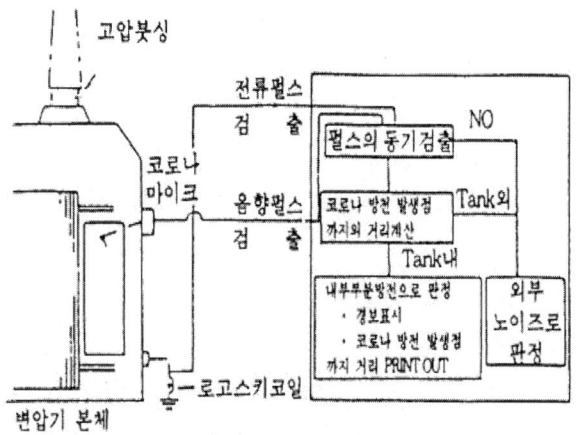

2) 온도 분포 측정 (적외선 측정)

　적외선 카메라를 설치하여 기기에서 발생하는 열을 영상으로 변환하는 장치로서, 비정상적인 열이 발생하면 발열점의 위치등을 즉각 확인할 수 있다.

3) 절연유 특성 시험

　유입 변압기의 경우 절연유 일부를 추출하여 다음과 같은 특성을 측정하는 방법임.

　- 절연 파괴 전압 (kV) 측정
　- 체적 저항율 측정 ($\Omega\cdot m$) : 수분에 주로 관계되며 수분량 증가시 급격히 저하된다.
　- 유중 수분량 측정
　- 전산가 측정 : 절연유의 산화 정도를 측정

4) 유중 가스 분석

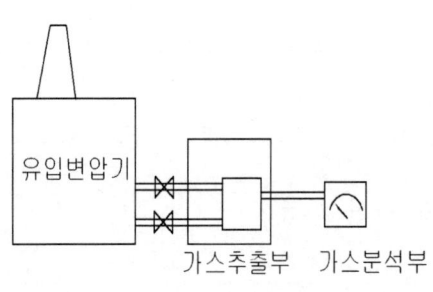

(1) 원리 : 변압기 내부에 이상 발생시 과열이 발생하고, 이 열에 의해 절연유가 분해되어 Gas 발생 -> 유중가스의 조성비, 발생량등을 분석하여 절연유, 절연지, 프레스 보드등의 열화를 진단한다.

(2) 검출기구: 절연유 유중가스 분석기

5) 열화 센서법

　변압기 내부에 센서를 설치하여 변압기의 열화정도에 따라 경보 또는 선로를 차단하는 방식으로 다음과 같은 장점이 있다.

　- Real Time 감시
　- Data 분석, 관리 자동화
　- 수명 예측
　- 유입식의 경우 절연유 열화상태 및 온도 관리 가능

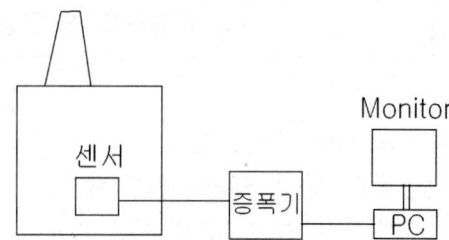

4. Off-Line 방법

1) 절연저항 측정

　1,000V 절연저항계로 권선과 권선간, 권선과 대지간에 절연저항을 측정
　판정기준 : 500MΩ 이상

2) 상용 주파 내전압(내압시험)
   - 권선에 상용주파수의 교류 전압을 1분간 가한다.
   - 전압을 가하지 않는 권선과 철심, Frame은 접지
   - 인가 전압 (KSC 4311 건식 변압기, KSC IEC 60076 전력용 변압기)

계통 최고전압 (실효값. KV)	상용주파 내전압 (실효값. KV)	뇌임펄스(첨두값. KV)	
		개방형	밀폐형
≤ 1.1	3	-	-
3.6	10	20	40
7.2	20	40	60
24	50	95	125

3) 유도 내전압 시험
   정격전압의 2배, 주파수 120~400Hz 전압을 인가하여 1,2차 코일 내부에 Frash Over가 발생하지 않아야 한다.
   - 시험 시간 : 최소 15초, 최대 60초

4) 직류 누설전류 시험 (성극지수 시험. Polarization Index Test)
   - 절연물에 직류 전압을 인가하면 다음과 같은 전류가 흐른다.
     (1) 누설전류 : 절연물의 내부 또는 표면을 통하여 흐르는 전류로서 시간에 대하여 변화가 없음
     (2) 흡수전류 : 절연물(유전체)에 흡수되는 전하에 의해 발생하는 전류로서 시간에 따라 서서히 감소.
     (3) 변위전류 : 절연체(축전지)의 전하가 저장되는동안 흐르는 전류.
       - 이때 흡습의 정도를 성극지수로 나타낸다.
       - 성극 지수(PI) = $\dfrac{\text{전압인가1분때의 전류}}{\text{전압인가10분때의 전류}}$ = $\dfrac{\text{전압인가10분때의 절연저항}}{\text{전압인가1분때의 절연저항}}$
       - 시험전압 : 보통 500V 또는 1,000V를 이용하나 정격전압에 가까운 전압을 인가하는 것이 좋다.
       - 판정 : PI가 2.0 이하시 불량

5) 부분 방전 시험 => 위와 내용 동일

6) 유전정접(正接)법 (tan δ 법)

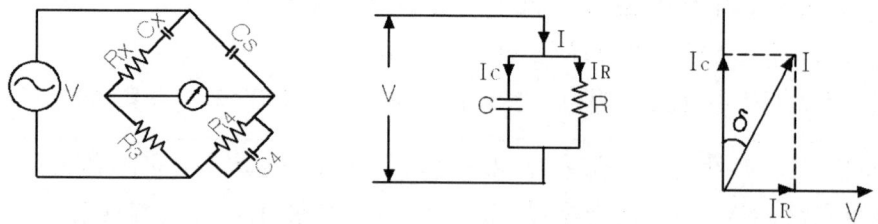

- 절연체에 고압 시험용 변압기를 이용하여 교류전압을 인가하면 절연물에 유전체 손실이 발생하고
- 이때 절연물이 콘덴서 역할을 하므로 전전류는 충전전류보다 δ만큼 뒤진다.
- Shelling Bridge로 손실각 tanδ를 측정하고 tan δ값이 5%이상이면 열화가 진행되는 것으로 보면 된다.
- 가장 정확한 방법이지만 시험 설비가 커서 이동이 어렵기 때문에 제조사에서 주로 사용함.
- 손실각율 $\tan \delta = \dfrac{손실}{전압 \times 전류} \times 100(\%)$ 이다.

3.6 저압 계통의 PEN선 또는 중성선의 단선이 될 때 사람과 기기에 주는 위험성과 대책을 설명하시오.

1. 개요

저압 계통의 중성선은 단상 3선식과 3상 4선식에서 설치되는 것으로 중성선이 순간적으로 또는 장시간 단선이 된다면 이상 전압 등으로 부하 측에 많은 피해를 줄 수 있다.

중성선 단선 현상은 차단기 투입 시 또는 차단 시 일시적으로 나타나는 현상과 중성선이 단선되어 장시간 부하 측에 이상전압을 줄 수 있는 두 가지 현상으로 대별할 수 있다.

2. 중성선의 일시적 단선 현상

 1) 현상
  - 비상용 발전기가 운전되어 전압과 주파수가 유지되고 있는 상태에서 한전을 개방함과 동시에 부하측 배선을 발전기로 절체 하므로 운전중인 모터의 잔류전압과 발전기 위상이 일치하지 않게 될 때, 최악의 경우 정격 전압의 2배인 760V(380×2=760)의 전압으로 모터를 기동할 때와 같은 크기의 전류가 흐르게 된다.
  - 이때 중성선에도 부하 불 평형에 의한 전류가 평상시 2배(부하 임피던스 일정으로 간주)정도가 흐르게 되고 전류가 접촉되는 순간에 arc가 발생되고, ATS중성선의 접촉단자에 접촉 불량이 발생되어 중성선이 개방된 상태가 되고 380V선간에 220V부하가 직렬로 연결된 것이 된다.
  - 이럴 경우 경부하인 단자의 전압은 상승하게 되고 중부하인 쪽은 감소하게 되며 경부하쪽 부하에는 이상전압이 발생하게 되므로 스위치를 끄거나 고장으로 회로가 개방(전구용단 등)되게 되며, 전압 불평형은 점점 심화되어 종래에는 경 부하쪽 전기기기가 거의 모두 손상되게 되는 것이다.

 2) 대책
  (1) 부하 배분의 평형화
  (2) A.T.S 및 개폐기의 접지극이 투입시는 전압극보다 먼저 투입되고 개방시는 늦게 개방되는 타입을 사용
  (3) 비상발전기는 운전상태에서 ATS 절체를 피한다.
  (4) 1Φ 3ω식의 경우 Balancer를 설치한다.
  (5) ATS 및 개폐기류의 접촉 단자 정기 점검등

3) 원인 분석
  (1) ATS 절체순간 전압 전류 변화상태

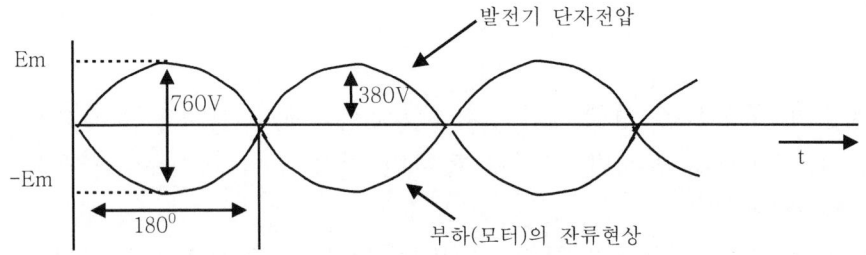

<위상차 180°인 경우>

- 발전기 단자전압과 부하의 잔류 전압의 상차가 180°일 경우 최대전압 760V(380×2=760)의 전압이 가압되게 된다.

3. 3상 4선식 중성선 단선에 의한 이상전압
 1) 불 평형 회로에 단선이 발생시
  (1) 정상회로의 상별 전압 및 전류흐름도 (부하 불평형 3:1 경우)

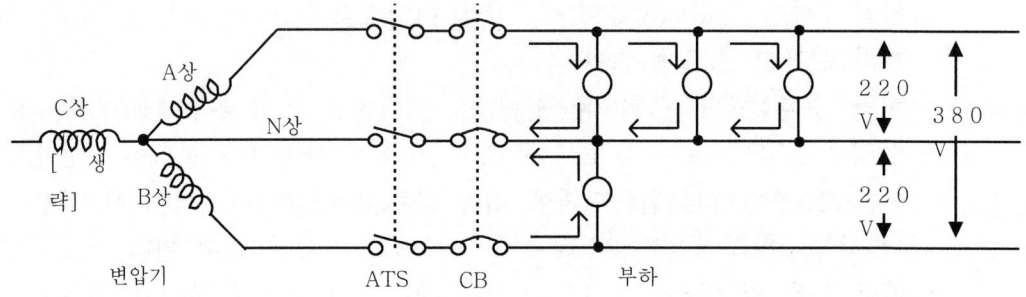

  (2) 중성선 단선시 전압 및 전류흐름도

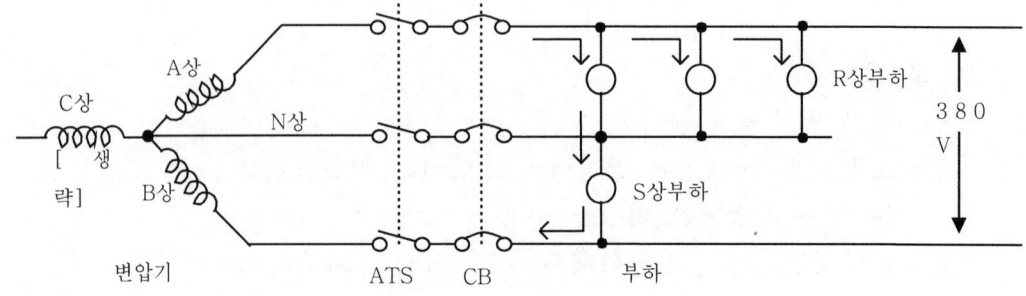

- 중성선이 단선되면 220V는 없어지고 380V만 존재하게 된다.
- N상으로 전류가 흐르지 못하고 A상에서 부하를 직렬로 통하여 B상으로 흐르게 된다.

(3) 부하의 직렬배치 상태와 전압 (부하량의 불균형)

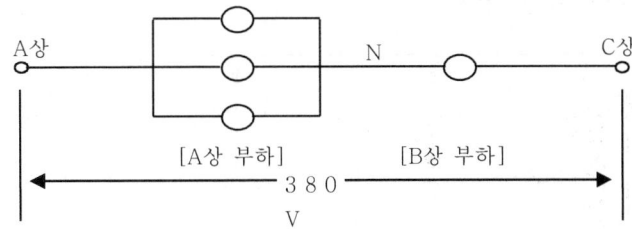

- 각 상과 중성점 N과의 임피던스는 A상의 부하와 B상의 부하에 반비례하는 임피던스가 직렬로 되어 380V 연결된 것과 같다.

(4) 상별 저항차에 의한 이상전압의 발생

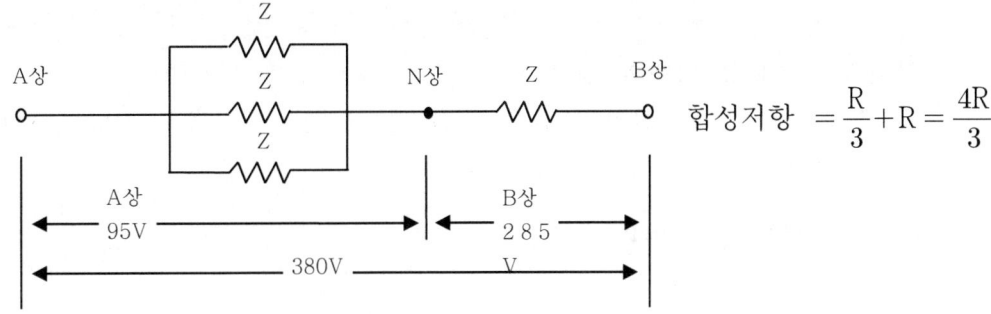

합성저항 $= \dfrac{R}{3} + R = \dfrac{4R}{3}$

(5) A상 부하에 인가 전압

$$V_A = V \times \dfrac{Z_B}{Z_A + Z_B} = 380 \times \dfrac{\dfrac{1}{3}Z}{\dfrac{1}{3}Z + Z} = 380 \times \dfrac{1}{4} = 95\,V$$

B상 부하에 인가전압

$$V_B = V \times \dfrac{Z_A}{Z_A + Z_B} = 380 \times \dfrac{Z}{\dfrac{1}{3}Z + Z} = 380 \times \dfrac{3}{4} = 285\,V$$

2) 평형 회로에 단선이 발생시

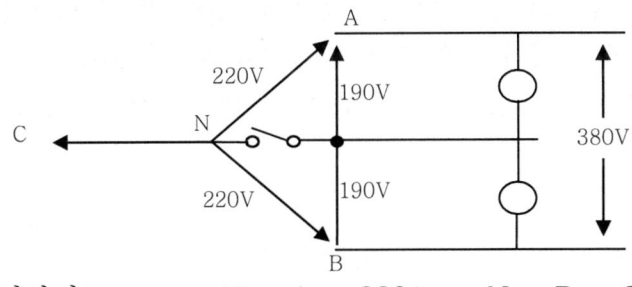

- 평상시   N - A = 220,   N - B = 220
- 중성선 개방시 N - A = 190,   N - B = 190

4. 1상 3선식 중성선 단선에 의한 이상전압
 1) 1Φ 3선식 평형부하인 경우

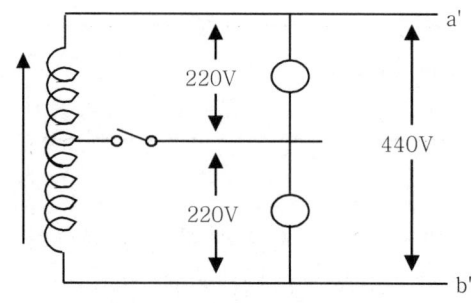

- 평상시　　　　N - A = 220V,　　N - B = 220V
- 중성선 단선시　N - A = 220V,　　N - B = 220V

 2) 1Φ 3선식 불 평형의 경우
　　부하분배가 3Φ 4선식과 같은 조건 즉 3 : 1로 될 경우 전압 불평형은 아래와 같다.

$$V_a' = 440 \times \frac{1}{4} = 110\,V$$

$$V_b' = 440 \times \frac{3}{4} = 330\,V$$

즉 1Φ 3선식의 경우 3Φ 4선식의 경우보다 큰 이상전압이 인가되게 된다.

4. 결론
 - 부하가 평형되게 분배되었을 경우 1Φ 3선식에서는 각상 전압의 변동이 없이 220V로 되게 되지만
 - 3Φ 4선식의 경우는 평형부하인 경우에도 전압이 변하게 되며 중성선이 연결된 상태에서는 220V로 중성선과 양측 전압선간의 전압이 220V로 동일하지만 중성선이 단선되면 중성선과 양측 전압선간의 전압이 모두 190V로 저하하게 되어 사고를 유발하지는 않게 되지만 부하 개폐의 시차 등으로 불 평형이 발생하게 되며 경부하측 부하의 단선 등으로 점점 불 평형은 심화되게 되고 종래에는 경부하측 기기가 거의 모두 손상되게 될 것이다.
 - 그러나 1Φ 3선식의 경우 3Φ 4선식의 경우보다 큰 이상전압이 인가되게 된다.

4.1 대지저항율 측정에 사용하는 전위강하법 기반 3전극법과 Wenner의 4전극법을 비교 설명하시오.

참고 : 조명학회지 2013. 2월호

1. 개요
   1) 접지시스템의 성능에 가장 크게 영향을 미치는 요인이 대지저항률이므로 접지의 설계와 시공에 있어서 대지 저항률을 정확하게 파악하는 것은 매우 중요하다.
   2) 대지저항률을 측정하는 방법에는 여러 가지가 있으며 일반적으로 흔히 사용되는 대지저항률의 측정법은 4전극법과 전위강하법을 기반으로 하는 3전극법이다.
   3) 3전극법은 수직접지극을 측정 하고자하는 장소에 설치하고 전위강하법으로 접지저항을 측정한 후 접지저항의 이론적 산출식으로부터 대지저항률을 역산하는 방법이다.
   4) 또한 4전극법은 전류보조극과 전위보조극을 설치하여 접지저항을 측정한후 전극간격에 따라 대지저항률을 계산하는 방법이다.

2. 3전극법

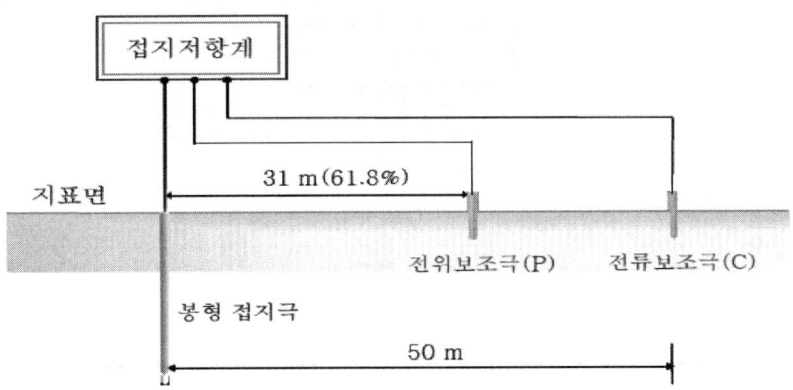

   1) 3전극법은 측정하고자 하는 장소에 봉형접지극을수직으로 설치하고 접지극의 접지저항을 측정한 후 이론식을 적용하여 대지저항률을 산출하는 방법이다.
   2) 봉형 접지극의 상단이 대지의 지표면에 위치하도록 설치한 경우 접지저항은 이론적으로 다음과 같다.

$$R = \frac{\rho}{2\pi l} \ln \frac{2l}{a} \quad \text{-------------------- (1)}$$

여기서 R은 접지저항, ρ은 대지저항률, l은 봉형 접지극의 매입깊이, a은 봉형 접지극의 반경이다.

3) 따라서 식(1)로부터 대지저항률은 다음과 같이 산출된다.

$$\rho = \frac{2\pi l R}{\ln \frac{2l}{a}} \text{ ---------------- (2)}$$

4) 이 방법은 측정하고자 하는 깊이까지 측정전류가 흐르도록 접지극의 길이를 길게 하여 측정하므로 깊이 변경법 (variation-of-depth method)라고도 하며 접지극 근방 토양의 특성에 관한 정보를 얻을 수 있다.

3. 4전극법
1) 4전극법은 측정용 전류보조극과 전위보조극을 배치하는 방법에 따라 Wenner법, Schlumberger-Palmer법, Dipole-Dipole법 등으로 분류된다.
2) 보조전극을 동일한 간격으로 배치하는 Wenner 4전극법이 가장 널리 이용되고 있으며 대지구조가 균질이거나 잘 정리된 경우 정확도가 우수하다.
그러나 대지저항률은 대지 표면상태 함유되어있는 화학성분, 대지구조등 여러 가지 요인에 의존적이므로 측정에서도 세심한 고려가 필요하다.
3) 통상접지극을 설치하고자하는 장소의 실제 대지구조는 불규칙하며 주변시설물과 조건이 다르며 계절 또는 날씨에 따라 표면 상태도 다르다.
4) 접지극을 설치하고자하는 장소의 주변조건과 표면상태의 영향이 작은 측정방법으로 대지저항률을 평가할 필요가 있다.

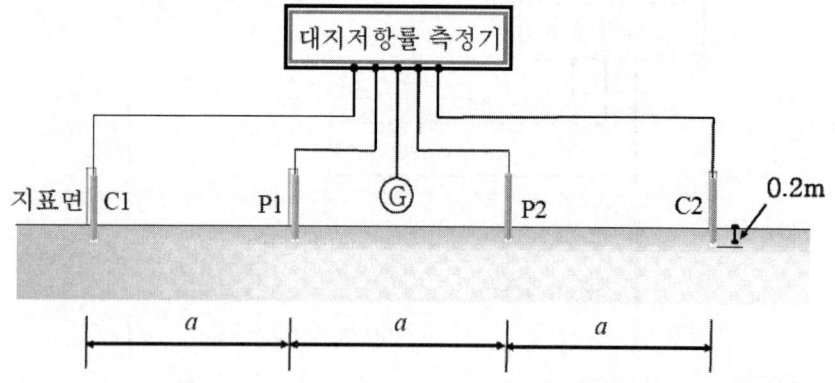

5) Wenner 4전극법은 4개의 측정용 전극을 직선상의 동일한 간격으로 배치하는 방법으로써 위 그림과 같이 4개의 전극을 대지에 설치하고 바깥쪽 전극간 (C1-C2)에 흐르는 전류와 안쪽 전극간(P1-P2)에 유도되는 전압을 측정하여 대지저항률을 산출하는 방법이다.
6) 외측의 두 전극 C1과 C2 사이에 전원을 공급하여 대지에 전류를 흘리고 이 때 안쪽의 두 전극 P1과2 사이의 전위차를 측정하여로부터 접지저항을 구한다.

7) 또한 전극 간격을 a라 하면 대지저항률은 식(3)으로부터 산출되며 대략 깊이 a까지의 평균 대지저항률을 나타낸다.

$$\rho = 2\pi a R \quad \text{------------------} \quad (3)$$

4. $\rho - a$ 곡선 해석

1) 대지 구조 예

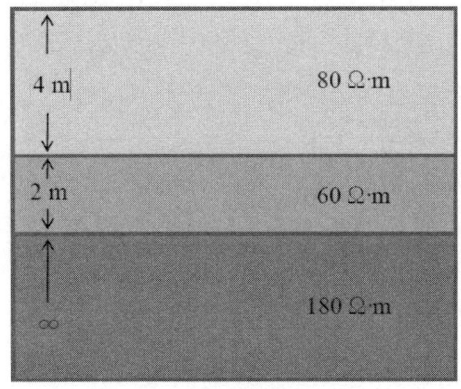

2) $\rho - a$ 곡선 비교

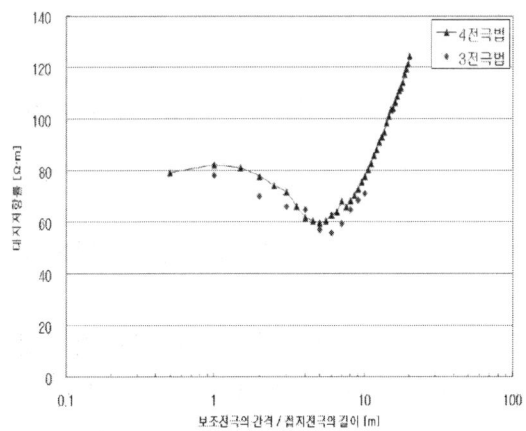

그림 5. 정형화된 대지에서 3전극법과 Wenner 4전극법으로 측정한 결과의 비교

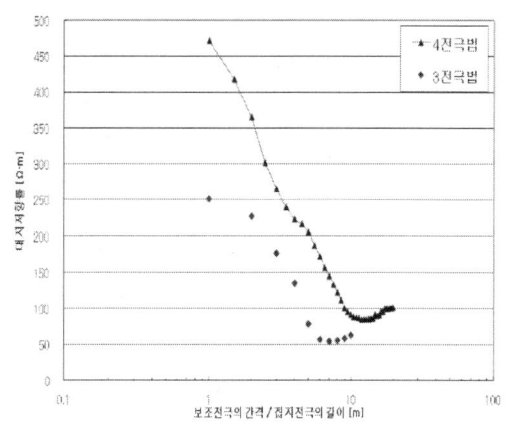

(b) 대지표면이 결빙된 상태

5. 3전극법과 Wenner 4전극법 비교

1) 대지표면이 건조하고 안정화된 대지구조일 경우 Wenner 4전극법으로 측정한 $\rho - a$ 곡선과 3전극법으로 측정한 $\rho - a$ 곡선은 비교적 잘 일치한다.
2) 대지표면이 습한 상태 또는 결빙 상태이거나 주변에 시설물이 있는 경우 Wenner 4전극법의 $\rho - a$ 곡선과 3전극법의 $\rho - a$ 곡선은 큰 차이가 있다.
   Wenner 4전극법으로 측정한 $\rho - a$ 곡선은 3전극법으로 측정한 $\rho - a$ 곡선에 비하여 대지 표면상태에 의한 영향이 보다 현저하다.

4.2 교류 1kV 초과 전력설비의 공통규정(KSC IEC 61936-1)에서 접지시스템 안전기준에 대하여 설명하시오.

1. 개요

   교류 1kV 초과 전력설비의 공통규정을 다루고 있는 IEC 61936-1 표준에서 접지시스템은 기기나 시스템을 개별적으로 또는 공통으로 접지하기 위하여 필요한 접속 및 장치로 구성된 설비를 말하며 어떤 조건에서도 기능을 유지하여 사람이 정당하게 접근할 수 있는 모든 조건과 장소에서 생명의 안전이 보장될 수 있고 접지시스템에 접속되거나 접지시스템 부근에 있는 기기의 건전성이 보장되고 그 건전성의 유지를 보장하기 위한 기준을 제공하고 있다.

2. 안전 기준(Safety criteria)

   2.1 접촉전압 허용값의 근거

   1) 인체의 전기적 위험은 심실세동을 일으키기에 충분한 전류가 심장부위를 통하여 흐르는 정도에 달려 있다.
   2) 이 인체전류 한계는 다음사항을 고려하여 계산된 보폭전압 및 접촉전압과의 비교를 위하여 허용전압으로 환산된다.
      - 심장부위를 흐르는 전류의 비율
      - 전류의 경로에 따른 인체 임피던스
      - 금속구조물에 접촉한 장갑을 포함한 손, 신발 또는 자갈을 포함한 땅에 접촉한 발등의 인체접촉점의 저항
      - 고장지속시간
   3) 또한 고장의 발생 고장전류의 크기 고장지속시간 및 인체의 존재는 성질상 확률적인 것임을 고려하여야 한다.
   4) 인체 임피던스값은 건조상태, 넓은 접촉면적 (손바닥 면적을 가정하여 10,000㎟)에서 전류 경로가 손-손 일 때 0.1초 동안 통전시 인구의 50%를 초과하지 않는 값을 나타낸 표1 과, 인체 전류값은 전류 경로가 손에서 양발일 때 심실 세동 발생 확률 5% 미만인 그림1의 c2 곡선을 채택하고, 이에 대응하는 고장 지속시간에 대한 허용 인체 전류값인 표2를 기초로 한다.
   5) 이런 가정에 의해 전류경로가 손 양발인 경우 인체 내부 임피던스계수 0.75를 적용하여 식(1)에 따라 계산한 허용 접촉전압은 그림2의 곡선과 같다.
   6) 그림2에 나타난 바와 같이 전류가 흐르는 시간이 10초 이상 지속되는 경우의 허용접촉전압은 80V, 고장전류 지속시간이 0.5초일 때 허용 접촉전압은 230V, 1초 일때는 100V가 사용 될 수 있다.

$$U_{TP} = I_B(t_f) \cdot \frac{1}{HF} \cdot Z_T(U_T) \cdot BF \ \text{-----} \ (1)$$

여기서

U_{TP} : 허용접촉전압

$I_B(t_f)$: 인체전류제한

    그림 1 및 표1 에서 c2로서 심실세동의 가능성이 5 % 미만인 경우에 대한 것임. I_B는 고장 지속시간에 의함.

t_f : 고장지속시간

HF   : 심장전류계수

    왼손에서 발은 1.0 적용, 오른손에서 발은 0.8 적용, 한쪽 손에서 다른 쪽 손은 0.4 적용

$Z_T(U_T)$: 인체임피던스

    표 1 및 그림 3에서 50 %의 인구에 의해 초과되지 않는 임피던스가 접촉전압을 결정함.

U_T : 접촉전압

BF   : 인체계수

    손에서 양발은 0.75 적용, 양손에서 발까지는 0.5 적용

표 1. 전류경로가 손-손인 접촉전압 U_T에 관한 총 인체 임피던스 Z_T

접촉전압 U_T(V)	인체 총임피던스 Z_T(Ω)		
	5%의 인구	50%의 인구	95%의 인구
25	1,750	3,250	6,100
50	1,375	2,500	4,600
75	1,125	2,000	3,600
100	990	1,725	3,125
125	900	1,550	2,675
150	850	1,400	2,350
175	825	1,325	2,175
200	800	1,275	2,050
225	775	1,225	1,900
400	700	950	1,275
500	625	850	1,150
700	575	775	1,050
1,000	575	775	1,050

표 2. 고장지속시간에 따른 허용 인체전류

고장 지속시간 (s)	인체 전류 mA
0.05	900
0.10	750
0.20	600
0.50	200
1.00	80
2.00	60
5.00	51
10.00	50

2.2 허용접촉 전압의 적용
   1) IEC에 따른 고압계통 전기설비의 접지시스템을 설계할 때 그림1의 접촉전압한계와 IEEE 80의 곡선이 사용될 수 있으나 여기에서는 그림 1을 고려하는 것에 대해 설명한다.
   2) 이는 인체를 통과하는 전류 경로가 달라서 견딜 수 있는 보폭전압 한계가 접촉전압
      한계보다 훨씬 크기 때문에 일반적으로 접촉전압 요건을 충족하면 보폭전압 요건도 충족하기 때문이다.

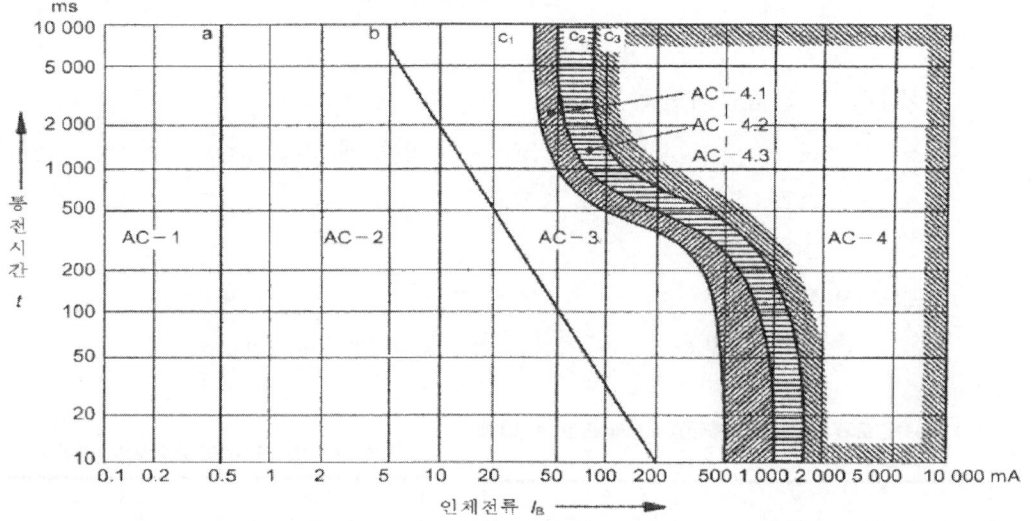

그림 1. 전류경로가 왼손-양발일 때 사람에 대한 교류전류(15Hz~100Hz) 영향의 시간/전류 영역

   3) 허용접촉전압(U_{TP}) 기준은 고장 지속시간에 따라 그림2를 적용한다.
   4) 접지대상 건축물의 전기설비가 글로벌 접지시스템 (GES ; Global Earthing System)의 일부분이거나 측정 또는 계산으로 결정된 접지 전위상승이 그림2에 따른 허용접촉전압을 초과하지 않는 경우에는 기준을 충족하는 것으로 고려할 수 있다.
   5) 1kV를 초과하는 고압설비의 허용접촉전압은 그림1의 c2 곡선에 근거한 그림2를 채택하고 있으나 일반인이 접촉할 수 있는 공공장소에서는 안전성이 강화된 c1 곡선에 근거하여 허용접촉전압을 검토하는 것이 필요하다.

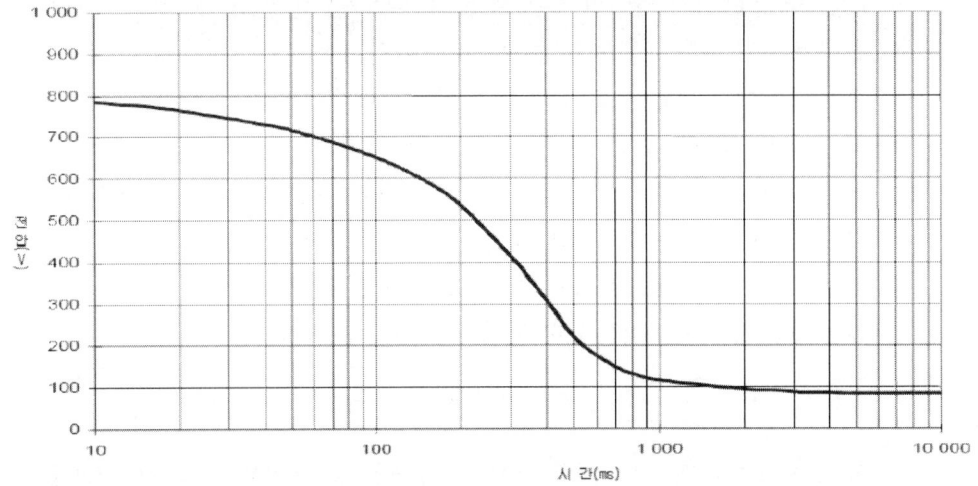

그림 2. 허용접촉전압

3. 글로벌 접지 시스템(GES)
  1) IEC 61936-1의 접지 설계에서 GES인 경우에는 안전을 고려한 기본설계가 완료되는 것으로 되어 있다.
  2) GES는 하나의 영역에서 전위차가 없거나 거의 발생하지 않는다는 사실에 근거한다. 이러한 영역을 식별하기 위해 간단하거나 독립적인 규칙은 사용할 수 없다.
  3) 일반적으로 낮은 총 저항은 도움이 되나 보증되지는 않는다. 그러므로 표준에서는 저항에 근거한 최소요건을 기술하지 않는다.
  4) 또한 높은 토양 저항과 총 저항이 높은 설비에서는 추가적인 저항의 증대와 충분한 전위균등화로 안전요건을 충족시킬 수 있다.
  5) GES의 실현방법
     안전요건을 충족하기 위해 사용할 수 있는 다양한 대책이 있으며 이를 검증하기 위한 방법은 측정 또는 계산을 기반으로 수행할 수 있다.
     다음과 같은 경우가 GES가 존재하는 전형적인 경우이다.
     · 기초접지극을 갖는 건축물로 둘러싸인 변전소
     · 저압 보호 접지도체로 상호 접속된 접지시스템
     · 도심지나 건축물 밀집지역에 전기를 공급하는 변전소
     · 저압계통의 보호접지 도체에 의해 상호 접속된 접지극이 많이 분포된 교외지역에 전기를 공급하는 변전소
     · 인근에 일정한 수의 변전소를 가진 변전소.
     · 일정한 수와 길이의 인출 접지극을 갖는 변전소
     · 접지극의 효과가 있는 케이블을 통해 접속된 변전소
     · 넓은 산업지역에 전기를 공급하는 변전소

- 고압 중성선이 다중 접지된 계통의 일부인 변전소
- 접지효과가 있는 충분한 길이의 케이블
- 보호도체에 의해 상호 접속된 충분한 수의 고압 접지시스템

6) GES를 충족 할 수 있는 보다 구체적인 방법
- 복수의 로컬 접지시스템이 1km 이상의 접지효과를 갖는 케이블에 접속
- 최소한 20곳 이상의 고압 로컬 접지시스템이 상호 접속
- 로컬 접지를 상호 접속하는 보호도체의 평균길이(L) 및 접지효과가 있는 케이블의 길이는 식(2)에 의해 산출할 수 있다.

$$L \leq 500 \frac{Sm}{16mm^2} (m) \text{ ------------- (2)}$$

여기서 Sm : 접속의 보호도체 형성부분 단면적의 가중평균[mm²]

4. 결론

1) 국내의 도심지 건축물에서 22.9 kV 중성선 다중 접지 배전계통의 중성선에 수용가 수전설비의 접지선을 접속한 경우는 일반적으로 GES로 판단할 수 있으나

2) 실제로 GES를 적용하기 위해서는 지역 또는 단지의 접지시스템의 상호 접속 여부, 건축물의 메시 접지, 기초 접지극등의 접지시스템, 중성선 다중 접지 배전선로, 지중선로등 배전선로의 구성등에 따라 추가적인 연구와 기술적 근거를 바탕으로 국내 실정에 적절한 보다 신뢰성 있는 GES의 판단기준을 정립할 필요가 있다.

4.3 수용가 구내설비에서의 직류 배전과 교류 배전의 특징을 비교하고 직류 배전 도입시 고려사항에 대하여 설명하시오.

1. 개요
   - 발전소에서 만들어진 교류전력을 정류기로 직류로 변환하여 송전
   - 수전점에서 직류를 교류로 재 변환하여 전력공급
   - 국내 : 제주 ~ 해남간 101 km * 2회선 (180kV)

2. HVDC 구성

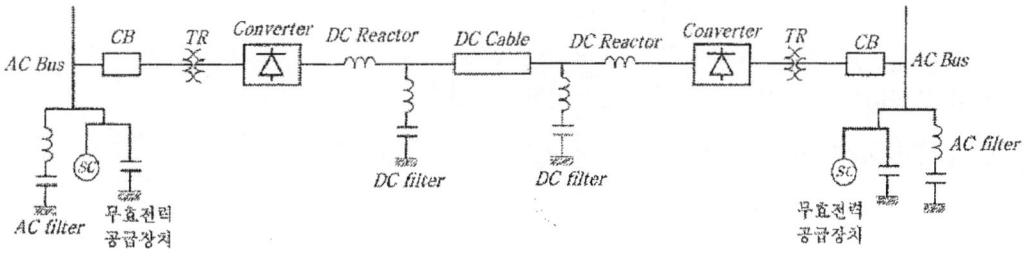

   1) 변환 장치
      (1) 수은 아크 밸브
         - 아크가 적고, 보수가 간단하며 회로 구성이 자유로워 대부분 직류 송전에서 사용함.
      (2) 사이리스터 밸브
         - 주로 GTO를 사용
         - 자기 소호 능력이 좋다.
   2) 변환기용 변압기
      - 사고시 과대한 고장전류를 억제하기 위하여 일반 변압기보다 리액턴스가 수% 높고 고조파 억제용을 사용
      - 제주 계통은 13%
   3) 직류 차단기
      - 직류에는 전류 '0'점이 없어 직류 차단을 하려면 전류 '0'점을 발생 시켜야 하므로 전류 '0'점 발생장치가 필요함.
      - 과전압 억제와 대용량의 에너지를 흡수할 수 있는 능력이 요구됨.
   4) 직류 리액터
      - 순 변환소, 역 변환소에 설치되며 평활한 전류가 되도록 함.
      - 계통 사고시 전류 상승률을 억제시킴.
   5) 고조파 필터 : 고조파 억제 및 제거 기능
   6) 직류 케이블 : 주로 유침지 SOLID케이블 사용
   7) 기타
      - 직류 피뢰기
      - 직류 애자
      - 제어 및 보호 방식등

3. HVDC 특징

송전 계통은 일반적으로 장거리 이거나 대용량의 송전일 경우가 많고 다음과 같은 장단점이 있다.

(장점)

1) 전압의 최대치가 낮다.

$$직류전압 = \frac{2Vm}{\pi} = 0.64\,Vm$$

$$= \frac{2\sqrt{2}\,V}{\pi} \fallingdotseq 0.9\,V \quad 여기서\ Vm : 교류 최대값$$
$$V : 교류 실효값$$

- 케이블의 절연이 낮아도 되고
- 철탑에서 애자수를 감소시킬 수 있음.

2) 표피 효과가 없어 전선의 허용전류가 커짐.

$$표피효과에 따른 침투 깊이\ \delta = \frac{1}{\sqrt{\pi f \mu k}} \text{ (mm)}$$

여기서 f ; 주파수   μ :투자율(H/m)   k ; 도전율

3) 유전체손이 없다
   유전체손 $Wd = E\, I_R = 2\pi f c E^2 \tan\delta$ (W/m)에서
   f = 0 이므로 Wd = 0 이다.

4) 충전 용량이 없으므로
   - 페란티 현상, 발전기 자기여자 현상 없다.

5) 무효 전력이 0 이다.
   $Q_L = V I \sin\theta = 0$
   (왜냐하면 직류는 전압과 전류가 동상이어서 sin θ = 0 이기 때문임)

6) 유도 장해 영향 없음
   전자 유도 발생전압 $Em = -j\omega M \ell \cdot 3 I_0$
   $\omega = 2\pi f = 0$ ∴ Em = 0

(단점)

1) 전압의 변성이 어렵다.
   교류는 변압기로서 간단히 변성이 가능하나 직류는 변압기변성이 불가

2) 교류/직류 변환장치의 설치비가 고가임.

3) 변환장치에서 고조파가 많이 발생.

4) 차단시 아아크가 크게 발생하므로 차단기 선정이 어려움.
   교류 : "0"점 차단 가능
   직류 : "0"점이 없다

5) 무효 전력 발생 장치가 필요
   전동기등 무효 전력을 필요로하는 설비에 무효 전력을 공급키 위하여 별도의 무효전력 발생 장치가 필요함.

6) 전기 부식현상이 크다.

4. HVDC의 적용분야
   1) 해저 케이블 송전
   2) 대용량 장거리 송전
   3) 교류 계통간 연계 : 비동기 연계, 주파수가 다른 계통 연계
   4) 도시 밀집지역의 직류송전(단락용량 경감)

5. 개발 과제 및 전망
   1) 직류 차단기 개발
      현재는 부하차단이나 고장제거를 교류계통에서 시행하지만 직류 계통의 다단자망 구성을 위해서는 직류 차단기 개발이 필수적임.
   2) 필터의 소형화
      고조파 제거를 위한 필터는 기중 절연을 하고 있으며 이로 인해 설치 면적이 과대하고, 염해의 가능성이 있어 소형, 밀폐식 필터 개발 필요
   3) 연계 방식
      - 분산형 전원, 신재생 에너지등의 계통 연계를 기술적으로 개발
      - 남북연계, 동북아 전력망 연계등에 대비 직류 송전의 기술적 과제를 점진적으로 해결함으로서 직류 송전 운전 경험 축적.
      - 국내에서는 해남 ~ 제주간 해저에서만 적용하고 있으나, 최근 가공 송전 방식도 직류 송전을 위한 시험설비가 전북 고창에 설치되어 연구, 개발중에 있으며 결과에 따라 확대될 전망임.

4.4 고압선로에서 많이 사용되는 VCB를 적용할 때 고려사항과 적용기준을 현재의 기술발전에 근거하여 설명하시오.

1. 개요

   차단기를 사용하는 목적은 통상적인 부하 전류를 개폐하고, 이상발생시 신속히 회로를 차단하여 사고점으로부터 계통을 분리하여 전기기기를 보호하고 안정성을 유지하기 위함이고 그 종류는 아래와 같다.

2. 고압 차단기 종류

구 분	OCB	VCB	GCB	ABB
사용전압(KV)	3.6kV~300kV	3.6kV~36kV	3.6kV~초고압	12kV이상
서지 발생	중간	최고	최저	저
전차단시간(Cycle)	5, 8	3, 5	3, 5	3, 5
방재성	가연성	불연성	불연성	불연성
가격	저가	중간	고가	중간
주 용도	옥외용	22.9 kV 수전용	초고압계통	최근거의 사용안함
소호방식	절연유분해 냉각 소호	진공으로 아크흡입	Arc를 가스로 흡착	압축공기
보수,점검	복잡	간단	간단	중간
수명(회)	10,000	50,000	50,000	10,000
장 점	사용범위넓다 저가	소형, 경량	사용범위넓다 저소음	난연성 유지보수용이
단 점	화재, 폭발 유지보수난이	서지발생	누기 액화(-60℃) 지구온난화	부대시설 면적넓게필요

3. 진공 차단기

   1) 소호 원리

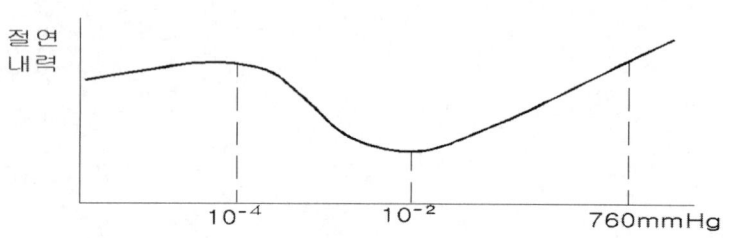

- 기체의 압력을 내리면 분자의 자유 행정 거리가 늘어나 파센의 법칙에서와 같이 절연 내력이 저하된다.
- 그러나 10^{-2} Torr 정도 까지 내리면 도리어 절연 내력이 상승된다.
- 진공 차단기는 10^{-4} Torr 의 고 진공 밸브안에서 고 밀도의 아크 증기 입자가 주위로 급속히 확산 후 전류 0점에서 소호한다.
  즉, 진공으로 Arc를 흡입하여 차단 함.
- 동시에 확산된 이온이나 증기입자는 전극 차폐에 증착되어 버리고 재차 고 진공이 유지된다.

2) 특징
- 구조가 간단하고 유지보수가 쉽다.
- 절연 내력이 크므로 소형 콤팩트화 할 수 있다.
- 접촉자가 외기로부터 격리되어 있어 화재 염려가 없다.
- 차단시 주위 환경의 영향을 받지 않으며 신뢰성, 안전성이 높다.
- 전류 0점(전압 최대점)에서 차단하여 과전압(Surge) 발생하므로
  몰드 변압기와 조합 사용시는 S.A 를 TR 1차에 설치해야 한다.
- 전차단 시간 : 3, 5 Cycle

4. 차단기 적용시 고려사항 및 적용기준
 1) 정격 전압 (Rated Voltage)
  - 규정된 조건 아래에서 그 차단기에 가할수 있는 사용회로 전압의 상한값.
  - 선간 전압 실효치로 나타냄.
  - 정격 전압 = 공칭전압 x $\frac{1.2}{1.1}$ (kV)

공칭전압(kv)	3.3	6.6	22.9	154	345	765
정격전압(kv)	3.6	7.2	25.8	170	362	800

 2) 정격 전류 (Rated Current)
  정격 전압, 정격 주파수에서 규정치의 온도 상승 한도를 초과하지 않고 연속적으로 흐릴 수 있는 전류의 한도.
  정격전류 $(In) = \frac{P}{\sqrt{3} \times V \times \cos\theta}$ (A)

 3) 정격 차단 전류 (Rated Breaking Current)
  - 정격 전압, 정격 주파수에서 규정된 동작책무에 따라 차단할 수 있는 차단 전류 한도
  - 교류 실효치로 나타냄.
  - 한전 표준 : 12.5, 25, 31.5, 40KA

4) 정격 차단 용량 (Rated Breaking Capacity)
   정격 차단 용량 = $\sqrt{3}$ x 정격전압 (kV) x 정격차단전류(kA) (MVA)

5) 정격 단시간 전류 (Short Time Withstand Current)
   - 규정시간동안 통하여도 열적, 기계적으로 이상이 발생하지 않는 전류의 최대한도
   - 교류 실효치로 나타냄.

6) 정격 투입전류 (Rated Making Current)
   - 정격 전압, 정격 주파수에서 표준동작책무에 따라 투입할 수 있는 투입전류의 한도
   - 투입전류 최초 주파의 순시 최대치로 표시
   - 크기 : 정격 차단 전류의 2.5배 정도임.

7) 개극 시간 (Opening Time)
   차단기의 코일이 여자되는 순간부터 접촉자가 개리될 때 까지의 시간

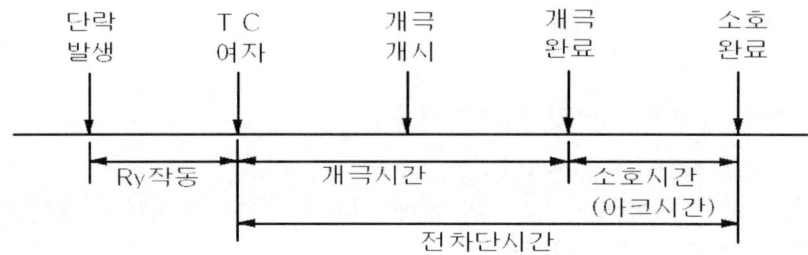

8) 차단 시간 (Breaking Time)(Interrupting Time)
   - 개극시간과 아크시간을 합한것
   - 한전 표준

정격전압(kv)	7.2	25.8	170	362	800
정격차단시간 (Cycle)	5	5	3	3	2

9) 투입시간 (Closing Time)
   차단기가 여자된 순간부터 접촉자가 접촉할 때까지의 시간.

10) 동작 책무 (Duty Cycle)
    규정된 회로조건에서 정격 차단 전류 및 정격 투입 전류를 차단 또는 투입할 수 있는 조건과 횟수

기 준	구 분	동작 책무
KSC 4611 고압 교류 차단기	B형	CO - 15초 - CO
	A형	O - 1분 - CO - 3분 - CO
	C형	O - 0.3초 - CO - 3분 - CO
ES150(한전 표준) IEC	일반	CO - 15초 - CO
	고속재폐로용	O - 0.3초 - CO - 3분 - CO

4.5 태양광 발전에 이용되고 있는 계통형 인버터에 관하여 설명하시오.

1. 개요
   태양광 발전 시스템에서 가장 중요한 파워콘디셔너는 아래와 같이 구성됨.
   1) 인버터부 : 태양전지의 직류출력을 교류로 변환하여 전력을 공급하는 장치
   2) 보호장치 : 계통측에 이상 발생시 안전하게 정지
   3) 필터부 : 인버터에서 발생되는 고주파를 제거

2. 인버터(POWER CONDITIONER)의 기능과 회로방식
   1) 기능
      - 태양전지에서 출력된 직류전력을 교류 전력으로 변환
      - 한전의 전력 계통 (22.9KV 또는 380/220V)에 역 송전
      - 태양전지의 성능을 최대한으로 하는 설비
      - 이상시나 고장시 보호기능등을 종합적으로 갖춤.
   2) 회로방식
      POWER CONDITIONER의 회로 방식에는 여러 가지가 있으나 크게 나누어 상용주파 변압기 절연방식, 고주파 변압기 절연방식, Transless 방식등이 있음.
      (1) 상용주파(LF) 절연 변압기 방식

      - 태양전지의 직류 출력을 상용주파의 교류로 변환 후 변압기로 전압을 변환하는 방식임.
      - 내부 신뢰성이 높고 직류 유출이 적어 Noise Cut 성능 우수
      - 상용주파 변압기를 이용하기 때문에 중량이 무겁고 부피가 커지며
      - 변압기 전력손실이 커서 효율이 떨어지는 단점이 있음.

      (2) 고주파(HF) 절연 변압기 방식

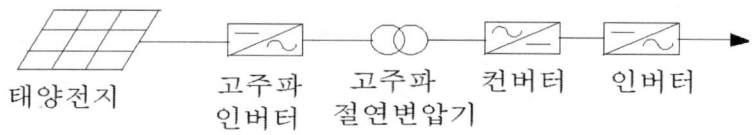

      - 태양전지의 직류 출력을 고주파의 교류로 변환한 후 고주파 변압기로 변압한다.

이후 고주파 교류->직류, 직류->상용주파 교류로 변환하는 방식이고
고주파 절연 변압기가 직류 유출을 방지한다.
- LF방식에 비하여 전력 손실이 적어 효율이 좋음.
- 소형 경량이지만 회로가 복잡하고 가격이 고가임

(3) Transless 방식

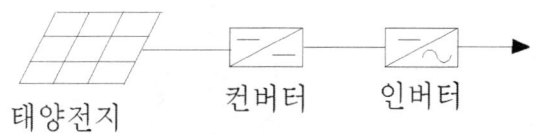
태양전지   컨버터   인버터

- DC-DC컨버터 : 정전력 출력 특성으로 승압을 목적으로 한다.
  DC-AC인버터 : 상용 주파 교류로 전환
- 2차 회로에 변압기를 사용하지 않는 방식으로
- 소형 경량이며 저가임.
- 상용전원과의 사이에 비 절연이므로 직류의 유출 가능성이 있음.
- 이 방식이 신뢰도와 효율이 높아 발전 사업용으로 유리하다.

3. 특성 비교

구 분	상용주파 변압기 방식	고주파 변압기 방식	Transless 방식
효 율	미흡	보통	양호
경제성	미흡	보통	양호
안정성	양호	보통	미흡
용 량	10kW 이상	100kW 이상	
장 점	- 회로 구성이 간단함 - 변압기절연으로 안정성 우수	- 계통과 절연으로 안정성 우수 - 고효율화, 소형 경량화	- 변압기를 사용하지않으므로 효율,소형,경량화
단 점	- 변압기 사용으로 효율 저하 - 크기, 무게 커짐	- 구성이 복잡함 - 직류성분 유출 우려	- 안정성 부족 - 직류성분 유출 우려

4. 인버터 요구 기능
  1) 최대 전력 추종 제어 기능

- 태양전지는 일사량에 따라 출력 특성이 많이 변동됨.
- 인버터의 최대 전력점에서 응답제어 하도록 최대 전력 추종 제어가 요구됨.

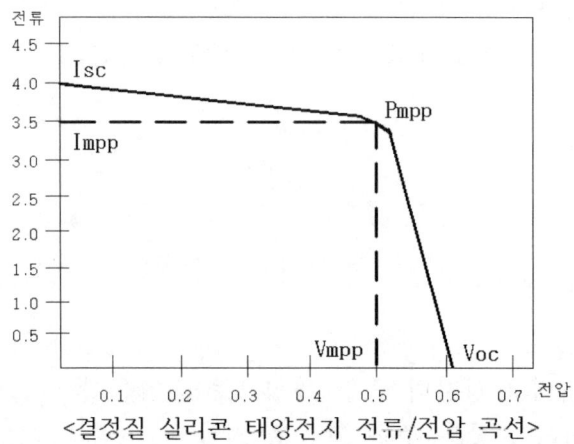

<결정질 실리콘 태양전지 전류/전압 곡선>

2) 고 효율 제어 기능
   - 스위칭 손실 및 고정 손실도를 최대한 억제 할 수 있는 제어기 적용
3) 고조파 및 고주파 억제 기능
   - 주로 IGBT를 고속으로 ON, OFF 하기 때문에 고주파 노이즈 발생
   - 다상 펄스 방식 및 필터를 이용하여 제거
4) 계통 연계 보호 기능
   - 인버터의 고장이나 계통 사고시에 피해 범위를 최소화하기 위해 사고시 계통 분리 또는 인버터 정지등 기능
5) 보호 시스템
   - 단락 및 과전류 보호
   - 지락 보호
   - 과전압 및 저전압 보호등
6) 소음 저감 기능
   - 동작 주파수를 가청 주파수(20 kHz) 이상으로 동작

4.6 동기 전동기의 원리 및 구조와 기동방법, 특징에 대하여 설명하시오.

1. 구조와 원리

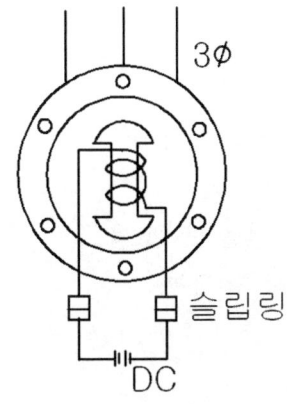

- 고정자는 유도 전동기와 동일하나 회전자가 돌극형이다.
- 회전자에 여자 코일이 있으며 직류를 흘리기 위한 슬립링이 있다.
- 3상 권선의 고정자 코일에 3상 전류가 흐르면 회전 자계가 생긴다.
  (동기 발전기의 원리)
  위에서 3상 전원을 제거하고 회전자를 다른 전동기로 회전 시키면 기전력 발생함.

2. 특성
   1) V곡선

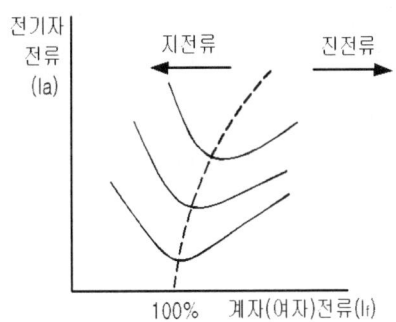

- 여자 전류와 전기자 전류 관계 곡선
- 단자전압, 부하를 일정하게 유지하고 여자 전류(I_f)를 작게 하면 늦은 전류 때문에 전기자 전류(I_a)는 커지고
- 여자 전류(I_f)를 크게 하면 빠른 전류에 의해 전기자 전류(I_a)가 커진다.
- 이 전기자 전류는 역율 100%에서 가장 작게 된다.

계자(여자)전류	전류 위상	전기자 전류
小	지전류	大
大	진전류	大

   2) 난조 현상(Hunting)
      (1) 원인
       - 부하토크가 급격히 증감하는 경우 과도적으로 생기는 속도 진동으로 운전 평형점이 이동하는 상태
       - 과도현상으로 부하변동시 일시적으로 일어나지만 탈조에 이르는 경우도 있음.

(2) 대책
   - 제동 권선 설치
   - Fly Wheel 설치
   - 운전시 부하의 급격한 변경 금지

3. 기동 방법
   동기전동기는 그 자체로는 기동할 수 없어 별도의 기동장치 필요함
   1) 유도 전동기로 기동하는 방법 : 가장 널리 이용함
   2) 3상 기동 권선으로 기동하는 방법 : 큰 기동 토크를 얻을 수 있음
   3) 기동용 전동기 이용 : 회전자 축에 기계적으로 연결하여 기동

4. 특징
   (장점)
   - 동기 속도로 회전하므로 슬립이 없다.
   - 부하의 증감으로 속도가 변하지 않는다.
   - 계자 전류의 조정으로 역율을 조정할 수 있다.
     (진상 콘덴서 역할)
   - 유도형에 비해 역율 효율이 좋다.
   - 대용량 저속기에서는 유도형 보다 저렴하다.
   (단점)
   - 일반적인 중,소용량의 가격이 비싸다.
   - 여자용 직류 전원이 필요하다.
   - 시동 정지가 많은 부하에는 부적합.

6. 용도
   - 정속도 부하
   - 역율 제어가 필요한 장소
   - 대형으로 연속 사용 부하
   - 부하 변동이 급격하지 않는 장소
   - 플랜트 동력, 대형 압축기, 송풍기, 제철 압연기, 시멘트 공장 분쇄기 등

3장

제107회 (2015.08) 기출문제

건축전기설비 기술사 기출문제

국가기술 자격검정 시험문제

기술사 제 107 회   제 1 교시 (시험시간: 100분)

분야	전기전자	자격종목	건축전기설비기술사	수험번호		성명	

※ 다음 문제 중 10문제를 선택하여 설명하시오. (각10점)

1. CT 1차 측에 흐르는 3상 단락전류가 20kA일 때 정격 과전류 강도와 정격 과전류 정수를 계산하시오.
   (단, CT비가 400/5A, 2차 부담은 40VA, CT 2차 측 실제부담은 30VA, 과전류 정수 선정 시 계수는 0.5이다.)

2. 아래 그림과 같이 방전 전류가 시간과 함께 감소하는 패턴의 축전지 용량을 계산하시오. 이때 용량환산시간 K는 아래 표와 같고 보수율은 0.8로 한다.

시간	10분	20분	30분	60분	100분	110분	120분	170분	180분	200분
용량환산시간 K	1.30	1.45	1.75	2.55	3.45	3.65	3.85	4.85	5.05	5.30

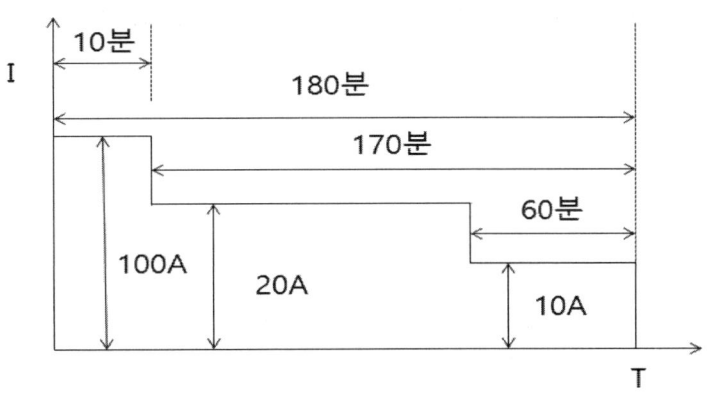

3. 분산형 전원 배전계통 연계 시 순시전압 변동 요건에 대하여 설명하시오.

4. 22.9kV 계통의 주변압기 1차 측을 PF(Power Fuse)만으로 보호할 경우, 결상 및 역상에 대한 보호방안에 대하여 설명하시오.

국가기술 자격검정 시험문제

기술사 제 107 회　　　　　　　　　　제 1 교시 (시험시간: 100분)

분야	전기전자	자격종목	건축전기설비기술사	수험번호		성명	

---

5. 고조파를 발생하는 비선형부하에 전력을 공급하는 변압기의 용량을 계산하는 경우 K-Factor로 인한 변압기 출력 감소율(THDF : Transformer Harmonics Derating Factor)에 대하여 설명하시오.

6. 저압계통 전기설비 및 기기 임펄스 내압 레벨 기준을 설명하시오.

7. 도체의 근접효과(Proximity Effect)에 대하여 설명하시오.

8. UPS 2차 측 단락회로의 분리보호방식에 대하여 설명하시오.

9. 유도전동기 회로에 사용되는 배선용차단기의 선정조건에 대하여 설명하시오.

10. 보호계전기의 기억작용에 대하여 설명하시오.

11. 선로정수를 구성하는 요소를 들고 설명하시오.

12. R-L 직렬회로에 $i = 10\sin wt + 20\sin(3wt + \frac{\pi}{4})A$ 의 전류를 흘리는데 필요한 순시 단자 전압 v를 계산하시오.(단, $R = 8\Omega$, $wL = 6\Omega$ 이다.)

13. KS C IEC 60364-5-54에 의한 PEN, PEL, PEM 도체의 요건에 대하여 설명하시오.

국가기술 자격검정 시험문제

기술사 제 107 회 제 2 교시 (시험시간: 100분)

분야	전기전자	자격종목	건축전기설비기술사	수험번호		성명	

※ 다음 문제 중 4문제를 선택하여 설명하시오. (각25점)

1. 전압불평형률이 유도전동기에 미치는 영향에 대하여 설명하시오.
2. 스폿네트워크(Spot Network)방식 수전회로의 사고 구간별 보호방법과 보호협조에 대하여 설명하시오.
3. 154kV로 공급받는 대용량 수용가 수전설비의 모선의 구성과 보호방식에 대하여 설명하시오.
4. 인텔리전트 빌딩에서 적용하고 있는 공통접지와 통합접지방식에 대하여 설명하시오.
5. 플로어 덕트(Floor Duct) 배선에서 전선규격과 부속품 선정, 매설방법, 접지에 대한 특기사항을 설명하시오.
6. 전력설비 관리개념을 3단계로 나누어 설명하고, 전력자산의 운영정책 입안 시 고려할 사항을 기술적 측면과 경제적 측면으로 나누어 설명하시오.

국가기술 자격검정 시험문제

기술사 제 107 회   제 3 교시 (시험시간: 100분)

분야	전기전자	자격종목	건축전기설비기술사	수험번호		성명	

※ 다음 문제 중 4문제를 선택하여 설명하시오.   (각25점)

1. 에너지 절약과 합리적인 경영을 위한 호텔의 객실관리 전기설비에 대하여 설명하시오.

2. 6.6kV 비접지 계통에서 1선 지락사고 시 영상전압 산출 식을 유도하고 GPT-ZCT에

3. 아래와 같이 수용가 변압기 2차 측(F점)에서 3상 단락고장이 발생하였을 경우 고장 전류를 계산하시오.
   (단, 선로의 임피던스는 0.2305 + j 0.1502 Ω/km, 고장전류 계산 시 기준용량은 2000kVA로 하고 변압기의 X/R비는 그림과 같다.)

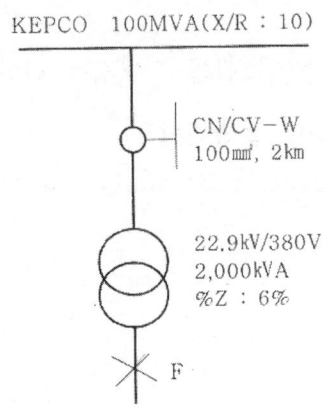
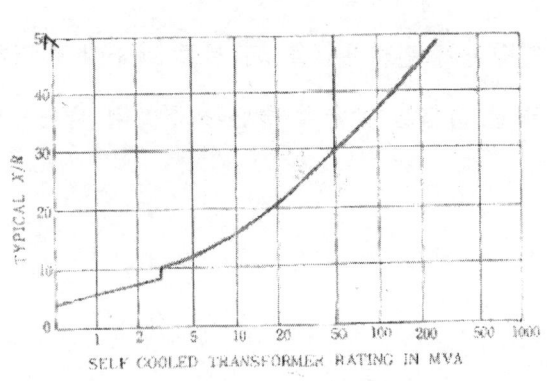

4. 누전차단기의 오동작 방지대책에 대하여 설명하시오.

5. HVDC(High Voltage Direct Current) 컨버터의 전류형과 전압형에 대하여 원리와 장·단점, 향후 발전 전망에 대하여 설명하시오.

6. KSC IEC 62305-1 피뢰시스템에서 규정하는 뇌격에 의한 구조물과 관련된 손상의 결과로 나타날 수 있는 손실의 유형을 설명하고 이를 줄이기 위한 보호(방호)대책에 대하여 설명하시오.

국가기술 자격검정 시험문제

기술사 제 107 회　　　　　　　　　제 4 교시 (시험시간: 100분)

분야	전기전자	자격종목	건축전기설비기술사	수험번호		성명	

※ 다음 문제 중 4문제를 선택하여 설명하시오.　(각25점)

1. 공동구 전기설비 설계기준에 대하여 설명하시오.

2. 변압기 2차 측 결선을 Y-Zig Zag결선 또는 △결선으로 하는 경우 제3고조파의 부하측 유출에 대하여 비교 설명하시오.

3. 디지털 보호계전기의 노이즈 침입모드와 노이즈 보호대책에 대하여 설명하시오.

4. EMC(Electro Magnetic Compatibility), EMI(Electro Magnetic Interference), EMS(Electro Magnetic Susceptibility)에 대하여 설명하시오.

5. 건축물의 전력 간선 설계 순서에 대하여 설명하시오.

6. KS C 3703 터널조명 표준에 의한 기본부 조명과 출구부 조명에 대한 설계기준을 설명하시오.

배우기만 하고
생각하지 않으면
얻는 것이 없고,

생각만 하고 배우지 않으면
위태롭다.

(공자)

3장

제107회 (2015.08)

문제해설

건축전기설비
기술사
기출문제

1.1 CT 1차 측에 흐르는 3상 단락전류가 20kA일 때 정격 과전류 강도와 정격 과전류 정수를 계산하시오.
 단, CT비가 400/5A, 2차 부담은 40VA, CT 2차 측 실제부담은 30VA, 과전류 정수 선정시 계수는 0.5이다.)

1. CT의 과전류 강도(H.Book 예제 3.53참조)

 1) CT의 열적 과전류 강도 $Sn \geq S \cdot \sqrt{t}$ (kA)

  여기서 S : 계통단락전류$(kA) = 20(kA)$

  t : 통전시간(= 차단시간)(Sec)

  $= 1$초기준

  $Sn \geq S \cdot \sqrt{t}$ (kA)

  $\geq 20 \times \sqrt{1} = 20(kA)$

  열적 과전류 강도 배수 $= \dfrac{20000}{400} = 50$배

 2) 기계적 과전류 강도

  기계적 과전류 강도 $= \dfrac{\text{단락 전류}}{\text{정격 1차 전류}} = \dfrac{20000}{400} = 50$

  표준품 75 In을 사용하면 됨.

2. 과전류 정수

 $n = \dfrac{I_1}{I_{1n}} = \dfrac{\text{비오차가} -10\% \text{될때의 1차 전류}}{\text{정격 1차 전류}} = \dfrac{20000}{400} = 50$

 - 부하 분담 변화에 따른 과전류 정수

  $n' = n \times \dfrac{\text{변류기의 정격부담} + \text{변류기 정격 내부 손실}}{\text{변류기의 사용부담} + \text{변류기 내부손실}}$

  $= 50 \times \dfrac{30}{40} = 37.5$

 - 따라서 과전류 정수 선정 시 계수 0.5를 적용하면
  과전류정수 $= 37.5 \times 0.5 = 18.75$이므로
  CT의 과전류 정수는 표준품 n > 20 으로 한다.

4. 정답

 1) 과전류 강도 : 75 In
 2) 과전류 정수 : n > 20

1.2 아래 그림과 같이 방전 전류가 시간과 함께 감소하는 패턴의 축전지 용량을 계산하시오.

이때 용량환산시간 K는 아래 표와 같고 보수율은 0.8로 한다.

시간	10분	20분	30분	60분	100분	110분	120분	170분	180분	200분
용량환산 시간 K	1.30	1.45	1.75	2.55	3.45	3.65	3.85	4.85	5.05	5.30

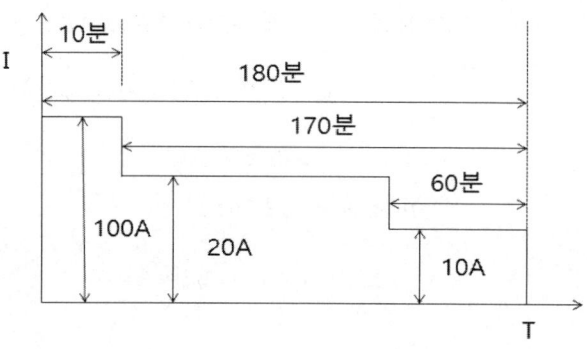

1. 축전지 용량 산출 방법

　1) 시간의 경과와 함께 방전 전류가 증가하는 부하

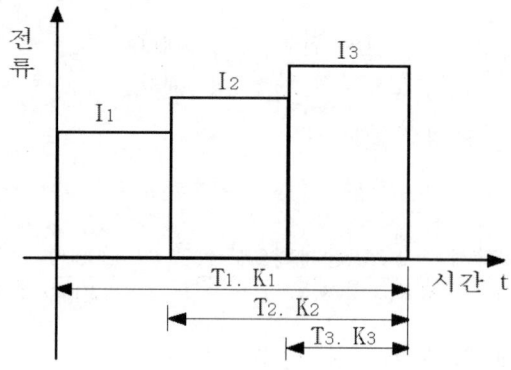

・계산 방법1

　: 전구간 일괄계산

・축전지 용량

$$C = \frac{1}{L}[K_1 I_1 + K_2(I_2 - I_1) + K_3(I_3 - I_2)][Ah]$$

여기서, C : 축전지 용량[Ah]

　　　　L : 보수율(축전지 용량 변화의 보정값)

　　　　K : 용량환산시간　I : 방전 전류[A]

2) 시간의 경과와 함께 방전 전류가 감소하는 부하

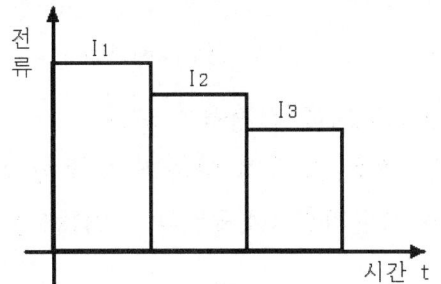

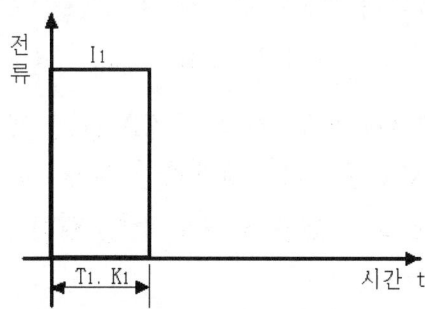

$$C_A = \frac{1}{L}[K_1 I_1]$$

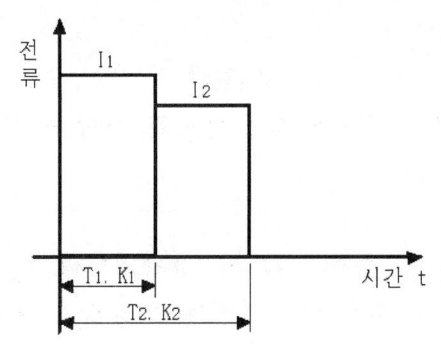

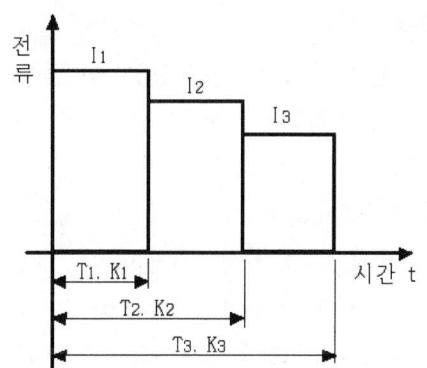

$$C_B = \frac{1}{L}[K_1 I_1 + K_2(I_2 - I_1)]$$

$$C_C = \frac{1}{L}[K_1 I_1 + K_2(I_2 - I_1) + K_3(I_3 - I_2)]$$

- 계산방법 : 각 구간별로 구분 계산 후 그 중 최대의 값을 선정
- 축전지 용량은 각 구간별로 구분 계산한 값 C_A, C_B, C_C 중에서 제일 큰 값 선정

2. 축전지 용량 계산

$$C_A = \frac{1}{L}[K_1 I_1] = \frac{1}{0.8}[1.3 \times 100] = 162.5\,(Ah)$$

$$C_B = \frac{1}{L}[K_1 I_1 + K_2(I_2 - I_1)] = \frac{1}{0.8}[3.85 \times 100 + 3.65 \times (20 - 100)] = 116.25\,(Ah)$$

$$C_C = \frac{1}{L}[K_1 I_1 + K_2(I_2 - I_1) + K_3(I_3 - I_2)]$$
$$= \frac{1}{0.8}[5.05 \times 100 + 4.85 \times (20 - 100) + 2.55 \times (10 - 20)] = 114.38(Ah)$$

따라서 이중 제일 큰 CA 값의 규격품인 200(Ah)를 선정하면 된다.

1.3 분산형 전원 배전계통 연계 시 순시전압 변동 요건에 대하여 설명하시오.

인용 : 한전 분산형 전원 배전 계통 연계 기술기준 (개정일자 : 2015. 4. 1)

제15조(전기품질)

① 직류 유입 제한

분산형전원 및 그 연계 시스템은 분산형전원 연결점에서 최대 정격 출력전류의 0.5%를 초과하는 직류 전류를 계통으로 유입시켜서는 안 된다.

② 역률

1. 분산형전원의 역률은 90% 이상으로 유지함을 원칙으로 한다.
2. 분산형전원의 역률은 계통 측에서 볼 때 진상역률(분산형전원 측에서 볼 때 지상역률)이 되지 않도록 함을 원칙으로 한다.

③ 플리커(flicker)

분산형전원은 빈번한 기동·탈락 또는 출력변동 등에 의하여 한전계통에 연결된 다른 전기사용자에게 시각적인 자극을 줄만한 플리커나 설비의 오동작을 초래하는 전압요동을 발생시켜서는 안 된다.

④ 고조파

특고압 한전계통에 연계되는 분산형전원은 연계용량에 관계없이 한전이 계통에 적용하고 있는 「배전계통 고조파 관리기준」에 준하는 허용기준을 초과하는 고조파 전류를 발생시켜서는 안 된다.

제16조(순시전압변동)

① 특고압 계통의 경우, 분산형전원의 연계로 인한 순시전압변동률은 발전원의 계통 투입·탈락 및 출력 변동 빈도에 따라 다음 <표2.5>에서 정하는 허용 기준을 초과하지 않아야 한다. 단, 해당 분산형전원의 변동 빈도를 정의하기 어렵다고 판단되는 경우에는 순시전압변동률 3%를 적용한다. 또한 해당 분산형전원에 대한 변동 빈도 적용에 대해 설치자의 이의가 제기되는 경우, 설치자가 이에 대한 논리적 근거 및 실험적 근거를 제시하여야 하고 이를 근거로 변동 빈도를 정할 수 있으며 제 10조에 의한 감시설비를 설치하고 이를 확인하여야 한다.

<표 2.5> 순시전압변동률 허용기준

변동빈도	순시전압변동률
1시간에 2회 초과 10회 이하	3%
1일 4회 초과 1시간에 2회 이하	4%
1일에 4회 이하	5%

② 저압계통의 경우, 계통 병입시 돌입전류를 필요로 하는 발전원에 대해서 계통 병입에 의한 순시전압변동률이 6%를 초과하지 않아야 한다.
③ 분산형전원의 연계로 인한 계통의 순시전압변동이 제1항 및 제2항에서 정한 범위를 벗어날 경우에는 해당 분산형전원 설치자가 출력변동 억제, 기동·탈락 빈도 저감, 돌입전류 억제 등 순시전압변동을 저감하기 위한 대책을 실시한다.
④ 제3항에 의한 대책으로도 제1항 및 제2항의 순시전압변동 범위 유지가 불가할 경우에는 다음 각 호의 하나에 따른다.
1. 계통용량 증설 또는 전용선로로 연계
2. 상위전압의 계통에 연계

제17조(단독운전)
 연계된 계통의 고장이나 작업 등으로 인해 분산형전원이 공통 연결점을 통해 한전계통의 일부를 가압하는 단독운전 상태가 발생할 경우 해당 분산형전원 연계시스템은 이를 감지하여 단독운전 발생 후 최대 0.5초 이내에 한전계통에 대한 가압을 중지해야 한다.

1.4 22.9kV 계통의 주변압기 1차 측을 PF(Power Fuse)만으로 보호할 경우, 결상 및 역상에 대한 보호방안에 대하여 설명하시오.
1. PF 장.단점
 - PF는 고압 퓨즈와 저압 퓨즈로 분류할 수 있고 차단용량이 커서 회로 보호에 널리 적용되고 있다.
 - 고압 퓨즈는 소형이고 한류 특성이 좋아 차단기 역할을 대용하는 경제적인 차단기이다. 이러한 특징으로 다른 계폐기와 보호 협조를 이루어 안정적인 전력 공급을 수행하고 있으며 한류형과 비 한류형이 있다.

장 점	단 점
1. 차단용량 크고 한류 특성우수하다. 2. 차단기보다 가격이 저렴하다. 3. 소형, 경량이어서 설치 공간 축소된다. 4. 릴레이나 변성기가 불 필요하다. 5. 고속 차단이 가능하다 6. 후비보호 능력이 우수하다. 7. 보수가 간단하다.	1. 1회성으로 재투입이 불가하다. 2. 과전류에서도 용단하는 경우가 발생 할 수 있다. 3. 동작시간 조정이 불가하다. 4. 열화가 진행 될 수 있다. 5. 비보호 영역이 있다 6. **결상 가능성이 있다.** 7. 한류형은 과전압이 발생할수 있다. 8. 비접지계, 고저항 접지계에서는 지락보호가 불가하다.

2. 결상 및 역상에 대한 보호방안
   1) Fuse 부착형 LBS 사용
      Fuse 표시기란 퓨즈가 동작했을 때 외부에서 눈으로 동작 여부를 확인 할 수 있도록 스프링의 힘에 의해 돌출되도록 설치된 것이며, 돌출력에 의해 마이크로 스위치를 동작시켜 전기적 신호를 낼 수 있는 구조를 한 것이 스트라이커다. 퓨즈 표시기 또는 스트라이커는 일반적으로 겸용으로 제작된다. 퓨즈부착 부하개폐기는 한 상의 퓨즈가 용단되어도 개폐기가 개로 될 수 있도록 스트라이커에 의하여 연동 동작을 하여 결상보호 기능을 한다.

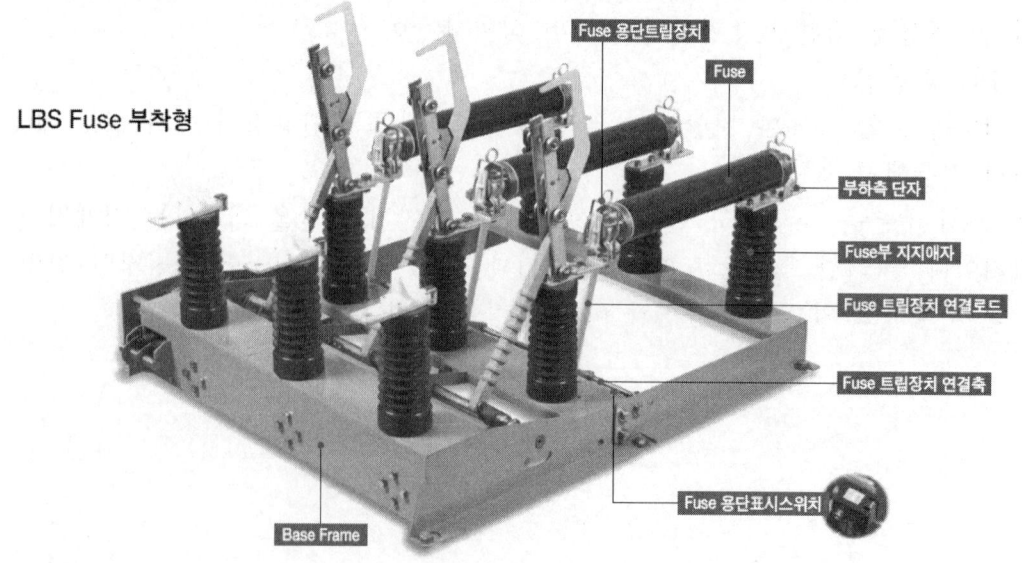

   2) 변압기 2차에 디지털 계전기 및 차단기 설치

결상 및 역상에 동작하는 디지털 계전기를 변압기 2차에 설치하고 결상이나 역상이 발생하면 이를 감지하여 차단기 동작을 시키도록 한다.

3) PF의 동작 전류 제한
변압기 돌입전류, 대형 전동기 기동돌입전류 및 콘덴서 투입전류에 PF가 트립되지 않도록 충분한 용량의 PF를 선정한다.

3. PF 선정기 고려사항
전력퓨즈의 정격선정은 일반적으로 다음 사항을 고려하여 선정하여야 한다.
1) 예상되는 과부하전류에 동작하지 않아야 한다.
2) 과도적 서어지전류에 동작하지 않아야 한다.
 · 주변압기의 여자돌입전류
 · 전동기 및 축전기의 기동돌입전류

3) 다른 보호기기와 협조
- 주 차단장치에 한류형퓨즈를 사용하는 경우에는 차단기와 조합한 것을 사용할 수 있다. 이 경우 퓨즈의 정격전류는 전부하전류의 4~5배로 하는 것이 적당하다.
- 주 차단기 또는 MOF의 전원측에 설치하는 수전설비 보호용은 이 한류형 파워퓨즈 정격전류표를 적용하여서는 안 된다.

표 2-8 한류형 전력퓨즈의 정격전류선정

주변압기용량 [kVA]	6.6 kV		13.2 kV		22 kV	
	전부하전류	퓨즈정격	전부하전류	퓨즈정격	전부하전류	퓨즈정격
450	29.4	80	19.7	40	11.8	25
500	43.7	100	21.9	50	13.1	30
600	52.5	125	25.2	50	15.7	30
750	65.6	125	32.8	65	19.7	40
1000	87.5	200	43.7	100	26.2	65
1500	131	250	65.6	125	39.4	80
2000	175	400	87.5	200	52.5	125
3000	-	-	131	250	78.7	150
5000	-	-	219	400	131	250
6000	-	-	-	-	167	300

[비고1] 내선규정 표 3220-3(한류형 파워퓨즈의 정격전류 선정).
[비고2] 본 선정표는 참고예시(퓨즈비 1.8~2.5)이므로 제조업체가 추천하는 정격 선정표(퓨즈비 1.5~3.3)를 적용할 수 있다.

1.5 고조파를 발생하는 비선형부하에 전력을 공급하는 변압기의 용량을 계산하는 경우 K-Factor로 인한 변압기 출력 감소율(THDF : Transformer Harmonics Derating Factor)에 대하여 설명하시오.

1. 개요

   변압기에 고조파 전류가 흐르면 누설 자속이 고조파 영향을 받고, 이 누설 자속이 권선을 쇄교하면서 발생하는 권선의 와류손과 누설 자속이 외함과 철심을 쇄교하면서 발생하는 표류 부하손이 증가하여 변압기의 온도상승을 초래하므로 사용중인 변압기는 용량을 감소하여 운전하여야 한다.

2. 고조파가 변압기에 미치는 영향

   1) 고조파 전류 중첩에 의한 변압기 손실 증가

      (1) 동손 증가

      $Pc = K \cdot I_1^2 R (1 + CDF^2)$ (W)

      여기서 CDF : Current distortion factor -전류 왜형율

      고조파 전류에 의해 변압기의 동손이 증가하여 전력손실, 온도상승, 용량의 감소를 초래한다.

      (2) 철손증가

      - 히스테리시스손 $Ph = Kh \cdot f \cdot Bm^{1.6}$ (W/kg)
      - 와전류손 $Pe = Ke (f \cdot t \cdot Bm)^2$ (W/kg)

      여기서 Kh, Ke : 히스테리정수, 와전류정수   f : 주파수

      Bm : 자속 밀도   t : 철판두께

      철손 증가시 절연유 및 권선의 온도 상승 초래

   2) 과열

   손실 증가로 권선의 온도 상승을 초래하여 변압기의 과열이 되며 심한 경우 소손의 원인이 된다.

   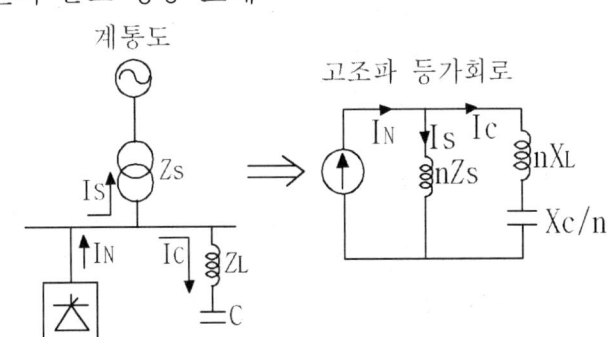

   3) 변압기 출력 감소

      (1) 단상 변압기 고조파 손실율

      $$THDF = \frac{\sqrt{2}\ Irms}{Ipeak} \times 100 (\%)$$

      THDF : Trasformer Harmonics Derating Factor
      (변압기 고조파 손실율)

      예) Derating Factor (KVA) = Name Plate KVA * THDF
      Irms : 500A, Ipeak : 1000A 인 경우

$$THDF = \frac{\sqrt{2}\ Irms}{Ipeak} \times 100 = \frac{\sqrt{2} \times 500}{1000} \times 100(\%) = 70.7(\%)$$

즉, 변압기 용량이 70.7%로 감소 함.

(2) 3상 변압기 고조파 손실율

$$THDF = \sqrt{\frac{1 + Pe(pu)}{1 + Kf \times Pe(pu)}} \times 100(\%)$$

여기서 Pe(pu) : 와전류손율
       Kf   : K- Factor

K- Factor : 비선형 부하들에 의한 고조파의 영향에 대해 변압기가 과열현상 없이 공급할 수 있는 능력

예) MOLD TR에서 K-FACTOR가 13인 경우 (3상 비선형 부하)

$$THDF = \sqrt{\frac{1 + 0.14}{1 + (13 \times 0.14)}} \times 100(\%) = 64\ (\%)$$

와류손 14% 발생하는 3상 비선형 부하가 있는 경우 TR용량의 64%만 걸어야 안전하다.

4) 철심의 자화 현상으로 이상음 발생
   - 고조파가 변압기에 유입되면 소음 발생 및 이상음 발생
   - 10 ~ 20 dB 정도 높아짐

5) 무부하시 변압기 권선과 선로 정전용량 사이의 공진 현상
   - 병렬 공진에 의한 고조파 전압 파형 왜곡의 확대
   - 고조파 전류의 증폭
   - 병렬 공진은 반드시 피할 것

6) 절연 열화
   고조파 전압은 파고치를 증가시켜 절연 열화 원인이 된다.
   그러나 일반적으로 변압기는 고조파에 의한 과전압보다 더 높은 고전압 레벨로 절연되어 크게 문제가 되지는 않는다.

1.6 저압계통 전기설비 및 기기 임펄스 내압 레벨 기준을 설명하시오.
　　인용 : KSC IEC 60364(2013)-443

1. 임펄스 내전압(과전압 범주)의 분류 목적
1) 임펄스 내전압(과전압범주)은 주전원으로부터 직접 가압되는 기기를 분류하는데 이용 된다.
2) 공칭전압에 따라 선정되는 기기의 임펄스 내전압은 전원공급의 연속성과 허용 가능 사고위험에 대한 기기들의 서로 다른 수준의 이용률을 구별하기 위해서 제공되는 것이다. 특정분류의 임펄스내전압의 기기를 선정함으로써 설비전체에 대한 절연협조가 가능하며 사고의 위험을 어떤 허용수준으로 낮출 수 있다.

2. 과전압 범주

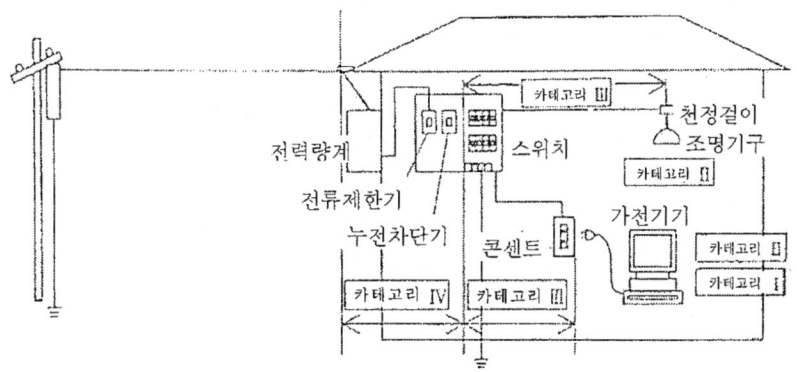

카테고리 Ⅳ	카테고리 Ⅲ	카테고리 Ⅱ	카테고리 Ⅰ
전력량계	주택분전반	조명기구	전자기기
누전차단기	배선용 차단기(분기)	냉장고·에어컨	기기내부
인입용전선	콘센트	세탁기·전자레인지	
	스위치	TV·비디오	
	조광스위치	다기능전화기·	
	팬던트 조명스위치	FAX	
	실내배선용전선	컴퓨터	

그림 443-1 주택의 옥내 배전계통과 과전압 카테고리 분류

3. 기기에 요구되는 임펄스 내전압

기기의 정격 임펄스 내전압이 최소한 표44.B에 제시된 임펄스 내전압보다 낮지 않도록 기기를 선정해야 한다.

표 44.B – 기기에 요구되는 정격 임펄스 내전압

설비의 공칭전압[a] V		요구되는 임펄스 내전압[c] kV			
3상 계통[b]	중점이 있는 단상계통	설비 인입점에 있는 기기 (과전압 범주 IV)	배전 및 분기회로의 기기 (과전압 범주 III)	전기제품 및 전기기기 (과전압 범주 II)	특별히 보호된 기기 (과전압 범주 I)
–	120~240	4	2.5	1.5	0.8
(220/380)[d] 230/400[b] 277/480[b]	–	6	4	2.5	1.5
400/690	–	8	6	4	2.5
1 000	–	12	8	6	4

1.7 도체의 근접효과(Proximity Effect)에 대하여 설명하시오.

1. 근접 효과 정의

   2개의 전선에 전류가 흐를때 전류의 방향이 서로 같으면 바깥쪽으로 전류가 많이 흐르고, 상호 반대이면 양 전선의 안쪽으로 전류가 많이 흐르는 현상.

2. 근접 효과에 영향을 주는 요인
   - 주파수가 클수록
   - 도체가 근접해 배치되어 있을수록 근접효과가 커진다.

3. 근접효과에 따른 전류 분포

   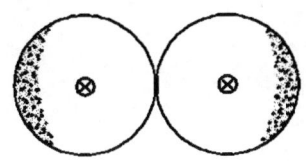 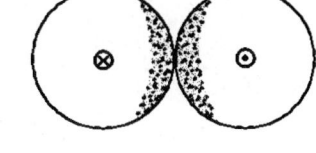

   　　　＜동일전류 방향시＞　　　＜반대전류 방향시＞

   전류가 같은 방향이면 반발력, 반대 방향이면 흡인력이 생기고 그 힘은 아래 공식과 같다.

   $F = K \times 2.04 \times 10^{-8} \times Im^2 / D$ (kg/m)

   　　　K : 배열 형태에 따른 계수 (0.866~0.809)
   　　　Im : 단락전류 피크치 (A)
   　　　D : 케이블 중심 간격 (m)

1.8 UPS 2차 측 단락회로의 분리 보호방식에 대하여 설명하시오.
　　인용 : 전력사용시설물 설비 설계(성안당.최홍규)

1. 개요
　- 전력계통에 뇌해, 풍해 설해 등 자연재해에 의해 지락이나 단락사고 등이 발생하면 보호계전기가 사고를 검출하고, 차단기가 동작해서 사고 개소를 분리하는 동안 순시 전압강하가 생기는 일이 있다.
　- 이 순시 전압저하에서 중요부하를 지키기 위해 UPS(Uninterruptible Power System)가 사용된다.
　- 여기서는 UPS의 2차 회로에서 사고가 발생했을 때 단락보호 및 지락보호에 대한 개요를 설명 한다.

2. UPS 2차 회로 보호
　1) UPS 2차 회로의 단락보호(바이패스 이용)
　　다음 그림에 바이패스를 이용한 보호방식의 구성 예를 든다.

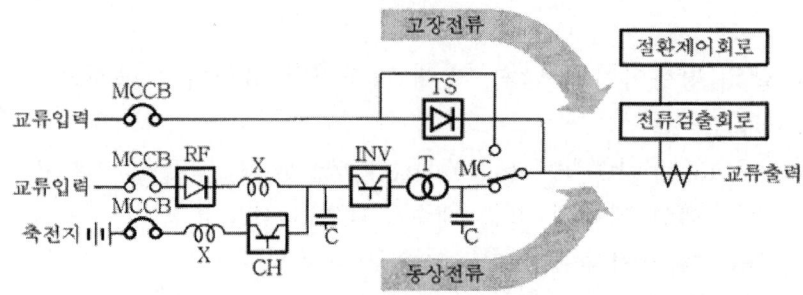

　　- 2차 회로에서의 단락 사고시 당연히 단락점까지의 회로 임피던스에 응한 과전류가 흐른다. UPS는 일반적으로 정격출력전류의 150[%] 정도로 과전류를 검출해 정지한다.
　　- 바이패스 이용의 방식에서는 과전류발생(UPS가 과전류검출시)과 동시에 무순단 상용 바이패스측 에서부터 공급 전환해 고장회로를 분리한다.
　　- 고장회로가 분리되어 정상인 부하전류에 복귀한 것을 확인해 UPS측에 무순단으로 전환한다(일반적으로 auto return이라고 한다).
　　- 이 방식은 바이패스측으로 전환한 후 바이패스 전원으로부터의 고장전류에 의해 부하측 전압저하에 의해 부하설비의 최저전압 허용범위를 넘는 경우가 있다.
　　정전 등에 의해 바이패스 전원이 건전하지 않을 때는 본 방식은 활용할 수 없다.

2) 2차측 단락 회로의 분리 보호
   - UPS의 2차측 단락사고등이 발생했을 때 UPS로부터 고장회로를 분리하는 방식으로는 일반적으로 배선용 차단기에 의한 보호, 속단퓨즈에 의한 보호, 반도체 차단기에 의한 보호 방식이 있다.

(1) 배선용 차단기에 의한 보호
   - 배선용차단기 MCCB(Molded Case Circuit Breaker)는 저압의 분기회로에 사용되는 과전류차단기로써 가장 많이 사용되고 있다.
   - MCCB의 차단기구는 기계적 요소가 크기 때문에 과전류 발생부터 차단까지의 시간은 즉동형인 것으로도 10[mS] 이상 걸리는 것이 일반적이다.
   - 또 한편 효과가 없어서 고장전류가 그대로 회로에 흐르기 때문에 부하단의 전압강하율이 커질 가능성이 있다.

(2) 속단 퓨즈에 의한 보호
   - 퓨즈는 동력용 등에 사용하는 일반용 퓨즈와 주로 반도체 보호용에 사용되는 속단 퓨즈가 있다. UPS의 부하분기용에 사용되는 퓨즈는 후자의 퓨즈이다.
   - 이 퓨즈는 2차측에서 단락사고 등이 발생했을 때 UPS의 보호기능이 동작하기 전에 고장회로를 분리시켜야 하므로 차단시간이 짧고 한류차단할 수 있는 기능을 가진다. 또한, 한류차단이란 고장전류가 파고값에 달하기 전에 전류를 억제해 차단하는 것을 말한다.
   - 속단 퓨즈는 MCCB에 비해 다른 부하에 영향을 미치지 않고 고장회로를 차단할 수 있는 확률이 높다. [그림1- 123]에 한류 차단 경우의 전류 파형을 예로 든다.

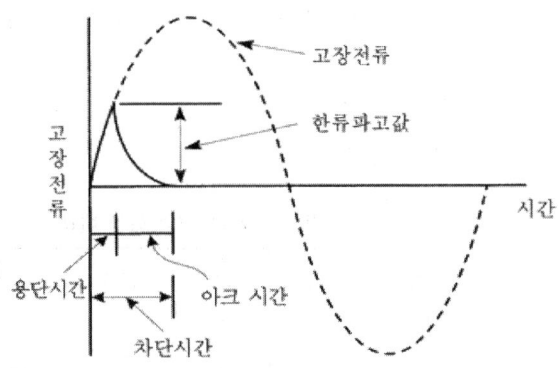

   - 퓨즈의 정격값은 부하의 정상전류 외에 기동전류나 돌입전류가 퓨즈의 허용전류를 초과하지 않도록 선정할 필요가 있다.
   - 이 허용전류값은 예를 들면 변압기의 돌입전류처럼 비 반복 전류인 경우 정격의 70 [%] 정도, 반복전류의 경우 정격의 60 [%] 정도에서 초과하는 경우 피로현상에 의해서 용단한다.

- 오랜 세월을 사용한 경우 자연열화에 의한 용단도 있으므로 정기적으로 교환할 필요가 있다. 교환주기의 기준은 대략 5년 정도이다.
- 또 속단 퓨즈에는 개폐기능이 없어서 MCCB와 조합하는 것이 일반적이다.

(3) 반도체 차단기에 의한 보호
   - 반도체 차단기는 사이리스터 등을 사용한 것이 실용화되고 있다.
   - 다음 그림에 회로의 예를 든다.

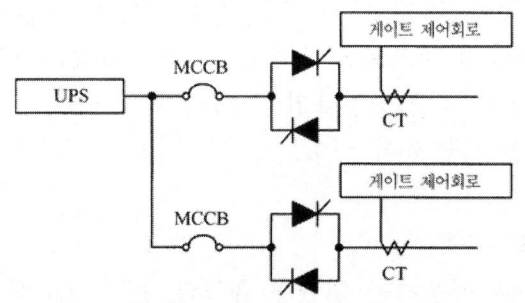

- 변류기 (CT) 에 의해서 부하전류를 검출하고 정상인 전류의 경우 사이리스터를 ON 상태로 해 과전류가 흐르면 게이트 제어에 의해 사이라스터를 제어함으로써 회로를 차단시킨다. 차단시간은 검출회로의 지연시간과 사이리스터의 턴 오프 타임값 등으로 결정되는데 100[μs]로부터 150[μs] 정도까지이다.
- 이 방식에서의 고장전류는 게이트 제어회로에서 설정된 전류값 정도에 한류된다.
  따라서 다른 부하에 영향을 미치지 않고 고장회로를 차단할 수 있는 가능성이 대단히 높다.
- 한편 반도체 차단기는 MCCB나 속단 퓨즈에 비하면 치수가 크고 고가이므로 채택 시에는 충분히 검토할 필요가 있다.

[표 1-137] 각 분리보호방식의 특성 비교

구 분	MCCB	속단 퓨즈	반도체 차단기
회로 구성			
동작시간 ㉠ 4배 전류 시 ㉡ 10배 전류 시	3~30[s] 10[ms]~4[s]	20~600[ms] 2~4[ms]	100~150[μs] 100~150[μs]
한류효과	없음.	있음.	없음.

적용한계	단시간 영역에서는 협조가 안 된다 (10~20(ms) 이하의 영역).	수(ms) 이하의 영역에서 협조가 안 된다.	과부하 내량을 예산하고 협조가 쉽다.
전류특성	반시한 특성	반시한 특성	일정 특성
콘덴서 인풋 부하대책	문제 없다.	돌입전류를 예상한다.	돌입전류를 예상한다.
바이패스 회로	불요	불요	있는 쪽이 좋다.
수명	트립 횟수에 제한있다.	자연열화하므로 5년마다 교환한다.	콘덴서는 10년 정도마다 교환하고, 정기적으로 동작을 확인한다.
치수	소	중	대
가격	소	중	대

1.9 유도전동기 회로에 사용되는 배선용차단기의 선정조건에 대하여 설명하시오.

인용 : 내선규정 3115

3115-3 분기개폐기 및 분기 과전류차단기의 시설

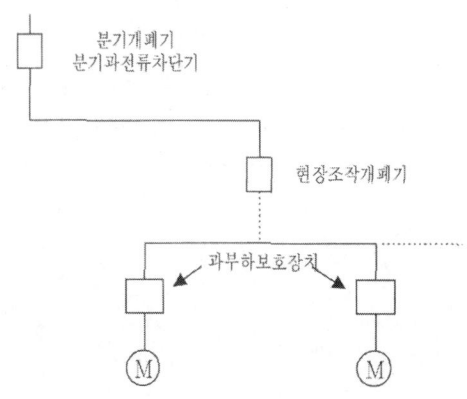

그림 3115-2 2대 이상의 전동기에 각각 과부하 보호장치를 설치하였을 경우(예)

1. 전동기에 전기를 공급하는 분기회로에는 3315 4(분기회로의 개폐기 및 과전류차단기의 시설) 제 1항의 규정에 따라 개폐기 및 과전류차단기를 시설하여야 한다.
2. 전동기에 전기를 공급하는 분기회로에 시설하는 분기개폐기의 정격전류는 과전류차단기의 정격전류 이상이어야 한다.
3. 전동기에 전기를 공급하는 분기회로에 시설하는 과전류차단기의 선정은 다음 각 호에 의하여야한다
    ① 과전류차단기의 정격전류는 해당전동기의 정격전류의 3배(전동기의 정격전류가 50A를 초과하는 경우는 2.75배에 다른 전기사용 기계기구의 정격전류의 합계를 합산한값 이하로 전동기의 기동전류에 의하여 동작하지 않는 정격의 것.
    다만 전동기의 과부하 보호장치와 보호협조가 잘 되어 있을 경우는 해당 분기회로에 사용하는 전선의 허용전류의 2.5배 이하로 할 수 있다(판단기준 176)
    ② 분기회로의 전선의 허용전류가 100 A를 초과하는 경우에 제①호에서 산출한 값이 과전류 차단기의 정격에 해당되지 않을때는 그 값의 최근접 상위 정격으로 할 수 있다.
4. 전동기에만 전기를 공급하는 분기회로의 과전류차단기에 1470-4(과부하 보호장치와 단락보호 전용차단기 또는 단락보호 전용퓨즈를 조합한 장치의 규격

및 사용의 제한)에 적합한 것을 사용하는 경우는 전 항의 규정에 관계없이 그 정격전류를 분기회로에 사용하는 전선의 허용전류 이하로 하여야 한다.(판단기준176)
5. 제3항 및 제4항에 규정하는 과전류차단기는 그 분기회로에 시설하는 과부하 보호장치와 보호협조를 유지하여야 한다.

3115-4 전동기용 분기회로의 전선 굵기
전동기에 공급하는 분기회로의 전선은 과전류차단기의 정격전류의 1/2.5 (40 %) 이상의 허용전류인 것으로, 다음 각 호에 적합한 것이어야 한다.(판단기준 176)
① 연속 운전하는 전동기에 대한 전선은 다음에 표시하는 굵기의 어느 하나를 사용하여야 한다.(판단기준 176)
　가. 단독의 전동기 등에 전기를 공급하는 부분은 다음에 의할 것.
　　(1) 전동기 동의 정격전류가 50 A 이하일 경우는 그 정격전류의 1.25배 이상의 허용전류를 가지는 것.
　　(2) 전동기 등의 정격전류가 50 A를 초과할 경우는 그 정격전류의 1.1배 이상의 허용전류를 갖는 것.
　나. 2대 이상의 전동기 등에 전기를 공급하는 부분은 3115-6(전동기용 간선의 굵기) 제1항의 규정에 따를 것.
② 단시간사용, 단속사용, 주기적사용 또는 변동부하에 사용하는 전동기에 대한 전선의 굵기는 전동기의 정격전류에 따르지 않고 배선의 온도상승을 허용 값 이하로 하는 열적으로 등가한 전류 값으로 결정할 수 있다.

3115-6 전동기용 간선의 굵기
1. 전동기에 공급하는 간선의 굵기는 제1415절 전압강하 및 제1435절 허용전류의 규정에 따르고 또한 다음의 값 이상의 허용전류를 갖는 전선을 사용하여야 한다.(판단기준 175)
　① 그 간선에 접속하는 전동기의 정격전류의 합계가 50A이하일 경우는 그 정격전류 합계의 1.25배
　② 그 간선에 접속하는 전동기의 정격전류의 합계가 50A를 초과하는 경우는 그 정격전류 합계의 1.1 배
2. 제1항의 경우에서 수용률, 역률 등을 추정할 수 있는 경우는 이들에 의하여 적절히 산출된 부하전류값 이상의 허용전류를 가지는 전선을 사용할 수 있다. (판단기준175)

1.10 보호계전기의 기억작용에 대하여 설명하시오.

1. 보호계전기의 기억 작용이란
   - 계전기 입력이 급변했을 때 변화 전의 전기량을 일시적으로 잔류 시키게 하는 것.
   - 주로 Mho형 거리 계전기에 사용한다.

2. 거리계전기(21. distance realy) 종류
   - 전압과 전류의 비가 일정치 이하인 경우에 동작하는 계전기이다.
   - 실제로 전압과 전류의 비는 전기적인 거리, 즉 임피던스를 나타내므로 거리계전기라는 명칭을 사용하며 송전선의 경우는 선로의 길이가 전기적인 길이에 비례하므로 이 계전기를 사용하여 용이하게 보호할 수 있게 된다.
   - 거리계전기에는 동작특성에 따라 임피던스형, 모우(MHO)형, 리액턴스형, 오옴(OHM)형, 오프셋모우(off set mho)형 등이 있다.

   1) 임피던스(impedance)형 거리계전기
      계전기 설치점에서 측정된 전압과 전류의 절대치 크기만의 비가 일정치 이하일 때 동작하는 거리계전기로 방향특성을 갖지 못하며 임피던스의 절대치 크기에 따라 응동한다.

   2) 모오(MHO)형 거리계전기
      방향특성을 갖는 거리계전기로 모우(MHO)라는 명칭의 의미는 동작원리에서 볼 때 임피던스(단위 : ohm)의 역수 즉, 어드미턴스(admittance : 단위 mho)의 일정각도에 대한 성분의 크기가 일정치 이상인 경우 동작하는 계전기이므로 부쳐진 이름이다.
      $R-X$ 동작도에서의 동작 특성이 원점을 지나는 원이 되는 거리 계전기로서, 특성은 $Z=K\cos(\theta-a)$로 주어진다. 여기서 K, a는 상수이고 θ는 입력 전압이 입력 전류에 대하여 갖는 앞선 각이다.

   3) 리액턴스(reactance)형 거리계전기
      측정된 임피던스 중 리액턴스 성분의 크기가 일정치 이하일 때 동작하는 거리계전기로 방향성을 갖지 못하나 저항분의 크기와는 무관하여 사고점의 arc 저항으로 인한 거리측정 오차가 없는 계전기이다.

   4) 오옴(OHM)형 거리계전기
      모우(MHO)형 거리계전기와는 반대로 측정된 임피던스의 일정각도에 대한 성분의 크기가 일정치 이하로 된 경우 동작하는 계전기를 말한다.

1.11 선로정수를 구성하는 요소를 들고 설명하시오.

1. 선로 정수 개요

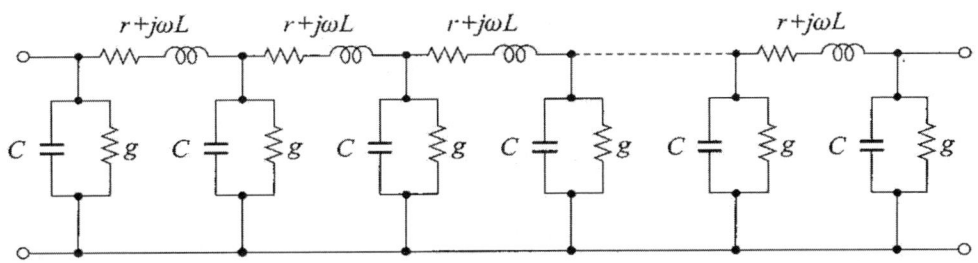

- 선로는 저항, 인덕턴스, 정전용량, 누설 콘덕턴스가 균일하게 분포되어 있는 전기회로로서 상기 4가지 요소를 선로정수라 한다.
- 선로 정수는 계전기 설정, 유도 전압 발생 설계, 이상 전압, 전력 안정도 문제 등을 계산하기 위해서도 꼭 필요한 요소다.

2. 선로 정수

1) 저항

   교류 도체 실효 저항은 다음식으로 계산된다.

   $r = r_0 \times k_1 \times k_2$

   r_0 : 20°C에서 직류 도체 저항 (Ω/Cm)

   k_1 : 온도 환산 계수
   (상시 허용 온도에서의 도체 저항과 20°C에서의 도체 저항의 비)

   k_2 : 교류 도체 저항과 직류 도체 저항과 비

   - 따라서 직류 저항의 경우에는 k_1 만 고려하면 된다.

     또한 k_1 은 다음 식으로 계산할 수 있다.

     $k_1 = 1 + \alpha (T_1 - 20)$

     여기서 α : 저항 온도 계수

     T_1 : 도체 최고 허용 온도

   - k_2 는 표피 효과 계수(λs) 와 근접 효과 계수(λp)를 합한 것이다.

     교류 저항의 비 $k_2 = 1 + \lambda s + \lambda p$

   - 통상 전선 및 단심케이블인 경우에는 표피효과 계수만 적용하면 되고 다심 케이블인 경우에는 양측 계수를 합해야 한다.

     단, k_2 의 값은 도체 굵기 100mm² 미만 에서는 λs 와 λp가 매우 작아서 $k_2 = 1$로 한다.

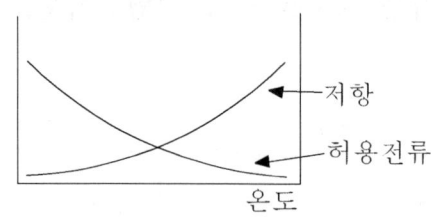

<온도에 따른 저항 변화 관계>

2) 인덕턴스 (L) : 1회로당

자기 인덕턴스, 상호 인덕턴스가 있으나 선로에서는 함께 1상당에 대하여 말한다.

$L = 0.05 + 0.4605 \log_{10} D/r$ (mH/km)

 D : 전선간 거리

 r : 전선 반 지름

전력 계통에서는 인덕턴스는 길이가 길수록 커진다.

3) 정전 용량 (C) : 1선당

$$C = \frac{0.02413\,\epsilon}{\log_{10} \frac{D}{d}} \; (\mu F/km)$$

 여기서 ε : 절연체 유전율

    D : 절연체 바깥 지름 (도전층을 포함하지 않음)

    d : 도체 바깥 지름 (도전층 포함)

- 정전 용량은 대지 전압에 비례하고 주파수의 영향은 없다.

저압에서는 이 정전 용량을 무시할 수 있지만 3.3KV 이상 고압에서는 영향이 크므로 무시할 수 없다.

4) 콘덕턴스 (G)

평상시, 건조시에는 애자 누설 저항이 대단히 크므로 누설 콘덕턴스는 매우 작아 무시할 수 있으며, 송전 선로 특성 검토시에는 필히 반영해야 하고 일반 수용가에서는 무시해도 된다.

1.12 R-L 직렬회로에 $i = 10\sin wt + 20\sin(3wt + \dfrac{\pi}{4})A$의 전류를 흘리는데 필요한 순시단자 전압 v를 계산하시오.(단, R = 8Ω, wL = 6Ω이다.)

1. 비정현파의 정의
 1) 기본파란 상용주파수를 갖는 파형을 기본파라 한다.
 2) 고조파란 상용주파수의 정수배의 주파수를 갖는 파형을 고조파라 한다.
 3) 비정현파는 기본파와 고조파의 합성으로 푸리에 급수에 의해 다음과 같다.

$$f(t) = a_0 + \sum_{n=1}^{\infty} a_n \cos nwt + \sum_{n=1}^{\infty} b_n \sin nwt$$

2. 문제풀이

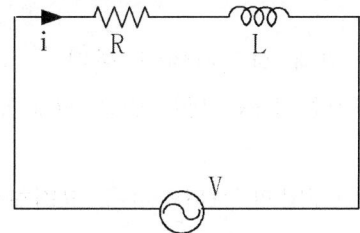

 1) 기본파 임피던스 및 위상각

  $Z_1 = R + jX = \sqrt{R^2 + wL^2} = \sqrt{8^2 + 6^2} = 10[\Omega]$

  $\theta_1 = \tan^{-1}\dfrac{wL}{R} = \tan^{-1}\left(\dfrac{6}{8}\right) = 36.9^0$

 2) 3고조파 임피던스 및 위상각

  $Z_3 = \sqrt{R^2 + (3wL)^2} = \sqrt{8^2 + (3\times 6)^2} = 19.7[\Omega]$

  $\theta_3 = \tan^{-1}\dfrac{3wL}{R} = \tan^{-1}\left(\dfrac{18}{8}\right) = 66.04^0$

 3) 순시 단자전압

  $v_1 = i_1 Z_1 = (10\sin wt) \times 10 \angle 36.9 = 100\sin(wt + 36.9)$

  $v_3 = i_3 Z_3 = 20\sin(3wt + 45) \times 19.7 \angle 66.04 = 394\sin(3wt + 111.04)$

  $\therefore v = v_1 + v_3 = 100\sin(wt + 36.9°) + 394\sin(3wt + 111.04°)$

1.13 KS C IEC 60364-5-54에 의한 PEN, PEL, PEM 도체의 요건에 대하여 설명하시오.

543.4 PEN, PEL 또는 PEM 도체
이러한 도체는 보호도체 (PE)로서의 기능과 중성선(N), 선도체(L), 중간선(M)중의 어느 하나와 2가지 기능을 수행하므로 해당기능에 대한 모든 적용 가능한 요건을 고려한다.

1. PEN, PEL 또는 PEM 도체는 고정 전기설비에서만 사용할 수 있고 기계적인 이유로 그 단면적은 구리 10 mm^2 또는 알루미늄 16 mm^2 이상이어야 한다.
  EMC에 관한 이유로 PEN 도체는 설비 원점의 부하측에 시설해서는 안 된다.
  폭발성 분위기에서의 PEN, PEL 또는 PEM 도체는 사용을 금지한다.

2. PEN, PEL 또는 PEM 도체는 선도체의 정격전압에 대해 절연하여야 한다.
  배선설비의 금속 외함은 규격에 적합한 것 이외에는 PEN, PEL 또는 PEM 도체로 사용될 수 없다.
  PEN, PEL 또는 PEM 도체로부터 기기안으로 유도되는 EMI의 전위영향을 고려한다.

3. 설비의 어느지점에서 중성선 중간점 선도체 및 보호기능이 별도의 도체에 의해 배선된다면 중성선 / 중간점 / 선 도체를 설비의 모든 다른 접지부분에 접속하는 것은 허용되지 않는다.
  그러나 PEN, PEL 또는 PEM 도체에서 각각 하나이상의 중성선 / 중간점 / 선도체와 하나 이상의 보호도체를 구성하는 것은 허용한다.
  PEN, PEL 또는 PEM 도체는 PEN, PEL 또는 PEM 도체의 접속을 의도한 특정단자 또는 바(그림 54.1b 및 54.1c의 예)의 경우를 제외하고 보호도체용 단자 또는 바에 접속되어야 한다. (그림 54.1a 참조)
  비고. 직류 SELV 회로(예; 통신설비)에서 공급되는 계통에서는 PEL 또는 PEM 도체가 없다.

4. 계통외 도전부는 PEN, PEL 또는 PEM 도체로 사용해서는 안 된다.

543.5 보호 및 기능 접지 도체의 겸용
보호 및 기능접지 도체를 겸하여 사용 할 경우 보호도체에 대한 요건을 충족해야 한다.
또한 관련 기능요건에도 적합하여야 한다.
정보기술 전원공급을 위한 직류귀환 도체 PEL 또는 PEM은 기능접지 도체와 보호도체로서의 역할을 겸용할 수 있다.

543.6 보호접지도체의 전류

보호 접지도체는 정상 작동상태에서 전류의 전도성 경로(예. EMC에 관한 이유로 필터의 접속)로 사용되지 않아야 한다.

또한 정상적인 운전상태에서 전류가 10 mA를 초과하면 증강된 보호도체를 사용한다.

비고. 용량성 누설전류(예. 케이블 또는 전동기에 의한)는 설비 및 기기의 설계에 의해 감소된다.

2.1 전압불평형률이 유도전동기에 미치는 영향에 대하여 설명하시오.

1. 개요

   저압회로의 단상3선식 및 3상4선식에 불평형 전류가 발생할 경우 상간 전압의 불평형에 의하여 중성선에 전류가 흐르게 되어 일반적으로는 다음과 같은 영향을 미친다.
   - 각 상간의 선간 전압 불평형
   - 전동기등 과열, 진동, 수명 감소
   - 변압기 과열 및 손실 증가, 소손등
   - 불평형시 전력 소모 증가 함.

2. 전압 불평형이 유도전동기에 미치는 영향

   1) 손실 증가

      손실중 대부분은 동손이며, 동손은 기본파 전류에 의한 동손과 고조파에 의한 동손이 중첩되어 증가되며 동손의 공식은 다음과 같다.
      동손 $P_c = K \cdot I_1^2 R (1 + CDF^2)$ (W)
      여기서 CDF : Current distortion factor - 전류 왜형율
      고조파 전류가 증가하면 위 공식에서 I_1 의 제곱에 비례하는 동손이 증가하여 전력 손실 증가와 온도상승, 효율의 저하를 초래한다.
      (대책)
      - 저항을 적게 하여 동손을 저하시킨다.
      - 자속밀도를 낮게 하여 철손을 감소시킨다.
      - 인버터 파형을 바꾼다.

   2) 토오크 감소

      일반적으로 고조파원에 의해 생성된 고조파 전류는 전원 또는 다른 부하에 흐르게 된다.
      이때 발생된 고조파 성분중 역상 고조파 전류가 전동기등 회전기에 침입시 역 토크를 발생시켜 회전기의 토크를 감소시키고 과열 및 소음의 원인이 된다. 그러나, 실제로 역상분에 의해 회전기에 유입되는 전류는 계통에 비해 무시할 정도로 작은 전류가 유입되므로, 역상 토크에 의한 영향은 계통쪽 회전기 즉, 발전기에 대한 영향으로 나타난다.

   3) 맥동 토크 발생

      고조파는 맥동 토크를 발생한다. 그 때문에 진동이 증대하기도 하고, 공작 기계등에서는 가공물의 연마면에 줄무늬 모양이 생기기도 한다.
      맥동 토크의 영향은 구동 주파수가 낮을 때 즉 회전속도가 낮을 때 더 크게 일어난다.

이것은 회전자가 맥동 토크에 의해 영향을 받기 때문이다.
(대책)
고조파의 파형을 개선한다.

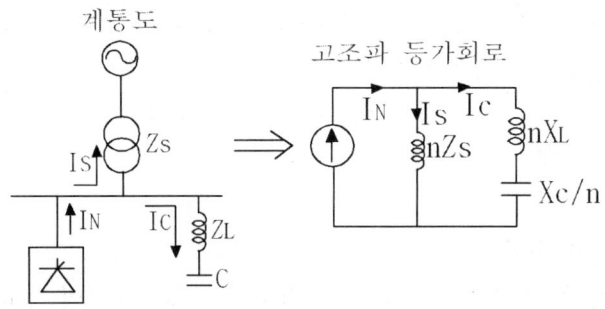

4) 소음 발생
  전동기에서 발생하는 소음은 일반적으로 전자 소음, 통풍 소음, 회전자축에서 발생하는 소음이 있지만, 고조파의 영향이 큰 것은 전자 소음이다.
  고조파에 의한 소음의 증대를 방지하는 대책으로는 다음과 같은 방법이 있다.
  (대책)
  - 전동기의 공진 주파수를 벗어나게 한다.
  - 전동기의 자속밀도를 낮게 한다.
  - 전동기의 공극 자속을 평활화 한다.
  - 전동기와 인버터간에 AC리액터를 설치한다.
  - 인버터의 파형 개선.

5) 진동 발생
  전동기의 진동은 설치 장소와 구조에 따라서 변할 수 있다.
  인버터로 주파수를 변화시켜 운전하면 전동기가 기동시 고유 진동수와의 관계로 몇 개의 특정 주파수에서 진동이 커지는 경우가 있으며 진동의 원인에는 다음과 같은 것들이 있다.
  - 회전체의 불균형
  - 기계의 고유 진동수와의 공진
  - 전동기의 맥동 토크에 의한 상대적인 진동
    (대책)
  - 커플링에 고무 진동판 등을 사용하여 고주파 진동을 흡수
  - 기기 본체 밑에 방진 고무 삽입
  - 전동기와 인버터 사이에 교류 리액터 삽입
  - 인버터 파형 개선

3. 불평형 부하의 제한(내선규정 1410절)
 1) 단상 3선식
   (1) 저압 수전의 단상 3선식에서 중성선과 각 전압측의 부하는 평형을 원칙으로 하지만 부득이한 경우는 설비 불평형율 40%까지 할 수 있다라고 되어있다.

   $$\text{설비 불평형율} = \frac{\text{중성선과 각 전압측 부하설비 용량의 차}}{\text{총 부하 설비 용량의 } 1/2} \times 100(\%)$$

   (2) 계약 전력 5 kW 정도 이하는 제외

 2) 3상3선식, 3상4선식
   (1) 저압, 고압, 특별고압 수전의 3상3선식, 3상4선식의 설비 불평형율은 단상 부하로 계산하여 설비 불평형율을 30% 이하로 하는 것을 원칙으로 한다.

   $$\text{설비 불평형율} = \frac{\text{각 선간의 단상 부하 최대와 최소의 차}}{\text{총 부하 설비 용량의 } 1/3} \times 100(\%)$$

   (2) 예외 사항
     - 저압 수전으로 전용 변압기로 수전하는 경우
     - 고압 및 특별 고압 수전으로 100 kVA(kW) 이하의 단상 부하인 경우
     - 고압 및 특별 고압 수전에서 각 선간의 단상부하 최대와 최소의 차가 100 kVA(kW) 이하인 경우
     - 특별 고압 수전에서 100 kVA(kW) 이하의 단상 변압기 2대로 역V결선 하는 경우

2.2 스폿네트워크(Spot Network)방식 수전회로의 사고 구간별 보호방법과 보호협조에 대하여 설명하시오.

1. 개요
1) Spot Network수전방식은 전력회사의 변전소에서 나온 2~4회선의 네트워크 배전선에 수전용개폐기를 통해서 네트워크변압기를 접속하고
2) 그 변압기의 2차측은 프로텍터 차단기를 통해서 네트워크 모선에 병렬 접속하여 전력을 공급하는 방식으로,
3) 무정전 공급이 가능해서 신뢰도가 높고 도심부의 부하밀도가 높은 지역의 대용량 고객에게 공급하는 방식으로 우리나라는 지중화지역의 지중전선로로 공급한다.

2. 구성

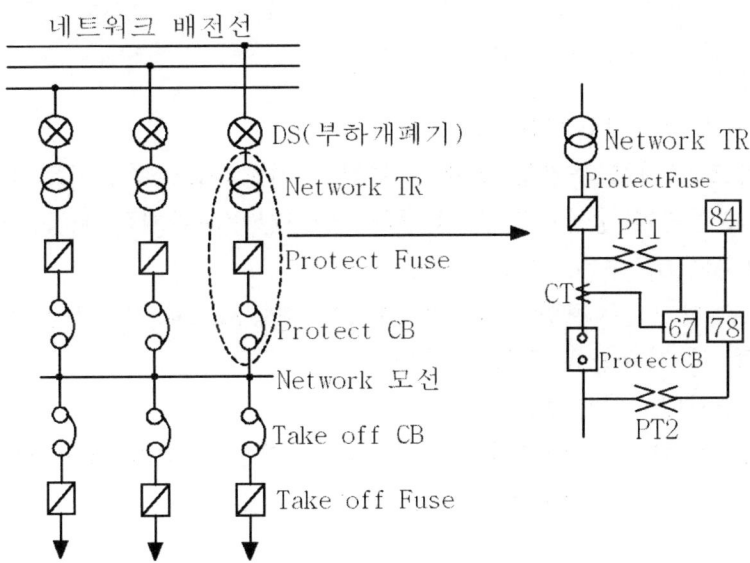

1) 부하개폐기(DS)
   네트워크변압기 1차측에 설치(변압기의 여자전류를 개폐 가능한 부하단로기)
   → 기중 부하개폐기(SF$_6$ 개폐기 사용)
2) Newt Work변압기
   SF$_6$가스 절연변압기나 몰드변압기 사용(폭발, 화재방지)하며, 1회선 정전시 다른 건전한 회선만으로 최대부하에 견딜 수 있어야 하고 130[%]로 8시간의 과부하 운전에 사용할 수 있어야 함.

   $$TR용량 = \frac{최대수요전력[kVA]}{수전회선수-1} \times \frac{1}{1.3} \ [kVA](과부하율 : 1.3)$$

3) Protector Fuse

후비 보호용으로 변압기2차측 이후에서 단락사고가 발생한 경우 대전류 차단하는 한류효과 높은 전력퓨즈 사용

4) Protector차단기

사고 회선을 분리시키는 역할을 하며 고압 Spot Network의 경우는 VCB, 저압시는 ACB가 사용된다.

고압의 경우 단락차단도 되지만 저압 스폿네트워크 경우는 프로텍터 휴즈와 차단전류 영역을 분담하여 변압기 1차측 단락사고 발생시에 전원측으로 역류하는 단락전류 및 지락전류를 차단한다.

5) Take Off 퓨즈 및 차단기

네트워크 모선에서 각 방면의 부하로 분리되는 것인데 고압은 VCB, 저압은 ACB, MCCB가 사용된다.

3. 보호 계전기

1) 무전압투입(84.전압계전기)

네트워크 모선이 무전압 일때(전회선 정전시)어느 회선이든 복전 되면 네트워크변압기가 충전되면 그 회선의 프로텍터 차단기를 자동투입

2) 역전력차단(67.주계전기)

배전선로 사고 및 변압기 1차측 사고시 계통으로의 역전력을 차단하고 계통의 단락 및 지락전류 유입시 차단

3) 차전압투입(78.위상계전기)

네트워크측 보다 전원측의 전압이 높고 위상이 앞서는(진상) 두가지 조건 만족시 자동적으로 프로텍타 차단기 자동투입

4. 특징

장 점	단 점
- 무정전공급 가능	- 투자비가 많이 든다.
- 전압변동률이 작다	- 수전방식의 보호 및 보호협조 계전방식이 복잡하다.
- 전력손실이 감소	- 오동작의 가능성이 있다
- 기기 이용률 향상	

5. Spot Network설계상 문제점

1) 각종 차단기 및 보호장치가 개발되어 있지 않다.
2) Spot Network Fuse는 비보호 영역이 없어야 한다.

6. 결론

현재의 배전방식은 공급신뢰도가 매우 낮은 수동절체 다중Loop방식으로 구성되어있어 향후 기하급수적으로 늘어나는 전력수요에 양적, 질적 요구를 충족할 수 없을 것이다.

따라서 부하밀도가 높은 지역에 Spot Network 수전방식을 고려했으나 다중접지방식인 우리나라 배전선로에서는 고장전류로 인한 Protector차단기의 오동작 등으로 적용이 어려운 것이 현실로 향후 다중접지계통에 적합한 Spot Network 방식의 개발을 통해 실질적인 Spot Net work 배전방식의 운영이 필요하다.

2.3 154kV로 공급받는 대용량 수용가 수전설비의 모선의 구성과 보호방식에 대하여 설명하시오.

1. 모선 구성 방식

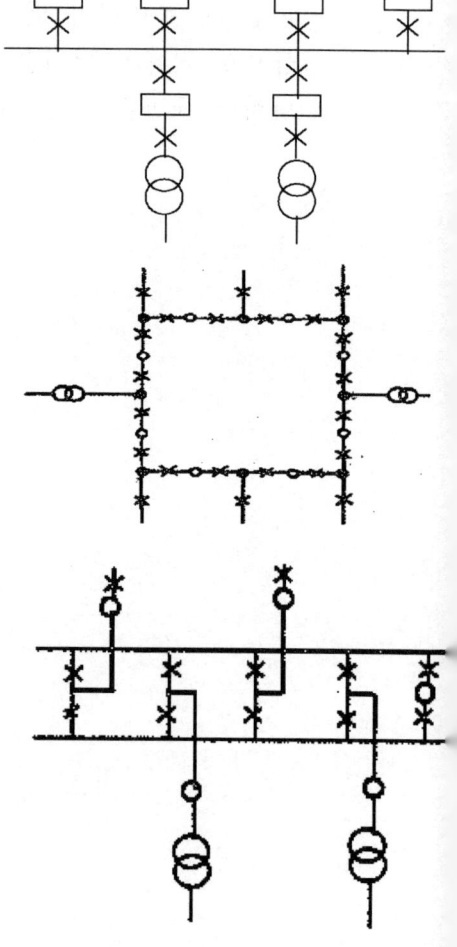

1) 단모선
   - 단로기, 차단기, 변압기등이 일렬로 배치된 방식으로
   - 경제적으로 유리하나, 신뢰도가 낮다.

2) 환상 모선 방식
   - 항상 2계통 이상에서 수전하는 경우 사용하며 Ring 모선이라고 함.
   - 제어 및 보호회로가 복잡하고
   - 직렬기기의 전류용량이 크게 되는 결점이 있어 거의 사용안 함.

3) 복 모선 방식
   - 단모선에 비해 소요 면적은 증가하지만 사고를 국한 시킬 수 있어 신뢰도가 높아 중요 변전소에 적용
   - 1회선당 2개씩의 차단기를 갖게 하는 것

2. 모선 보호 방식

1) 전류 차동 방식
   (1) 과 전류 차동 방식
   - 차동 회로의 과전류를 검출하는 방식
   - CT의 불평형 전류에 의한 오동작이 우려되어 중요한 변전소에서는 적용치 않음.

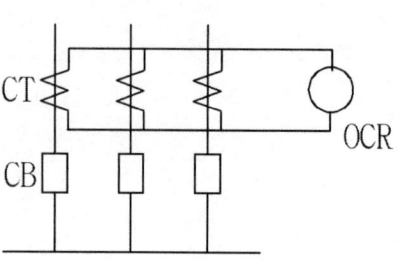

(2) 비율 차동 방식
 - 선로 양단의 전류값을 비교하여
   내부고장과 외부 고장을 판단.
 - 억제 코일과 동작코일에 의해 동작

(3) 공심 변류기 방식
   철심이 없는 공심변류기를 사용하여
   CT 포화 문제를 해결

2) 전압차동 방식
   (주 보호 방식에 많이 사용)
   - 고 임피던스형 전압계전기를 사용
   - 각 회선의 변류기 2차회로를 병렬
     로 접속하여 모선에 출입하는
     전류의 Vector합으로 동작

3) 위상 비교 방식
   - Pilot 계전방식중 하나로
   - 보호구간 양단의 고장전류 위상이
     내부 고장시는 동상이고,
     외부 고장시는 역 위상임을 이용함.

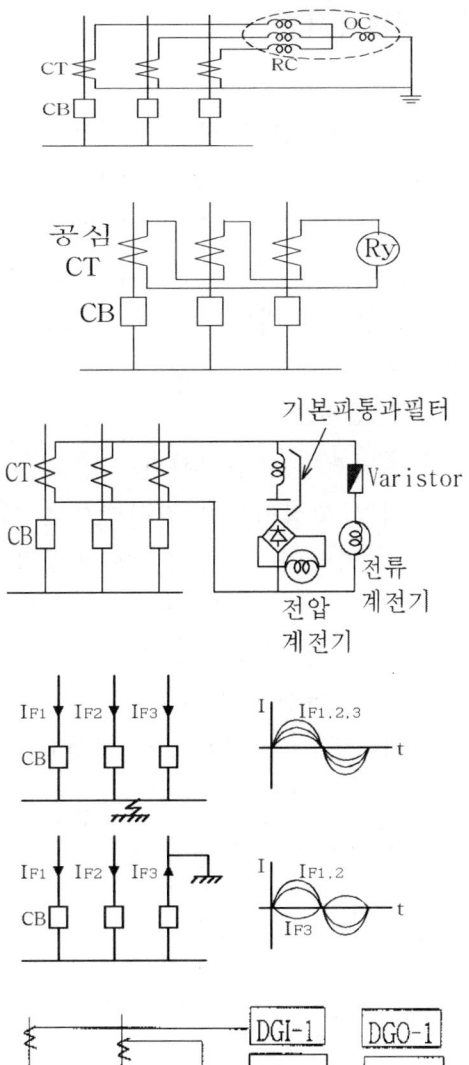

4) 방향 (전류) 계전 방식
   - 선로 각단에 설치된 방향성 계전기
     에 의해 얻어진 정보를 상대단에
     보내 비교하여 내부사고 유무를
     판단

5) 방향 거리 계전 방식(후비보호용)
   - 각 회선에 CT 2차측을 병렬로
     하여 합전류를 만들고 이것에
     의하여 방향거리 RY 동작

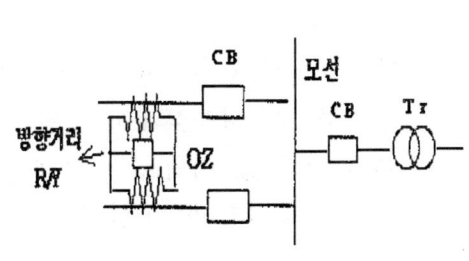

2.4 인텔리전트 빌딩에서 적용하고 있는 공통접지와 통합접지방식에 대하여 설명하시오.

1. 개요

   기존 건축물의 접지 형태는 보호용, 기능용, 뇌 보호용의 접지를 분리한 이른바 독립 접지를 한 건축물이 많다. 건물의 부지 면적이 한정되어 있는 상황에서 독립 접지는 전위 간섭의 영향을 받기 쉽고 접지 기능을 충족시키지 못하는 경우가 많다. 그러나 통합 접지는 접지 계통의 전위가 같고 전위 간섭 등의 영향이 적다.

2. 독립접지
   - 개별적으로 접지하되 상호 20m 이상 이격 설치 할 것
   - 가장 이상적이나 현실적으로 어려움
   - 1접지극이 타 접지극에 영향을 미치지 않을 것
   - 접지 전극간 이격거리에 영향을 주는 요인
     (1) 접지 전류의 최대치
     (2) 전위상승 허용치
     (3) 접지 장소의 대지 저항율

산정전류	전위상승 허용값(V)		
	2.5	25	50
10	63	6	3
50	318	32	16
100	637	64	32

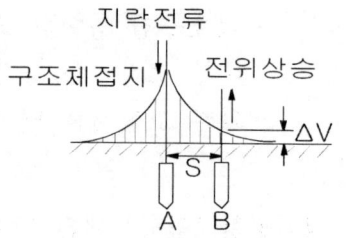

   - 하나의 예로 위그림과 같이 접지전극 (직경 7mm, 길이3m) 2개로 독립접지 공사를 시행한 경우 독립접지의 상정 접지전류 I(A)에 의한 전위상승 ΔV 와 이격거리 S(m) 관계는 위표와 같다. (대지저항율 ρ=100 Ω.m)

3. 판단기준 제18조 (접지공사의 종류)
   ① 접지공사는 다음표에서 정한 것으로 하며 각 접지공사별 접지저항 값은 표에서 정한 값 이하로 유지하여야 한다.
   다만 공통접지 및 통합접지를 하는 경우는 제외한다.

접지공사의 종류	접지저항 값
제1종 접지공사	10 Ω
제2종 접지공사	변압기의 고압측 또는 특고압측의 전로의 1선 지락전류의 암페어 수로 150(1초를 초과하고 2초 이내에 자동적으로 전로를 차단하는 장치를 설치할 때는 300, 1초 이내에 자동적으로 고압전로 또는 사용전압 35 kV 이하의 특고압 전로를 차단하는 장치를 설치할 때는 600)을 나눈 값과 같은 Ω수
제3종 접지공사	100 Ω
특별 제3종 접지공사	10 Ω

4. **공통 접지** (common earthing system)
   ⑥ 고압 및 특고압과 저압 전기설비의 접지극이 서로 근접하여 시설되어 있는 변전소 또는 이와 유사한 곳에서는 다음 각 호에 적합하게 **공통접지공사**를 할 수 있다.
   1. 저압 접지극이 고압 및 특고압 접지극의 접지저항 형성 영역에 완전히 포함되어 있다면 위험전압이 발생하지 않도록 이들 접지극을 상호 접속하여야 한다.
      즉, 전력계통의 접지를 공통으로하는 것을 말한다.
   2. 공통 접지공사를 하는 경우 고압 및 특고압계통의 지락사고로 인해 저압계통에 가해지는 상용주파 과전압은 다음 표에서 정한 값을 초과해서는 안 된다.

고압계통에서 지락고장시간(초)	저압설비의 허용 상용주파 과전압(V)
>5	U_o + 250
≦5	U_o + 1,200
중성선 도체가 없는 계통에서 U_o는 선간전압을 말한다.	

   3. 그 밖에 공통접지와 관련된 사항은 KS C IEC 60364-4-44 및 KS C IEC 61936-1의 10에 따른다.

5. **통합 접지** (global earthing system)
   ⑦ 전기설비의 접지계통과 건축물의 피뢰설비 및 통신설비 등의 접지극을 공용하는 **통합접지**(국부접지계통의 상호접속으로 구성되는 그 국부접지계통의 근접구역에서는 위험한 접촉전압이 발생하지 않도록 하는 등가 접지계통)공사를 할 수 있다.
   즉, 전력계통, 통신계통, 피뢰계통까지 공동으로하는 접지를 말한다.
   이 경우 제6항의 규정을 따르며, 낙뢰 등에 의한 과전압으로부터 전기설비 등을 보호하기 위해 KS C IEC 60364-5-53-534에 따라 서지보호장치(SPD)를 설치하여야 한다.

6. 설치 요건
 1) 공통접지는 대부분 철골, 철근등을 접지 전극으로 활용하여 접지하는데 이 경우 대지와의 사이에 전기저항치가 2Ω 이하이여야 한다.
 2) 철골, 철근등을 접지 전극으로 활용하는데 문제점 고려
  (1) 접지 도선을 통해 많은 노이즈와 서지 전류 유입
  (2) 철골 구조 하부에 전식
  (3) 콘크리트 균열에 의한 안전성등
 3) 특히 IEC 60364와 62305 도입에 따라 통합접지(등전위접지)를 하기위해서는 반드시 철골 등 건축물의 모든 금속부분을 등전위 본딩을 해야 한다.

2.5 플로어 덕트(Floor Duct) 배선에서 전선규격과 부속품 선정, 매설방법, 접지에 대한 특기사항을 설명하시오.

1. 개요

   바닥 배선 시스템은 건축물의 구조와 규모 및 용도에 따라서 적절한 방식을 채택하여야 하며, 플로어 덕트 배선방식은 비교적 넓은 룸의 장소에 장래의 증설, 위치 변경 등에 유리한 배선 방식으로 일반적인 중소 건물에 주로 적용되는 배선방식이다.

2. 플로어덕트 공사에 의한 저압 옥내 배선
   - 절연 전선을 사용하여야 하고 지름 10 Sq를 초과하는 것은 연선을 사용
   - 플로어덕트내에서는 전선의 접속을 하지 말고 전선의 접속은 접속함 내에서 하여야 한다.

3. 플로어덕트 및 박스 부속품 규격
   - 두께 2mm이상의 강판으로 견고하게 제작할 것
   - 덕트의 내외부는 아연도 도금 또는 도장을 할 것
   - 덕트의 끝과 내면은 전선 피복이 손상하지 않도록 매끈할 것

4. 시설 방법
   1) 덕트상호간 덕트와 박스 및 인출구와는 견고하고 전기적으로 완전하게 접속 할 것.
   2) 물이 고이지 않도록 할 것
   3) 박스 및 인출구가 바닥 마감면에서 돌출하지 아니하도록 시설하고, 물이 침입하지 아니하도록 밀봉할 것.
   4) 덕트의 끝부분을 막을 것
   5) 접속함 간의 덕트는 일직선상에 시설 하는것을 원칙으로 한다.
   6) 플로어 덕트내 단면적

      전선의 피복 절연물을 포함한 단면적의 합계가 플로어 덕트내 단면적의 32% 이하가 되도록 선정

5. 접지

   플로어덕트는 제3종 접지 공사에 의하여 접지를 하여야한다.
   강전류 전선과 약전류 전선을 동일의 플로어덕트에 넣는 경우는 특별 제3종 접지공사를 한다(판단기준 196조)

6. 플로어 덕트 설치시 고려사항
   1) 룸의 용도에 따라서 전력, 통신, OA를 적용하여 2Way, 3Way등 선정
   2) 통신과 OA 배선 구분시 별도 덕트 사용이 바람직함.
   3) 룸의 면적이 비교적 넓은 장소에 사용
   4) 덕트 표준 길이가 3.6m 이므로 가구 배치등에 고려할 것
   5) 전선의 피복 절연물을 포함한 단면적의 합계가 플로어 덕트내 단면적의 32% 이하가 되도록 선정
   6) 분전반, 통신, OA 배선 귀로시 교차되지 않도록 귀로 부분 선정.

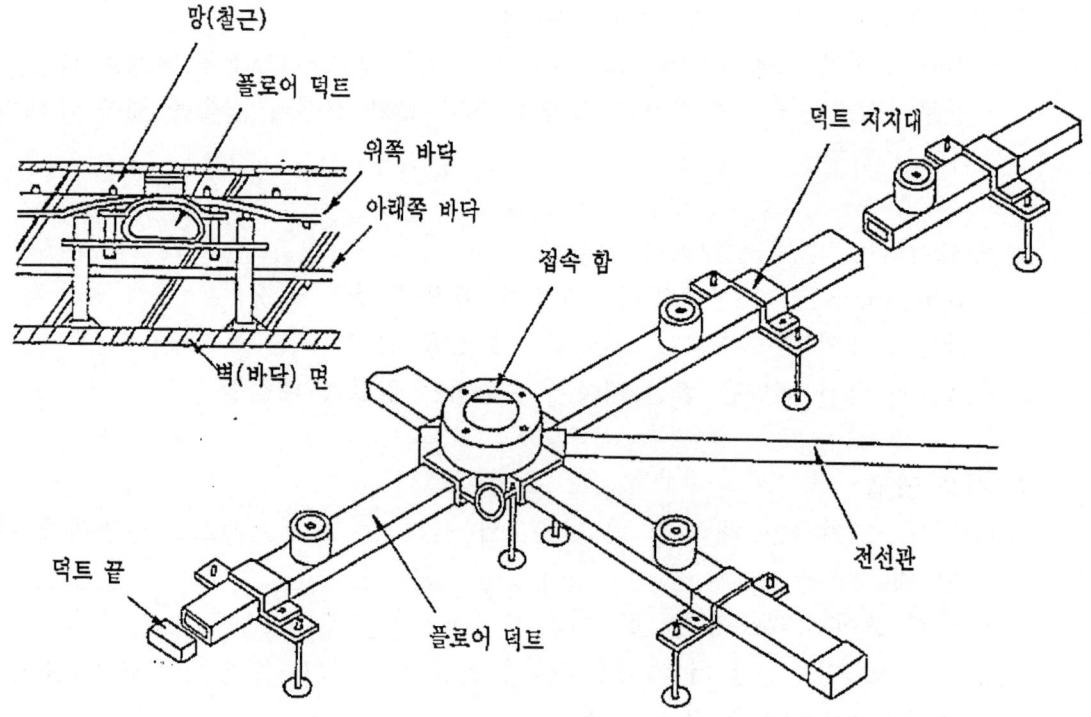

2.6 전력설비 관리개념을 3단계로 나누어 설명하고, 전력자산의 운영정책 입안 시 고려할 사항을 기술적 측면과 경제적 측면으로 나누어 설명하시오.

1. 개요

일반적으로 자산의 사전적 의미는 '개인이나 기업이 소유하고 있는 경제적 가치가 있는 무형물 또는 유형물'을 뜻하며, 무형자산은 소프트웨어나 금융자산, 지적재산권 등을 말하고 유형자산은 건축물이나 생산설비, 운송설비, 철도나 도로,가스, 전기설비와 같은 사회 인프라 시설을 의미한다.

그 중에서도 유형자산은 시간이 지나갈수록 성능이 떨어지고 그에 따라 고장 횟수 및 보수비용도 증가하므로 적절한 자산에 대한 관리 기술이 필요하게 된다.

2. 전력설비 관리 개념 3단계
   - 먼저 1단계는 기술정보로서 설비의 상태 분석과 이용도 같은 **신뢰도가 평가** 되어야하고,
   - 2단계에서는 설비의 비용 계산에 의한 **경제성이 평가**되어야 하며,
   - 3단계에서는 사회적 정보가 포함된 **위험도 평가 전략이 수립**되어야 한다.
     이와 같이 성능평가, 비용평가, 사회성평가를 고려한 자산관리 의사 결정 방법이 필요하다.

3. 전력자산의 운영정책 입안 시 고려할 사항

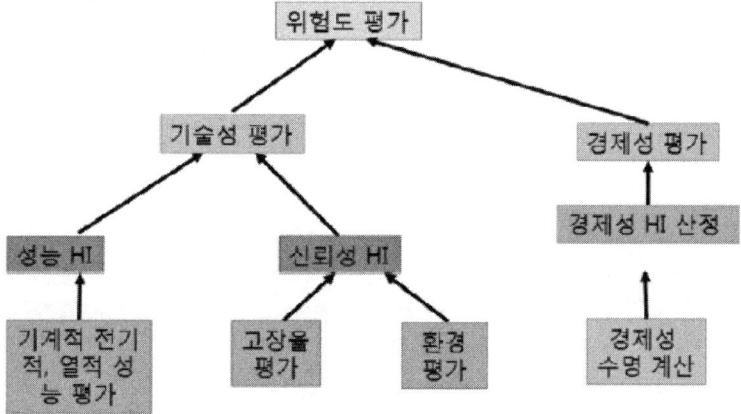

   - 위 그림은 전력용 변압기 위험도 관리 시스템이다.
     구성기술은 성능에 대한 건전도와 신뢰성에 대한 건전도를 종합한 **기술성 평가**와 변압기의 유지보수 비용, 수선비용, 고장 시 기회비용 등을 고려하여 계산된 경제성 건전도를 기준으로 한 **경제성 평가**로 구성되었다.

- 이상과 같이 최근의 전력설비 자산관리에 대한 기술과 더불어 IEEE에 의하여 발표된 전력설비 자산관리 연구에 대한 기술 동향을 종합하면 다음 그림과 같이 요약할 수 있다. 그림에서와 같이 최근의 전력설비 자산관리 기술동향은 기존의 자산관리 기술을 포함하고 있다.

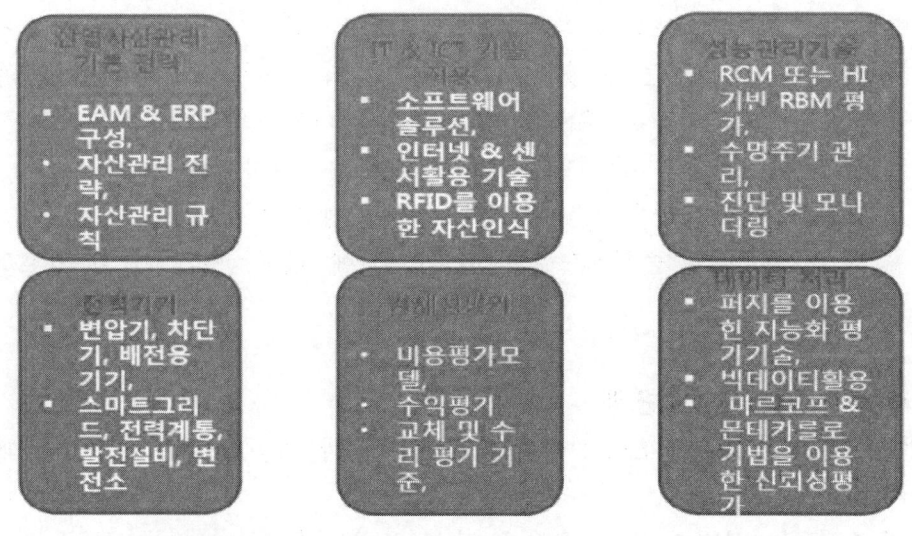

그림 10 전력설비 자산관리 기술의 최근의 연구동향

- 더불어 전력기기 측면에서는 스마트 그리드가 포함되어 있고, IT 기술에서는 무선인터넷이나 센서 기술을 이용한 자산관리 기술이 연구되고 있으며, 데이터 처리기술에서는 빅데이터 기술이 나타나고 있어 향후 국내에서도 전력설비 자산관리(위험도평가) 기술에 이와 같은 기술을 접목하는 연구가 진행될 것으로 예상된다.

3.1 에너지 절약과 합리적인 경영을 위한 호텔의 객실관리 전기설비에 대하여 설명하시오.

1. 개요
   1) 호텔의 기능
      (1) 휴식 기능 : 객실
      (2) 업무 기능 : 회의실, 세미나실, 국제회의장
      (3) 공중서비스 기능 : 연회장, 커피숍, 식당가, 쇼핑가, 쇼룸 등
   2) 호텔 전기 설비 고려 사항
      (1) 정전을 대비한 예비전원 시설
      (2) 고객의 안락함과 편리성
      (3) 소방, 방범등 방재시설
      (4) 초 고층의 경우 : 운송 시설, 외부 빛의 영향, 간선 시설
      (5) 정보 전달 시스템 : PA, AV, TEL, CABLE TV, LAN등)

2. 전기 설계
   1) 전원 설비
      (1) 정전의 최소화
         - 수전 및 변전설비의 2중화
         - 비상 발전 설비 : 가스 터빈 발전기 고려
         - U P S 등 무정전 전원 설비 구축 : 전산실, 중앙 감시실, 방재설비
      (2) 열 효율 향상
         - Co - Generation 검토(열, 전력 이용)
         - 태양광을 이용한 신 재생 에너지 활용

   2) 간선 설비
      - 1000A 이상 : BUS DUCT 검토
      - 수직 배선시 : 자중 고려지지

   3) 조명 설비
      (1) 조명 설비 CONCEPT
         - 분위기 조명 : 객실, 연회장, 커피숍, 회의장등 거의 모든 장소
         - 명시 조명 : 사무실, 주차장등 일부 공간
      (2) 객실 조명
         - 주 조명 : 중앙
         - 보조 조명 : 입구등, Bed Lamp, Table Lamp, 취침등
         - 비상 조명 : DC 또는 U P S 이용.   욕실 조명 : 방수등

4) T C 설비
   (1) 초고속 전송망
   (2) 방송 설비(AV 설비) : 전관 방송 : 안내, 비상 방송, 연회장, 국제 회의장
   (3) CABLE TV : 공중파, 위성 방송, 자체 방송
   (4) 동시 통역 설비 : 국제 회의장
   (5) 전기 시계 : 모자식(홀, 객실, 사무공간 등)
   (6) DPBX(외부 및 내부 연락)

5) 방재 설비
   (1) 소방 설비
      - 각실의 용도에 맞는 감지기 설치
      - 스프링 쿨러, 배연 설비
      - 피난 유도등
   (2) 방범 설비
      - 출입 통제 설비 : ID CARD, 인체 인식(지문, 손바닥, 손등)
      - 출입 감시 설비 : CCTV, 센서

3. 객실 관리
   1) 전력 관리
      객실의 Key Sensor 와 Control Box를 연계하여 전등 전열 제어
      (1) 입실시 : 입구등 - 자동 점등, 1분후 자동 소등
                  중앙등 : 자동 점등
                  기타 전등, 전열 : 전원 투입
      (2) 퇴실시 : 냉장고등을 제외한 모든 전등, 전열 전원 약 5초 후 차단

   2) 온도 관리
      객실의 Control Box와 Front 제어반을 On-Line연결하여
      객실의 냉난방 자동 조절
      (1) 온도 제어
         - 양실 : FCU의 Fan Valve ON/OFF
         - 한실 : 난방 : 온돌의 Valve ON/OFF
                 냉방 : FCU ON/OFF
      (2) 온도 설정
         - Remote Mode : Front에서 조절
         - Manual Mode : 객실에서 조절
         - 외출시 : 외출 온도차 운전
         - 공실시 : 공실 온도차 운전 또는 OFF

3.2 6.6kV 비접지 계통에서 1선 지락사고 시 영상전압 산출 식을 유도하고 GPT-ZCT에 의한 선택지락계전기(SGR)의 감도저하 현상에 대하여 설명하시오.(발.99.4.5)

1. 영상전압 검출원리

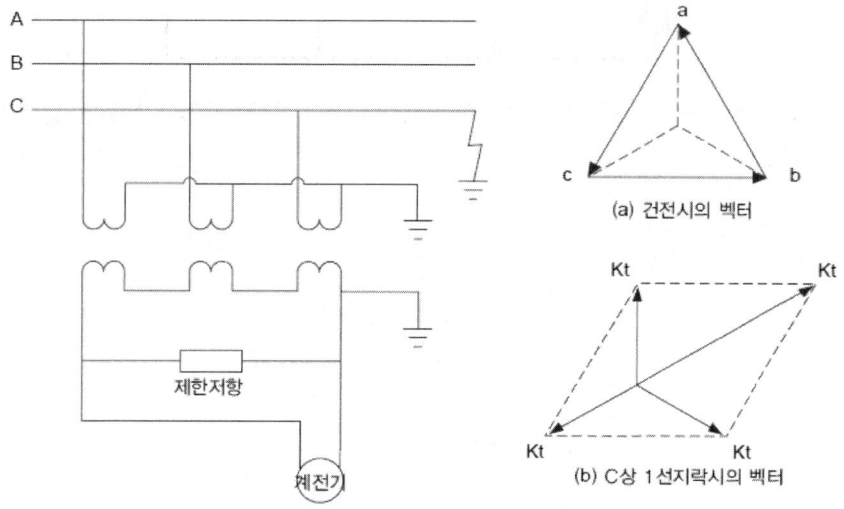

(a) 건전시의 벡터

(b) C상 1선지락시의 벡터

- 위 그림은 영상전압 V_0를 검출하는 방법이며 접지형 계기용 변압기 또는 단상 계기용 변압기 3대를 사용한다.
- 비접지 계통에서 1선 완전지락시 open △ 전압의 크기는 P.T 1대 상 전압의 3배의 전압(일반적으로 190V)이 나타난다.

2. 영상 전압의 크기

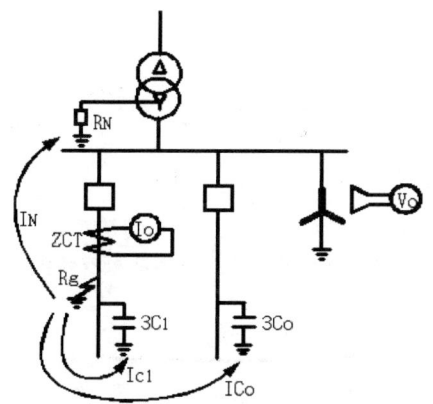

V_0 : 영상전압
E_a : 고장점의 상전압
R_g : 고장점 저항
I : ZCT 1차 전류
I_N : 접지점 접지전류
R_N : TR 중성점 저항
C_1, C_0 : 대지정전용량
I_{C1}, I_{C0} : 대지정전전류

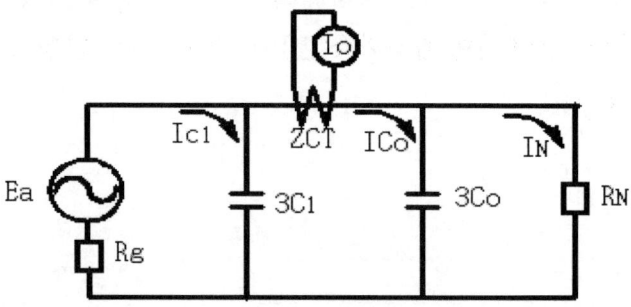

만약 위와 같은 회로에서 지락이 발생하였다면 영상 전압은 아래 공식에 의해 구할 수 있다.

$$V_0 = \frac{Z_0}{Z_0 + R_g} \times E_c = \frac{\left(\dfrac{1}{\dfrac{1}{R_N} + j3w(C_1 + C_0)}\right)}{\left(\dfrac{1}{\dfrac{1}{R_N} + j3w(C_1 + C_0)} + R_g\right)} \times E_c$$

위 공식 분모 분자에 $\left[\dfrac{1}{R_N} + j3\omega(C_1 + C_2)\right]$ 를 곱하면

$$= \frac{E_c}{\left(1 + \dfrac{R_g}{R_N}\right) + j3w(C_1 + C_0)R_g}$$ 가 된다.

3. 선택지락계전기(SGR)의 감도저하 현상
   1) GPT 설치개소가 많은 경우

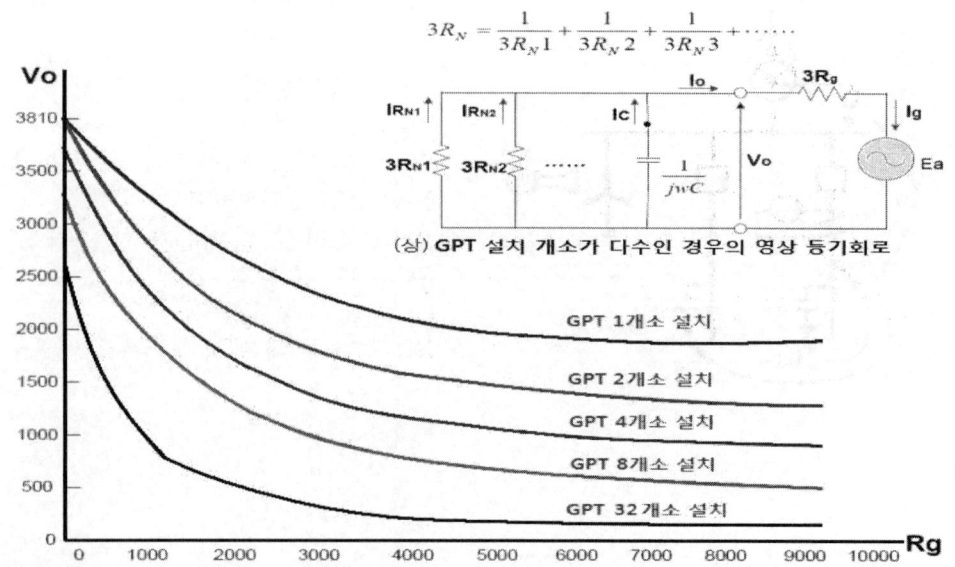

GPT가 여러대 설치되는 경우 R_N값이 병렬로 여러개 설치되는 결과가 되어 R_N 값이 작아지므로 위 영상전압식에서 영상전압 V_0값이 적어진다. 따라서 V_0값이 적어지므로 SGR 감도가 떨어진다.

2) 케이블 길이가 긴 경우
   지중선로에서 케이블길이가 길어질 경우 정전용량 C_0값이 커지고 C_0값이 커지면 위 영상전압식에서 영상전압 V_0값이 적어진다. 따라서 V_0값이 적어지므로 SGR 감도가 떨어진다.

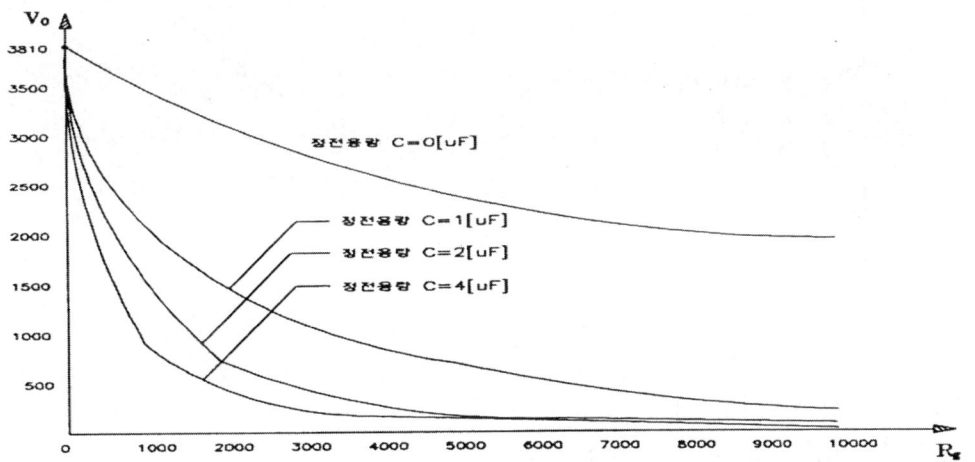

3) 지락점 저항이 큰 경우
   지락점저항 R_g값이 커지면 위 영상전압식에서 영상전압 V_0값이 적어진다. 따라서 V_0값이 적어지므로 SGR 감도가 떨어진다.

4) CLR을 설치 하지 않은 경우 또는 부적합 정격 사용의 경우
   1선 지락시 GVT 3차 권선에 CLR 설치 유·무와 상관없이 영상전압은 나타난다. 그러나 실제 사용상 GVT의 각 상별 부담을 균일하게 할 수가 없어 중성점 이동으로 평상시에도 3차 open delta측에 전압이 몇 볼트 발생, 제3고조파 영향이 제거되지 않아 영상전압이 발생될 수가 있어 SGR의 오동작 원인이 될 수 있다.
   또한, 전압별로 CLR 설치시 저항값이 부적정하면 metter에는 정상상태에도 지락전압이 검출될 수 있으므로 CLR 저항 값을 정확하게 산정해야 한다.

5) 경미한 지락사고에 동작되지 않는다.
   경미한 사고에는 지락전류가 작아 SGR이 동작하지 않을 수 있다.

3.3 아래와 같이 수용가 변압기 2차 측(F점)에서 3상 단락고장이 발생하였을 경우 고장 전류를 계산하시오.

(단, 선로의 임피던스는 0.2305 + j 0.1502 Ω/km, 고장전류 계산 시 기준용량은 2000kVA로 하고 변압기의 X/R비는 그림과 같다.)

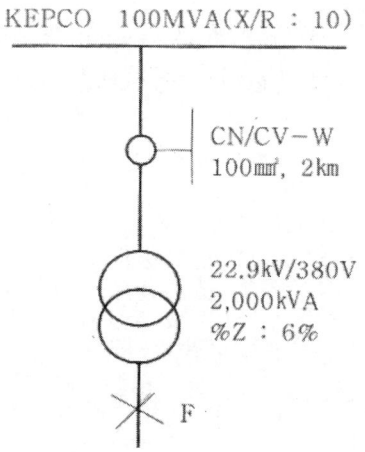
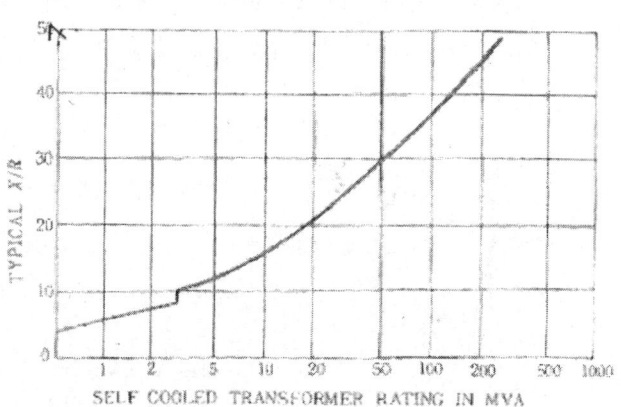

1. 임피던스 계산 (기준 용량: 2,000kVA)
 1) 전원측 퍼센트 임피던스 계산

$$\%Z_s = \frac{Pn}{Ps} \times 100 = \frac{2000}{100 \times 10^3} \times 100 = 2[\%]$$

$X/R = 10$으로 주어졌으므로 저항성분과 리액턴스 성분으로 분류하면 다음과 같다.

$$\%Z = \%R + j\%X = \sqrt{(\%R)^2 + (\%X)^2} = \%R\sqrt{1 + (\frac{\%X}{\%R})^2}$$

$$\therefore \%R = \frac{\%Z}{\sqrt{1 + (\frac{X}{R})^2}} = \frac{5}{\sqrt{1 + 10^2}} = 0.199(\%)$$

$$\%X = \sqrt{\%Z^2 - \%R^2} = \sqrt{2^2 - 0.199^2} = 1.99$$

$$\%Z_s = 0.199 + j1.99[\%]$$

 2) 선로 퍼센트 임피던스 계산

$$\%Z_l = \frac{2000 \times (0.2305 + j0.1502) \times 2}{10 \times 22.9^2} = 0.1758 + j0.1145[\%]$$

3) 변압기 퍼센트 임피던스 계산

   주어진 변압기 퍼센트 임피던스는 실질적으로 퍼센트 리액턴스분이며, X/R는 주어진 그림에서 약 8로 선정하여 퍼센트 저항분을 계산하면 다음과 같다.

   $$\%R = \frac{\%Z}{\sqrt{1+(X/R)^2}} = \frac{6}{\sqrt{1+(8)^2}} = 0.744[\%]$$

   $$\%X = \sqrt{\%Z^2 - \%R^2} = \sqrt{6^2 - 0.744^2} = 5.95$$

   따라서 변압기 퍼센트 임피던스는 다음과 같다.

   $$\%Z_T = 0.744 + j5.95[\%]$$

2. 임피던스 맵 작성
  1) 임피던스 합성

   $$\%Z = (0.199 + 0.1758 + 0.744) + j(1.99 + 0.1145 + 5.95)[\%]$$
   $$= 1.1188 + j8.0545[\%]$$

  2) 전체 임피던스 맵 작성

3. 고장전류 계산

   $$I_s = \frac{100}{1.1188 + j8.0545} \times \frac{2000}{\sqrt{3} \times 0.38} = 37.37[kA]$$

3.4 누전차단기의 오동작 방지대책에 대하여 설명하시오.

1. 개요

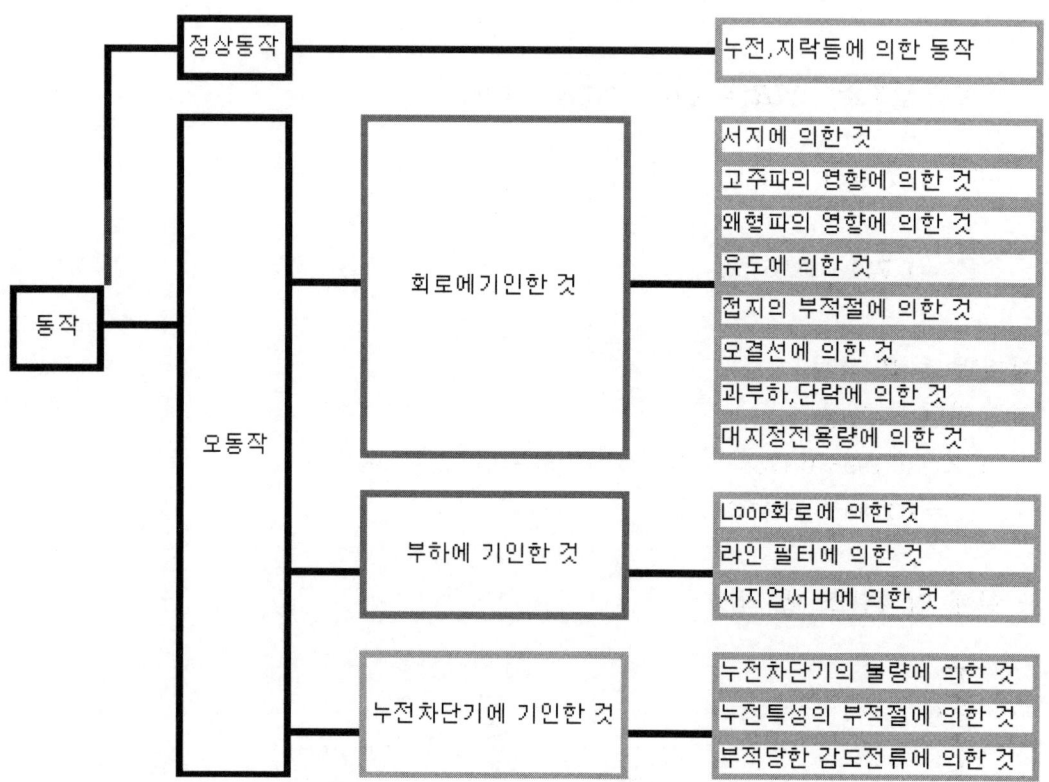

2. 누전차단기의 오동작 원인 및 대책
   1) 써지에 의한 오동작
      - 배전선 유도뢰의 2차 이행에 의한 써지에 대해서는 KS나 JIS규격에 의해서 뇌 임펄스 부동작 시험이 실시되어 뇌써지 성능은 한층 개선되고 있다. 그러나 유도성의 부하를 개폐시, S에서 개폐한 때 발생하는 개폐 써지는 단발성 펄스가 아니고, 연속성 펄스인 것이 많다.
      - 개폐 써지를 방지하기 위해서는 개폐기 S 접점간에 콘덴서, 저항기등의 아크 경감장치를 부가 설치 또는 부하측에 써지 업서버를 삽입하면 효과가 있다

   2) 고주파의 영향 의한 오동작
      - 가까이에 방송국, 무선국, 아마추어 무선국이 있는 경우, 전파강도. 주파수. 기후. 지형. 배선 방법 등이 나쁜 방향으로 중첩되면 오동작할 우려가 있다.

- 다음 그림과 같이 전원측에 잡음방지용 콘덴서를 설치하는 것에 의해 오동작을 방지할 수 있다.

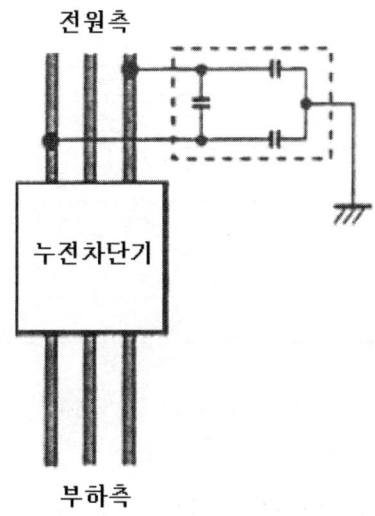

3) 왜형파(고조파) 영향에 의한 것
   - 누설전류가 고조파를 함유한 왜형파의 경우, 고조파에 의한 왜형율이 클수록 감도전류의 변화는 크다.
   - 감도변화가 큰가(동작하기 어렵게 된다.) 작은가(동작하기 쉽게 된다.)는 제품에 따라 다르고, 또 그 변화 크기도 제품마다 차이가 있다.

4) 유도(誘導)에 의한 오동작
   - 다음 그림과 같이 공동접지선을 사용한 경우, 그림의 실선 위치에 영상변류기를 설치하면 영상변류기의 일차도체가 LOOP를 형성한다.
     이것을 피해야 하며 점선과 같은 위치에 영상 변류기를 설치하면 좋다.

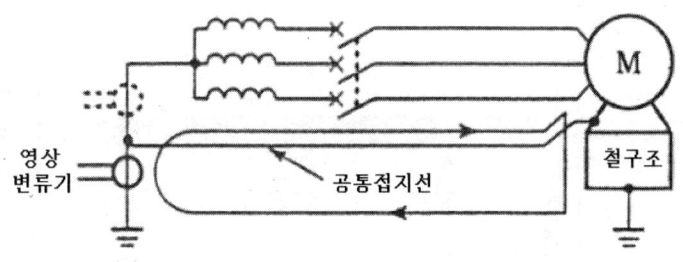

5) 접지의 부적절에 의한 오동작
 - 다음 그림과 같이 접지측 전선은 누전차단기의 전원측에서 접지하고 있어도 누전차단기의 부하측에서는 접지하지 않아야 한다.

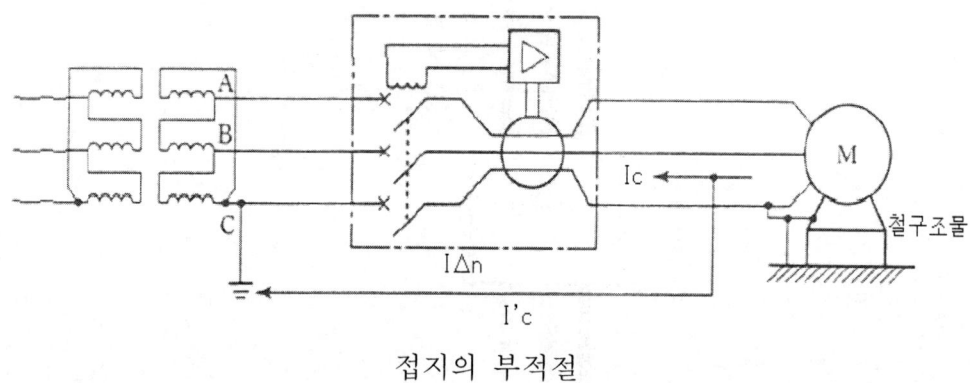

접지의 부적절

 - 또, 다음 그림과 같이. 영상변류기의 설치 위치보다도 전원측에 금속관 또는 케이블의 금속차폐에 3종 접지공사가 되어 있는 경우는 금속관에 지락이 일어난 때에 누전차단기가 정상적으로 동작하지 않는 경우가 있다.
 - 특별3종 접지를 영상변류기의 전원측 및 부하측의 2개소에 설치하면, 금속관과 대지간에서 영상변류기의 일차도체와 LOOP를 형성하게 되므로 유도에 의해 오동작할 수 있다.
 복수의 전동기계 기구 모두 접지선을 공통접지되는 경우는 각각의 전동기계 기구의 분기회로마다에 누전차단기를 설치하여야 한다.
 이것은 다음 그림과 같이 누전차단기를 설치한 회로와 설치하지 않는 회로의 기계가 공통접지선에 의해 연결되어 있으면, 누전차단기가 없는 기계에서 지락사고가 발생한 경우, 사고가 제거되고 있지 않는 상태에서 다른 기계에도 사고가 파급되어 위험하게 될 수 있다.

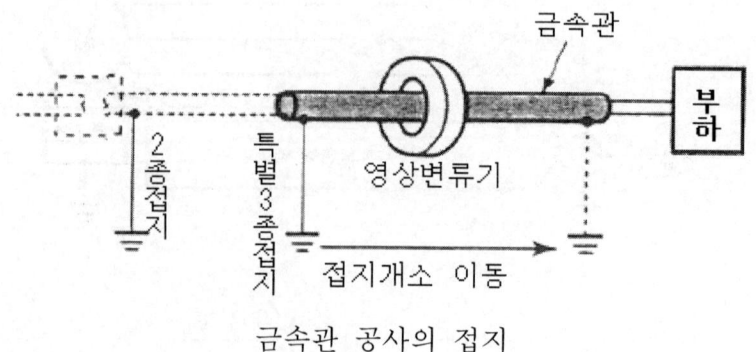

금속관 공사의 접지

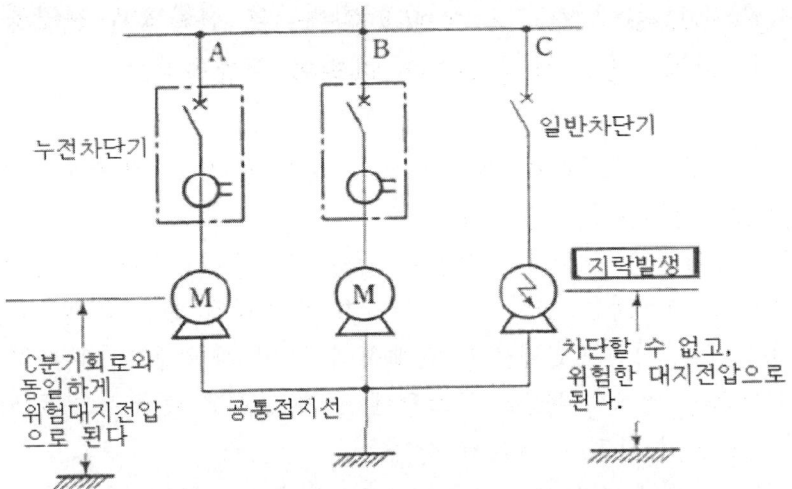

공통접지선을 사용한 경우의 문제점

3.5 HVDC(High Voltage Direct Current) 컨버터의 전류형과 전압형에 대하여 원리와 장·단점, 향후 발전 전망에 대하여 설명하시오.

I. 서 론
- HVDC 시스템은 HVDC가 가지고 있는 특유의 장점 때문에 세계 각국에서 경쟁적으로 개발/연계하고 있다.
- 세계 각국에서는 국가간의 전력망을 연결하는 방식, 전력사용의 시차를 이용하여 계통을 연계하는 방식 또는 1, 2차 변환기의 증설 없이 최종단의 변압기의 용량만을 키워 DC계통을 연계하여 전체 계통에는 영향 없이 전력 계통을 연결하는 방식의 HVDC시스템에 관해서 많은 연구가 진행되고 있다.
- HVDC 시스템의 장점은 다음과 같다.
1) 장거리 전력전송에 있어서는 AC 전송에 비하여 가격이 저렴하다.
2) AC 계통에 영향을 주지 않으며 대용량의 전력전송이 가능하다.
3) 주파수가 다른 계통과도 연계가 가능하다(일본에서 50Hz와 60Hz 계통의 연계).
4) 전력의 예비율을 낮출 수 있기 때문에 기존에 설치된 발전용량을 줄인다.
5) 계절적인 영향을 받는 수력과 화력발전소의 최적설치를 용이하게 한다.
6) 개별적인 시스템의 일/월/년 부하 싸이클이 다르기 때문에 상호 연계시스템 망의 최대 부하 값이 줄어든다.
7) 발전계획을 보다 크고 경제적으로 할 수 있다.

2. HVDC 시스템의 구성

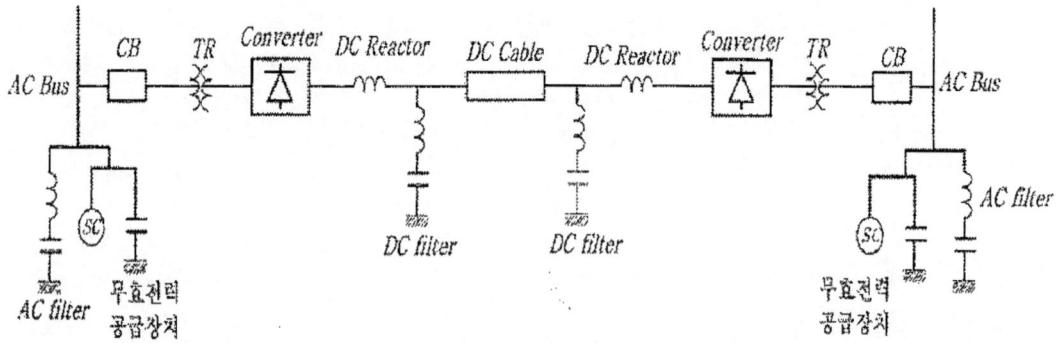

1) 변환 장치
   (1) 수은 아크 밸브
      - 아크가 적고, 보수가 간단하며 회로 구성이 자유로워 대부분 직류 송전에서 사용함.
   (2) 사이리스터 밸브
      - 주로 GTO를 사용
      - 자기 소호 능력이 좋다.

2) 변환기용 변압기
   - 사고시 과대한 고장전류를 억제하기 위하여 일반 변압기보다 리액턴스가 수% 높고 고조파 억제용을 사용
   - 제주 계통은 13%
3) 직류 차단기
   - 직류에는 전류 '0'점이 없어 직류 차단을 하려면 전류 '0'점을 발생시켜야 하므로 전류 '0'점 발생장치가 필요함.
   - 과전압 억제와 대용량의 에너지를 흡수할 수 있는 능력이 요구됨.
4) 직류 리액터
   - 순 변환소, 역 변환소에 설치되며 평활한 전류가 되도록 함.
   - 계통 사고시 전류 상승률을 억제시킴.
5) 고조파 필터 : 고조파 억제 및 제거 기능
6) 직류 케이블 : 주로 유침지 SOLID케이블 사용
7) 기타
   - 직류 피뢰기
   - 제어 및 보호 방식등

3. 전류형과 전압형 비교

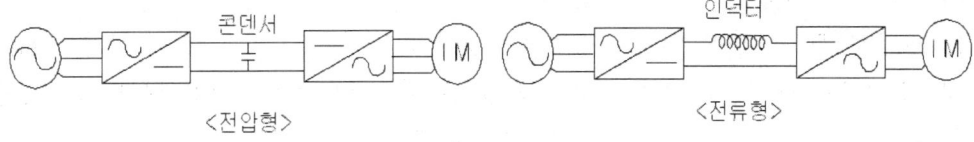

- HVDC는 변환기의 형태에 따라 전류형과 전압형으로 구분된다.
  전류형 변환기는 싸이리스터를 사용하고, 전압형 변환기는 IGBT를 사용하고 있으며, 각각 전류와 전압을 통해 제어된다.
- 현재 시장점유율은 전류형이 97%로 압도적이나, 전류형은 기술 성숙기, 전압형은 대용량화를 위한 개발기로 전압형은 지속적인 성장이 예상된다.
- 두 HVDC를 비교해보면 전류형 HVDC는 전류원 변환장치로, 계통 전압이 필요한 싸이리스터 밸브를 사용한다.
- 또한 고조파 35%의 보상을 포함하여 50%의 무효전력의 보상이 필요하며 변압용 변압기를 사용하고 최소한의 계통 단락용량을 필요로 한다.
- 전압형 HVDC는 전압원 변환장치로 IGBT 밸브를 사용한다.
  고조파는 15% 정도를 보상해 주면 되고, 무효전력에 대한 보상은 필요가 없다. 일반 변압기를 사용하며 계통 단락용량에 대한 제한이 없다.
- 향후 HVDC 프로젝트를 추진할 때, 전류형으로 할 것인지 전압형으로 할 것인지는 다양한 측면에서 고려되어야 한다.

먼저 시공 및 경제성 측면에서 전류형은 케이블이 상대적으로 고가이지만 변환설비는 상대적으로 저가이다.
또한 신뢰성이 검증된 기술을 사용할 수 있으며 손실이 적은 편이다.
- 전압형의 경우 케이블 시공에 유리하지만 변환설비의 가격이 고가이다. 전류형보다 손실이 크다는 단점이 있다.
- 계통운영 측면에서 보면 전류형은 양측 변환소에 전압원이 있어야 기동이 가능하고 무효전력에 대한 보상이나 최소 단락용량이 필요한 반면 전압형은 자체기동이 가능하고, 무효전력 공급에 제한이 없으며, 전력흐름의 방향을 순시 전환하는 것이 가능하다.
- 기술개발 및 사업화 측면에서는 현재 KAPES, LS산전등 국내 기술개발이 추진 중이고 기술개발의 자체 추진으로 사업화를 위한 실적이 가능한 전류형에 비해 전압형은 해외 기술로 시행을 해야 하는 단점이 있다.
하지만 향후 전압형 기술개발에 대한 추진 여부에 대해서도 충분히 고려되어야 할 것이다.

4. 국내 현황
   - 국내에는 제주-해남을 연결하는 180kV, 300MW(150MW * 2회선), 해저케이블 101km 규모로 운전중인 제주 HVDC # 1 설비로 bipole 형식이다.
   사업비는 약 3,440억원이 소요되었다.
   1998년부터 상업운전을 시행한 것으로 시행사는 변환부분은 GEC-ALSTHOM, 케이블은 프랑스의 Alcatel이다. 사업효과는 98년부터 09년까지의 12년간 6,681억원의 연료비를 절감하였다.
   - 제주-진도를 연결하는 250kV, 400MW(200MW*2회선), 해저케이블 122km 규모의 제주 # 2 HVDC 설비가 있다.
   제주 쪽의 수요가 계속 증가함에 따라 # 2 HVDC 시스템을 건설해 진도 변환소에서 서제주 변환소로 연결하고 있다.
   - 사업비는 약 6,259억 원이다.
   - 변환설비는 # 1과 마찬가지로 ALSTHOM이지만 케이블은 LS전선에서 참여하였다.

5. 향후 전망
   - 주요국 기업들의 HVDC 기술 동향을 살펴보면, 우선 전류형(LCC, Line Communicated Converter)은 ABB 및 Siemens가 800kV급 시스템 실증을 완료하였으며, ALSTHOM은 660kV급 시스템 실증을 완료한 상태이다.
   - 한편 전압형(Voltage Source Converter)은 ABB, Siemens, ALSTHOM각각 '15년까지 ±320kV 시스템에 대한 사업을 수행할 예정이다.

- 국가별로 보면, 중국의 경우 2009년 세계 최초로 800kV HVDC를 건설하였으며 그 기술력을 확보한 업체중심으로 해외 사업을 활발히 전개 중입니다.
- 세계 각국에서 HVDC 기술을 반도체, 전력전자, 제어, 통신, 해석 엔지니어링, 기계 분야 등 관련분야로의 파급효과가 높아 국가차원에서 전력산업분야 핵심 전략기술로 인식하여 관련 기술개발을 지원중에 있으며, 향후에도 Super Grid 추진, 계통확장에 따른 고장전류 억제, 전력제어에 의한 안정도 향상 및 신재생에너지 계통연계 등의 다양한 부분에 HVDC 기술수요가 지속적으로 증가할 전망이다.

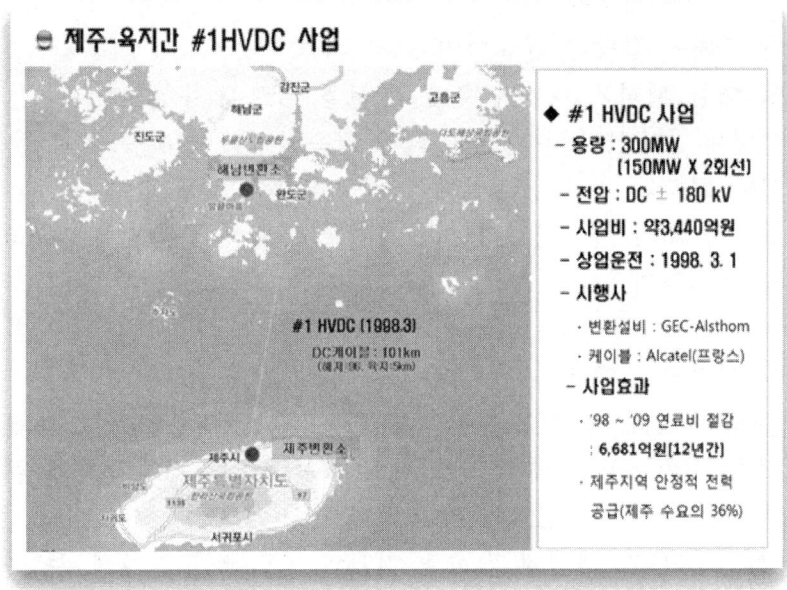

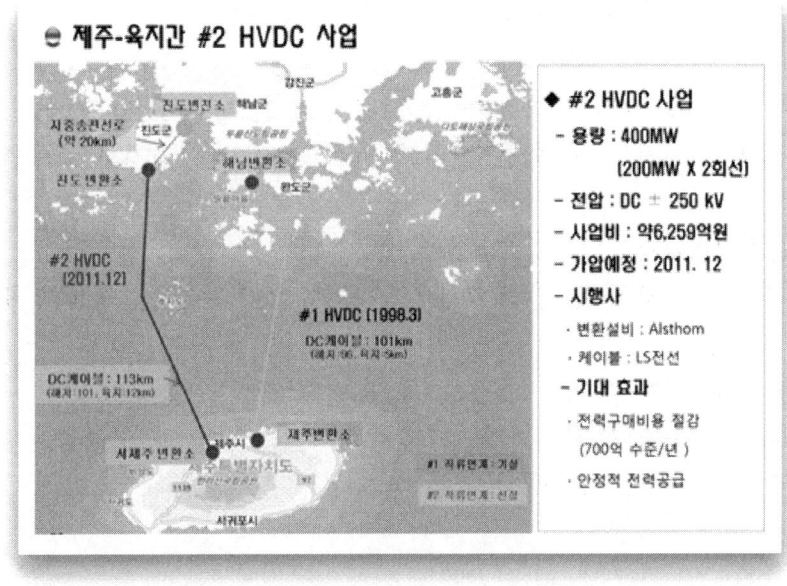

3.6 KSC IEC 62305-1 피뢰시스템에서 규정하는 뇌격에 의한 구조물과 관련된 손상의 결과로 나타날 수 있는 손실의 유형을 설명하고 이를 줄이기 위한 보호(방호)대책에 대하여 설명하시오.

1. 인입설비 손상 원인
뇌격전류가 손상의 원인이다. 고려되는 인입설비는 관련된 뇌격점의 위치에 따라 다르며, 다음의 상황을 고려해야 한다.
- S1 : 구조물 직격뢰
- S2 : 구조물 근처 뇌격
- S3 : 구조물에 접속된 인입설비 직격뢰
- S4 : 구조물에 접속된 인입설비 근처 뇌격

1) **구조물에 대한 뇌격**은 다음과 같은 손상을 일으킬 수 있다.
   - 인입설비에 흐르는 뇌격전류에 의한 금속선이나 케이블 차폐선의 용해
   - 전선이나 접속된 기기의 절연파괴(저항결합에 의해 발생)
   - 절연접속점 내의 가스켓트와 마찬가지로 배관의 플랜지부에서 비금속 가스켓트의 관통파괴

2) **인입설비 직격뢰**는 다음과 같은 손상을 일으킬 수 있다.
   - 뇌격전류에 의해 발생하는 전기력 또는 열적 영향(도선, 차폐선, 배관의 파괴 또는 용해)과 뇌 플라스마 아크열(플라스틱 보호덮개의 관통)에 의한 금속선이나 배관에 직접적인 기계적 손상
   - 전선(절연파괴)과 전선에 접속된 기기의 직접적인 전기적 손상
   - 운반되는 유체의 성질에 따라 화재나 폭발을 일으킬 수 있는 얇은 가공금속배관과 플랜지 내의 비금속 가스켓트의 관통파괴

3) **인입설비 근처의 뇌격**은 다음과 같은 손상을 일으킬 수 있다.
   - 유도결합(유도전압)에 의한 전선과 전선에 접속된 기기의 절연파괴

2. 손상의 유형(Damage)
낙뢰에 의한 위험성의 평가를 위하여 다음과 같이 손상을 세가지 유형으로 구분한다.
- D1 : 인축에 대한 상해
- D2 : 물리적 손상(화재, 폭발, 기계적파괴, 화학 물질 누출등)
- D3 : 전기 및 전자 시스템의 고장

3. 손실의 유형

단독이거나 다른 손상과 결합하여 나타나는 각종 손상은 보호대상물에 다양하고 중대한 손실을 가져오며, 손실의 유형은 보호대상물의 특성에 따라 다르다. 이 표준규격에서는 다음과 같은 유형의 손실을 고려한다.
- L1 : 인명 손실
- L2 : 공공시설에 대한 손실
- L3 : 문화유산의 손실
- L4 : 경제적 가치(구조물과 그 내용물, 공공시설과 작업 손실 등)의 손실

L1, L2, L3의 손실유형은 사회적 가치의 손실로 여겨지며, 반면에 L4는 순수한 경제적 손실로 여겨진다.

손상의 원인, 손상과 손실의 유형사이의 관계를 구조물에 대해서는 표 3에, 인입설비에 대해서는 표 4에 나타내었다.

4. 보호대책

1) 접촉전압 및 보폭전압을 줄이기 위한 보호대책
  - 노출도전성 부분의 적절한 절연
  - 메시 접지시스템을 이용한 등전위화
  - 물리적 제한과 경고표시
  - 등전위화는 접촉전압에 대해 효과적이지 않다.
  - 구조물 내부나 외부의 대지 표면저항률의 증가는 인체에 대한 위험을 줄인다.

2) 물리적 손상을 줄이기 위한 보호대책

  (1) 구조물의 경우
  - 피뢰시스템(LPS)

    LPS가 설치될 때, 등전위화는 화재, 폭발, 인체의 위험 등을 줄이는 매우 중요한 수단이다.

    방화벽, 소화기, 소화전, 화재경보기, 화재소화설비와 같은 화재의 확산과 전파를 제한하는 설비는 물리적 손상을 감소시킨다.

  (2) 인입설비의 경우
  - 차폐선

    지중케이블의 경우, 금속 덕트에 의해 가장 효과적인 보호가 이루어진다.

3) 전기·전자시스템의 고장을 줄이기 위한 보호대책
   (1) 구조물의 경우
      - 단일 또는 조합으로 사용되는 다음 수단으로 구성된 LEMP보호대책시스템 (LPMS)
        * 접지 및 본딩 대책
        * 자기차폐
        * 선로의 경로
        * 협조된 SPD보호
   (2) 인입설비의 경우
      - 선로의 말단과 선로상의 여러 위치에 설치된 서지보호장치(SPD)
      - 케이블의 자기차폐
        * 지중케이블의 경우, 적당한 두께의 금속차폐층에 의해서 매우 효과적인 보호가 이루어진다.
        * 경로 및 기기의 다중화, 독립된 발전시설, 무정전전원 공급장치, 액체저장 시스템, 자동고장 검출시스템은 인입설비에 의한 손실을 줄이기 위한 효과적인 보호대책이다.
        * 기기와 케이블의 증강된 절연내전압은 과전압으로 인한 고장에 대한 효과적인 보호대책이다.

4.1 공동구 전기설비 설계기준에 대하여 설명하시오.

1. 개요

국토 해양부에서는 공동구 설계기준을 2010년 2월 제정하였으며 그중 부대설비로는 기계설비, 전기설비, 소방설비, 자동제어설비가 있다.
본장에서는 부대설비중 전기 관련 설비에 대하여 설명하기로 한다.

2. 공동구 전기 설비

1) 전원설비
- 공동구 전원 공급설비는 가능한 지상에 설치함을 원칙으로 하되 필요시 공동구 내부에 설치할 수 있다.
- 정전을 대비하여 비상전원설비를 갖추어 사고의 파급을 최소화 한다.
- 사용전압은 동력설비 3상 380V(소용량은 단상 220V), 조명설비 단상 220V로 한다.
- 분전반은 IP32의 방진구조를 한다.(2.5Φ, 15°각도 물방울)
- 케이블 지지간격은 1.2m이하로 한다.

2) 비상전원 설비

(1) 비상 발전 설비
- 조명설비, 제연설비, 소방설비등 방재설비에 비상 전원을 공급하기 위하여
- 연장이 1,000m 이상인 공동구에 설치함을 원칙으로 하되
- 두 개의 변전소로부터 전원을 공급받을 수 있도록 상용 전원을 구성한 경우는 비상 발전기 설치를 생략할 수 있다.
- 비상발전기는 옥내 설치를 원칙으로 하되, 옥외 설치시에는 발전기 내부에 수분, 먼지등이 들어가지 않도록 방호시설을 설치한다.

(2) 무정전 전원(UPS) 설비
- 비상 발전기의 전원 공급전 및 비상 발전기 정지후 일정시간 비상전원을 공급하기 위하여 설치하며
- 방재 설비에 전원을 공급할 수 있는 적정한 용량으로 하고
- 옥내 설치를 원칙으로 하되, 옥외 설치시에는 단열 및 냉난방 시설을 갖추어야 하고 60분 이상 전원을 공급할 수 있어야 한다.

3) 조명 설비
- 공동구 안에서의 원활한 작업 및 대피를 위한 바닥면 조도기준
  ① 전기실, 발전기실(공동구 내부 설치시) : 100 ~ 200 lx
  ② 분기구, 교차구, 환기구등 주요부분 : 100 lx

③ 출입구 계단 : 40 lx
④ 공동구 일반부분 : 15 lx
- 조명기구
① 형광램프를 원칙으로 하되, 발열이 적고 효율이 높은 기구 사용
② 방수형, 방진형, 내 부식성기구 사용
③ 작업 및 보행에 지장이 없는 위치에 설치
④ 가스가 누출되거나 누적될 가능성이 있는 장소에는 방폭형 사용

3. 소방 및 방재 설비
 1) 소화기
    - 분말 소화기를 50m마다 설치
 2) 연소방지 설비(스프링 쿨러)
    - 습식외의 방식으로 사용
    - 스프링 쿨러 헤드 : 1.5m이하로 설치
 3) 소화 설비
    - 전기실, 발전기실등에는 이산화탄소 또는 가스 소화설비등을 설치
    - 사람이 상주하는 통제실등에는 청정 소화약제 소화설비 설치
    - 배전반, 분전반 및 기타 전기관련 판넬등은 그 내부에 화재감지기를 설치하고 자동 소화약제를 방출할 수 있는 소화기 설치
 4) 자동 화재 탐지 설비
    - 공동구 내부에는 정온식 감지선형, 차동식 분포형등을 설치
    - 수신기는 상시 사람이 상주하는 장소에 설치
    - 수신기에 입력된 신호는 소방서에 전달 되도록 할 것.
 5) 무선 통신 설비
    - 누설 동축 케이블등으로 무선 통신 보조 설비를 하여
    - 공동구 내부와 관리사무소간에 무선 교신, 휴대가 가능한 설비구비
 6) 유도등
    - 공동구내 입·출구, 비상 출입구 및 각 기능실 출구에는 피난구 유도등을 설치
    - 바닥으로부터 1.5m 이상의 높이에 설치
    - 유도등 전원은 축전지 또는 교류 전압의 옥내간선으로 하고 전원까지 배선을 전용으로 하여야 한다.
 7) 연소방지 도료 도포
    공동구의 전력선 및 통신용 케이블에는 분기점등으로부터 양쪽으로 20m씩을 연소 방지도료를 도포해야 함.
 8) Fire Stop (화재 차단재)
    방화벽을 관통하는 케이블은 화재 차단재로 틈새 주위를 마감 할 것.

9) CCTV 설비

공동구내를 감시하고, 각종 설비의 자동운전과, 공동구 자료에 관한 기록, 분석, 보관을 위하여 중앙 감시 시스템(CCTV)을 설치해야 한다.
(1) 공동구 내부에는 CCTV를 위한 카메라 설치
(2) 관리실에는 모니터 및 녹화장치를 시설하고
(3) 최소 1시간 이상 기능을 유지할 수 있도록 UPS에 의해 전원 공급
(4) 카메라 표준 설치 간격 : 100 ~ 200m
(5) 영상 보관 : 30일 이상 저장을 원칙으로 함.

4.2 변압기 2차 측 결선을 Y-Zig Zag결선 또는 △결선으로 하는 경우 제3고조파의 부하측 유출에 대하여 비교 설명하시오.

1. 고조파 발생 개요
   - 우리가 사용하는 주파수는 기본주파수 60[Hz]이며 이 주파수의 정수배 주파수의 파형을 고조파라고 부른다. 제2고조파는 60[Hz]의 2배수인 120[Hz]이며 제3고조파는180[Hz]이다.
   - 3상 전력시스템에서 짝수 고조파 (제2, 제4, 제6 등등)는 상쇄 되므로 홀수 고조파만 다루면 된다.
   - 고조파는 불평형으로 나타나며 다음 표와 같이 불평형속에 포함된 고조파는 정상, 역상, 영상분으로 나뉘어진다.

표 1. 고조파차수와 대칭성분의 관계
Table 1. Relationship between harmonic orders and sequence components

Sequence	Harmonic Order
정 상	1, 4, 7 ,10, 13 ………
역 상	2, 5, 8, 11, 14 ………
영 상	3, 6, 9, 12, 15 ………

2. Y-Zig Zag 결선

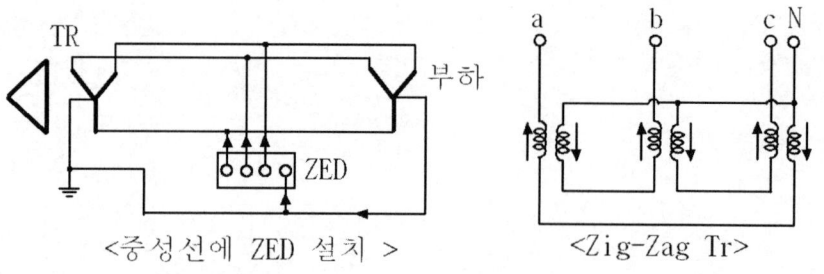

<중성선에 ZED 설치 >　　<Zig-Zag Tr>

   - ZED(Zero Hamonic Eliminating Divice)라고도 함.
   - NCE는 같은 철심에 2개의 권선을 반대방향으로 감은 것(Zig Zag TR)으로 영상분 전류는 위상을 같게 하여 제거 되게 한다.하였으며 정상, 역상분 전류는 벡터 합성이 크게 되게 한 것이다.
   - 즉, 영상임피던스를 작게 하여 영상분 전류를 NCE로 잘 흐르게 하고 정상 및 역상임피던스는 크게 하여 정상, 역상분 전류가 NCE로 흐르지 않게 한 것이다.

- NCE 설치 후 영상분 전류 개선사례

구 분	설치전	설치후
N상 전류	208A	25A
중성선 대지전위	3V	0.25V

- 중성선(N상)에 흐르는 208A가 NCE 설치 후 25A로 줄어들었다.
- 중성선의 대지전위가 3V에서 0.25V로 감소되었다.
- 역률 및 유효전력이 감소되어 에너지 절약효과도 있다.
- 변압기 소음 및 온도상승이 현저하게 줄어듬을 알 수 있다.
- MCCB 발열 및 케이블 중성선의 발열이 줄었다

3. Δ 결선

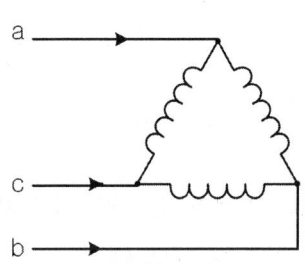 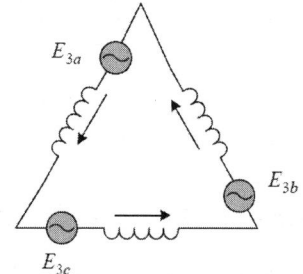

- 우선 그림과 같이 Δ 결선 된 변압기에 기본파의 정현파 3상 전압이 가해 질 때는 순환전류가 흐르지 않는다.
  그 이유는 벡터적으로 $Ea + E_b + Ec = 0$ 이기 때문인데, 이는 각상의 전압이 120º 의 위상차를 가지기 때문이다.
  즉, $a = e^{j\frac{2}{3}\pi}$ 로 두었을 때 $1 + a + a^2 = 0$ 이 되기 때문이다.

- 그런데 3고조파의 경우는 기본파의 3배의 주파수를 가지고 있기 때문에 각 상의 전압은 120º×3 = 360º 의 위상차를 가진다.
  그런데 360º 의 위상차를 가진다고 하는 것은 위상차가 없이 모두 동상이라는 말과 같다. 따라서 3고조파의 경우는 $E_{3a} + E_{3b} + E_{3C} = 3E_{3a}$가 되어 위 오른쪽 그림과 같이 순환전류가 흐르게 된다.

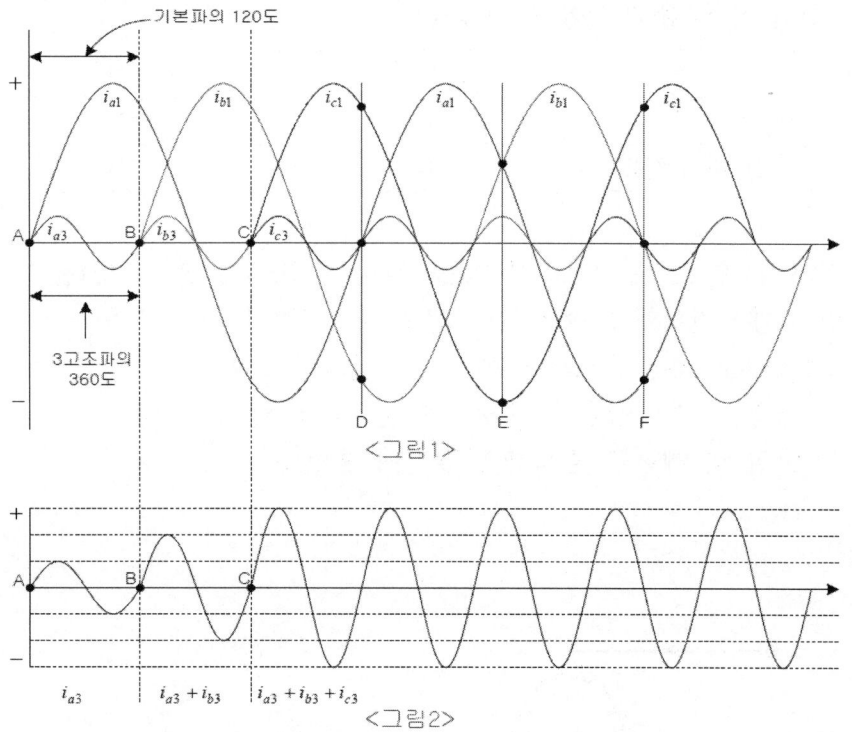
<그림1>

<그림2>

- 위 그림에서 B점과 C점 사이에서는 그림1에서는 i_{b3}만 표시했으나 실은 이 구간에서는 $i_{a3}+i_{b3}$의 고조파 전류가 중첩되어 흐른다.
- C점 이후의 구간에서는 $i_{a3}+i_{b3}+i_{c3}$의 전류가 모두 중첩되어 흐르는데 이 것을 그림2에 표시하였다.
- 여기서 또 한가지 눈여겨 봐야 할 것은 녹색선 D E F 이다.
  기본파만 가지고 논할 때에는 D E F 어느 지점에서나 $i_{a3}+i_{b3}+i_{c3}=0$이 되는 것을 볼 수 있다. 삼각함수로 계산하지 않더라도 실제로 + 쪽과 −쪽을 자로 재어서 더하고 빼 보아도 0 이 되는 것을 알 수 있다.
  이것은 D E F 지점에서 뿐만 아니라 임의의 어느 지점에서도 마찬가지 이다.
- 그런데 기본파와 고조파는 그림1과 같이 질서 정연하게 따로 독립적으로 분리되어 흐르는 것이 아니라 실제로는 이들이 합성되어 그림 3과 같은 왜형파를 이루게 된다.
  그림3에서 $i_a = i_{a1} + i_{a3}$
  $i_b = i_{b1} + i_{b3}$
  $i_c = i_{c1} + i_{c3}$ 가 된다.
- 이때 흐르는 전류의 크기는 변압기 1상 코일의 제3고조파에 대한 임피던스를 $Z_3 = r + j3\omega L$ 이라고 하면 $i = \dfrac{3E_{3a}}{3Z_3} = \dfrac{E_{3a}}{Z_3}(A)$가 된다.

4.3 디지털 보호계전기의 노이즈 침입모드와 노이즈 보호대책에 대하여 설명하시오.

1. 개요
   - 현대의 산업사회에서 반도체 기술의 발전에 힘입어 점점 더 많은 자동화 설비가 사용되고 있는 것이 현실이다.
   - 이러한 자동화 설비에는 OA, FA, BA설비를 비롯하여 PLC, DCS, Robot 등이 있으며 심지어는 컴퓨터, 전화기, TV 등의 가전제품에도 반도체 칩이 사용되지 않은 것은 거의 없을 정도이다.
   - 전력계통에 사용되는 계전기도 아날로그 방식의 전자 기계식 계전기에서 디지털 계전기로 대체되어 가고 있으므로 이들 또한 반도체 소자를 내장하고 있다.
   - 문제는 이러한 반도체 소자가 서지와 노이즈에 매우 취약해서 서지나 노이즈에 의해 부품이 파손되거나, 오동작 또는 오부동작 등을 함으로써 심한 경우에는 대형 사고에 까지 이를 수 있다는 점이다.

2. 노이즈 종류
   1) 정전 유도 노이즈
      - 상용 주파 전원선과 신호선과 사이에 정전용량 때문에 발생하고 유입량은 전압에 비례하고 거리에 반비례한다.

      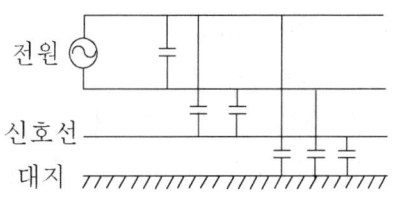

   2) 전자 유도 노이즈
      - 대형 모터등에 전류가 흐르면 자계가 발생하고 그 주위에 누설 자계가 생겨 신호선에 전류의 크기에 비례하는 노이즈를 발생 시킨다.
   3) Spark 노이즈
      (1) 모터등 유도성 부하를 Off하는 순간에 고 전압의 역기전력 발생
      (2) 콘덴서 투입시 큰 돌입 전류 발생하여 Noise원이 됨.

      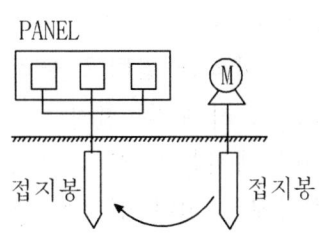

   4) 접지에 의한 노이즈
      - 접지 단자에 접지 전류가 흐르면 접지 저항에 의해 접지 단자에 전압이 발생하여 노이즈원이 된다.

3. 노이즈의 침입 경로
   1) Noise에는 도체를 통해서 전파되는 전도성 Noise와 공간을 통해서 전파되는 방사성 Noise의 두가지가 있는데 계전기에 침입하는 노이즈는 주로 전도성 노이즈이다.
   2) 전도성 노이즈에는 Normal Mode Noise와 Common Mode Noise의 두 가지가 있음.

   < Normal Mode Noise >　　　< Common Mode Noise >

   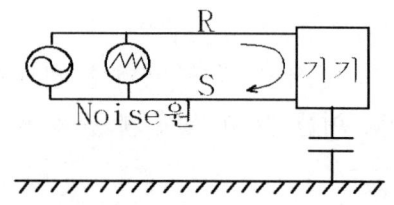　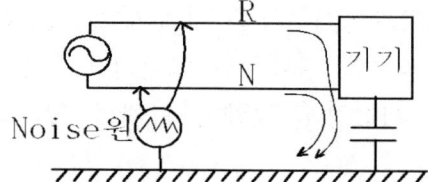

   (1) Normal Mode Noise
      - 전원선을 타고 들어오는 것으로서, 주로 Impulse 혹은 Surge등으로 나타남.
      - 원인 : 형광등, 수은등, 백열등의 On Off시, 에어콘, 엘리베이타, Motor, 콤퓨레샤, 용접기, 전기로, 전철, 기타 전동기구가 기동할 때
   (2) Common Mode Noise
      - Hot Line이나 Neutral Line을 타고 들어온 뒤 Ground Line을 타고 나가거나 혹은 그 반대가 되는 등의 Noise
      - 원인 : SCR로 위상을 제어하는 조광기, 항온항습기, 온도조절기등

4. 노이즈 경감 대책
   1) 노이즈 필터 사용

   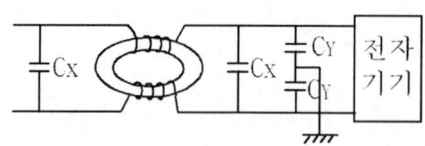

   Cx : 노말모드용
   Cy : Common Mode용

   전도성 노이즈 경감 대책으로 주로 사용되는 방법으로 선로를 타고 들어오는 노이즈를 필터로 분리하여 접지를 통해 방전시킴.
   2) Shield 차폐 및 접지
      제어 케이블에 실드 차폐 케이블을 사용하고 실드를 접지한다.
      접지에는 편단 접지와 양단 접지가 있는데
      - 편단 접지는 정전유도에 의한 노이즈 침입 방지에 효과적이고
      - 양단 접지는 전자유도에 의한 노이즈 방지에 효과가 크다.

3) 외함 차폐

　　도전성이 좋은 금속제 외함을 사용하거나 합성수지 외함이면 표면에도 전도성물질을 도금하는 등의 방법으로 도전성을 부여하여 외함을 접지.

4) 제어 케이블의 분리포설, 이격

　　자동화 설비에 연결되는 신호선, 제어선에는 가까이 병행되는 전력 케이블이 없도록 다른 선로와 분리하여 포설한다.

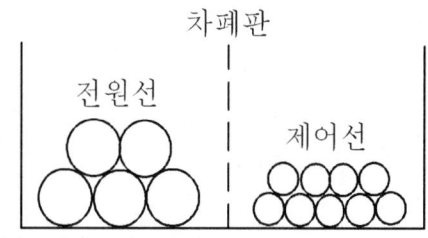

5) Twist Pair선 사용

　　신호선에 Twist Pair선을 사용하여 신호선의 불균형에 의한 노이즈의 침입을 막고 평형도를 높여서 Normal Mode에 의한 노이즈의 발생 및 침입을 억제한다.

6) 설비의 접지

　　복수 접지를 하면 외부 노이즈 전류가 접지점의 한쪽으로 흘러 들어와 다른 접지점으로 흘러나가기 때문에 자동화 설비가 노이즈에 노출되어 노이즈에 극히 취약한 시스템이 되므로 자동화 설비는 어떤 경우에도 1점 접지를 해야 한다.

7) 서지 흡수기 사용

　　회로에 제너 다이오드(Zener Diode) 등을 넣어서 서지 흡수기로 동작하도록 한다.

8) NOISE CUT TR 사용
   - 외부의 노이즈로부터 기기를 보호함과 동시에 기기에서 발생하는 노이즈를 전원측에 전달되지 않도록 하는 가능을 가짐.
   - 1,2차가 완전히 분리되어 접지측의 임피던스에 의한 영향을 받지 않는다.
   - 절연이 강화되어 있어 기본파의 누설 전류가 거의 없다.
   - 결점 : 절연 변압기와 실드 변압기에 비해 고가
     　　　　온도 상승이 약간 크고 부피가 커짐.

<참고> 1. 절연 변압기 종류

종 류	구 조	특 징
절연변압기 (Insulating Transformer)	1차코일과 2차코일이 완전 분리된 것	- Normal Mode와 Common Mode 모두 통과되나 1차와 2차가 완전 분리되어 안전 확보
차폐변압기 (Shield Transformer)	1차코일과 2차코일 사이에 정전용량 차폐판을 설치하여 노이즈가 2차측에 유도되는 것을 방지함	- Normal Mode는 통과 Common Mode의 주파수는 저주파부분은 방지되나 고주파부분은 통과
방해파차단 변압기 (Noise Cut Transformer)	코일, 코어, 변압기 외부에 전자차폐판을 설치하여 정전용량 및 전자유도에 의한 Noise를 방지함	- Normal Mode와 Common Mode 모두 방지

<참고> 2. Noise 경로

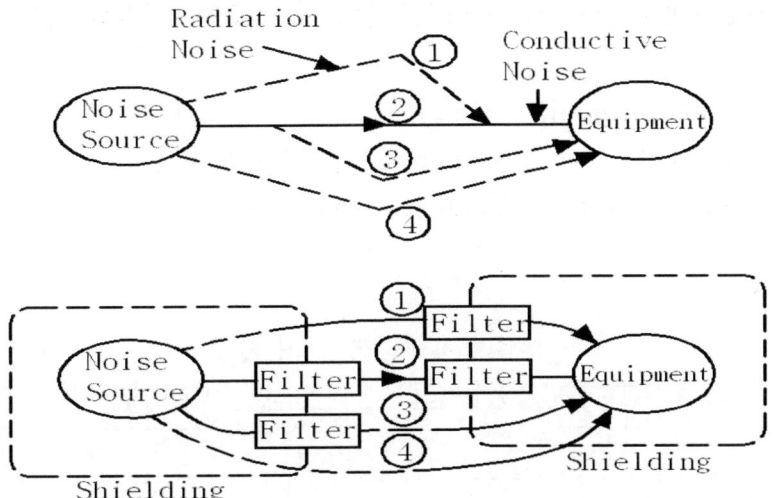

4.4 EMC(Electro Magnetic Compatibility), EMI(Electro Magnetic Interference), EMS(Electro Magnetic Susceptibility)에 대하여 설명하시오.

1. 개요
   1) EMI (Electro Magnetic Interference) 전자파 장해
   2) EMS (Electro Magnetic Susceptibility) 전자파 내성
   3) EMC (Electro Magnetic Compatibility) 전자파 합성

2. 전자파 경로

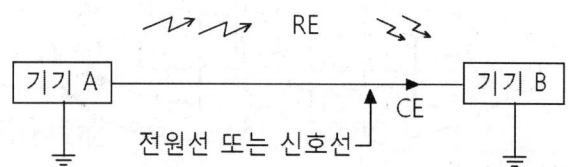

   1) EMI
      EMI는 크게 CE와 RE로 나눌 수 있음
      (1) CE (Conducted Emission: 전도 방출) : 주로 30MHz이하에서 발생
       - 전자파가 신호선 또는 전원선 같은 매질을 통해서 전달되는 전자파
       - 측정 장소 : Shield room
      (2) RE (Radiated Emission : 방사 방출) : 주로 30MHz 이상에서 발생
       - 전자파가 공기 중으로 방사되어 전달되는 전자파 잡음
       - 측정장소 : Open Site, Semi-Anechoic(울림이 없는) room,
                   Full-Anechoic room
       - 측정 거리 : 3m, 10m

   2) EMS
      EMS는 크게 RS, CS, ESD 등으로 나눌 수 있음
      (1) CS (Conducted Susceptibility) : 전도내성
       - 외부케이블, power cords, I/O interconnects등을 통해서 들어오는 전자파 간섭에 견디어 정상적으로 작동하는 정도
      (2) RS (Radiated Susceptibility/Immunity) : 방사내성
       - 자유공간으로부터 전파되어 들어오는 전자파간섭에 견디어 정상적으로 작동하는 정도

3. 전자파 종류
   1) EMI (전자파간섭 또는 전자파장해)
    - EMI는 전기·전자기기로부터 직접방사, 또는 전도되는 전자파가 다른 기기의 전자기 수신 기능에 장해를 주는 것을 말하며 Electro Magnetic Interference의 줄임말이다.

- 각종 전자기기의 사용이 폭발적으로 증가함과 동시에 디지털기술과 반도체 기술 등의 발달로 정밀전자기기의 응용분야가 광범위해지면서 이들로부터 발생하는 전자파 장해가 전파잡음 간섭을 비롯해 정밀전자 기기의 상호 오동작, 인체등 생체에 미치는 생체악영향(Biological hazard)등을 낳게 되어 전자에너지의 영향이 큰 문제로 대두되면서 1973년에 IEC는 EMC를 다루는 기술위원회인 TC-77을 만들어 전자환경 문제를 중점적으로 심의하고 있다.

2) EMS
   기기가 외부로부터 전자파 간섭을 받을 때 영향 받는 정도를 나타낸 것, 즉 전자파 감수성 또는 민감성을 나타낸다.
   정확히 말하면 전자파 간섭으로부터 정상적으로 동작할 수 있는 능력인 Immunity(내성)과는 반대 개념이지만, 일반적으로 동일 개념으로 사용되고 있음.

3) EMC
   - EMC는 EMI와 EMS를 총칭하는 개념임.
   - 전자기로 인한 전자파장애 등 전자환경 문제에는 많은 문제들이 있으며 무선통신에서의 채널간 상호간섭문제, 주파수 스펙트럼 효용문제, 방송전파의 고스트(ghost)문제, 로봇시스템 등 컴퓨터 응용기기의 오동작 및 안전성문제, 정보통신 네트워크의 신뢰성 문제 등이 있으며 나아가 인체 등 생물생태계에 대한 전자에너지의 영향이 보다 중요한 EMC의 문제로 돼 있다.
   - 예를 들면 텔레비전의 수신장애에서는 고층빌딩, 송전선, 고가교탑 등으로부터 반사되는 전파에 의한 고스트발생, 정보통신 네트워크에서는 무선이동통신에서의 도시전파 잡음에 의한 오동작, 사람을 비롯한 생물체에 미치는 생체장해 등 많은 문제들이 있다.

4) ESD(Electrostatic Discharge) : 정전기 방전
   - 서로 다른 정전기 전위를 가진 물체가 가까워지거나 접촉했을 때, 갑작스러운 전하의 이동으로 인해 과전류가 흘러서 기기가 오작동을 일으키는 현상. 크기는 다르지만 번개로 인한 낙뢰도 ESD의 일종임
   - 전자시스템의 한 지점에서 전압의 급격한 감소했다가, 수 사이클에서 수 초간의 짧은 시간 후에 전압이 회복되는 현상
   - (정전기 방전)에 의한 반도체 파괴
     ① 열파괴 (Thermal Breakdown)
        정전기 발생시 열의 집중에 의해 Short 발생
     ② 절연 파괴 (Dielectric Breakdown)
        유전체의 절연내력 이상의 전압이 걸릴 때

③ 금속층 용융

　　Metal 이 녹거나 Bond Wire 가 이완될 때

4. EMI, EMS 시험
   1) EMI : 2가지
      - 전자파장해 시험 : 전도 잡음 시험, 방사 잡음 시험
      - 해당기기가 주변으로 방출하는 전자파의 영향을 측정
      - EMI에서는 통상 제품본체와 제품의 라인(전원등)에서 나오는 전자파의 양을 측정.
      - 제품의 종류에 따라 달라진다.
        무선기기, 유선통신기기에 따라 달라짐.
      - 측정치가 법에서 규정하는 수치 이하로 나와야 인증이 가능함.
      - 회로 불량, 저가 부품, 접지나 차폐등이 소홀한 경우 수치가 높게 나와 인증이 어려움.
   2) EMS : 6가지
      - 전자파내성 시험 : 전도내성시험, 방사내성시험, 정전기방전시험, 서지시험, 전압변동시험, 과도시험.
      - 위의 시험 항목들에 대하여 제품이 일정치 이상의 등급까지 견디며 정상동작을 해야함.
      - 주변의 전자파, 환경으로 부터 해당기기가 가지는 내구성을 시험
      - 기기에 따라 시험 조건이 달라진다.

4.5 건축물의 전력 간선 설계 순서에 대하여 설명하시오.

1. 간선설비 설계순서

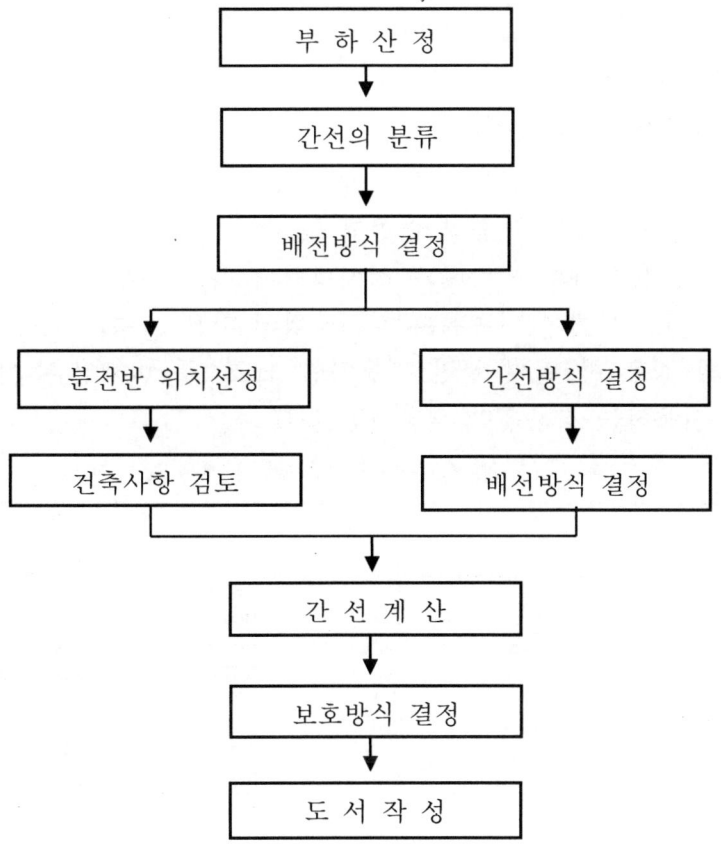

2. 환경 조건

   간선 및 배선설비 설계는 설비가 영향 받을 수 있는 다음의 환경 조건을 고려한다.
1) 주위온도 및 기후조건
2) 물기, 분진, 부식 또는 오염물질의 존재 여부
3) 기계적 충격 및 진동
4) 식물 또는 곰팡이, 동물(벌레, 새, 작은 동물)
5) 전자기 장애, 정전기 또는 이온화의 영향
6) 태양방사, 지진, 낙뢰, 바람
7) 전기설비 사용특성
   (1) 전기설비 공사 중 또는 사용 중에 배선이 받는 응력
   (2) 배선을 지지하는 건축물의 벽 또는 기타 부분의 특성
   (3) 사람과 가축이 배선에 접촉할 가능성
   (4) 지락 고장 및 단락 전류에 의해 발생할 수 있는 전기·기계적 응력
   (5) 설치 장소의 특성

8) 건축물의 구조, 특성 및 용도
9) 화재 및 외부적 영향

3. 간선 설계
   1) 전선의 허용 전류
      (1) 연속시(상시) 허용 전류

      허용전류 $I = A \times S^m - B \times S^n \ (A)$

      여기에서 S : 도체의 공칭 단면적 (㎟)
               A,B : 케이블 종류와 설치방법에 따른 계수
               m,n : 케이블 종류와 설치방법에 따른 지수

      대개의 경우 첫 번째 항만 적용하면 되고, 두 번째항은 대형 단심 케이블을 사용하는 경우에만 적용하면 된다.

      [표 C.52-1(B.52-1)] 계수와 지수 표

허용 전류표	구분	구리 도체		알루미늄 도체	
		A	m	A	m
A.52-2	2	11.2	0.6118	8.61	0.616
	3 ≤ 120 ㎟	10.8	0.6015	8.361	0.6025
	3 > 120㎟	10.19	0.6118	7.84	0.616
	4	13.5	0.625	10.51	0.6254
	5	13.1	0.600	10.24	0.5994
	6 ≤ 16 ㎟	15.0	0.625	11.6	0.625
	6 > 16 ㎟	15.0	0.625	10.55	0.640
	7	17.6	0.561	13.5	0.551

      (2) 단락시 허용 전류

      단락 또는 지락시 고장전류가 통전 가능한 허용 전류를 말하며 흐르는 시간도 대개 2초 이하이고 이때의 전선의 단면적은 다음과 같다.

      단면적 $S = \dfrac{\sqrt{Is^2 \cdot t}}{k} = 0.0496 In$ (mm²)

      여기서 Is : 단락 고장 전류 (A) = 20In
             t : 차단 장치의 동작 시간(초) = 0.1초
             k : 절연재료에 의한 온도 계수 (XLPE:130)

      (3) 순시(기동시) 허용 전류
      - 기동 전류가 큰 전기 기기 동작 시 배전선의 손상 없이 짧은 시간(0.5초) 내에 최대로 허용 할 수 있는 순시 전류로 전선의 열화특성, 기계적 특성, 전기적 특성을 고려하여 결정하여야 한다.

2) 전압강하
 (1) 직류회로
    $\Delta e = 2 \cdot L \cdot I \cdot R$
    여기서 Δ_e : 전압강하(V)
        L : 전선 1본 길이(m)
        I : 선로의 전류(A)
        R : 전선의 저항(Ω/m)
 (2) 교류회로
    $\Delta e = E_s - E_r = K_w L I (R \cos \theta + X \sin \theta)$
  - 여기에서 Kw : 배전 방식에 의한 계수

    X항은 무시, R에 고유저항($\frac{1}{58} \times \frac{100}{97}$)을 대입하여 간단히 하면 아래와 같이 나타낼 수 있다.

전 기 방 식	전 압 강 하
- 1φ2w - 직류 2선식 (Kw:2)	$e = \dfrac{35.6 LI}{1000 A}$
- 3φ3w (Kw: √3)	$e = \dfrac{30.8 LI}{1000 A}$
- 3φ4w, 1φ3w (Kw:1)	$e = \dfrac{17.8 LI}{1000 A}$
e : 상전압 강하임. 따라서 380/220V 회로에서 전압강하율은 e / 220 이어야 함.	

(2) 내선 규정에 의한 허용 전압강하 (1415-1)
 - 저압 배선중의 전압 강하는 간선 및 분기회로에서 각각 표준전압의 2% 이하로 하는 것을 원칙으로 한다.
 - 단, 전기사용 장소 안에 시설한 변압기에서 공급하는 경우에는 간선의 전압강하를 3%이하로 할 수 있다.
 - 공급 변압기 2차측 단자(전기 사업자로부터 공급을 받는 경우는 인입선 접속점)에서 최원단(遠端)의 부하에 이르는 전로가 60m를 초과하는 경우에는 다음에 따를 수 있다.

구 분	120 m 이하	200m 이하	200m 초과
전기 사업자로부터 공급	4 % 이하	5 % 이하	6 % 이하
전기사용장소안에 시설한 변압기에서 공급	5 % 이하	6 % 이하	7 % 이하

3) 기계적 강도
 (1) 단락시 열적 용량
  - 전선에 의해 발생한 Joule열은 도체의 온도를 상승시킴과 동시에 절연물 속을 통해서 외부로 방산된다.
  - 그러나 수초 이하의 단락 전류일때는 도체에서 발생한 열은 모두 도체의 온도를 상승 시키는데 소비된다.
 (2) 단락시 전자력
   단락 고장시 단락 전류의 상호 작용에 의해 개개의 도체에 전자력이 작용한다.
   전류가 같은 방향이면 반발력, 반대 방향이면 흡인력이 생기고 그 힘은 아래 공식과 같다.
   $F = K \times 2.04 \times 10^{-8} \times Im^2 / D$ (kg/m)
     K : 배열 형태에 따른 계수 (0.866~0.809)
     Im : 단락전류 피크치 (A)
     D : 케이블 중심 간격 (m)
   대책 : 전자력에 너무 커지지 않도록 스페이서의 간격을 조정한다.
 (3) 진동
  1. 부수덕트
   - Bus Duct가 건물의 진동 주기와 접근하면 공진을 일으킬 수 있으므로 스프링 행거등의 간격을 적당히 하여 공진을 방지한다.
  2. 전선
   - 1상에 여러 가닥의 케이블을 사용할 때는 그 배치에 따라 동상 케이블에 흐르는 전류에 불 평형이 생겨 케이블의 이용율이 저하됨은 물론 역율 저하, 선로 전압강하, 전력 손실 및 도체 발열 및 진동으로 이어진다.
   - 이를 해결하기 위하여는 (전류 불평형 방지대책)
    1. 연가(선로가 긴 경우)
    2. 상별 배치를 어긋나게(예. RST STR TRS)
    3. 동일 종류, 같은 굵기, 같은 길이의 전선 사용
      위는 선로 정수 감소 대책이지 완전 해결책은 아님.
 (4) 신축
  가. BUS DUCT
    Expantion 또는 엘보등을 두어야한다.
  나. Cable Tray
   - 케이블 트레이는 1.5m ~ 2m 간격으로 조영재에 견고히 고정
   - Snake 배열과 연가등을 하여 전자력을 감소시키는 방안 검토.
  다. 수직 부설
   - 자중이 커지므로 적당한 간격으로 지지한다.

4) 연결점의 허용온도

   단자부와 같이 연결부는 다른 부분에 비하여 접촉저항이 크므로 열 발생이 많기 때문에 접촉면적을 크게 하고 접촉압력도 높여야 한다.

   또한 주기적인 점검이 필요하며 어느 용량 이상의 경우는 온도센서등을 사용하여 허용온도 이상 발생되지 않는지 점검해야 한다.

5) 열방산 조건

   주위 조건에 따라 열방산이 좋은 곳도 있지만 주위온도가 높거나 밀폐공간 등 전선의 온도를 높일 조건이 있다면 이를 고려해야 한다.

6) 간선 계산시 기타 고려 기타

   (1) 장래 증설에 대한 여유도

      건물의 특징, 용도등에 따라 장래 증설시 간선을 교체하지 않을 정도로 여유를 두는 것이 좋다.

   (2) 부하의 수용율

      부하의 수용율에 대하여는 내선규정 부록 표300-1-1과 300-2-1 에 설명되어 있으며 부하가 많을수록 수용율은 낮게 할 수 있다.

   (3) 비선형부하의 연결

      비선형 부하의 대표적인 것은 전력변환장치와 같이 고조파 발생 부하이며 이를 감안하여 충분한 용량의 간선을 선택해야 한다.

4.6 KS C 3703 터널조명 표준에 의한 기본부 조명과 출구부 조명에 대한 설계기준을 설명하시오.

1. 적용 기준

    이 기준은 자동차 교통에 이용되는 도로 터널 및 지하도로(이하 터널이라 한다)의 조명에 대하여 규정한다.

2. 터널 조명 계획시 유의사항
    1) 입구 부근의 시야 상황

        터널에 근접하고 있는 자동차 운전자의 기준점에서 20° 시야내의 천공, 인공 구조물, 입구 부근의 경사면 등의 휘도와 시야내 차지하는 비율
    2) 구조 조건

        터널 단면의 모양, 전체 길이, 터널내 노면, 벽면, 천장면의 표면상태 반사율등
    3) 교통 상황

        설계속도, 교통량, 통행방식, 대형차 혼입율등
    4) 환기 상황

        배기 설비의 유무, 환기방식, 터널내 공기의 투과율등
    5) 부대 시설

        교통 안전표지, 도로 표지, 교통 신호기, 소화기, 긴급전화, 대피소등

3. 주간 조명 설계 기준
    1) 입구부 조명

        주간에 명순응에서 암순응으로 급격한 변화가 일어나므로 내부에서 조도완화를 위하여 경계부, 이행부로 나누어서 계획하고, 주야간 효율적인 유지관리를 위하여 단계별로 점멸 할 수 있도록 한다.

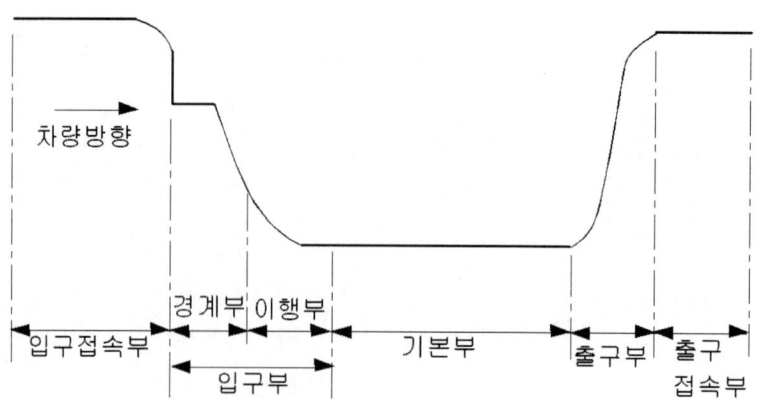

(1) 경계부 노면 휘도
 - 터널의 설계속도에 의하여 결정한다.
 - 경계부 길이는 정지거리 이상 이어야 한다.

설계 속도(km/h)	정지거리(m)
60	60
80	100
100	160

 - 조명 수준
  ① 경계부 처음부터 중간지점 : 경계부 입구 조도와 같아야 함.
  ② 중간 지점부터 경계부 종단 : 점차적, 선형적으로 감소하여 종단에는 처음부분의 40%까지(0.4 Lth) 감소하도록 한다.
 - 경계부 평균 노면 휘도 [cd/㎡]

설계속도 [km/h]	20° 원추형 시야내의 하늘의 비율	
	20% 초과	20%~10%초과
60	200	150
80	260	200
100	370	280

  ① 위 표는 터널의 입구가 남쪽인 경우이며, 북쪽 입구는 이보다 속도에 따라 50 ~ 100 [cd/㎡] 씩 높아짐.
  ② 위는 터널길이 200m 이상인경우이며 터널길이가 짧아지면 계수를 곱하여 적게 설계(예. 50m : 0%)
  또한 교통량이 적은 경우도 계수를 곱하여 적게 설계할 수 있다.

(2) 이행부 노면 휘도
 - 경계부로부터 곡선 형태로 감소시키고, 기본부와 접속시에는 기본부 휘도의 2배 이상 이어서는 안된다.

2) 기본부 조명
 - 기본부 조명의 평균 휘도는 설계속도와 교통량에 따라 결정된다.

<주간 기본부 평균 노면 휘도 [cd/m²]>

설계속도[km/h]	교통량		
	적음	보통	많음
60	3	4.5	6
80	5	6.5	8
100	7	9	11

3) 출구부 조명
- 주간 휘도 : 정지거리 이상의 구간에 걸쳐 점차 증가시킨다.
- 기본부 휘도에서 시작하여 출구 접속부 전방 20m 지점의 휘도가 기본부 휘도의 5배가 되도록 단계적으로 상승시킨다.

4) 입구 접속부 및 출구 접속부 조명
- 야간 조명을 실시하는 도로에서 야간에 터널 출입구 구간은 KSA 3701에 따른다.
- 야간 조명이 없고 운행속도가 50 km/h이상인 경우로서 터널내 야간 조명 수준이 1cd/m² 이상인 경우
① 입구 접속부의 길이 : 정지거리 이상
② 출구 접속부의 길이 : 정지거리의 2배 이상(최장 200m)

5) 터널내 휘도 균제도
- 노면 2m 높이까지의 벽면 균제도 : 종합 균제도 0.4 이상
- 노면 차선축 균제도 : 0.6 이상

4. 야간 조명 설계 기준
1) 터널이 조명이 설치된 도로와 연결되어 있을 때 : 터널 내부의 조명이 접근 도로와 최소한 같아야 한다.
2) 터널이 조명이 설치되지 않은 도로와 연결되어 있을 때 : 터널 내부의 평균 노면 휘도가 1cd/m² 이상이어야 한다.

4장

제108회 (2016.02)
기출문제

건축전기설비
기술사
기출문제

국가기술 자격검정 시험문제

기술사 제 108 회 제 1 교시 (시험시간: 100분)

분야	전기전자	자격종목	건축전기설비기술사	수험번호		성명	

※ 다음 문제 중 10문제를 선택하여 설명하시오. (각10점)

1. 전기회로와 자기회로의 차이점을 설명하시오.

2. CT(Current Transformer)의 과전류강도와 22.9kV 급에서 MOF 의 과전류강도 적용에 대하여 설명하시오.

3. 대형건물에서 고압전동기를 포함한 6.6kV 구내배전 계통에 적용한 유도원판형 과전류계전기의 한시탭 상호간의 협조 시간 간격을 제시하고, 이 간격을 유지하기 위한 시간 협조항목을 설명하시오.

4. 변압기 효율이 최대가 되는 관계식을 유도하시오
   (단, V_2 : 변압기 2차 전압, I_2 : 변압기 2차 전류, F : 철손,
   R : 변압기 2차로 환산한 전 저항, $\cos\theta$: 부하역율)

5. 건축물의 비상발전기 운전시 과전압의 발생원인과 대책에 대해서 설명하시오.

6. 공동주택 및 건축물의 규모에 따른 감리원 배치기준에 대하여 설명하시오.

7. 태양광 발전설비 시공 시 태양전지의 전압-전류 특성곡선에 대해서 설명하고, 인버터 및 모듈의 설치기준에 대해서 설명하시오.

8. 건축물에 전기를 배전(配電)하려는 경우 전기설비 설치 공간 기준을 "건축물설비기준 등에 관한 규칙"과 관련하여 설명하시오.

국가기술 자격검정 시험문제

기술사 제 108 회   제 1 교시 (시험시간: 100분)

| 분야 | 전기전자 | 자격종목 | 건축전기설비기술사 | 수험번호 | | 성명 | |

---

9. 다음과 같이 평형 결선 부하에 공급하는 3상 전로에서 각상이 개방(단선)되어 있고 부하측 중성선은 접지되어 있다.

   불평형 선전류 $I_l = \begin{vmatrix} I_a \\ I_b \\ I_c \end{vmatrix} = \begin{vmatrix} 10\angle 0° \\ 0 \\ 10\angle 120° \end{vmatrix}$ A 이다.

   대칭분 전류와 중성선 전류(In)을 구하시오.

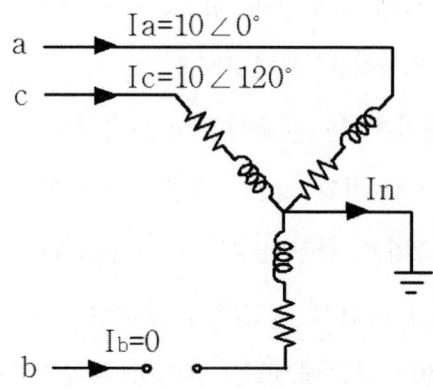

10. 빌딩제어시스템의 운용에 필요한 가용성(Availability), MTBF(Mean time between failure), MTTR(Mean time repair) 및 상호 관계를 설명하시오.

11. 고조파를 많이 발생시키는 부하가 케이블에 미치는 영향을 설명하시오.

12. 휘도(Brightness : B)와 광속발산도(Luminous emittance : R)를 설명하고, 완전확산면에서 그 휘도와 광속발산도와의 상호 관계를 설명하시오.

13. 연면적 10,000㎡, 단위에너지사용량 231.33 kWh/㎡·yr, 지역계수 1, 용도별 보정계수 2.78, 단위에너지생산량 1358 kWh/kW·yr, 원별 보정계수 4.14인 교육연구시설의 최소 태양광 설치용량(kW)을 구하시오.

    (단, 신재생에너지 공급 비율 : 18%)

국가기술 자격검정 시험문제

기술사 제 108 회 제 2 교시 (시험시간: 100분)

분야	전기전자	자격종목	건축전기설비기술사	수험번호		성명	

※ 다음 문제 중 4문제를 선택하여 설명하시오. (각25점)

1. 전기, 전자설비를 뇌서지로부터 피해를 입지 않도록 하기 위한 뇌서지 보호 시스템의 기본 구성에 대하여 설명하시오.

2. 초고층 빌딩에 적합한 조명시스템의 필요조건에 대하여 설명하시오.

3. 건축물 내 수변전설비에서 변압기의 합리적인 뱅킹(banking) 방식에 대하여 설명하시오.

4. 건축물에 설치된 대형 열병합형 스팀터빈 발전기를 전력회사 계통과 병렬 운전을 위해 동기 투입하려고 한다. 만약 터빈발전기의 동기가 불일치할 때
    1) 터빈발전기 기기 자체에 발생할 수 있는 손상(damage)을 설명하시오.
    2) 이 손상을 방지하기 위한 동기투입 조건을 4가지를 제시하고, 이 조건들을 불만족 시킬 때 계통 운영상에 발생하는 문제점을 설명하시오.

5. 전기설비 판단기준 제283조에 규정하는 계통을 연계하는 단순 병렬운전 분산형 전원을 설치하는 경우 특고압 정식수전설비, 특고압 약식 수전설비, 저압수전설비별로 보호장치 시설방법에 대하여 설명하시오.

국가기술 자격검정 시험문제

기술사 제 108 회 　　　　　　　제 2 교시 (시험시간: 100분)

| 분야 | 전기전자 | 자격종목 | 건축전기설비기술사 | 수험번호 | | 성명 | |

6. 다음과 같은 단선도에서 유도전동기가 직입 기동하는 순간, 전동기 연결모선의 전압은 초기전압의 몇 % 가 되는지 계산하시오.

　<계산 조건>

　1) 각 기기들의 per unit 임피던스는 100 MVA 기준으로 계산한다.

　2) 변압기 손실은 무시한다.

　3) 각 모선의 초기전압은 100%로 가정한다.

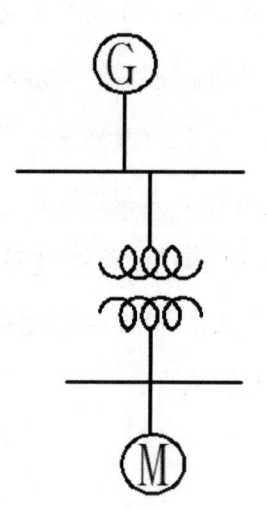

발전기 12MVA, 22kV, X_d' = 15%(자기용량 기준), R은 무시

변압기 5MVA, 22kV/6.6kV
Z = 5%(자기용량 기준), X/R = 10

전동기 정격 2700kW, 6.6kV, 역율 0.8, 효율 0.9, 기동전류는 정격전류의 5배, X/R = 20

국가기술 자격검정 시험문제

기술사 제 108 회   제 3 교시 (시험시간: 100분)

분야	전기전자	자격종목	건축전기설비기술사	수험번호		성명	

※ 다음 문제 중 4문제를 선택하여 설명하시오. (각25점)

1. 대형건물의 구내배전 용 6.6kV 모선에 6.6kV 전동기와 6.6kV/380V 변압기가 연결되어 있다. 6.6kV 전동기 부하용 과전류 계전기(50/51)와 6.6kV/380V 변압기의 고압 측에 설치된 과전류 계전기(50/51)를 정정하는 방법을 각각 설명하시오.

2. 비상콘센트설비에 대한 설치 대상, 전원설비 설치기준 및 비상콘센트 설치방법에 대하여 설명하시오.

3. 차단기의 개폐에 의해 발생하는 서지의 종류별 특징과 방지대책에 대하여 설명하시오.

4. 대지저항율에 영향을 미치는 요인에 대하여 설명하시오.

5. 전력시설물의 감리대가 산출방법에서 정액적산방식과 직선보간법에 의한 요율 산정방법에 대하여 설명하시오.

6. 건축물의 전기설비를 감시제어하기 위한 전력감시제어 시스템의 구성 시 PLC (Programmable Logic Controller), HMI(Human Machine Interface), SCADA (Supervisory Control And Data Acguistion)을 사용하고 있다.
각 제어기의 특징과 적용 시 고려사항에 대하여 설명하시오.

국가기술 자격검정 시험문제

기술사 제 108 회 　　　　　　　　　제 4 교시 (시험시간: 100분)

| 분야 | 전기전자 | 자격종목 | 건축전기설비기술사 | 수험번호 | | 성명 | |

※ 다음 문제 중 4문제를 선택하여 설명하시오. (각25점)

1. 변압기 2차 사용 전압이 440V 이상의 회로에서 중성점 직접접지식과 비접지 계통에 대한 지락차단장치의 시설방법에 대하여 설명하시오.

2. 전동기의 제동방법에 대하여 종류를 들고 설명하시오

3. 전선의 보호장치에 대한 내용 중 다음에 대하여 설명하시오.
   1) 과부하에 대한 보호장치의 시설위치와 보호장치를 생략할 수 있는 경우
   2) 단락에 대한 보호장치의 시설위치와 보호장치를 생략할 수 있는 경우

4. 녹색건축물 조성 지원법에서 규정하는 에너지 절약계획서 내용 중 다음에 대하여 설명하시오.
   1) 전기부문의 의무사항
   2) 전기부문의 권장사항
   3) 에너지절약계획서를 첨부할 필요가 없는 건축물

5. 건축물의 전력감시제어시스템에서 운전 중 고장이 발생한 경우에 전체 공정의 중단 없이 연속적으로 운전 할 수 있도록 하는 이중화 시스템에 대하여 설명하시오.

6. 주파수 50Hz용으로 설계 된 변압기와 3상 농형 유도전동기를 60Hz 전원으로 사용할 경우 다음에 대하여 설명하시오.
   1) 고려사항　　　2) 특성변화　　　3) 사용가능성

4장

제108회 (2016.02)
문제해설

건축전기설비
기술사
기출문제

1.1 전기회로와 자기회로의 차이점을 설명하시오.

1. 전기회로와 자기회로 대응성

전기 회로	자기 회로
전류 I (A)	자속 Φ (Wb)
기전력 E (V)	자기력 F (AT)
전계 E (V/m)	자계 H (AT/m)
전류밀도 I (A/m²)	자속밀도 B (Wb/m²)
전기저항 R (Ω)	자기저항 Rm (AT/Wb)
전도율(도전율) ρ (℧/m)	투자율 μ (H/m)

2. 전기 회로의 오옴의 법칙

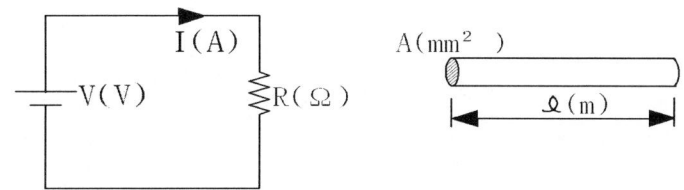

1) 도체에 흐르는 전류는 도체 양단의 전위차에 비례하고 도체의 저항에 반비례한다.

즉, $I = \dfrac{V}{R}$ (A)

2) 여기서 R은 전류의 흐름을 방해하는 성분으로 전기 저항을 말한다.

$R = \rho \dfrac{l}{A}$ (Ω)

3) 고유저항의 역수를 도전율(k)이라 하고 $R = \dfrac{l}{kA}$ 가 된다.

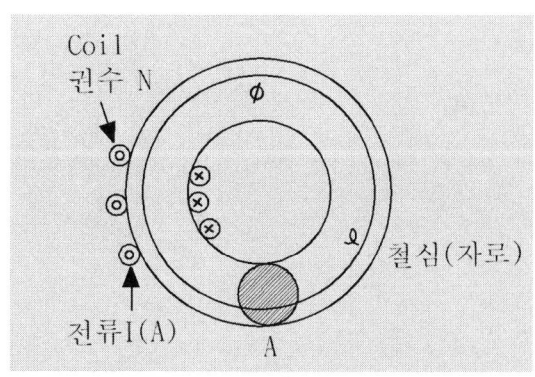

3. 자기 회로의 오옴의 법칙
1) 그림에서 환상코일의 권수를 N, 자로의 평균 길이를 l (m) 코일의 전류를 I(A) 라면 코일 내부의 자기장은 다음과 같다.

$H = \dfrac{NI}{l}$ (AT/m)

2) 자기장에 의해서 철심이 자화되어 철심 내부에 발생하는 자속밀도를 B (Wb/㎡), 투자율을 μ라고 하면 Φ는 철심의 단면적을 A(㎡)라 할 때

$$\Phi = BA = \mu HA = \mu \frac{NI}{l} A = \frac{NI}{\frac{l}{\mu A}} = \frac{NI}{R} \ (Wb)$$

즉, 자속은 N I에 비례하고, R에 반비례한다.

3) 이러한 관계를 자기 회로의 오옴의 법칙이라 하고
N I를 기자력, R을 자기 저항이라 하며 자기 저항은 아래와 같이 된다.

$$R = \frac{l}{\mu A} = \frac{NI}{\Phi} \ (AT/Wb)$$

1.2 CT(Current Transformer)의 과전류강도와 22.9kV 급에서 MOF 의 과전류 강도 적용에 대하여 설명하시오.

1. 과전류 강도
    전력 계통에 단락이 발생하면 주 회로에 접속되는 변류기 1차권선에는 과대한 고장 전류가 흘러서 변류기가 파괴 될 수 있다. 그 원인으로는
    - 과전류에 의해 온도 상승으로 인한 권선 용단
    - 강력한 전자력에 의한 권선 변형등이 있다.
        따라서 변류기는 이런 사고에 대해서 열적, 기계적으로 어느 정도 견딜 필요가 있어 과전류 강도는 열적 과전류 강도와 기계적 과전류 강도로 나누어 생각하지 않으면 안된다.
    1) 열적 과전류 강도
        열적 과전류 강도는 규격상으로 표준 시간이 1.0초로 되어 있으나 사고에 의해 과전류가 흐르는 시간은 반드시 1초라고는 할 수가 없으므로 임의의 시간에 대해서는 다음식으로 구한다.
        CT의 열적 과전류 강도 $S_n \geq S \cdot \sqrt{t}\ (kA)$

        여기서 S : 계통단락전류(kA)

        t : 통전시간$(=$차단시간$)(Sec)$

    (2) 기계적 강도
        단락 전류의 최대 진폭 Im, 최악의 경우는 교류 실효값의 $2\sqrt{2}$ 배의 진폭이 되지만 규격상으로는 직류분 감쇄(0.5Cycle 정도)를 고려하여 정격 과전류의 2.5배에 상당하는 초기 최대 순시값에 견디도록 되어 있고 보통은 다음식으로 구한다.

        CT의 기계적 과전류 강도 $= \dfrac{\text{단락전류}}{\text{정격1차전류}}$(배)

    - 이와 같이 변류기의 과전류 강도는 열적 과전류 강도와 기계적 과전류 강도 모두를 만족해야 하고 규격에는 40In, 75In, 150In, 300In등이 있다.

        (참고)
    - IEC : 5P10. 10P20 (10배에서 5%, 20배에서 10% 의미)
    - ANSI : C100, C200등으로 표시

2. 전력수급용 계기용변성기의 과전류강도
    전력수급용 계기용변성기(MOF)의 과전류강도의 선정은 내선규정 부록 300-16에 따라 다음과 같이 선정한다.

1) 과전류강도 적용기준
   ① MOF의 과전류강도는 기기 설치점에서의 단락전류에 의하여 계산 적용하되, 22.9kV에서 60A이하의 MOF 최소과전류강도는 전기사업자규격에 의하여 75배로 하고, 계산한 값이 75배 이상인 경우에는 150배를 적용하며, 60A초과시 MOF의 과전류강도는 40배로 적용한다.
   ② MOF 전단에 한류형 전력퓨즈를 설치하였을 때는 그 퓨즈로 제한되는 단락전류를 기준으로 과전류강도를 계산하여 적용한다.
   ③ 다만, 수요자 또는 설계자의 요구에 의하여 MOF 또는 CT 과전류강도를 150배 이상 요구한 경우에는 그 값을 적용한다.

2) 전기사업자 규격
   전력수급계기용 변압변류기의 정격과전류강도는 변류기의 정격1차 전류에 따라 다음 표에서 선정한다.

   <표 4-12> 전기사업자규격

정격1차전류[A] \ 정격1차전압[kV]	6.6/3.3	22.9/13.2
60A 이하	75배	75배
60A초과	40배	40배

   [비고1] 내선규정 부록 300-16 표 300-16-2(변류기의 정격과전류강도)

1.3 대형건물에서 고압전동기를 포함한 6.6kV 구내배전 계통에 적용한 유도 원판형 과전류 계전기의 한시 탭 상호간의 협조 시간 간격을 제시하고, 이 간격을 유지하기 위한 시간 협조 항목을 설명하시오.

인용 : 전기안전공사 보호계전기 정정지침(2014)

1. 정정의 개념

보호계전기 정정의 일반적인 개념은 전력계통에서 고장이 발생 했을 때, 적정한 동작 조건을 부여하기 위하여 동작 전기량의 크기, 동작시간 등을 결정하여 고장 구간의 한정, 고장의 확대 방지 등에 기여하기 위한 것이다.
과전류계전기의 경우 계통에 직렬로 접속되어 있는 전·후위의 보호계전기 간 보호협조 체계를 유지하는 것이 중요하다.

1) 시간 지연(time interval 또는 time delay)

정정 협조곡선을 작성할 때 정확한 선택 동작을 보장하고 불필요한 트립을 줄이기 위해 직렬로 접속되어 있는 보호장치(계전기) 사이에는 일정 시간지연(시간간격)이 유지 되어야 한다. 적절한 시간지연이 유지되지 않으면, 보호장치가 부적정하게 트립 될 수 있다.
다음값은 일반적으로 사용하는 시간지연의 예이다.

구 분	시간 지연(Sec)	
	전자유도형	정지(디지털)형
차단기 차단시간(5Cy)	0.08	0.08
계전기 동작시간	0.1	0
계전기 동작오류보정	0.17	0.17
계	0.35	0.25

2) 시간 - 전류 특성 곡선

특성 곡선은 로그 용지에 그려지며, 전류의 크기에 따라 동작시간이 짧아지는 특성을 가지고 있다.
일반적으로 시간 지연(또는 시간 다이얼) 레버는 0.5 ~ 10 까지 되어 있고, 그림과 같이 3가지 형태를 많이 사용한다.

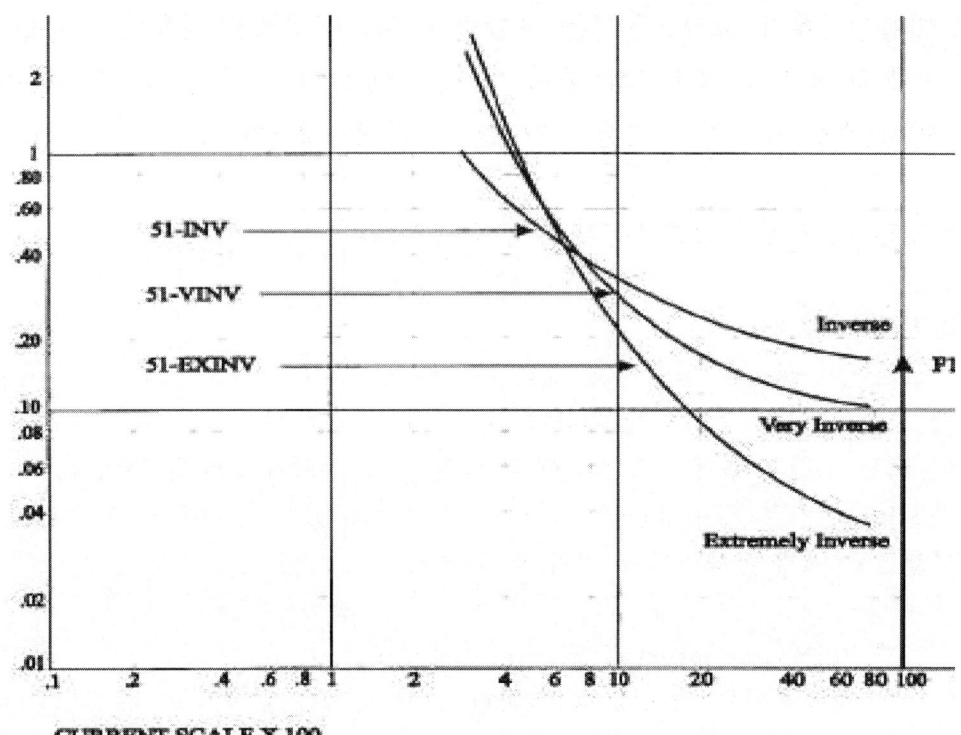

2. 과전류계전기(50/51) 정정
   1) 동작 전류 정정
      - 최대 수전설비 용량의 150 ~ 170 %에 정정한다.
      - 부하설비의 경우 부하특성에 따라 최대 부하설비 용량의 130 ~ 200 %에 정정한다.
   2) 한시요소 정정
      - 변압기 2차 3상 단락전류에 0.6 s 이내에 동작하도록 정정한다.
      - 부하설비의 경우 단락전류의 0.6 s 이내에 동작하도록 정정한다.
      - 전후위 계전기간 협조는 0.4 ~ 0.5 s 범위에 정정한다.
   3) 순시요소 정정
      - 변압기 2차 3상 단락전류의 150 % 정도에 동작하도록 정정한다.
      - 부하설비의 경우 한시요소의 500 ~ 1,000 % 범위에서 동작하도록 정정한다.
      - 전후위 계전기간 보호협조와 오동작 방지를 위하여 제거(LOCK)할 수 있다.
   4) 한시특성곡선 선정
      - 수전설비 : 강반한시를 권장한다.
      - 간선, 부하설비 등 : (표준)반한시를 권장한다.
      - 전동기의 경우 기동 특성에 적합한 특성곡선을 선정한다.

1.4 변압기 효율이 최대가 되는 관계식을 유도하시오.
(단, V2 : 변압기 2차 전압, I2 : 변압기 2차 전류, F : 철손,
 R : 변압기 2차로 환산한 전 저항, cos θ : 부하역율)

1. 변압기 효율

$$\eta = \frac{출력}{입력} = \frac{출력}{출력+손실} = \frac{V_2 I_2 \cos\theta}{V_2 I_2 \cos\theta + F + P_c} = \frac{V_2 I_2 \cos\theta}{V_2 I_2 \cos\theta + F + I_2^2 R}$$

- 위 식의 분자 분모를 I_2 로 나누면

$$\eta = \frac{V_2 \cos\theta}{V_2 \cos\theta + \dfrac{F}{I_2} + I_2 R}$$

2. 최대 효율 조건

1) 최대 효율이 되기 위하여는 분모가 최소가 되어야 하며 이때 $V_2 \cos\theta$는 일정하므로 $\dfrac{F}{I_2} + I_2 R$ 이 최소가 되어야 한다.

2) $y = \dfrac{F}{I_2} + I_2 R$ 라 하고 I_2 로 미분하면

$$\frac{dy}{dI_2} = \frac{d}{dI_2}\left(\frac{F}{I_2} + I_2 R\right) = -F I_2^{-2} + R = -\frac{F}{I_2^2} + R = 0$$

3) 따라서 $R = \dfrac{F}{I_2^2}$ 이 되므로 $F = I_2^2 R = P_c$ 가 된다.

4) 손실과 부하전류 관계 그래프

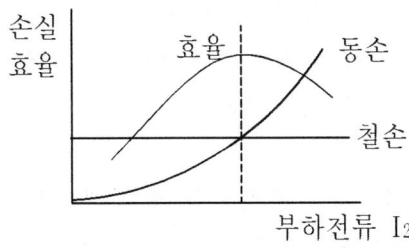

1.5 건축물의 비상발전기 운전시 과전압의 발생원인과 대책에 대해서 설명하시오.

1. 개요

    비상용 예비 발전기는 동기발전기로서 Brushless 회전형 여자시스템으로서 Exciter, Diode Wheel, SCR Bridge, AVR 등의 많은 전력전자 부품으로 이루어져 있으며 장기간 사용시 많은 단점을 가지고 있다.

    최근 자가용 전기설비의 비상용 발전기를 점검 위해 발전기 기동하는 순간 과전압 발생 사고 및 축전기 폭발사고가 지속적으로 발생하고 있다.

    이러한 발전기관련 사고로 인해 부하의 전기 기계기구 및 전자제품 등이 소송되는 피해가 발생하고 있지만 발전기의 이상전압 발생에 대한 정확한 원인규명 및 분석이 미흡하여 현재까지 피해가 지속되고 있으며, 기 설치된 발전기에는 과전압 보호계전기와 같은 보호장치가 대부분 설치되어 있지 않기 때문에 과전압사고에 대해 잠재적으로 노출되어 있는 실정이다.

    발전기 보호시설 관련 규격 중 전기설비기술기준의 판단기준에서는 제47조 「발전기 등의 보호장치」에서 발전기에 과전류나 과전압이 생긴 경우 자동적으로 전로를 차단하는 장치를 시설하도록 2009년 2월 25일에 개정되었다.

2. 발전기 과전압 발생원인
   1) AVR 노후로 인한 소손 및 제어 불능
      - AVR 결선 오류 (전압 검출라인 오결선)
      - 전압 검출 라인 단선 및 접속불량 (발전기 기동시 엔진의 폭발진동과 회전진동)
      - 사이리스터의 캐소드(K)와 게이트(G)에 먼지, 습기에 의한 도통
      - 제어함에 부착된 외부 가변 저항 불량 및 접촉 불량
      - 고조파/비선형 부하에 의한 전압 왜곡 현상으로 AVR(사이리스터) 위상 제어 불능
      - 전원 분리형 변압기 미사용 (N상을 AVR Power 단자에 직접 결선한 경우)
   2) 부하설비에 직축 과도 리액턴스(용량성 부하, 역률보상용 콘덴서)
   3) 부하 단락사고 및 발전기 단자 이완
   4) 3상 전압 불평형
   5) ATS 비동기 절체에 의한 상용전원과 발전전원의 전기적 위상차 발생
   6) ATS N상의 선투입, 후개방 불가로 인한 중성점 전위이동 현상

3. 발전기 과전압 사고 예방 대책
   1) 고조파나 비선형 부하에의한 과전압 발생 대책
      - AVR이 10년 이상의 구형모델인 경우 최신 모델로 교체
      - AVR 전원측에 절연변압기 설치
      - EMI 필터의 설치
      - 보조권선(특수권선)형 발전기 사용
      - 영구자석 발전기(PMG)로 사용
      - 발전기 기동전에 비선형 부하의 차단
   2) 자동전압조정기(AVR)의 점검 (결선상태 확인 및 전압조정 저항 확인 및 점검)
   3) 발전기 무부하 운전시 정상 출력확인 후 부하 운전 실시
   4) 진상부하(콘덴서)에 의한 과전압 발생 대책
      - 안전점검시 콘덴서부하 설치 유무 확인
      - 역률보상용 콘덴서는 ATS 전단(한전측)으로 설치 변경 또는 부하회로에서 분리
      - 발전기 기동전에 콘덴서 회로 차단기 개방
   5) ATS 절체시 과전압 사고 예방 대책
      - ATS의 3상 동시 절체 기기로 개선
      - ATS의 위상 동기 절체 기기로 개선
   6) 과전압 보호계전기의 설치
      - 계전기가 반한시형인 경우 정지형 과전압 보호계전기(최소동작시간 0.2초)로 교체
      - 정한시형인 디지털 계전기(최소동작시간 0.04초)로 교체
      - 과전압 검출장치가 내장된 자동전압조정기(AVR)의 사용

1.6 공동주택 및 건축물의 규모에 따른 감리원 배치기준에 대하여 설명하시오.

인용 : 전기기술인협회 전력기술관리법 운영요령 제25조(감리원배치기준)

① 감리업자등은 감리원을 배치함에 있어 발주자의 확인을 받아 별표 2의 전력시설물공사 감리원수 이상으로 배치하여야 한다.

② 감리업자등은 제1항에도 불구하고 일정규모 이상 공동주택 및 건축물의 전력시설물공사는 발주자의 확인을 받아 별표 2의2의 공동주택 등의 감리원 배치기준에 따라 공사기간동안 감리원을 배치하여야 한다.

③ 제1항 및 제2항에 따라 감리업자등은 공사현장에 상주하는 상주감리원과 상주감리원을 지원하는 비상주감리원을 각각 배치하여야 하며, 비상주감리원은 고급감리원 이상으로써 해당 공사 전체기간동안 배치하여야 한다. 다만, 법 제12조의2 제1항 제2호에 따라 감리업무를 수행하는 경우와 제1항 별표 2의 감리원배치기준에 따라 감리원 1명 이상을 총 공사기간동안 상주 배치하는 경우에는 비상주감리원을 배치하지 아니할 수 있다.

④ 제3항에 따라 배치하는 비상주감리원의 직접인건비 비율은 다음 각 호와 같다.
  1. 제1항에 따라 감리원을 배치하는 때에는 별표 2에 따른 감리원 직접인건비의 100분의 20 범위에서 조정할 수 있다.
  2. 제2항에 따라 감리원을 배치하는 때에는 별표 2의2에 따른 감리원 직접인건비의 100분의 10 범위에서 추가 조정할 수 있다.

⑤ 감리업자등은 제1항부터 제3항까지에 따라 감리원을 배치하는 경우 감리원의 퇴직·질병 등 부득이한 사유로 배치계획을 변경하여 배치하고자 하는 때에는 다음 각 호에 해당하는 감리원으로 미리 발주자의 승인을 얻어 교체·배치하여야 한다.
  1. 공고대상 : 공고 당시 참여감리원의 평가요소(등급, 경력, 실적을 말한다) 평가점수와 동등 이상인 감리원(책임감리원은 자격가점을 포함한다)
  2. 제1호 외의 대상 : 영 별표 3의 책임감리원 및 보조감리원의 자격을 충족하는 감리원. 다만, 제9항에 따라 배치하는 공사의 책임감리원은 같은 항에 따른 기술사로 한다.

⑥ 감리원을 배치하는 때에는 해당 전력시설물의 공사일정에 따라 공사가 시작되는 날부터 끝나는 날까지 적정하게 배치하여야 한다.

⑦ 비상주감리원은 9개 이하의 현장에 중복하여 배치할 수 있으나 상주감리원(책임감리원 및 보조감리원)과 다른 법령에 따른 상주감리원을 겸할 수 없다.

⑧ 다음 각 호의 공사는 영 별표 2에 따른 감리원 중 전기 분야 기술사(전기안전기술사를 포함한다)를 책임감리원으로 배치하여야 한다.
 1. 용량 80만킬로와트 이상의 발전설비공사
 2. 전압 30만볼트 이상의 송전·변전설비공사
 3. 전압 10만볼트 이상의 수전설비·구내배전설비·전력사용설비공사

⑨ 감리원이 4주 이상의 입원 또는 치료를 이유로 감리업자가 제5항에 따라 발주자의 승인을 얻어 감리원을 교체한 경우에는 그 감리원을 교체한 날부터 3개월 이내에 사업수행능력평가에 참여시켜 평가를 받거나 다른 공사감리용역에 배치하여서는 아니 된다. 다만, 그 감리원이 배치되었던 공사감리용역이 끝난 경우에는 그러하지 아니하다.

[별표 2]

전력시설물공사 감리원배치기준(제25조제1항 관련)

단위 : 감리원수(인×월)

공사비(억원)	단순공종	보통공종	복잡공종
0.05	0.17	0.18	0.20
0.1	0.28	0.31	0.34
0.2	0.48	0.53	0.59
0.3	0.66	0.73	0.80
0.4	0.82	0.90	1.0
0.5	1.0	1.1	1.2
0.6	1.1	1.2	1.4
0.7	1.3	1.4	1.5
0.8	1.4	1.5	1.7
0.9	1.5	1.7	1.9
1	1.7	1.8	2.0
2	2.8	3.1	3.4
3	3.9	4.3	4.7
4	4.8	5.3	5.9
5	5.7	6.3	7.0
6	6.6	7.3	8.0
7	7.4	8.2	9.0
8	8.2	9.1	10.0
9	9.0	10.0	11.0
10	9.7	10.8	11.9
20	16.6	18.4	20.3
30	22.6	25.2	27.7
40	28.3	31.4	34.5
50	33.5	37.3	41.0
70	43.4	48.3	53.1
100	57.2	63.5	69.9
200	97.4	108.2	119.0
300	133.0	147.8	162.6
400	166.0	184.4	202.9
500	197.0	218.9	240.8

[별표 2의2]

공동주택 등의 감리원 배치기준(제25조제2항 관련)

구분	규모	감리원배치 인원수
가. 공동주택	300세대 이상 800세대 미만	책임감리원 1명을 포함한 감리원 1명 이상을 총 공사기간동안 배치
	800세대 이상	- 책임감리원: 1명을 총 공사기간동안 배치 - 보조감리원: 1명 이상을 총 공사기간대비 50퍼센트 이상 배치. 다만, 400세대를 초과할 때마다 총 공사기간대비 50퍼센트 이상 추가배치
나. 건축물	연면적 10,000 제곱미터 이상 연면적 30,000 제곱미터 미만	책임감리원 1명을 포함한 감리원 1명 이상을 총 공사기간동안 배치
	연면적 30,000 제곱미터이상	- 책임감리원: 1명을 총 공사기간동안 배치 - 보조감리원: 1명 이상을 총 공사기간대비 50퍼센트 이상 배치. 다만, 20,000제곱미터를 초과할 때마다 총 공사기간대비 50퍼센트 이상 추가배치

참고 : 공사비에 따른 감리 배치기준
 1) 자가용 수용설비 설치공사(신규설치공사)
   - 감리업체에서 감리를 실시한다. (저압신규공사포함)
 2) 자가용전기수용설비 변경공사
   - 총 공사비 5천만원 미만 : 전기안전관리자의 자체감리가능
   - 총 공사비 5천만원 이상 : 감리업체
 3) 비상용 예비발전설비 설치 또는 변경공사
   - 총공사비 1억 미만 : 전기안전관리자 자체감리가능
   - 총공사비 1억 이상 : 감리업체에서만 감리 가능
 4) 전기안전관리자의 자체감리
   - 저압자가용전기설비의 용량변경시
   - 저압자가용전기설비에서 고압이상 자가용전기설비로 변경시, 총공사비 5천만원 미만의 변경공사는 안전관리자 자체감리가 가능함
   - 일반용 전기설비에서 자가용전기설비로 변경시 안전관리자를 선임하여 변경공사가 이루어질 경우 총공사비 5천만원 미만시 안전관리자 자체감리가 가능.

1.7 태양광 발전설비 시공 시 태양전지의 전압-전류 특성곡선에 대해서 설명하고, 인버터 및 모듈의 설치기준에 대해서 설명하시오.

1. 태양광전기(cell)의 전류-전압 곡선
   1) 전류-전압 특성곡선은 태양전지의 변환효율을 나타내는데 이용된다.
   2) 따라서 이 특성곡선을 이용하여 태양전지의 최대 효율을 얻을 수 있다.
   3) 전류-전압 특성곡선

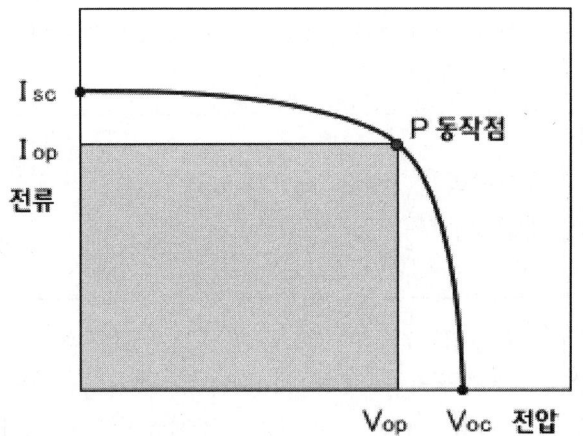

(1) 개방 전압 : Voc
    태양전지에 아무 것도 연결하지 않는 상태로, 태양전지의 양단에 발생하는 전압을 나타낸다.
(2) 합선 전류 : Isc
    태양전지의 양단을 short 하게 한 상태로, short 한 전류를 표시한다.
(3) 동작점 : P
    태양전지부터 출력을 꺼내기 위해서 설정된 전압에 대해 발생하는 전류가 정해진다. 이 때의 전압, 전류의 점을 동작점이라 한다.
(4) 태양전지의 최대 출력점
    태양전지의 출력은 Iop와 Vop와 원점을 잇는 면적(위의 그림의 그레이 부분)에 나타낸다. 즉, 태양전지를 효율적으로 사용하기 위하여, 그레이 부분의 면적을 최대로 하는 Iop와 Vop를 설정할 필요가 있다.
    또 태양전지의 출력이 최고가 되는 동작점을 최적 동작점(이 때의 출력을 최대 출력:Pmax, 전압을 최적 동작 전압, 전류를 최적 동작 전류)라고 부른다.

2. 인버터 설치기준
   1) 제품
      신재생에너지센터에서 인증한 인증제품을 설치하여야 하며, 해당용량이 없어 인증을 받지 않은 제품을 설치할 경우에는 신, 재생에너지 설비 인증에 관한 규정상의 효율시험 및 보호 기능시험이 포함된 시험성적서를 제출하여야 한다. 기타 인증 대상 설비가 아닌 경우에는 분야별위원회의 심의를 거쳐 신재생에너지 센터소장이 인정하는 경우 사용할 수 있다.
   2) 설치상태
      옥내, 옥외용을 구분하여 설치하여야 한다. 단, 옥내용을 옥외에 설치하는 경우는 5km이상 용량일 경우에만 가능하며 이 경우 빗물 침투를 방지할 수 있도록 옥내에 준하는 수준으로 외함 등을 설치하여야 한다.
   3) 설치용량
      인버터의 설치용량은 설계용량 이상이어야 하고, 인버터에 연결된 모듈의 설치용량은 인버터의 설치용량 105% 이내이어야 한다. 단, 각 직렬군의 태양전지 개방전압은 인 버터 입력전압 범위 안에 있어야 한다.
   4) 표시사항
      입력단(모듈출력) 전압, 전류, 전력과 출력단(인버터출력)의 전압, 전류, 전력, 역율, 주파수, 누적발전량, 최대출력량(peak)이 표시되어야 한다.

3. 태양전지 모듈 등의 시설 (판단기준 제54조)
① 태양전지 발전소에 시설하는 태양전지 모듈, 전선 및 개폐기 기타 기구는 다음의 각 호에 따라 시설하여야 한다.
   1. 충전부분은 노출되지 아니하도록 시설할 것.
   2. 태양전지 모듈에 접속하는 부하측의 전로에는 그 접속점에 근접하여 개폐기 기타 이와 유사한 기구를 시설할 것.
   3. 태양전지 모듈을 병렬로 접속하는 전로에는 그 전로에 단락이 생긴 경우에 전로를 보호하는 과전류차단기 기타의 기구를 시설할 것. 다만, 그 전로가 단락전류에 견딜 수 있는 경우에는 그러하지 아니하다.
   4. 전선은 다음에 의하여 시설할 것. 다만, 기계기구의 구조상 그 내부에 안전하게 시설할 수 있을 경우에는 그러하지 아니하다.
      가. 전선은 공칭단면적 2.5 mm^2 이상의 연동선 또는 이와 동등 이상의 세기 및 굵기의 것일 것.
      나. 옥내에 시설할 경우에는 합성수지관공사, 금속관공사, 가요전선관공사 또는 케이블공사로 관련 규정에 준하여 시설할 것.
      다. 옥측 또는 옥외에 시설할 경우에는 합성수지관공사, 금속관공사, 가요전선관공사 또는 케이블공사로 관련 규정에 준하여 시설할 것.

    5. 태양전지 모듈 및 개폐기 그 밖의 기구에 전선을 접속하는 경우에는 나사조임 그 밖에 이와 동등 이상의 효력이 있는 방법에 의하여 견고하고 또한 전기적으로 완전하게 접속함과 동시에 접속점에 장력이 가해지지 아니하도록 할 것.

② 태양전지 모듈의 지지물은 자중, 적재하중, 적설 또는 풍압 및 지진 기타의 진동과 충격에 대하여 안전한 구조의 것이어야 한다.

1.8 건축물에 전기를 배전(配電)하려는 경우 전기설비 설치공간 기준을 "건축물설비 기준 등에 관한 규칙"과 관련하여 설명하시오.

1. 건축법 시행령 제87조(건축설비 설치의 원칙) 제⑥항
  연면적이 500제곱미터 이상인 건축물의 대지에는 국토해양부령으로 정하는 바에 따라「전기사업법」제2조제2호에 따른 전기사업자가 전기를 배전(配電)하는 데 필요한 전기설비를 설치할 수 있는 공간을 확보하여야 한다.

2. 건축물의 설비기준 등에 관한 규칙 제20조의2(전기설비 설치공간 기준)
  영 제87조 제6항에 따른 건축물에 전기를 배전(配電)하려는 경우에는 별표 3의3에 따른 공간을 확보하여야 한다.

3. 별표 3의3"

수전 전압	수전 용량	확보 면적
특고압 또는 고압	100KW 이상	가로 2.6m, 세로 2.8m
저압	75KW 이상 150kW 미만	가로 2.5m, 세로 2.8m
	150KW 이상 200kW 미만	가로 2.8m, 세로 2.8m
	200KW 이상 300kW 미만	가로 2.8m, 세로 4.6m
	300KW 이상	가로 2.8m이상, 세로 4.6m이상

  비고 1. 전기설비 설치공간은 배관, 맨홀 등을 땅 속에 설치하는데 지장이 없고 전기사업자의 전기설비 설치, 보수, 점검 및 조작등 유지관리가 용이한 장소이어야 한다.
    2. 전기설비 설치공간은 해당 건축물 외부의 대지상에 확보하여야 한다. 다만 외부 지상 공간이 좁아서 그 공간 확보가 불가능한 경우에는 침수 우려가 없고 습기가 차지 않는 건축물의 내부에 공간을 확보할 수 있다.
    3. 수전전압이 저압이고 전력수전용량이 300 킬로와트 이상인 경우등 건축물의 전력수전 여건상 필요하다고 인정되는 경우에는 상기 표를 기준으로 건축주와 전기사업자가 협의하여 확보면적을 따로 정할 수 있다.
    4. 수전전압이 저압이고 전력수전용량이 150 킬로와트 미만인 경우로서 공중으로 전력을 공급받는 경우에는 전기설비 설치공간을 확보하지 않을 수 있다.

1.9 다음과 같이 평형 결선 부하에 공급하는 3상 전로에서 각상이 개방(단선)되어 있고 부하측 중성선은 접지되어 있다.

불평형 선전류 $I_l = \begin{vmatrix} I_a \\ I_b \\ I_c \end{vmatrix} = \begin{vmatrix} 10\angle 0° \\ 0 \\ 10\angle 120° \end{vmatrix}$ A 이다.

대칭분 전류와 중성선 전류(In)을 구하시오.

1. 대칭분 전류

   1) 영상분 전류 $I_0 = \frac{1}{3}(\dot{I_a} + \dot{I_b} + \dot{I_c}) = \frac{1}{3}(10\angle 0 + 10\angle 120) = 3.33\angle 60[A]$

   2) 정상분 전류

   $I_1 = \frac{1}{3}(\dot{I_a} + a\dot{I_b} + a^2\dot{I_c}) = \frac{1}{3}[10\angle 0 + 0 + (1\angle 240)(10\angle 120)] = 6.67\angle 0[A]$

   3) 역상분 전류

   $I_2 = \frac{1}{3}(\dot{I_a} + a^2\dot{I_b} + a\dot{I_c}) = \frac{1}{3}[10\angle 0 + 0 + (1\angle 120)(10\angle 120)] = 3.33\angle -60[A]$

2. 중성선 전류

   $I_n = 3I_0 = 3 \times 3.33\angle 60 = 10\angle 60[A]$

3. 벡터도

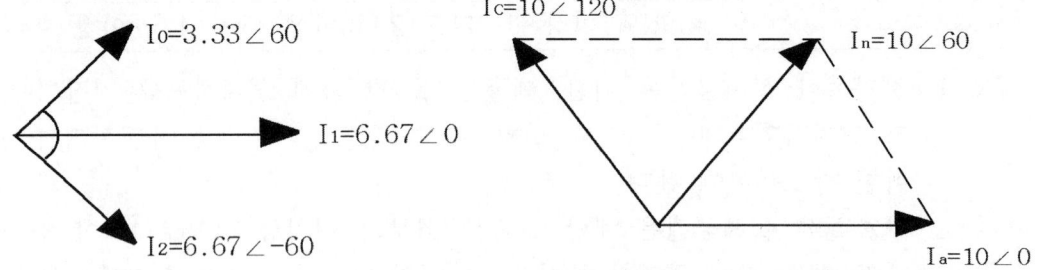

이상에서 알 수 있듯이 3상 계통의 1선 단선은 영상분 전류와 역상분 전류가 크기는 동일하고 각각의 위상차는 120°가 발생되는 것을 알 수 있다.

1.10 빌딩제어시스템의 운용에 필요한 가용성(Availability), MTBF(Mean time between failure), MTTR(Mean time repair) 및 상호 관계를 설명하시오.

1. 가용성(可用性, Availability)
   가용성이란 서버와 네트워크, 프로그램 등의 정보 시스템이 정상적으로 사용 가능한 정도를 말한다. 가동률과 비슷한 의미이다.
   가용성을 수식으로 표현할 경우, 가용성(Availability)이란 정상적인 사용 시간(Uptime)을 전체 사용 시간(Uptime+Downtime)으로 나눈 값을 말한다.
   이 값이 높을수록 "가용성이 높다"고 표현한다.

$$\text{가용성} = \frac{\text{정상사용시간}}{\text{전체사용시간}} = \frac{\text{정상사용시간}}{\text{정상사용시간} + \text{고장시간}}$$

2. MTBF (Mean Time Between Failures. 평균 고장 간격)

   $F_1(5) \quad F_2(10) \quad F_3(20) \quad F_4(5)$
   $T_1(40) \quad T_2(30) \quad T_3(50) \quad T_4(40)$

   1) $\text{MTBF} = \dfrac{\Sigma \text{가동시간}}{\Sigma \text{중단횟수}} = \dfrac{T_1 + T_2 + T_3 + T_4}{4\text{회}} = \dfrac{40 + 30 + 50 + 40}{4\text{건}} = 40\text{분/건}$

   2) MTBF : 고장 후 다음 고장까지의 시간으로 각 가동시간의 평균값임.

3. MTTR (Mean Time To Repair. 평균 수리 시간=고장복구시간)
   위 그림에서

   1) $\text{MTTR} = \dfrac{\Sigma \text{정지시간}}{\Sigma \text{정지횟수}} = \dfrac{F_1 + F_2 + F_3 + F_4}{4\text{회}} = \dfrac{5 + 10 + 20 + 5}{4\text{건}} = 10\text{분/건}$

   2) MTTR : 고장이 났을 때 수리하는데 걸리는 시간의 평균으로 수리를 시작하여 정상 운전까지의 1회 고장 수리 시간임.

4. MTTF (Mean Time To Failure. 평균 고장 수명)
   1) 다음 그림에서

   A ├── T1 ──── 40시간
   B ├── T2 ── 30시간
   C ├── T3 ────── 50시간
   D ├── T4 ──── 40시간

   $\text{MTTF} = \dfrac{\Sigma \text{가동시간}}{\Sigma \text{부품수}} = \dfrac{T_1 + T_2 + T_3 + T_4}{4\text{회}} = \dfrac{40 + 30 + 50 + 40}{4\text{건}} = 40\text{분/개}$

   2) MTTF : 각 부품들이 사용 시작으로부터 고장 날 때 까지의 평균값.

1.11 고조차를 많이 발생시키는 부하가 케이블에 미치는 영향을 설명하시오.

1. 고조파 전류가 전력케이블에 미치는 영향
   1) 케이블 과열 및 허용전류 감소
      - 비선형 부하에서 발생되는 고조파는 전원측으로 유출된다고 가정하면
      - 유출되는 영상분 고조파는 변압기로 흘러 가는데 이때 이 고조파 전류에 의하여 케이블이 과열 되고 허용전류가 감소하게 된다.

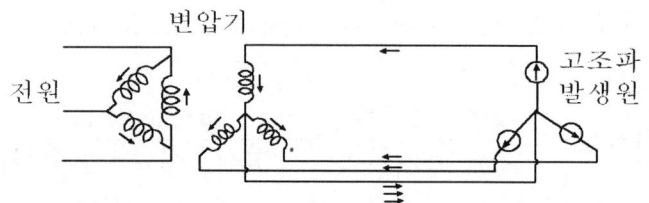

   2) 중성선 대지전위 상승
      - 중성선에 제3고조파 전류가 많이 흐르면 중성선과 대지간의 전위차는 중성선 전류와 중성선 임피턴스의 3배의 곱 $V_{N-G} = I_n \times (R + j3X_L)$ 이 되어 큰 전위차를 갖게 된다.
   3) 역율 저하
      피상전력(P2) = $\sqrt{\text{유효전력}(P)^2 + \text{무효전력}(Q)^2 + \text{고조파분무효전력}(H)^2}$
      역율 = 유효전력(P) / 피상전력(P2)
      위에서 피상전력이 커지므로 역율 저하됨.
   4) 통신선 유도 장해 증가

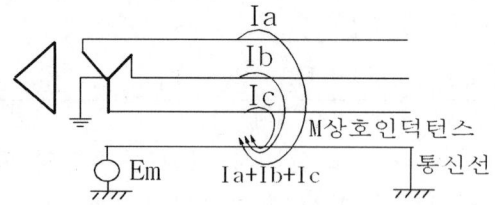

2. 대책
   1) 영상전류 제거장치 NCE (Neutral Current Eliminator)
      - ZED(Zero Hamonic Eliminating Divice)라고도 함.
      - NCE는 같은 철심에 2개의 권선을 반대방향으로 감은 것(Zig Zag TR)으로 영상분 전류는 위상을 같게 하여 제거 되게 하였으며 정상, 역상분 전류는 벡터합성이 크게 되게 한 것이다.
      - 즉, 영상임피던스를 작게하여 영상분 전류를 NCE로 잘 흐르게 하고 정상 및 역상임피던스는 크게 하여 정상, 역상분 전류가 NCE로 흐르지 않게 한 것이다.

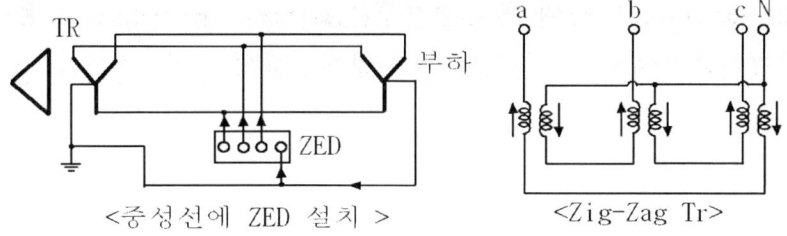

<중성선에 ZED 설치>   <Zig-Zag Tr>

- NCE 설치 후 영상분 전류 개선사례

구 분	설치전	설치후
N상 전류	208A	25A
중성선 대지전위	3V	0.25V

- 중성선(N상)에 흐르는 208A가 NCE 설치 후 25A로 줄어들었다.
- 중성선의 대지전위가 3V에서 0.25V로 감소되었다.
- 역률 및 유효전력이 감소되어 에너지 절약효과도 있다.
- 변압기 소음 및 온도상승이 현저하게 줄어듦을 알 수 있다.
- MCCB 발열 및 케이블 중성선의 발열이 줄었다

2) 제3고조파 Blocking Filter
 - LC병렬 공진 이용

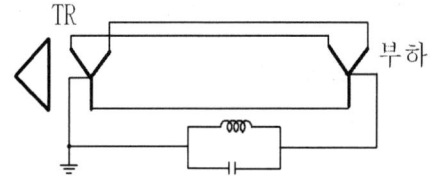

3) 능동필터
  - 순시 보상 특성이 있어
    성능면에서 매우 우수하나
  - 제어가 복잡하고 초기 투자비가
    고가이며 유지보수가 어렵다.

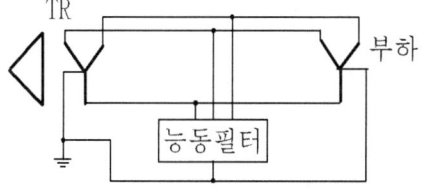

4) 수동 필터
  - 분로를 설치한 차수만 억제

5) 기타
  - 다상화 장치 적용
  - Line Reactor 설치등

1.12 휘도(Brightness : B)와 광속발산도(Luminous emittance : R)를 설명하고, 완전확산면에서 그 휘도와 광속발산도와의 상호 관계를 설명하시오.

1. 측광량 상호간 관계

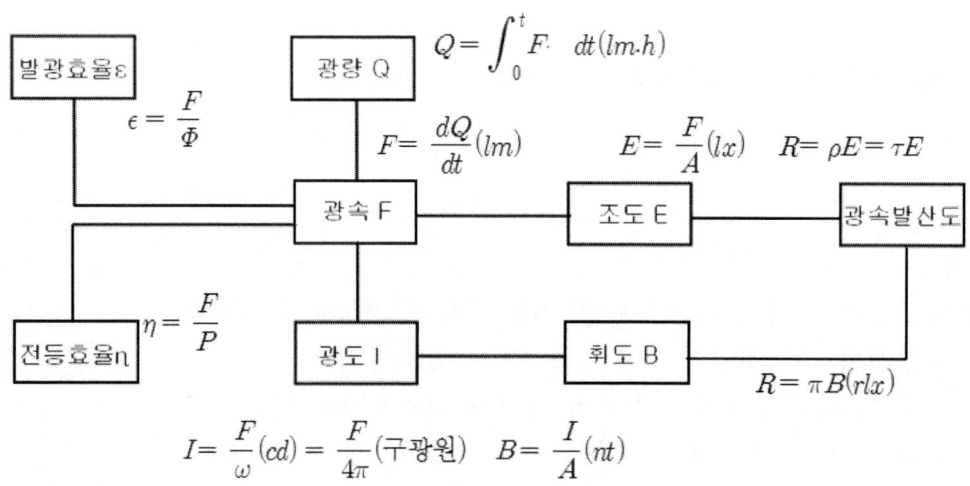

2. 광속 발산도 M(rlx)

어느면(1차 광원 또는 빛을 반사하는면)의 단위면적당 발산하는 광속.

$$M = \frac{dF}{dA} \times (반사율, 투과율, 흡수율) \ (lm/m^2) = (rlx)$$

완전 확산면에서 M = π B (rlx)

* 완전 확산면 : 어느 방향에서 보아도 휘도가 같은 표면을 말함.
* 반사율 ρ, 투과율 τ, 흡수율 α 와 광속발산도 관계
  1) ρ + τ + α = 1
  2) M = π B = ρ E   ∴ $E = \frac{\pi B}{\rho}$
  3) M = π B = τ E   ∴ $E = \frac{\pi B}{\tau}$

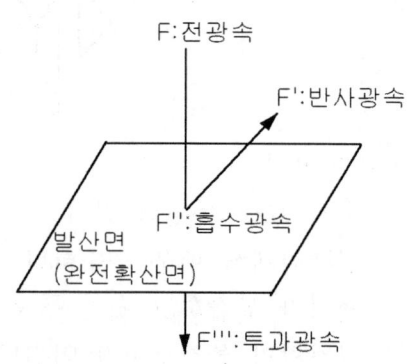

3. 휘도 B (Stilb)

광원의 빛나는 정도 즉, 눈부심의 정도를 말함.

눈으로 느끼는 휘도 한계 : 0.5 Cd/㎠

$B = \frac{I}{A}$ (Sb/nt)   여기서 A : 발광체의 투영면적

4. 휘도와 광속 발산도의 관계(구광원)

광속 발산도 $M = \dfrac{구광원광속}{구광원면적} = \dfrac{4\pi I}{4\pi r^2} = \dfrac{4\pi BS}{4\pi r^2}$

$$= \dfrac{4\pi \times B \times \pi r^2}{4\pi r^2} = \pi B \,(rlx)$$

1.13 연면적 10,000㎡, 단위에너지사용량 231.33 kWh/㎡·yr, 지역계수 1, 용도별 보정계수 2.78, 단위에너지생산량 1358 kWh/kW·yr, 원별 보정계수 4.14인 교육연구시설의 최소 태양광 설치용량(kW)을 구하시오.
(단, 신재생에너지 공급 비율 : 18%)

인용 : 공공기관 신축 건축물에 대한 신·재생에너지 설치의무화사업 안내(에너지관리공단)

1. 신·재생에너지 설치의무화사업이란
    공공기관이 신축하는 연면적 3,000㎡이상의 건축물에 대하여 총건축공사비의 5%(지자체 7%)이상 신·재생에너지 설치에 투자(2011.4.12이전까지)하거나 예상에너지사용량의 10%이상을 신재생에너지(2011.4.13이후까지)로 공급토록 의무화하는 제도

2. 신·재생에너지 공급의무 비율 산정 방법
    신·재생에너지 공급의무 비율이란 건축물에서 연간 사용이 예측되는 총에너지량 중 그 일부를 의무적으로 신·재생에너지 설비를 이용하여 생산한 에너지로 공급해야 하는 비율이다.

    - 신·재생에너지 공급의무 비율 = $\dfrac{\text{신·재생에너지 생산량}}{\text{예상에너지사용량}} \times 100(\%)$

    1) 신·재생에너지 생산량
        신·재생에너지 생산량이란 신·재생에너지를 이용하여 공급되는 에너지를 의미하며, 신·재생에너지 설비를 이용하여 연간 생산하는 에너지의 양을 보정한 값이다.
        - 신·재생에너지 생산량 = 원별 설치규모 × 단위 에너지생산량 × 원별 보정계수

    2) 예상 에너지사용량
        예상 에너지사용량이란 건축물에서 연간 사용이 예측되는 총에너지의 양을 보정한 값이다.
        - 예상 에너지사용량 = 건축 연면적 × 단위 에너지사용량 × 용도별 보정계수 × 지역계수

3. 문제 풀이
- 신·재생에너지 공급의무 비율

$$= \frac{\text{원별 설치규모} \times \text{단위 에너지생산량} \times \text{원별 보정계수}}{\text{건축 연면적} \times \text{단위 에너지사용량} \times \text{용도별 보정계수} \times \text{지역계수}}$$

$$0.18 = \frac{\text{원별 설치규모} \times 1358 \times 4.14}{10,000 \times 231.33 \times 2.78 \times 1}$$

∴ 원별 설치규모(최소 태양광 설치 용량) = $206(kW)$ 임

2.1 전기, 전자설비를 뇌서지로부터 피해를 입지 않도록 하기 위한 뇌서지 보호 시스템의 기본 구성에 대하여 설명하시오.

1. 적용범위
   1) KS C IEC 62305의 제4부에서는 뇌전자 임펄스로 인한 영구적 고장의 리스크를 감소시킬 수 있는 구조물 내부의 전기전자시스템에 대한 LEMP 보호대책시스템(LPMS)의 설계, 시공, 검사, 유지관리와 시험에 관한 정보를 제공한다.
   2) 본 규격은 전자시스템의 오동작을 일으킬 수 있는 뇌격에 의한 전자계 장해에는 적용되지 않는다.
2. 용어 설명
   1) 뇌전자 임펄스 : LEMP (lightning electromagnetic impulse)
      - 뇌격전류에 의한 전자계 영향
      - 방사 임펄스 전자계 영향은 물론 전도성 서지도 포함된다.
   2) LEMP에 대한 보호시스템 : LPMS (LEMP protection measures system)
      - 뇌전자임펄스에 대한 내부시스템 보호를 위한 모든 시스템
   3) 본딩망 (bonding network)
      - 구조물의 모든 도전성 부분과 내부시스템(충전도체 제외)을 접지시스템에 상호 접속하는 망

3. LPMS에서 기본보호대책
   LEMP에 대한 기본보호대책은 다음의 보호방법을 포함한다.
   1) 접지와 본딩(5절 참조)
      - 접지시스템은 뇌격전류를 대지로 흘리고 분산시킨다.
      - 본딩망은 전위차를 최소화하고, 자계를 감소시킨다.

   2) 자기차폐와 선로경로
      - 공간차폐물은 구조물 또는 구조물 근처의 직격뢰에 의해 발생하는 LPZ 내부의 자계를 감쇠시키고 내부서지를 감소시킨다.
      - 차폐케이블이나 케이블 덕트를 이용한 내부 배선의 차폐는 내부유도서지를 최소화시킨다.
      - 내부 선로경로는 유도루프를 최소화시킬 수 있으며 내부서지를 감소시킨다.
      - 공간차폐물, 차폐와 내부 배선경로는 결합하거나 또는 분리하여 사용할 수 있다.
      - 구조물 외부 인입선의 차폐는 내부시스템으로 전도되는 서지를 감소시킨다.

3) 협조된 SPD 보호
   - 협조된 SPD 보호는 내부서지와 외부서지의 영향을 제한한다.
   - 접지와 본딩은 항상, 특히 구조물의 인입점에서 등전위 본딩 SPD를 통해서나 또는 직접 모든 도전성 인입설비에서 본딩을 확실하게 한다.
   - KS C IEC 62305에 따른 피뢰 등전위본딩(EB)은 단지 위험한 불꽃방전에 대해서 보호를 한다. 서지에 대한 내부시스템의 보호는 본 규격에 따르는 협조된 SPD 보호가 필요하다.
   - 다른 LEMP 보호대책은 단독 또는 조합으로 이용할 수 있다.
   - LEMP 보호대책은 설치장소에 예상되는 운전상의 스트레스(예 : 온도, 습도, 부식성 대기, 진동, 전압과 전류의 스트레스)에 견뎌야 한다.
   - 가장 적절한 LEMP 보호대책의 선정은 기술적, 경제적 요인을 고려하는 KS C IEC 62305-2에 따른 리스크 평가를 통해 이루어져야 한다.
   - LEMP 보호대책의 실행에 관한 더 많은 사항은 KS C IEC 60364-4-44에 기술되어 있다.

4. 접지와 본딩

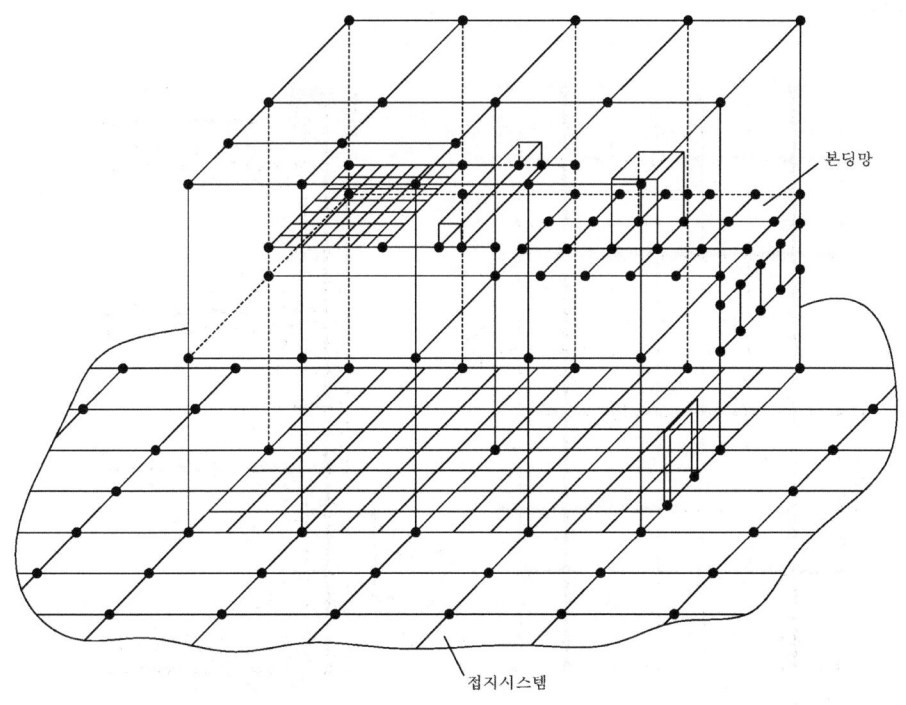

그림 5. 접지시스템에 상호 접속된 본딩망으로 구성된 3차원 접지시스템의 예

적절한 접지와 본딩은 다음의 사항이 조합된 전체 접지시스템을 기본으로 하고 있다. (그림 5참조)

- 접지시스템(뇌격전류를 대지로 분산시킨다.)
- 본딩망(전위차를 최소화하고 자계를 감소시킨다.)
- 모든 접속점은 본딩접속점 또는 구조물 금속요소에 본딩한다.
  그들 중 일부는 대지로 뇌격전류를 포착, 전도, 분산시키게 된다.

1) 접지시스템 (earth termination system)
   - 구조물의 접지시스템은 KS C IEC 62305-3에 따른다.
   - 단지 전기시스템만이 설치되는 구조물에서는 A형 접지극을 사용해도 되지만 B형의 접지극을 사용하는 것이 더 바람직하다.
   - 전자시스템이 시설된 구조물에서는 B형 접지극이 바람직하다.
   - 구조물 주변의 환상 접지극 또는 기초 둘레 콘크리트 내의 환상 접지극은 전형적으로 5 m의 폭을 갖는 구조물 주변 및 지하의 메시망과 통합해야 한다.
   - 이것은 접지시스템의 성능을 크게 향상시킨다.
   - 만약 기초철근콘크리트의 바닥이 상호 잘 접속된 메시를 형성하거나 접지시스템에 매 5 m 마다 접속되면 또한 접지시스템으로 적합하다.

2) 본딩망

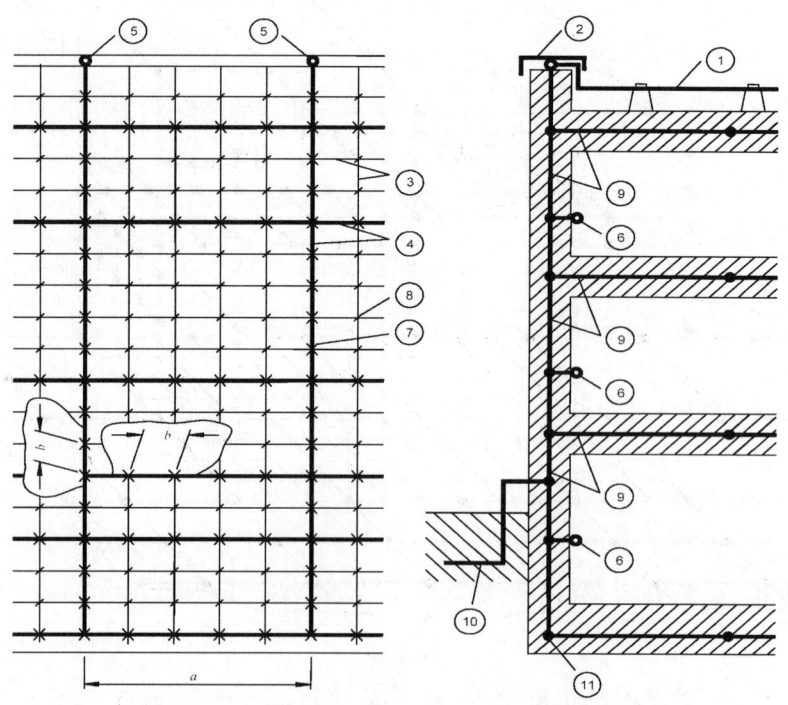

그림 7. 등전위 본딩을 위한 구조물 보강봉의 이용

1. 수뢰도체
2. 지붕 난간의 금속 덮개
3. 강철 보강봉
4. 보강용 철근에 중첩시킨 메시도체
5. 메시도체의 접속
6. 내부 본딩 바에 대한 접속
7. 용접과 죔쇠에 의한 접속
8. 단독 접속
9. 콘크리트 내의 강철 보강재(메시도체에 중첩)
10. 환상 접지극
11. 기초 접지극
 a. 메시도체를 중첩시키는 5 m의 전형적인 거리
 b. 메시도체를 보강재에 접속하는 1 m의 전형적인 거리

- LPZ 내부에 있는 모든 장비 사이의 위험한 전위차를 피하기 낮은 임피던스의 본딩망이 필요하다.
- 더욱이 그러한 본딩망은 또한 자계를 감소시킨다
- 이것은 구조물의 도전성 부분 또는 내부시스템의 일부분을 통합하는 메시 본딩망으로 실현될 수 있고, 그리고 각 LPZ의 경계에서 금속부분 또는 도전성 인입설비를 직접 본딩하거나 적당한 SPD의 적용으로 실현될 수 있다
- 본딩망은 전형적인 5 m의 메시폭을 가진 3차원 메시 구조물처럼 배열할 수 있다.
 (그림 5참조).
- 이것은 구조물과 구조물 내부에 있는 금속 부분(콘크리트보강재, 엘리베이터 레일, 크레인, 금속 지붕, 금속 외장, 창문이나 문의 금속프레임, 금속바닥프레임, 인입금속관과 케이블트레이 등)의 다중 접속을 요구한다.
- 본딩 바(환상 본딩 바, 구조물의 여러 층에 있는 수 개의 본딩 바)와 LPZ의 자기차폐는 같은 방식으로 통합되어야 한다. 본딩망의 예는 그림 7에 나타내었다.
- 내부시스템의 도전성 부분(캐비넷, 외함, 선반 등)과 보호접지도체는 다음의 형상으로 본딩망에 접속해야 한다.(그림 9 참조)

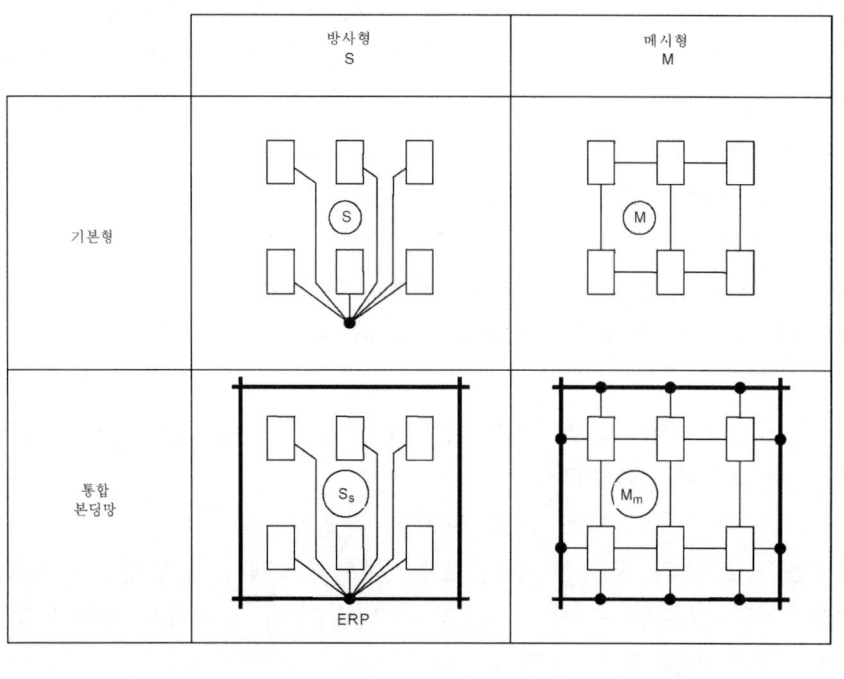

그림 9. 전기시스템 본딩망

2.2 초고층 빌딩에 적합한 조명시스템의 필요조건에 대하여 설명하시오.

인용 : 조명학회지 2013.1월호

1. 개요
   1) 서울특별시 초고층 건축물 가이드라인(2009.8.1 시행)을 보면 초고층 빌딩이란 "50층 이상 또는 높이(옥탑·장식탑등 포함)가 200m 이상인 건축물"이라고 되어 있다.
   2) 초고층 빌딩은 수변전설비, 간선설비, 승강기설비, 방재설비(화재, 피뢰), 정보통신설비 및 조명설계 등이 중요하여 설계시 내진, 풍압, 일사량 등에 대한 종합적인 검토가 필요하다.

2. 초고층 빌딩의 특징
   1) 초고층 빌딩은 건축물의 초 대형화가 함께 이루어져 전력설비의 대용량화가 필요하다.
   2) 수직 배치가 되어 전압강하가 심하다.
   3) 바람의 영향이 심하여 풍압 설계가 필요하다.
   4) 지진시에 피해가 막대하므로 내진 설계가 필수이다.
   5) 한여름같은 때는 일사량이 너무 많아 이에 대비한 설계가 필요하다.
   6) 테러등 사고시 피해가 크기 때문에 이를 방지하기 위향 방범설비가 필요하다.
   7) 높이가 높은 관계로 화재시 화재 진압이 어렵다.
   8) 초고속 엘리베이터가 필수이다.
   9) 피뢰침 설비의 설계가 중요하고 접지를 할 수 있는 면적이 적으므로 접지 저항을 낮추기 위한 대책이 필요하다.
   10) 항공 장애등이 필요하고 이를 잘 유지할 수 있는 대책이 필요하다.

3. 초고층빌딩 조명시스템의 필요조건
   1) 주광
      초고층빌딩에서는 주위에 장애물이 적으므로 주간에 창으로부터 들어오는 태양광을 이용한 주광 조명이 용이하게 사용될 수 있다.
      그러나 이러한 주광 조명은 태양광선 조사에 의한 사무실 내 조도대비 심화와 태양의 방향에 따른 조도 불균일성을 야기시킬수 있다.
   2) 빛 공해
      야간에 외부에서 초고층 빌딩을 볼 때는 초고층 빌딩의 유리창을 통하여 천정면을 보게 되므로 이 부분에 고휘도 광원이 존재할 경우 빛 공해로 작용할 소지가 크다. 초고층 빌딩은 대부분 커튼월(curtain wall)로 이루어져 있어 유리면이 많은 구조이므로 외부로 새어나가는 빛의 양을 무시할 수 없다.

3) 감성적 조명 환경

초고층빌딩의 상층부에 거주하거나 근무하는 사람은 하층부에 근무하거나 거주하는 사람보다 심리적인 영향을 더 많이 받으므로 건축물의 상층부로 갈수록 편안하고 부드러운 느낌을 줄 수 있는 색온도나 광색이 제공되어야 한다.

4) 방열

모든 조명기구는 열을 방출하는 구조로 되어 있으며, 초고층 빌딩은 특성상 폐쇄적인 구조로 되어 있어 조명 기구가 방출 하는 열 에너지가 상당한 냉방부하로 작용할 수 있다.

4. 조명 설계 방안

1) 친환경 그린 빌딩의 고효율 조명기기 사용

세계적으로 추진되는 녹색정책으로 인한 '그린빌딩'의 열풍은 앞으로 완공될 초고층 빌딩의 조명이 기존의 조명에 비해 고효율이고, 장수명인 LED조명으로 대체될 가능성을 높이고 있다.

2) 신재생 에너지 연계 조명

현재 건물을 이용한 에너지 생산은 풍력과 태양광 발전분야에서 많은 시도가 이루어지고 있다. 태양 전지(PV; Photo Voltaic) 모듈을 사용하여 발전하는 BIPV 시스템(Building Integrated Photo Voltaic System)은 유지비가 비교적 저렴하고 부가적인 건축자재에 대한 비용절감의 효과가 높으며 설치를 위해 별도의 대지가 필요 없으므로 뛰어난 경제성을 갖는다.

3) 주광을 이용한 부분 조광 시스템

실내로 유입되는 주광의 양을 광센서로 감지하여 주광의 유입 정도에 따라 인공조명의 밝기를 부분적으로 조절하여 공간 전체에 균일한 조도를 유지함으로써 작업 능률을 향상시킬 수 있고 조명에 사용되는 에너지를 절약할 수 있을 것이다.

4) 외기와 공조기구 연동 LED방열

LED 조명기구는 LED칩과 방열판이 접합되어 있어 광원이 방출하는 열을 방열하기 용이한 구조이므로 이를 공조기구와 결합하여 공조형 조명기구로 사용할 경우 난방부하의 감소가 가능 할 것이다.

5) 빛공해 저감 등기구

초고층 빌딩에서 발생하는 빛 공해를 방지하기 위하여 LED면광원이 효과적인 방법이 될 수 있다. LED 면광원을 사용하여 부분 조광함으로써 창측 배광을 제어하면 외부에서 볼 때, 초고층 빌딩에서 발생하는 빛 공해를 감소시킬 수 있을 것이다.

5. 맺는말

이러한 초고층 빌딩의 단점인 에너지 효율을 개선하고 쾌적한 조명 환경의 제공과 동시에 빛공해를 저감하기 위해서는 LED 면광원이 최적의 조명이 될 것으로 사료된다. LED 면광원은 기존 조명에 비하여 고효율, 장수명의 장점이외도 다수의 LED칩이 평면상에 배열되어있어 주광의 유입 정도에 따른 부분 조광제어가 용이하며 부분 조광으로 색온도, 광색, 배광을 변화 시킬 수 있다. 또한 점·선 광원에 비해 광속밀도가 낮으므로 빛공해 저감에 효과적이다.

2.3 건축물 내 수변전 설비에서 변압기의 합리적인 뱅킹(banking) 방식에 대하여 설명하시오.

1. 개요

    수변전 설비에서 변압기 구성을 어떻게 하느냐는 경제성 측면과 운용성 측면을 함께 고려해야 한다.
    너무 경제성에 치중하다보면 운용성 측면에서 불리해 질 수 있고, 너무 운용성 측면만을 고려하다 보면 경제성 측면에서 불리해 질 수 있으므로 이 두가지 측면을 적절히 고려하여 뱅킹 구성을 하여야 한다.

2. 부하 용량 결정

    1) 내선규정 3315절

        내선규정 3315절에 의해 부하 용량을 모를 경우에 적용하며 주로 기본 설계시 적용한다.

        * 총 부하 설비용량 = P x A + Q x B + C [VA]
          A:전용부하밀도 [VA/㎡]　　　　B:공용부하밀도 [VA/㎡]
          C:가산부하 [VA]
          P:전용면적 [㎡]　　　　　　　　Q:공용면적 [㎡]

전용 부하	공장, 교회, 극장	10 [VA/㎡]
	여관, 학교, 음식점, 목욕탕	20
	주택, 아파트, 상점	30
공용 부하	복도, 계단, 창고	5
	강당	10

        (가산부하)
        1. 주택,아파트 1세대당 500(17평 이하)~1000(VA)(17평 초과) 가산
        2. 상점의 진열장 : 진열장폭 1m에 대하여 300(VA) 가산
        3. 옥외 광고등, 전광 사인등의 VA는 그대로 계산
        4. 극장,댄스홀등 무대조명, 영화관 특수조명등은 VA를 그대로 계산
        5. 고압 전동기등의 고압 부하는 그대로 계산

    2) 집합 주택 (내선 규정 300-2)

        P (VA) = 30 (VA/㎡) x 바닥면적(㎡) + (500~1,000)(VA)
        ( ) 안의 가산 부하는 1,000을 채택하는 것이 바람직 함

3) 전전화 주택(내선 규정 300-1)
   P (VA) = 60 (VA/㎡) x 바닥면적(㎡) + 4,000(VA)

4) 주택 건설 기준 제40조 (건교부)
   세대당 3kW (전용면적 60㎡ 미만) + 초과시 10㎡당 0.5 kW

3. 변압기 대수 결정
1) 수전설비 용량 산출
   - 최대 수용 전력 = Σ (부하설비합계 x 수용율)
   - 수전설비용량 $= \dfrac{\text{최대 수용 전력}}{\text{역율} \times \text{효율}} (kVA)$

2) 부등율 적용
   - 2 STEP 방식 채택시 Main TR에만 적용
   - 수전 변압기 용량 ≥ 부하설비합계 $\times \dfrac{\text{수용율}}{\text{부등율}}$

3) 뱅크수 결정

용량 [KVA]	1,500미만	1,500~3,000	3,000 이상	특수 부하
뱅 크 수	1	1 ~ 2	2 이상	1

(1) 1 뱅킹 방식
  - 가장 간단한 급전 방식이다.
  - 경제적이나 고장시 대처 시간이 많이 걸린다.
(2) 2 뱅킹 방식
  - 배전 신뢰도가 높아진다.
  - 병렬 운전 방식으로도 구성이 가능하며, 1대 고장시 1대로 부하를 분담할 수 있다.
(3) 3대 이상의 뱅킹 방식
  - 배전 신뢰도가 높아진다.
  - 겨울 등 부하율이 낮아질 때 대수 제어를 할 수 있다.
  - 신뢰도 측면에서는 유리하나 시설비가 증가할 수 있다.

4. 결론
1) 변압기의 대당 용량이 증가하면 소요되는 비용은 상대적으로 감소한다. 또한 설치면적 측면에서도 유리하다. 따라서 뱅크의 수를 가능한 줄여 뱅크당 용량을 크게 하는 것이 경제적으로 유리하다고 할 수 있다.

2) 그러나 용량을 무작정 증가하게 되면 경제성은 증가하는 반면에 2차측 기기의 정격전류와 단락전류가 증대되어서 기기 선정상 제약을 받게 되므로 여건에 맞도록 다 각도로 검토를 해야 한다.
3) 일반적으로 빌딩의 경우 전 부하용량 중 냉방 부하 용량이 차지하는 비율이 높고 주간과 야간의 부하 변동이 심하다는 부하 특성 때문에 1,500kVA 미만에서는 1 Bank, 3,000kVA 미만은 1~2 Bank, 3000kVA 이상의 경우 2Bank이상으로 구성하는 것이 바람직하다.
4) 또한 대형빌딩의 경우 빙축열 시스템이 증가하고 있으므로 별도의 변압기 Bank 구성이 필요하다.

2.4 건축물에 설치된 대형 열병합형 스팀터빈 발전기를 전력회사 계통과 병렬 운전을 위해 동기 투입하려고 한다. 만약 터빈발전기의 동기가 불일치할 때
1) 터빈 발전기 기기 자체에 발생할 수 있는 손상(damage)을 설명하시오.
2) 이 손상을 방지하기 위한 동기투입 조건을 4가지를 제시하고, 이 조건들을 불만족 시킬 때 계통 운영상에 발생하는 문제점을 설명하시오.

1. 병렬 운전 조건이 불일치할 때 발생하는 손상

병렬 운전 조건	병렬 운전 조건이 불일치할 때 발생하는 손상
1) 기전력의 크기	무효 순환 전류 발생함.
2) 위상	위상차에 의한 동기화 전류 발생
3) 주파수	무효 횡류가 두발전기간 교대로 흐르게 되어 난조, 탈조의 원인이 됨.
4) 파형	무효 횡류가 흐르게 됨.
5) 상 회전 방향	단락 상태가 됨

2. 동기투입 조건 및 불만족 시킬 때 계통 운영상에 발생하는 문제점
 1) 기전력의 크기
  (1) 현상
    기전력의 크기가 다르면 전압차에 의한 무효 순환 전류 발생함.
    - 기전력이 작은 발전기 : 증자작용(용량성) -> 전압증가
    - 기전력이 큰 발전기   : 감자작용(유도성) -> 전압감소

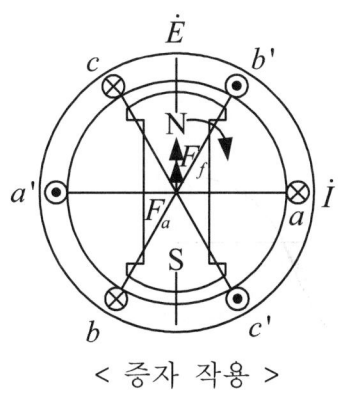

< 증자 작용 >

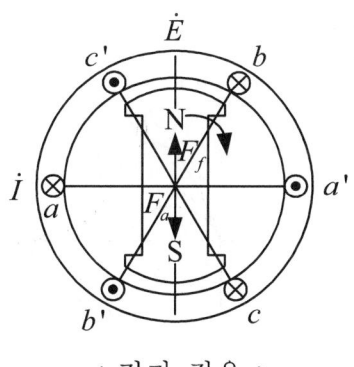

< 감자 작용 >

- 전압이 다를 경우 : 무효 순환전류(무효 횡류) 발생 -> 저항손 발생
   -> 발전기 온도 상승 -> 과열 -> 소손 가능
- 무효 순환전류 : 발전기는 동기 리액턴스가 전기자 저항보다 훨씬 크기 때문에 순환 전류는 전압에 대해서 거의 90도 늦은 위상차를 갖는다.
(2) 확인 방법 : 전압계로 확인
(3) 대책 : 전압 조정기(AVR) 이용하여 계자전류를 조정

2) 위상
(1) 현상
  위상이 다를 경우 : 위상차에 의한 동기화 전류 발생

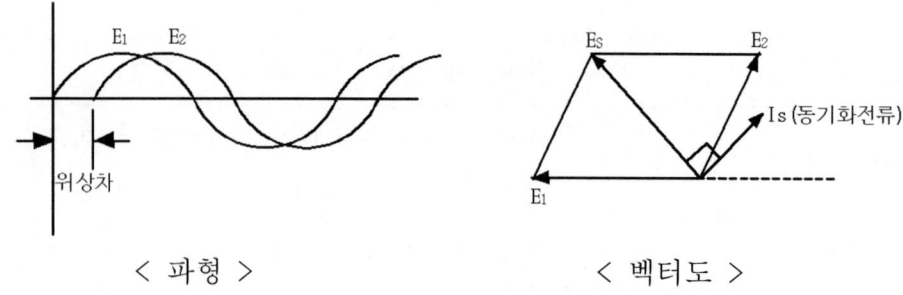

  < 파형 >   < 벡터도 >

- 위상이 앞선 발전기 : 부하 증가 -> 회전속도 감소
              부하 증가 -> 과부하 우려됨.
- 위상이 늦은 발전기 : 부하 감소 -> 회전속도 증가
 - 동기화전류 : 동기발전기를 병렬운전 할 때, 자동적으로 동일위상을 보전할 수 있게 하는 전류
(2) 확인방법 : 동기 검전기로 확인
(3) 대책 : 원동기 속도 조정하여 위상이 일치하도록 한다.

3) 주파수
(1) 현상

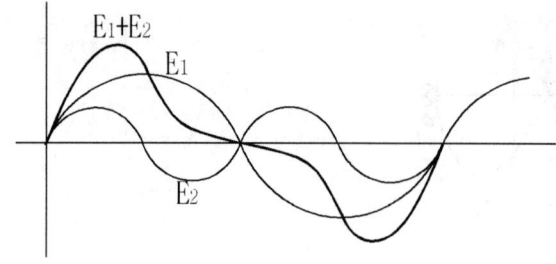

주파수가 다르면 : 기전력의 크기가 시간에 따라 달라짐.

(2) 영향

　　　무효 횡류가 두발전기간 교대로 흐르게 되어
　　 - 난조, 탈조의 원인이 되며
　　 - 발전기 단자전압이 최대 2배까지 상승 -> 권선 과열 -> 소손

4) 파형
　(1) 현상
　　　파형이 다르면 전압의 각 순간의 순시치가 달라져 발전기간 무효 횡류가 흐르게 됨.
　(2) 영향 : 전기자 동손 증가 -> 과열
　(3) 대책 : 발전기 제작상 문제로서 제작시 주의해야 하며 운전중에는 고려하지 않아도 됨.

5) 상회전 방향이 같을 것
　(1) 다를 경우 : 단락 상태가 됨 (Is = $\dfrac{E1 + E2}{1/2 Xd}$)
　(2) 확인 : 상회전 방향 검출기로 확인
　(3) 대책 : 시공시 결선 주의

3. 조건을 만족시키기 위한 조처 방법

병렬 운전 조건	조건을 만족시키기 위한 조처
1) 기전력의 크기가 같을 것	전압계를 확인하며 계자 전류를 조정해서 맞춘다.
2) 위상이 같을 것	동기 검전기로 확인하며 원동기의 속도를 조정하여 맞춘다.
3) 주파수가 같을 것	
4) 파형이 같을 것	발전기 제작시의 문제로서 운전 중에는 고려하지 않는다.
5) 상회전 방향이 같을 것	설치시 상회전 방향 검출기로 확인하여 결선

2.5 전기설비 판단기준 제283조에 규정하는 계통을 연계하는 단순 병렬운전 분산형 전원을 설치하는 경우 특고압 정식수전설비, 특고압 약식 수전설비, 저압수전 설비별로 보호장치 시설방법에 대하여 설명하시오.

1. 전기설비 판단 기준

   1) 법적 근거
      전기설비 판단기준 제283조(계통연계용 보호장치의 시설) 제3항에 따라 단순 병렬운전 분산형 전원의 역전력계전기 설치를 하여야 한다고 명시 되어 있음.

   2) 특고압 수전설비(정식)인 경우
      ① VCB반에 디지털보호계전기(역전력계전기 요소추가)를 설치하여 계전기 동작시 VCB를 차단하는 방법
      ② 배전반에 역전력계전기(32P)를 설치하여 계전기 동작시 ACB 또는 MCCB를 차단하는 방법 중 선택

   3) 특고압 수전설비(약식)인 경우
      배전반에 역전력계전기(32P)를 설치하여 계전기 동작시 ACB 또는 MCCB를 차단하는 방법

   4) 저압 수전설비인 경우
      배전반에 역전력계전기(32P)를 설치하여 계전기 동작시 MCCB를 차단하는 방법

2. 한전 분산형전원 배전계통 연계 기술기준 제18조(보호장치 설치)
   ① 분산형전원 설치자는 고장 발생시 자동적으로 계통과의 연계를 분리할 수 있도록 다음의 보호계전기 또는 동등 이상의 기능 및 성능을 가진 보호장치를 설치하여야 한다.
      1. 계통 또는 분산형전원 측의 단락·지락고장시 보호를 위한 보호장치를 설치한다.
      2. 적정한 전압과 주파수를 벗어난 운전을 방지하기 위하여 과·저전압 계전기, 과·저주파수 계전기를 설치한다.
      3. 단순병렬 분산형 전원의 경우에는 역전력 계전기를 설치한다.
         단, 신에너지 및 재생에너지 개발·이용·보급 촉진법에 의한 신·재생에너지

를 이용하여 전기를 생산하는 용량 50kW 이하의 소규모 분산형전원으로서 단독운전 방지기능을 가진 것을 단순 병렬로 연계하는 경우에는 역전력계전기 설치를 생략할 수 있다.

② 역송 병렬 분산형전원의 경우에는 단독운전 방지기능에 의해 자동적으로 연계를 차단하는 장치를 설치하여야 한다.

③ 인버터를 사용하는 분산형전원의 경우 그 인버터를 포함한 연계 시스템에 제1항 내지 제2항에 준하는 보호기능이 내장되어 있을 때에는 별도의 보호장치 설치를 생략할 수 있다.
다만, 개별 인버터의 용량과 총 연계용량이 상이하여 단위 분산형전원에 2대 이상의 인버터를 사용하는 경우에는 각각의 연계 시스템에 보호기능이 내장되어 있는 경우라 하더라도 해당 분산형 전원의 연계 시스템 전체에 대한 보호기능을 수행할 수 있는 별도의 보호 장치를 설치하여야 한다.

④ 분산형전원의 특고압 연계의 경우, 보호장치 설치에 관한 세부사항은 한전이 계통에 적용하고 있는 "계통보호업무처리지침" 또는 "계통보호업무편람"의 발전기 병렬운전 연계선로 보호업무 기준 등에 따른다.

⑤ 제1항 내지 제4항에 의한 보호장치는 접속점에서 전기적으로 가장 가까운 구내계통 내의 차단장치 설치점(보호배전반)에 설치함을 원칙으로 하되, 해당 지점에서 고장검출이 기술적으로 불가한 경우에 한하여 고장검출이 가능한 다른 지점에 설치할 수 있다.

2.6 다음과 같은 단선도에서 유도전동기가 직입 기동하는 순간, 전동기 연결 모선의 전압은 초기전압의 몇 % 가 되는지 계산하시오.

<계산 조건>
1) 각 기기들의 per unit 임피던스는 100 MVA 기준으로 계산한다.
2) 변압기 손실은 무시한다.
3) 각 모선의 초기전압은 100%로 가정한다.

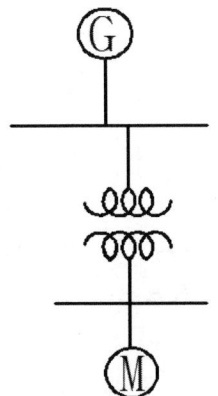

발전기 12MVA, 22kV, Xd'= 15%(자기용량 기준), R은 무시

변압기 5MVA, 22kV/6.6kV
Z = 5%(자기용량 기준), X/R = 10

전동기 정격 2700kW, 6.6kV, 역률 0.8, 효율 0.9, 기동전류는 정격전류의 5배, X/R = 20

1. 임피던스 환산(100[MVA] 기준)
   1) 발전기
   $$X_g = \%X_g \times \frac{P_n}{P_s} = 15 \times \frac{100}{12} = 125[\%] = j1.25[pu]$$

   2) 변압기
   $$Z_t = 5 \times \frac{100}{5} = 100[\%] = 1.0[pu]$$

   $(X/R) = 10$이므로 $\theta = \tan^{-1}10 = 84.3^0$
   $R_t = Z\cos\theta = 1 \times \cos84.3 = 0.0993[pu] ≒ 0.1[pu]$,
   $X_t = Z\sin\theta = 1 \times \sin84.3 = j0.995[pu]$
   따라서, $Z_t = 0.1 + j0.995[pu]$

   3) 전동기 단자에서 본 전원측 임피던스
   $Z_m = 0.1 + j(1.25 + 0.995) = 0.1 + j2.245[pu]$

2. 기동시 전동기 모선전압
   1) 전동기 기동전류
   $$I_{ms} = \frac{2,700}{\sqrt{3} \times 6.6 \times 0.8 \times 0.9} \times 5 \times (\cos\theta - j\sin\theta) = 1,312 - j984 [A]$$
   이를 기준 용량 대비 [pu]값으로 고치면
   $$I_{ms} = \frac{1,312 - j984}{\frac{100 \times 10^3}{\sqrt{3} \times 6.6}} = 0.15 - j0.1125 [pu]$$

   2) 전압강하
   $$\Delta V = Z_m I_{ms} = (0.1 + j2.245) \times (0.15 - j0.1125) = 0.2675 + j0.3256 [pu]$$
   이므로 기동순간 전압은
   $$V_m = 1.0 - (0.2675 + j0.3256) = 0.8016 [pu] = 80.16 [\%]$$
   전압으로 환산해 보면 기동시 전동기 1차측은 5,290(V)로 전압이 강하된다.

   3) 정답 : 80.16(%)

3.1 대형건물의 구내배전 용 6.6kV 모선에 6.6kV 전동기와 6.6kV/380V 변압기가 연결되어 있다. 6.6kV 전동기 부하용 과전류 계전기(50/51)와 6.6kV/380V 변압기의 고압 측에 설치된 과전류 계전기(50/51)를 정정하는 방법을 각각 설명하시오.

1. 개요

과전류 계전 요소는 정정 치보다 큰 전류가 흘렀을 때 이를 검출하여 동작하는 계전요소로, 시간 지연 없이 동작하는 순시 요소(50)와 전류의 크기에 반비례하는 시간지연을 갖고 동작하는 한시 요소(51)로 나눌 수 있다.

2. 과전류 계전기 정정

1) Incoming

(1) 한시요소 (51)

계약최대전력의 150% ~ 170%로 정정하고 수전변압기 2차측의 3상 단락 고장시 0.6sec 이하로 정정한다.

정정치는 수전 최소 단락전류의 1/1.5배 이하이어야 한다.

(2) 순시요소(50)

수전변압기 2차 3상 단락 고장전류의 150%로 정정한다.

수전변압기가 두 Bank 이상일 경우는 용량이 큰 Bank를 기준으로 한다.

순시요소는 수전변압기 1차측 고장까지는 확실하게 동작하고, 수전변압기 2차측 단락고장 및 여자돌입전류에는 동작치 않도록 정정한다.

(3) 지락 한시요소(51G)

최대계약전력 수전시 부하전류의 30% 이하로서 3상 수전 불평형전류의 1.5배 이상으로 정정한다.

수전보호구간 최소 1선지락 고장전류의 1/1.5배 이하로 정정한다.

(4) 지락 순시요소(50G)

불평형 부하전류에 의한 순시요소동작을 방지하기 위해서는 일반적으로 순시 Tap을 최대부하 전류의 3배 이상으로 정정해야 한다.

2) 변압기 feeder

(1) 한시요소 (51)

변압기 1차 및 2차측 모두에 보호계전기가 설치된 경우에 1차측은 유입 자냉식 변압기(OA) 기준 정격전류의 150~200%에서 정정하고 2차 측은 변압기 정격전류의 125~200%에서 정정하며 변압기 열적 한계점(Thermal limit point)인 ANSI point 및 돌입전류 (Inrush current)를 고려해야 한다.

(2) 순시요소(50)

변압기 2차측의 단락전류 또는 변압기의 여자돌입 전류 (Magnetizing Inrush Current)에 오동작 하지 않도록 변압기 2차측 단락전류를 1차측으로 환산한 값의 150~160% 또는 변압기 여자전류중 큰 값에서 선정하도록 한다.

또한 변압기 돌입전류(Inrush Current)값 이상에서 동작하고, 1차측 3상 단락사고시의 대칭 고장전류 값 이하에서 동작하도록 한다.

- 변압기 돌입전류 (Transformer Inrush Current)
  전부하 전류의 8 ~ 12배이며, 지속시간은 0.1초로 가정한다.
- ANSI Point (IEEE Std. 241-1974, ANSI/IEEE C57.109-1985)
  변압기에 대한 열적한계(Thermal limit)는 일반적으로 ANSI point로 표현되며 변압기 정격전류의 제곱과 고장전류의 지속시간의 곱(I^2t)으로 나타낸다.
  일반적으로 유입자냉식 변압기에는 $I^2t = 1250$을 적용한다.

3) Motor Feeder

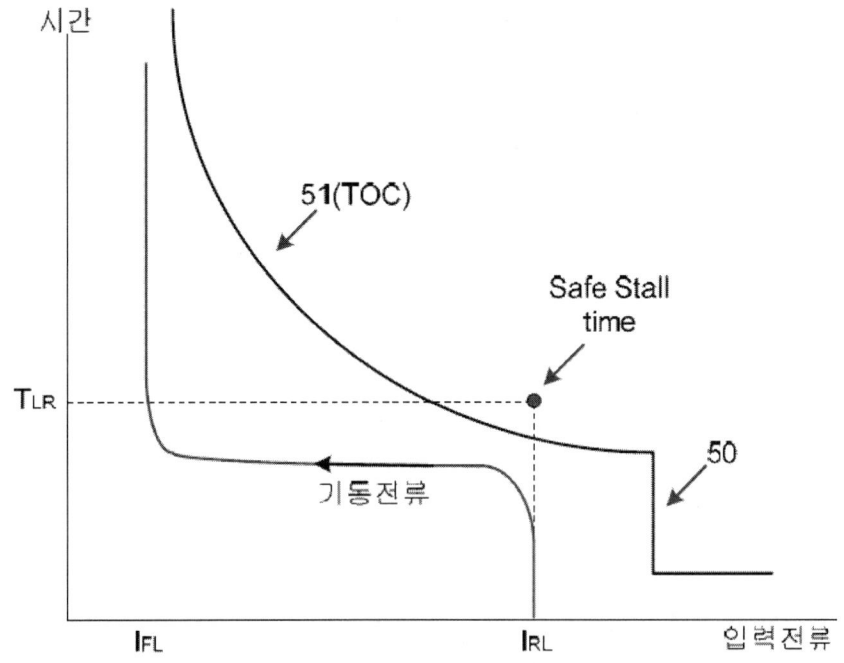

일반적인 모터의 과전류보호 곡선

(1) 한시요소 (51)

　　Motor의 전부하 전류 (FLC, Full Load Current))의 105%~125%에서 픽업(Pick-up)하도록 선정하며, 기동시간과 열적한계곡선 (Thermal limit curve)등을 고려하여 정정하여야 한다.

(2) 순시요소 (50)

　　과전류 계전기의 순시요소는 모터 기동시의 기동전류와 외부회로 고장시의 모터 기여전류와 같은 비대칭 전류가 발생하는 경우에 Trip되지 않도록 충분히 높게 정정해야 한다.

　　일반적인 정정범위는 소형 모터의 경우 모터 전부하 전류의 10 ~ 11배에 정정하고, 200HP 이상의 대형 전동기나 동기 전동기는 제작자의 실기동전류의 175 ~ 200%(즉, 기동전류가 FLC의 6배일 경우 10.5 ~ 12배)이다.

　　또한 순시요소 정정치가 계통 최소 고장 전류보다 작도록 정정하여야한다. 그림은 일반적인 모터의 과전류 보호곡선을 보여주고 있다.

3.2 비상콘센트설비에 대한 설치 대상, 전원설비 설치기준 및 비상콘센트 설치방법에 대하여 설명하시오.

1. 비상 콘센트의 기능
   건물 화재시 옥내 부분이 어두워 소화 활동이 불가하므로, 비상 콘센트를 설치하여 유사시 소방관이 필요한 조명기, 파괴기, 배연기등을 필요한 층까지 운반하여 소화 활동을 원활하게 하도록 설치하는 비상 전원 설비이다.

2. 설치 대상
   - 지하층을 포함하는 층수가 11층 이상인 특정소방대상물의 경우에는 11층 이상의 층
   - 지하층의 층수가 3층 이상이고 지하층의 바닥면적의 합계가 1천㎡이상인 것은 지하층 전체
   - 지하가 중 터널로서 길이가 500m 이상인 것

3. 설치 기준 및 설치 방법
   1) 전원
      (1) 상용 전원 회로 배선
         - 저압 수전 : 인입 개폐기 직후에서
         - 특고압 또는 고압 수전
            전력용 변압기 2차측의 주 차단기 1차측 또는 2차측에서 분기하여 전용 배선.

      (2) 비상전원
         * 지하층을 제외한 층수가 7층 이상으로서 연면적이 2,000㎡이상과 지하층의 바닥면적(주차장, 기계실, 전기실등 제외)의 합계 3,000㎡이상인 소방 대상물의 비상 콘센트 설비는 자가 발전기 설비 또는 비상 전원 수전 설비를 비상 전원으로 한다.
         * 다만 2이상의 변전소에서 전력을 동시에 공급 받을 수 있거나 하나의 변전소로부터 전력의 공급이 중단될 때 자동으로 다른 변전소로부터 전력을 공급 받을 수 있도록 상용 전원을 설치한 경우는 비상 전원을 설치하지 않아도 된다.
         * 자가 발전 설비 설치 기준
         - 점검이 편리하고 화재 및 침수의 피해를 받을 우려가 없는 곳
         - 비상 콘센트 설비를 20분 이상 유효하게 작동 시킬 수 있을 것
         - 상용 전원이 중단 될 때 자동으로 비상 전원으로 전력을 공급 받을 수 있도록 할 것

- 비상 전원의 설치장소는 다른 장소와 방화 구획을 할 것
- 비상 전원실의 실내에 비상 조명등을 설치할 것

2) 비상 콘센트의 전원 회로
   (1) 단상교류 : 220V, 1.5(KVA) 이상
   (2) 전원 회로는 각 층에 2 이상이 되도록 할 것
      단, 설치하여야 할 층의 비상 콘센트가 1개인 때에는 1회로 가능
   (3) 전원 회로는 주 배전반에서 전용 회로로 할 것
      단, 다른 설비 회로의 사고에 따른 영향이 없는 경우는 제외
   (4) 분기 배선용 차단기는 보호함 안에 설치할 것.
   (5) 콘센트마다 배선용 차단기를 설치하여야 하며 충전부가 노출되지 아니하도록 할 것.
   (6) 개폐기에는 "비상콘센트"라고 표시한 표지를 할 것
   (7) 풀박스등은 두께 1.6mm이상의 철판으로 방청 도장을 할 것.
   (8) 하나의 전용회로에 설치하는 비상 콘센트는 10개 이하로 할 것

3) 비상 콘센트용 플러그
   단상 교류 220V : 접지형 2극 플러그

4) 비상 콘센트 설치 기준
   (1) 바닥으로부터 0.8m이상 1.5m이하
   (2) 아파트 또는 바닥면적 1,000㎡ 미만인 층 : 계단의 출입구로부터 5m이내
      1,000㎡ 이상(아파트 제외) : 각 계단의 출입구로부터 5m 이내
      바닥면적 합계 3,000㎡ 이상 : 수평 거리 25m마다 설치
      기타 : 수평거리 50m마다 설치

5) 절연 저항 및 절연 내력

측정 부위	절연 저항	절연 내력 (1분)
전원과 외함사이	20MΩ / 500V 메가	정격전압 x 2 + 1,000V

6) 보호함
   - 쉽게 개폐할 수 있는 문 설치
   - 함 표면에 "비상 콘센트" 표지 설치
   - 함 상부에 적색 표시등 설치
     (옥내 소화전과 겸용시 옥내 소화전용으로 겸용 가능)

7) 배선
   - 전원 회로 배선 : 내화 전선
         기타 : 내화 전선 또는 내열 전선 사용

3.3 차단기의 개폐에 의해 발생하는 서지의 종류별 특징과 방지대책에 대하여 설명하시오.

1. 개 요
   1) 회로차단은 역율이 나쁠수록(전압과 전류의 위상이 클수록) 어려워지며, 이것은 전류"0"일때 접점간 전압이 높기 때문이다.
   2) 충전전류(무부하 선로의 개폐), 진상 전류(전력용 콘덴서 개폐), 여자전류(무부하 변압기 개폐)의 개폐가 주로 문제된다.
   3) 개폐서지는 뇌서지에 비해 비록 파고값은 낮으나 지속시간이 수 ms로 비교적 길기 때문에 기기의 절연에 주는 영향을 무시할 수 없다.

2. 개폐시 현상
   1) 충전전류 개폐서지
      충전전류는 앞선전류로서 차단하기는 쉽지만 재 점호를 일으키는 경우가 있고, 그때마다 서지에 의한 이상전압이 발생한다.
      (1) 투입시
         ① 과도전압 : 교류 전압 최대값의 2배까지 나타난다.
         ② 돌입전류 : Imax = Ic $(1 + \sqrt{\dfrac{Xc}{Xl}})$. 약 5~6배
         ③ 돌입 주파수 = $f \sqrt{\dfrac{Xc}{X_L}}$

      (2) 차단시 : 재점호
         차단 과정중 회복전압에 이르는 과정에서 과도전압 (재기전압)이 나타나게 되며,
         재기 전압이 크면 차단기 접촉자 사이에 절연이 파괴되어 아크가 발생하는 재 점호가 일어나며, 그 크기는 교류 전압 최대값의 약 3배에 이르는 서지가 발생하며, 반복 재 점호의 경우에는 최대 상전압의 약 6~7배의 높은 전압이 발생한다.

      (3) 대책
         - 진공차단기등 서지 발생 차단기 설치시는 S.A를 차단기 2차측에 설치
         - 중성점 접지
         - 차단속도를 빠르게 하여 재 점호 방지

2) 여자전류 차단서지
   유도성(지연전류) 소전류 차단시 발생하는 서지로서 다음과 같은 2종류의 서지가 있다.
   (1) 전류 재단(절단) 서지
   변압기나 전동기가 소용량인 경우 서지가 더 심하며 진공차단기등 소호력이 강한 차단기로 차단시 전류가 자연 "0"점 전에 강제적으로 소호되는 현상

   이상전압 $e = L \cdot \dfrac{di}{dt}$ (V)

   (2) 반복 재점호 서지
   전류 절단으로 서지 발생시 차단기의 극간 절연이 충분히 회복되지 않으면 재발호 현상이 나타나고 조건에 따라 발호, 소호가 짧은 시간에 여러 번 반복되는 현상을 반복 재 점호라 한다.

   (3) 대책
   - 유도성 부하에 병렬로 적당한 콘덴서 설치
   - 여자전류값이 작아 DS로도 절단이 가능하면 DS를 설치하여 절단.
   - VCB : S.A 설치

3) 고장전류 차단서지
   (1) 원인
   중성점을 리액터접지 시킨 계통에서 고장전류는 90°에 가까운 지상 전류이다. 이것을 전류 영점에서 차단하면 차단기의 차단 전압이 정상 전압의 약 2배 이하로 걸릴 수 있다

   (2) 대책
   일반적으로 방지대책이 필요치 않으나 높은 값의 전압이 걸리는 경우에는 중성점에 저항접지를 실시

4) 3상 비 동기 투입
   (1) 원인
   차단기의 각상 전극은 정확히 동일한 시간에 투입되지 않고 근소하나마 시간적 차이가 있는 것이 보통이다.
   이 차이가 심한 경우는 상시 대지 전압의 3배 전후의 써지가 발생할 수 있다.

(2) 대책

　변압기 2차측에 콘덴서나 피뢰기 설치

5) 고속 재폐로 서지
　(1) 원인

　　재폐로 시에 선로의 잔류 전하에 의해 재 점호가 일어나면 큰 써지가 발생 한다.

　(2) 대책
　　- 재투입 시간을 늦게 한다.
　　- 차단 후 선로의 잔류 전하를 대지로 방전시킨 후 재투입 한다.

6) 무부하 선로투입
　(1) 원인

　　무부하 선로에 최대치 Em의 전원을 투입하면 전압의 진행파가 선로의 종단에 도달 했을때 종단이 개방되어 있으므로 정반사하여 2Em의 이상전압이 발생 한다.

　(2) 대책

　　2배 정도의 이상전압이므로 특별한 대책은 강구하지 않아도 된다.

3.4 대지저항율에 영향을 미치는 요인에 대하여 설명하시오.

1. 개요
   1) 접지 저항
      - 접지 저항은 대지 저항율에 전극의 형상등 함수의 곱이다.
         즉, 접지저항 $R = \rho \cdot f$
         여기서 ρ : 대지 저항률 ($\Omega.m$)
              f : 함수 (전극의 형상에 의해 결정됨)

   2) 대지 저항율
      - 대지저항율이란 대지(토양)의 일정 체적의 전기저항이며, 대지 고유 저항이라고도 하며, 단위로는 ($\Omega.m$) 또는 ($\Omega.Cm$)를 사용한다.
      - 접지 저항은 대지 저항율이 낮을수록 낮아져 양호한 값을 얻는다.
      - 대지 저항율에 영향을 주는 요인은 흙의 종류, 수분의 양, 온도, 계절, 흙에 녹아있는 물질의 종류나 농도 등에 따라 변화한다.

분류	대지 저항율 값($\Omega.m$)	지역
저 저항율 지역	$\rho < 100$	연안의 저지대
중 저항율 지역	$100 \leq \rho < 1,000$	내륙 평야지대
고 저항율 지역	$1,000 \leq \rho$	산악, 암반지역

2. 대지 저항율에 영향을 주는 요인
   1) 흙의 종류
      흙의 종류는 진흙, 점토, 모래질, 사암, 암반지대로 구분되며 대지 저항율은 다음순서로 나타난다.
      늪지, 진흙 -> 점토질 -> 모래질 -> 사암 -> 암반지대순으로 대지 저항이 커져 접지 저항값이 높게 나온다.

분류	진흙	점토	모래
대지저항($\Omega.m$)	80~200	150 ~ 300	200 ~ 500

   2) 수분 함유량
      수분을 많이 함유 할수록
      접지 저항값이 낮아진다.

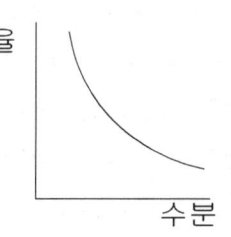

3) 온도

대지는 온도가 높을수록 저항율이 낮아진다. (즉, 부저항 특성임)

$R_2 = R_1 \{ 1 - a (T_2 - T_1) \}$

여기서 R_2 : T_2 일때의 저항(Ω)

　　　　R_1 : T_1 일때의 저항(Ω)

　　　　a : 온도 T_1 에서의 저항 온도계수

4) 계절

7,8월 장마기가 대지 저항율이 낮고 1,2월 동절기가 대지 저항율이 높아진다.

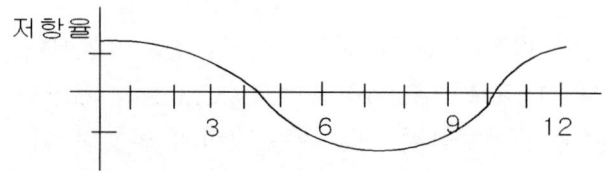

5) 화학물질
- 토양속에 전해질의 화학 물질이 있으면 저항율이 크게 감소
- 전해질 : 물 등 용매에 용해하여 수용액으로 되었을 때, 전리하여 이온(ion)이 발생하여 전류를 흐르게 하는 물질.(예, 염화나트륨)

6) 기타
- 해수 영향 : 해수 지역에서 저항율이 낮아짐.
- 암석 영향 : 흑연이나 철분이 함유되어 있으면 저항율이 낮아짐.

3. 대지저항율 측정

1) Wenner 의 4전극법

(1) 1915년 Frank Wenner가 발표한 4개의 전극을 직선상으로 동일한 간격으로 배치하는 방법으로 현재 대지저항률의 측정방법으로 가장 많이 사용되고 있다.

(2) 측정 원리
- 전류를 접지전극에 유입시켜 대지저항률을 측정하는 경우 측정용 전류가 대지를 침투한 깊이까지의 대지저항률의 평균값을 얻게 된다.
- Wenner의 4전극법 전극 배치는 아래 그림과 같으며, 전극 C1 과 C2 사이에 전원을 접속시켜 대지에 전류를 흘려보내면 P1 과 P2 사이에 생긴 전위차가 발생하는데 이 전위차 측정값을 대지에 흘려보낸 전류[I]값으로 나누면 접지저항값 R[Ω]을 구할 수 있으며, 전극간격을 a[m]라 하면 대지저항률 ρ[Ω.m]는 다음식으로 구할 수 있다.

대지저항 $\rho = 2\pi a \cdot R\ (\Omega \cdot m)$

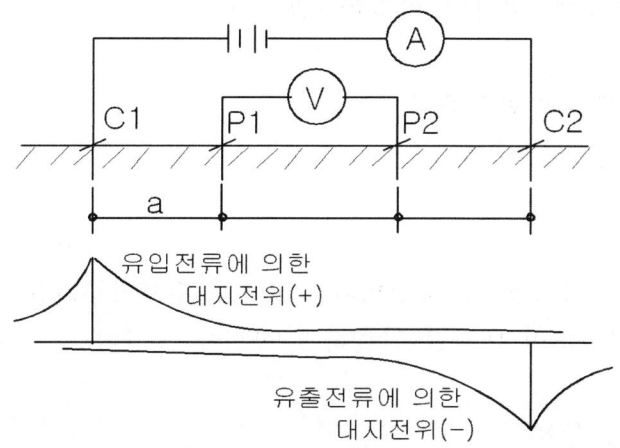

- ρ : 흙의 저항율($\Omega \cdot m$)
- a : 전극간의 거리(m)
- R : 저항 값 (V/I : 측정치)

2) Schlumberger(슐룸베르거 법)

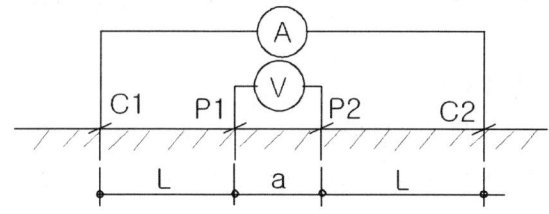

- WENNER의 4 전극법의 정확도를 개선한 방법으로 전극의 간격을 다르게 하여 오차를 줄인 방법임.
- 전압극 a는 L의 1/20 정도로 하여 상호 간섭에 의한 오차를 줄임.

3) 2전극법
- 현장에서 개략적으로 측정하는 방법임
- 이동성이 간단하고 측정이 간편하나 정확성이 낮음
  (방법)
- 전극 2개를 전류계를 통하여 접속

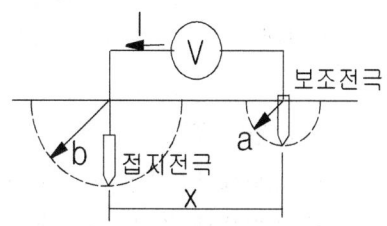

3.5 전력시설물의 감리대가 산출방법에서 정액적산방식과 직선보간법에 의한 요율 산정방법에 대하여 설명하시오.

인용 : 전력기술관리법 운영요령

1. 용어 설명
   1) 정액적산방식
      직접인건비, 직접경비, 제경비와 기술료, **추가업무비용**의 합계금액에 부가가치세를 합산하여 대가를 산출하는 방식을 말한다.

   2) 실비정액가산방식
      감리원 배치계획에 따라 산출된 감리원의 등급별 인원수에 직접인건비, 직접경비, 제경비와 기술료의 합계금액에 부가가치세를 합산하여 대가를 산출하는 방식을 말한다.

   3) 직선보간법
      공사비가 요율표의 각 단위 중간에 있을 때의 요율을 산출하는 방식을 말한다.

2. 감리대가의 산출 (제24조)
   ① 공사감리용역대가는 정액적산방식을 적용하여 산출한다. 다만, 제33조(수전용 변압기 또는 발전기의 용량 변경이 수반되지 아니하는 보수공사)에 따른 공사감리용역대가는 실비정액가산방식을 적용하여 산출할 수 있다.

   ② 제1항에도 불구하고 제25조제2항(일정규모 이상 공동주택 및 건축물의 전력시설물공사)에 따라 감리원을 배치하는 경우의 공사감리용역대가는 실비정액가산방식을 적용하여 산출한다. 다만, 다음 각 목에 해당하는 공동주택 및 건축물의 경우, 전단의 규정에 따라 산출된 공사감리용역대가에서 해당 범위까지 감액하여 조정할 수 있다.

      가. 공동주택
      (1) 300세대 이상 400세대 미만: 15퍼센트 범위
      (2) 400세대 이상 500세대 미만: 10퍼센트 범위
      나. 건축물
      (1) 10,000제곱미터 이상 20,000제곱미터 미만: 15퍼센트 범위
      (2) 20,000제곱미터 이상 30,000제곱미터 미만: 10퍼센트 범위

3. 직선보간법

    표의 감리원수는 고급감리원 기준이며, 공사비가 중간에 있을 때는 직선보간법에 의한 감리원수를 적용한다. 다만, 소수점 이하는 둘째 자리에서 반올림 한다.

$$Y = y_1 - \frac{(X - x_2)(y_1 - y_2)}{(x_1 - x_2)}$$

Y : 해당 공사비 요율, X : 해당금액, x_1 : 큰 금액, x_2 : 작은 금액
y_1 : 작은 금액요율, y_2 : 큰 금액요율

4. 공동주택 등의 감리원 배치기준 [별표 2의2]

구분	규모	감리원배치 인원수
가. 공동 주택	300세대 이상 800세대 미만	영 별표 3의 기준에 따른 책임감리원 1명을 포함한 감리원 1명 이상을 총 공사기간동안 배치
	800세대 이상	영 별표 3의 기준에 따른 감리원을 다음과 같이 배치 - 책임감리원: 1명을 총 공사기간동안 배치 - 보조감리원: 1명 이상을 총 공사기간대비 50퍼센트 이상 배치. 다만, 400세대를 초과할 때마다 총 공사기간대비 50퍼센트 이상 추가배치
나. 건축물	연면적 10,000 제곱미터 이상 연면적 30,000 제곱미터 미만	영 별표 3의 기준에 따른 책임감리원 1명을 포함한 감리원 1명 이상을 총 공사기간동안 배치
	연면적 30,000 제곱미터이상	영 별표 3의 기준에 따른 감리원을 다음과 같이 배치 - 책임감리원: 1명을 총 공사기간동안 배치 - 보조감리원: 1명 이상을 총 공사기간대비 50퍼센트 이상 배치. 다만, 20,000제곱미터를 초과할 때마다 총 공사기간대비 50퍼센트 이상 추가배치

3.6 건축물의 전기설비를 감시제어하기 위한 전력감시제어 시스템의 구성 시 PLC(Programmable Logic Controller), HMI(Human Machine Interface), SCADA(Supervisory Control And Data Acguistion)을 사용하고 있다. 각 제어기의 특징과 적용시 고려사항에 대하여 설명하시오.

1. 개요

스카다 또는 감시 제어 및 데이터 취득(Supervisory Control And Data Acquisition, SCADA)은 일반적으로 산업 제어 시스템. 즉, 산업 공정/기반 시설/설비를 바탕으로 한 작업 공정을 감시하고 제어하는 컴퓨터 시스템을 말한다.

2. PLC(Programmable Logic Controller)

1) 개념
- PLC(Programmable Logic Controller)는 "Process 혹은 Equipment 의 제어를 위한 논리 연산, Sequence 제어, 지연, 계산 및 산술연산 등의 제어동작을 시키기 위해
- 제어순서를 일련의 명령어 형식으로 기억하는 메모리를 갖고, 이 메모리의 내용에 따라 디지털, 아날로그의 입출력 모듈을 통해 여러가지 기계와 프로세스를 제어하는 디지털 조작형 전자장치"를 말한다.

2) 구성

(1) CPU연산부

PLC의 두뇌를 해당하는 부분으로 메모리에 저장되어 있는 프로그램을 하나씩 꺼내어 해독하여 처리 내용을 실행한다. 이 절차는 매우 빠른 속도로 반복되며, 모든 정수는 2진수로 한다.

(2) CPU의 메모리

메모리 소자로는 ROM(Read Only Memory), RAM(Random Access Memory) 등이 있다.
ROM(Read Only Memory)은 읽기 전용으로 메모리 내용을 변경할 수는 없다.
RAM(Random Access Memory)은 메모리에 정보를 수시로 읽고 쓰기가 가능하여 정보를 일시 저장하는 용도로 사용되나, 전원이 끊어지면 기억시킨 내용들을 잃어버리는 휘발성 메모리이다.

(3) 입 출력부

현장의 외부 기기에 직접 접속하여 사용하는데, 데이터를 입출력하는 설비이다.

3) 특징
   (1) 설계의 단순화
       부품 배치의 간략화와 Sequence 설계의 용이성, 시운전 및 조정의 용이함등 대폭적인 설계의 단순화를 이룰 수 있다.
   (2) 신뢰성의 향상
       무접점 회로를 이용함으로써 릴레이, 타이머등에서 발생되는 Hardware적 접점 사고에 의한 문제를 감소시켜 신뢰성이 향상된다.
   (3) 정비의 용이성
       PLC는 동작표시 기능, 자기진단 기능, 감시기능 등 상태표시기능을 내장하고 있어 정비가 용이하다.
   (4) 소형화 및 표준화
       반도체 소자를 이용하므로 릴레이 Control Panel 의 크기에 비해 현저하게 소형이며, 제품의 표준화가 가능하다.

3. HMI(Human Machine Interface)
   1) 개념
      - HMI (Human Machine Interface)란 의미 그대로 기기와 기기간의 접속, 인간과 기기 간의 접속을 원활하게 하는 것으로 인간과 기계의 상호 의사전달을 지원하는 시스템으로
      - 인터페이스를 담당하는 입출력 시스템과 그와 관련된 소프트웨어 기술이라고 할 수 있다.
      - 즉, 사람과 기계의 커뮤니케이션을 도와주는 다양한 방법이 동원되는 장치라 말할 수 있을 것이다.

   2) 구성
      - 산업현장의 여러 가지 장치들을 중앙의 컴퓨터에서 감시하고 제어하기 위해 사용된다.
      - 즉 현장을 가지 않더라도 운전자가 전체 공저의 프로세스를 한 눈에 파악하고 쉽게 운전할 수 있도록 원거리에 있는 공장의 각종기계 및 센서 등의 동작상태 등을 중앙컴퓨터 화면에 보여주고 각종 데이터를 분석, 기록 관리하기 위한 소프트웨어라 할 수 있다.
      - 또한 감시, 제어 포인트가 적고 간단한 프로세스라면 컴퓨터가 직접 외부기기와의 연결을 할 수도 있지만 Logic이 복잡한 시퀀스를 감시제어 하기 위해서는 자동제어 전용 컨트롤러가 필요하다.

4. SCADA(Supervisory Control And Data Acguistion)
   1) 개념
      - 집중 원격감시 제어시스템 또는 감시 제어 데이터 수집시스템이라고도 하는 SCADA 시스템의 감시 제어기능을 말한다.
      - SCADA 시스템은 통신 경로상의 아날로그 또는 디지털 신호를 사용하여 원격장치의 상태 정보 데이터를 원격소 장치(remote terminal unit)로 수집, 수신·기록·표시하여 중앙 제어 시스템이 원격 장치를 감시 제어하는 시스템을 말하며
      - 발전·송배전시설, 석유화학 플랜트, 제철공정 시설, 공장 자동화 시설 등 여러 종류의 원격지 시설 장치를 중앙 집중식으로 감시 제어하는 시스템이다.

   2) 기능
      - 원격장치의 경보 상태에 따라 미리 규정된 동작을 하는 감시 시스템의 기능인 경보 기능
      - 원격외부 장치를 선택적으로 수동, 자동 또는 수·자동 복합으로 동작하는 감시 제어 기능
      - 원격 장치의 상태 정보를 수신, 표시·기록하는 감시 시스템의 지시·표시 기능
      - 디지털 펄스 정보를 수신, 합산하여 표시·기록에 사용할 수 있도록 한다.

   3) 특징
      (1) 인력절감과 관리의 효율화
         - 소수 정예 요원으로 건물 설비운영
         - 데이터를 활용하여 사전에 인지하고 대처하므로써 질 높은 관리 실현

      (2) 최적 환경 유지 및 향상
         - 안정적인 전력의 공급 및 유지로 건축물의 안전한 환경제공
         - 재실자에게 적절한 조명을 제공하여 쾌적하고 편리한 환경제공

      (3) 에너지 절약
         - 높은 효율 운전 가능하여 에너지 절약 가능
         - 전력제어와 조명제어 등을 통한 에너지 절약

      (4) 안전의 확보
         - 정전, 화재 시 통합관리 체제로 피해를 최소화
         - 방범, 방재의 통합관리로 인한 안전의 확보

4.1 변압기 2차 사용 전압이 440V 이상의 회로에서 중성점 직접접지식과 비접지 계통에 대한 지락차단장치의 시설방법에 대하여 설명하시오.

1. 접지계통 지락보호 방식
  1) Y 결선(잔류 회로법)

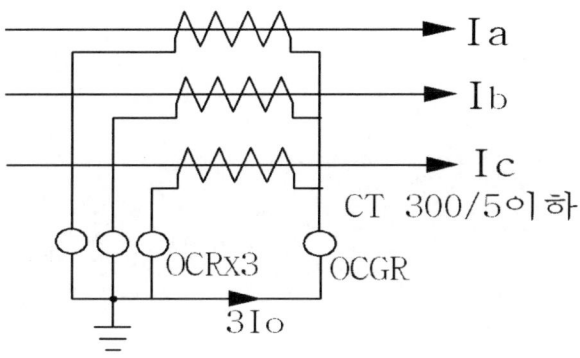

  (1) 단락 전류나 지락 전류 검출이 용이하다.
  (2) 각상 전류 : 단락 보호 및 과전류 보호
  (3) 잔류 회로 : 지락 보호
      그림에서 각상 전류의 벡터 합은 영상 전류의 3배가 된다.
  (4) CT 2차를 접지 할 때는 CT측이나 계전기측 중 한곳에서만 접지를 해야 한다.

  2) 3차 영상 분로 회로

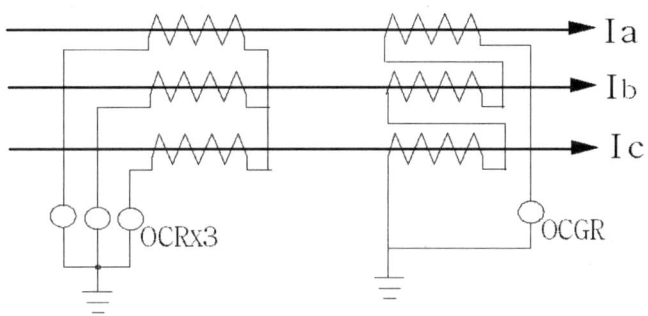

  (1) 1차 정격 전류가 400A 이상인 회로의 잔류 회로에서는 계전기 동작에 필요한 영상 전류를 얻지 못할 수가 있다.
  (2) 3차 영상 분로 회로에는 I_0 전류가 흐름.(Y접속의 1/3값)

3) 중성선 CT 이용 방법

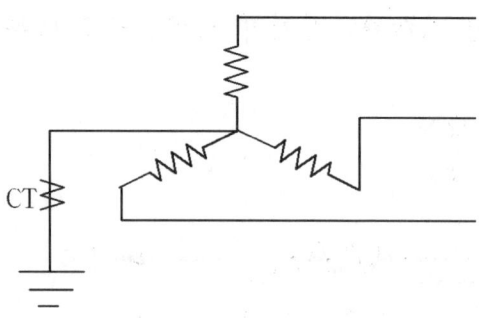

4) ZCT 이용 방법(비 접지 계통, 저항 접지 계통)

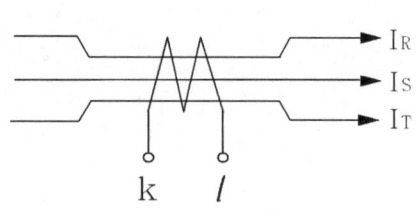

비 접지계 1차 : 200mA
　　　　2차 : 1.5 mA
저항접지계 : n / 5 A
　　　　n : 100, 200A 등

$$In = \frac{Ia + Ib + Ic}{3} = \frac{3Io}{3} = Io$$

2. 비접지계통 지락보호 방식
　1) 지락 과전압 계전 방식(OVGR. 64)

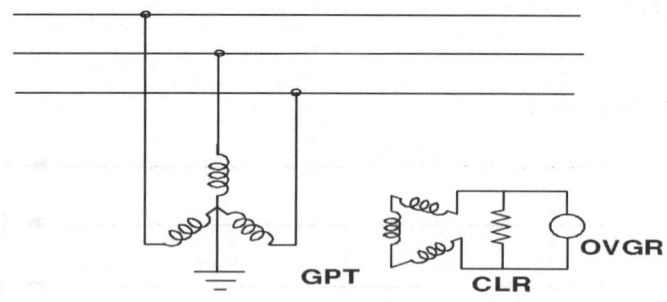

비접지 계통에서 지락 사고 발생시 지락 전류의 귀로가 없으므로 지락 전류 검출이 어려워 GPT(접지 변압기)를 이용하여 지락 전압을 검출하여 차단기를 동작하여 선로 및 기기를 보호한다.

2) 방향 지락 계전 방식(SGR . 67G)

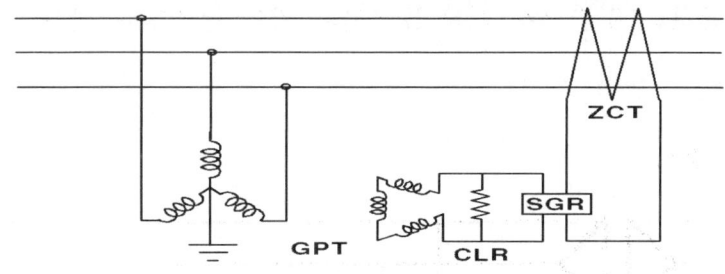

- SGR을 사용하여 사고 선로를 선택차단한다.
- 위 그림과 같이 GPT는 3차측은 Open Delta결선하여 제한저항에 $3V_0$ 가 나타나 SGR 전압 요소에 인가된다.
- 지락 전류는 선로 충전 전류와 제한 저항에 의한 전류의 합인데 비교적 적기 때문에 ZCT에 의해 SGR에 도입된다.
- 사고 회선과 건전회선의 지락 전류방향이 반대이므로 이것으로 선택성을 갖는다.

3) 지락 과전압 지락 방향 계전방식

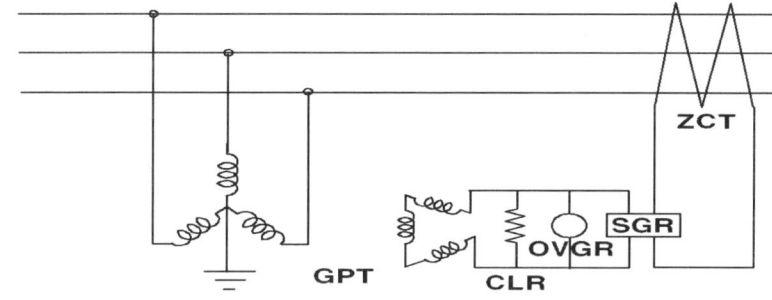

- 주로 OVGR은 주 회로에 사용하고 SGR은 분기 회로에 사용 하는데 둘 다 너무 예민하여 전체 회로를 차단하는 경우가 많이 발생한다.
- 따라서 이 둘을 조합하여 OVGR접점과 SGR접점을 직렬로 구성하여 모두가 작동하였을 때 지락 회로만을 차단하기 위해 사용함.
- 신뢰성이 높은 회로이다

4) 누전 차단 방식

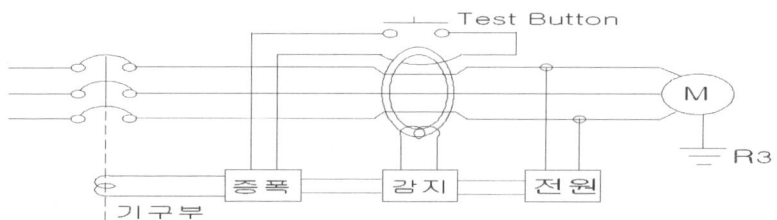

전로에 지락이 생겼을 때 발생하는 영상 전압 또는 영상 전류를
검출하여 차단하는 방식으로 전류 동작형과 전압 동작형이 있다.

5) 접지 콘덴서 방식

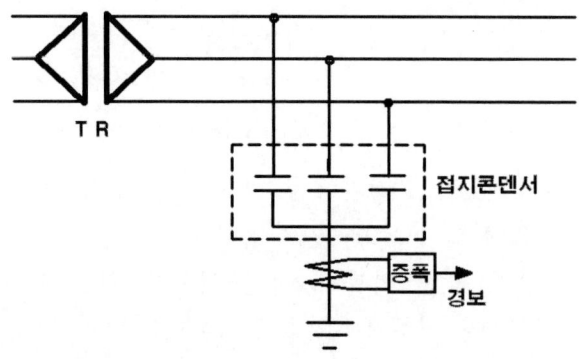

- 비접지 계통에서 지락전류를 얻기 위하여 콘덴서를 이용하는 방식
- 트립보다는 경보를 주로 함.

4.2 전동기의 제동방법에 대하여 종류를 들고 설명하시오

1. 개요
   1) 제동 종류
      - 정지제동 : 전동기의 운전을 정지하는 제동
      - 운전제동 : 전동기의 속도를 억제하는 제동
   2) 제동방식
      - 기계적 제동법 : 마찰브레이크, 유압 브레이크, 공기압 브레이크
      - 전기적 제동법 : 발전제동, 회생제동, 역상제동, 직류제동, 단상제동

2. 제동방식
   1) 기계적 제동법
      - 종류 : 마찰브레이크, 유압 브레이크, 공기압 브레이크
      - 장점 : 정전시에도 제동을 걸수 있다.
              저속도 영역에서의 제동도 가능
              정지후에도 제동력 유지 가능
      - 단점 : 브레이크 편의 마찰열에 주의해야 하고 마모에 따른 정기적인 보수가 필요하다.

   2) 전기적 제동법
      전기적인 제동은
      - 마모 부분이 없다
      - 감속에 따라 제동력이 약해질 수 있다.
      - 신속한 정지를 위해 기계적 제동과 변용할 필요가 있다.
      (1) 발전 제동(Dynamic 제동, 저항제동)

      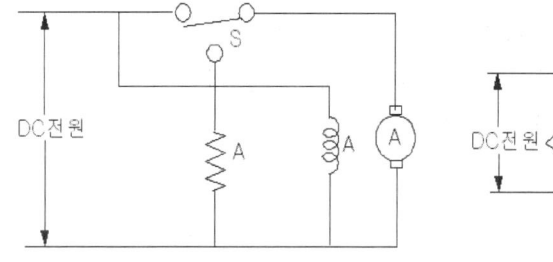 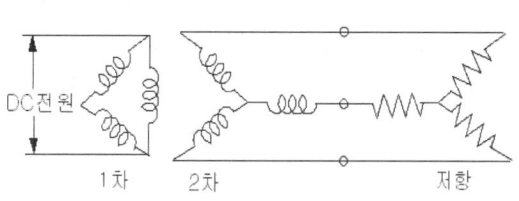
      < 직류 전동기 발전제동 >   < 유도전동기 발전제동 >

      가. 직류 전동기 발전제동
         - 전기자 권선만 전원에서 분리하여 발전제동용 저항기에 접속
         - 전기자가 전동기에서 발전기로 작동하여 그 출력을 저항에서 소비하여 제동을 함.

나. 유도전동기 발전제동
  - 1차측을 교류전원에서 분리하여 직류 전원에 접속하고
  - 2차측은 발전제동용 저항에 접속하여 이 저항에서 전력을 흡수토록 함.

다. 발전제동 특징
  - 접속하는 저항기 값에 의해서 제동토크와 속도가 변화하고
  - 흡수한 에너지는 저항기 안에서 열로 소비되기 때문에 주의가 필요하며 저항제동이라고도 함.

(2) 회생제동
 가. 원리

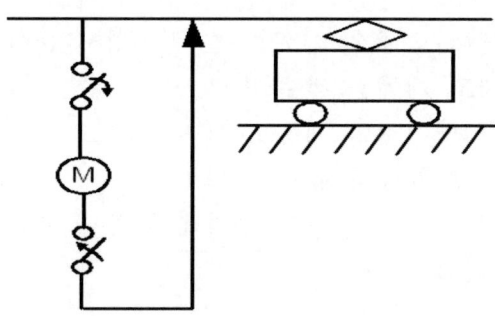

   전동기에서 발생하는 역기전력을 전동기 단자전압보다 높게 하여 발전기로서 동작시켜 회전부의 운동에너지가 전력에너지로 바뀌게 되어 전원측으로 이 에너지를 되돌려 보내는 방법임

 나. 방법
  - 전기자 전압을 급감 또는 계자전류를 급히 상승시킬 때
  - 중력부하를 하강시키는 경우 속도가 빠를 때, 전동기에서 발생하는 유기기전력이 전원전압보다 높아지면 회생제동을 함.

 다. 특징
  - 제동시 손실이 가장 적고
  - 효율이 높은 제동법임.

 라. 용도
  - 권상기, 엘리베이터, 기중등으로 물건을 내릴 때
  - 전차가 언덕을 내려갈 때 과속 방지등

(3) 역상 제동 (Plugging)

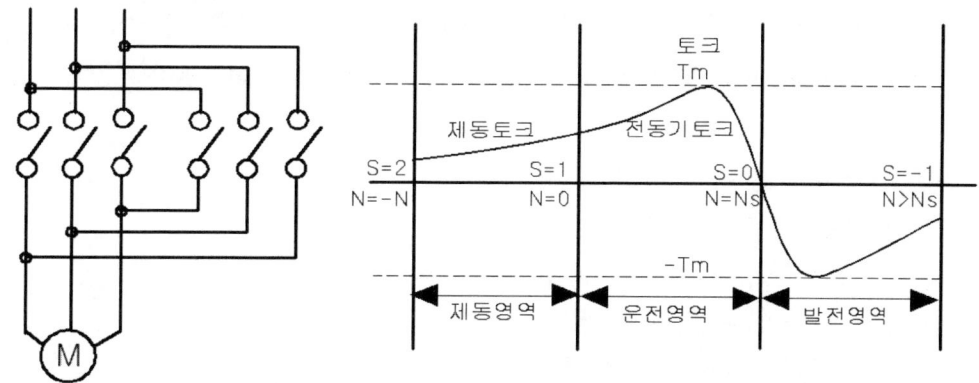

- 유도 전동기 고정자 권선의 2상을 절환하여 회전 자계의 방향을 뒤집어 역방향의 토크를 주어 제동하는 방식임.
- 특징 : 제동 효과 우수
  역상 제동중 대전류 주의

(4) 직류 제동법

공급중인 교류 전원을 차단하고 직류 전원을 공급하여 제동하는 방식임.

	SW 1	SW 2
평상시	ON	OFF
제동시	OFF	ON

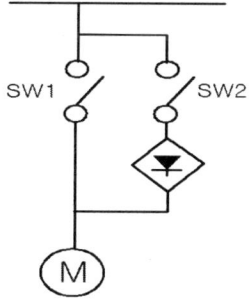

(5) 단상 제동법

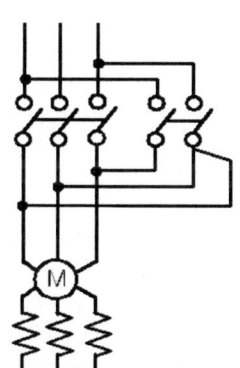

- 2차 저항 R_2 를 적당한 크기로 한 상태에서 고정자 권선을 3상에서 단상으로 전원을 공급시키는 방법 (권선형에만 해당)
- 제동중 고정자 권선 전류는 25% 정도 흘러 과열되는 경우가 있으므로 중규모 이하에 주로 사용

4.3 전선의 보호장치에 대한 내용 중 다음에 대하여 설명하시오.
   1) 과부하에 대한 보호장치의 시설위치와 보호장치를 생략할 수 있는 경우
   2) 단락에 대한 보호장치의 시설위치와 보호장치를 생략할 수 있는 경우

1. 보호 장치의 종류
   1) 과 부하 전류에 대한 보호 장치
      - 일반적으로 반 한시성 보호 장치 이용
   2) 단락 전류에 대한 보호 장치
      - 예상 단락 전류 이상의 차단 용량을 가질 것
      - 단락 기능을 가진 차단기 및 Fuse 이용
   3) 과 전류 및 단락 전류에 대한 보호
      - 예상 단락 전류 이상의 차단 용량을 가질 것

2. 과 부하 전류에 대한 보호 장치
   1) 시설 위치
      - 전선의 단면적, 종류에 따라 허용 전류가 감소하는 위치에 시설
        다만, 전선의 길이가 3m이하이고 부근에 가연성 물질이 없는 경우는 부하 측의 어느 부분에라도 설치할 수 있다.
   2) 전선과 보호 장치의 협조

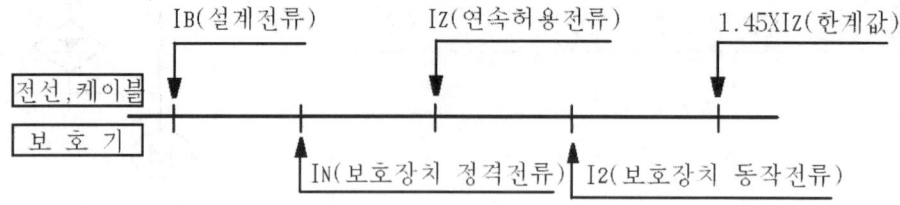

   - IB ≤ IN ≤ IZ
   - I2 ≤ 1.45 x IZ
       여기서 IB : 회로의 설계 전류
             IN : 보호 장치의 정격 전류
             IZ : 전선의 연속 허용 전류
             I2 : 보호 장치 동작 전류

3. 단락 전류에 대한 보호 장치
   1) 시설 위치 및 특성
      (1) 전선의 단면적, 종류에 따라 허용 전류가 감소하는 위치에 시설.
          배선은 가연성 물질에 근접하여 시설하지 말 것.

(2) 전선 및 접속부에 열적, 기계적으로 위험한 영향을 주기전에 차단할 것
(3) 보호장치의 정격 차단전류는 사고 지점의 예상 단락전류 이상일 것
(4) 보호장치는 해당전선이 단시간 허용온도를 초과하기전에 차단 할 것

　　단시간 허용온도에 도달하는 시간 (t) $\sqrt{t} = k \dfrac{S}{Is}$ 임.

　　여기서 k : 전선의 온도 계수
(5) 병렬 전선의 단락 보호
　- 2개의 전선이 병렬인 때 : 각 전선의 전원측에 시설
　- 3개 이상의 전선이 병렬인 때: 각 전선의 전원측 및 부하측에 시설

4. 과 전류 및 단락 전류에 대한 보호
　1) 하나의 도구에 의한 보호
　2) 별개의 도구에 의한 보호

5. 회로 종류에 따른 요구사항
　1) 상전선 보호
　　- 과전류 검출 : 모든 상 전선에 실시

　2) 중성선 보호
　　(1) TT 및 TN 계통
　　- 중성선의 단면적 ≥ 상전선의 경우 : 중성선에 과전류 검출기 또는 차단기 필요 없음.
　　- 중성선의 단면적 < 상전선의 경우 : 중성선의 면적에 맞는 과전류 검출기 설치하여 상 전선을 차단할 것.

　　(2) IT 계통
　　- IT 계통에서는 중성선을 시설하지 말 것
　　- 다만 다음의 경우는 시설 가능
　　　가. 중성선에 과전류 검출 기능을 갖추고 중성선을 포함한 회로 전체를 차단하는 경우

　3) 중성선 차단 및 재 폐로
　　- 차단 : 중성선은 상전선 차단하기 전에 차단하지 말 것
　　- 재 폐로 : 중성선은 상 전선과 동시 또는 그 이전에 재폐로 할 것.

4.4 녹색건출물 조성 지원법에서 규정하는 에너지 절약계획서 내용 중 다음에 대하여 설명하시오.
1) 전기부문의 의무사항
2) 전기부문의 권장사항
3) 에너지절약계획서를 첨부할 필요가 없는 건축물

1. 적용범위
   2013년 9월 1일 부터는
   냉난방을 하는 연면적의 합계가 500제곱미터 이상인 경우에는 건축물의 용도와 관계없이 에너지절약계획서를 첨부하여야 한다.

2. 전기부문 의무사항
   1) 수변전 설비
      고효율변압기 설치 : 몰드변압기, 아몰퍼스 변압기, 자구 미세화 변압기 채택

   2) 간선 및 동력 설비
      ① 전압강하 : 내선규정을 따라야 한다.
      ② 역률 개선용 콘덴서 : 전동기별로 설치

   3) 조명 설비
      ① 고효율 조명기기를 사용 : 램프, 안정기, 반사갓등
      ② 형광램프 전용안정기를 사용 : 전자식
      ③ 공동주택 각 세대내의 현관 및 숙박시설의 객실 입구 : 인체감지점멸형 또는 점등 후
         일정 시간 후 자동 소등되는 조명기구를 채택
      ④ 필요에 따라 부분조명이 가능하도록 점멸회로를 구분
      ⑤ 일사광이 들어오는 창측의 전등군 : 부분점멸이 가능하도록 설치(다만, 공동주택은 제외)
      ⑥ 층별, 구역별, 세대별 일괄소등스위치 설치

   4) 대기 전력
      ① 공동주택
         거실, 침실, 주방에는 대기전력자동차단콘센트 또는 대기전력 자동 차단 스위치를 1개 이상 설치하여야 하며, 대기전력자동차단콘센트 또는 대기전력차단스위치를 통해 차단되는 콘센트 개수가 전체 개수의 30% 이상이 되어야 한다.

② 공동주택 외 건축물
대기전력자동차단콘센트 또는 대기전력차단 스위치를 통해 차단되는 콘센트 개수가 거실에 설치되는 전체 콘센트 개수의 30% 이상이 되어야 한다. 다만, 업무시설 등에서 OA Floor를 통해서만 콘센트 배선이 가능한 경우에 한해 자동절전멀티탭을 통해 차단되는 콘센트 개수를 산입할 수 있다.

3. 전기부문 권장사항
 1) 수변전 설비
  ① 직접강압방식을 채택 : 일반적으로 특고->저압 직강압 방식 채택
  ② 변압기의 대수제어가 가능하도록 뱅크 구성
   부하 종류, 계절 부하등 고려(전등, 전열, 동력, 비상용등 분리)
  ③ 수용율, 장래 여유율, 배전방식을 고려하여 용량을 산정
  ④ 역률개선용콘덴서를 집합 설치하는 경우 : 자동역률조절장치 설치.
   APFR은 단계적이어서 콘덴서 투입시 돌입전류가 크지만 SCR을 이용한 SVC는 돌입전류가 적어 전력품질이 좋아짐.
  ⑤ 최대수요전력 제어설비를 채택
   최대 수요 전력 제어방식에는
   1. Peak Cut 제어 2. Peak Shift 제어 3. 발전기 Peak 운전
  ⑥ 층별 및 구획별로 전력량계 설치 : 임대가 주목적인 건축물

 2) 간선 및 동력 설비
  ① 승강기 제어방식 : 에너지절약형
   - 승강기 속도 제어로 VVVF 제어방식 채택
   - 승강기 Gearless방식 : 에너지 절약 약 30%, 장수명, 저진동, 저소음
  ② 고효율 유도전동기 채택
   다만, 간헐적으로 사용하는 소방설비용 전동기는 제외

 3) 조명 설비
  ① 옥외에는 고휘도방전램프(HID Lamp) 또는 LED 램프를 사용
  ② 옥외 조명회로 : 격등 점등과 자동점멸기에 의한 점멸
  ③ 공동주택의 지하주차장
   자연채광용 개구부가 설치되는 경우 : 주위 밝기를 감지하여 전등군별로 자동 점멸되거나 스케쥴 제어가 가능하도록 할 것.
  ④ 유도등 : 고효율 인증제품인 LED유도등 설치.
  ⑤ 백열전구 : 사용하지 말것.
  ⑥ KS A 3011에 의한 작업면 표준조도를 확보하고 효율적인 조명 설계에 의한 전력에너지를 절약한다.

4) 제어 설비
   ① 수변전설비 : 자동제어설비
   ② 조명설비 : 군별 또는 회로별 자동제어.
   ③ 여러 대의 승강기가 설치되는 경우 : 군관리 운행방식
   ④ 팬코일 유닛 : 실의 용도별 통합제어.

5) 대기 전력
   도어폰, 홈게이트웨이 등은 대기전력저감 우수제품으로 등록된 제품을 사용

4.5 건축물의 전력감시제어시스템에서 운전 중 고장이 발생한 경우에 전체 공정의 중단 없이 연속적으로 운전 할 수 있도록 하는 이중화 시스템에 대하여 설명하시오.

1. 개요
   중요한 설비나 공정은 제어시스템의 이상발생시 공정에 문제를 야기 시키기 전에 제어를 정상적으로 수행해야 한다.
   이를 위해 제어 시스템을 이중화, 삼중화로 구성하여, 시스템의 높은 신뢰성과 안정성을 확보할 수 있다.

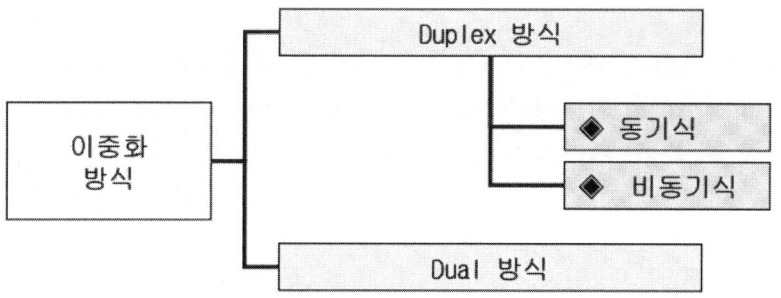

2. 이중화 시스템의 종류
   1) 동기식 Duplex방식

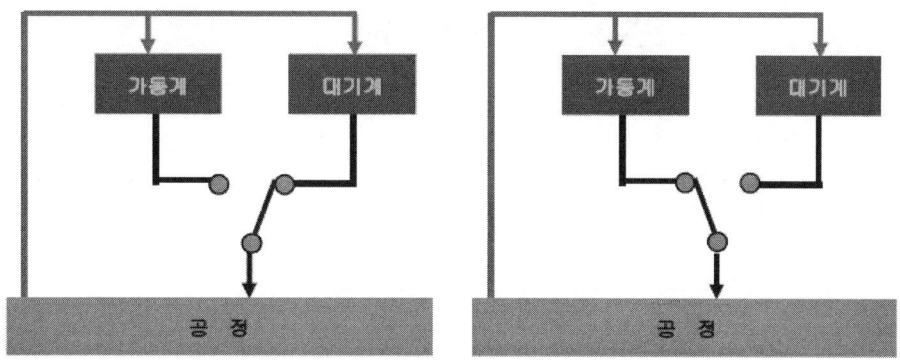

   가동계와 대기계가 동시에 운전되며, 출력은 가동계에서만 되고, 가동계에 이상이 발생되면 대기계에서 공정제어를 실시하는 방식이다.

   2) 비 동기식 Duplex방식
   가동계는 공정의 변화를 입력받아 공정을 제어하나, 대기계는 입출력을 하지 않고 대기하고 있는 구조로, 가동계에 이상이 발생되면 대기계가 공정의 변화를 입력받아 출력을 실시하는 방식이다.

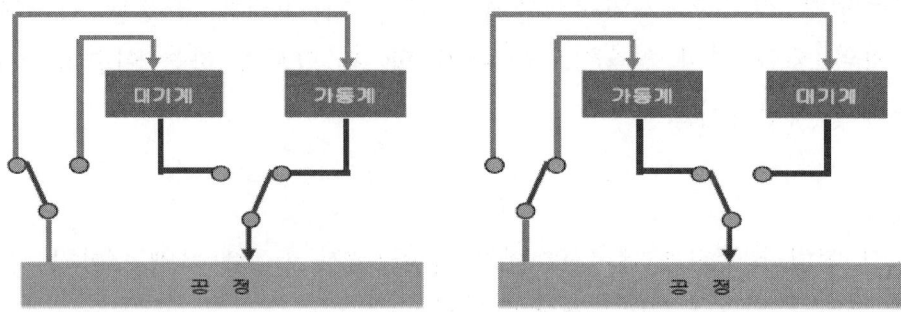

3. 이중화 시스템 구조
   1) 하드웨어 이중화
      - 그림과 같이 활성 서버와 대기서버를 두어 서버를 이중화하고 각 필드 유닛과 허브, 허브와 서버를 연결하는 통신라인을 이중화 한다.
      - 서버의 오류상황을 확인하기 위하여 활성서버와 대기서버 사이에는 상태확인 메시지를 주고받으며 오류가 발생하면 대기서버가 활성서버로 서버전환을 하여 감시제어가 계속될 수 있도록 한다.
      - 통신라인의 오류는 두 통신 라인 중에서 오류가 없는 통신라인으로 변경하여 감시제어가 계속되도록 한다.

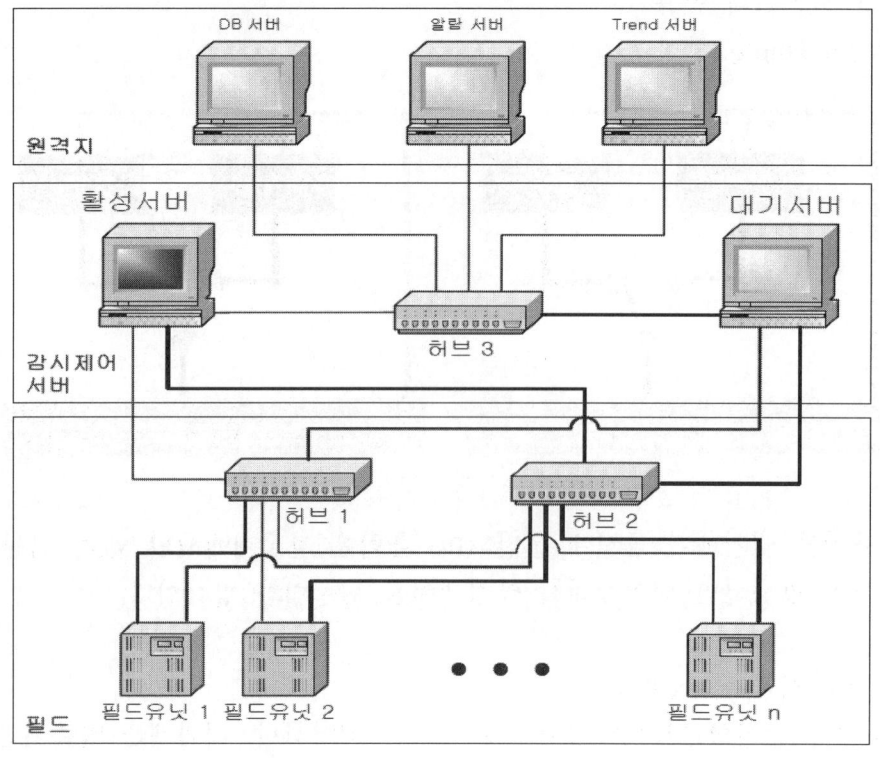

이중화된 감시제어 시스템의 구조

2) 오류 판단과 처리 이중화
   - 감시제어시스템의 서버와 통신라인 중에서 오류가 일어날 수 있는 위치는 활성서버, 대기서버, 허브, 필드유닛, 통신라인으로 분류 할 수 있다.
   - 활성서버의 오류일 경우 대기서버에서 활성서버의 상태 확인이 되지 않을 것이다.
   - 활성서버의 상태확인은 활성서버와 연결되는 세가지 종류의 방법으로 확인 할 수 있다.
   - 통신라인의 오류에 대비하여 몇가지 방법으로 모두 확인할 수 있다.
   - 만약 확인을 하여 응답이 없는 경우는 활성서버가 다운 등의 문제로 작동 할 수 없는 경우이므로 대기서버가 자동으로 활성서버로 전환되고 사용자에게 활성서버가 응답이 없어서 서버전환이 되었음을 알린다.
   - 반대로 대기서버의 오류일 경우에는 활성서버의 상태확인 방법의 역순으로 확인하며 응답이 없다면 대기서버가 응답이 없다는 오류 메시지를 보여준다.
   - 통신라인의 오류는 응답시간으로 판단을 한다.
   - 활성서버와 허브 사이의 통신라인 오류는 모든 필드 유닛의 접속을 끊고 허브를 전환하여 감시제어를 계속 한다.

3) 시스템의 모듈화의 이중화
   - 모듈화가 필요한 이유는 감시제어시스템에서 소프트웨어 확장성과 개발의 편의성을 위해서 필요한 부분이다. 기존의 시스템에서는 확장성과 편의성을 고려하지 못한 구조를 가진다.
   - 서버는 크게 감시제어 모듈(Monitoring & Control Module)과 통신모듈 Communication Module)로 나누어지며 통신모듈은 다시 세분화된 모듈들로 나누어진다.
   - 각 모듈들은 공유메모리를 통하여 감시데이터들을 주고받는다.
   - 장비접속모듈Device Connect Module)이 필드유닛으로부터 받은 데이터는 장비 공유메모리에 기록하고 데이터 관리모듈에서는 변환 테이블을 참조하여 관리 공유메모리에 기록한다.
   - 서버상태 관리모듈은 서버 사이의 통신을 담당하고 데이터 저장 모듈은 데이터들을 저장장치에 기록한다.

4.6 주파수 50Hz용으로 설계 된 변압기와 3상 농형 유도전동기를 60Hz 전원으로 사용 할 경우 다음에 대하여 설명하시오.
1) 고려사항   2) 특성변화   3) 사용가능성

1. 변압기
 1) 고려 사항
   정격 주파수 60Hz의 변압기를 50Hz에서 사용시 고려 사항은 아래와 같다.
   - 손실, 효율, 온도 상승 및 용량 변화
   - 전압 변동율
   - 단락 용량등

 2) 주파수가 감소할 때(60Hz에서 50Hz로 감소) 특성 변화
   (1) 변압기 유기 기전력의 일반식
     - 유기전압 $E_1 = 4.44\ f\ N_2\ \phi$
     - 자속밀도 $B = \dfrac{1}{4.44 f A}\ \dfrac{E}{N_2}$
     - 여기서 E_1 : 유기전압(V)
              F : 주파수(Hz)
              N_2 : 2차 권선수
              ϕ : 자속(wb)
              B : 자속밀도(wb/m^2)
              A : 철심단면적(m^2)

   (2) 손실 및 온도 상승
     자속밀도와 주파수는 반비례 관계에 있으므로 50Hz 변압기를 60Hz에 사용하면
     - 자속밀도는 감소하고 이에 따라
     - 무부하손 : 1.25 - 1.35배 감소
       $Wi = Wh + We = kh\ f\ Bm^{1.6} + ke\ (\ t\ f\ Bm\ )^{2.0}$ (W/kg)
     - 무부하손의 감소에 따라 온도 저하

   (3) 용   량 : 83.5%로 증가(무부하손이 감소하므로)

   (4) 임피던스 : 83.3%로 증가 (임피던스(ωL)는 주파수와 비례 관계)

(5) % 임피던스

$Z = R + jX$ 에서 주파수 증가에 따라 X가 증가하므로 %Z도 증가

(6) 전압 강하율
- 전압강하율 $\varepsilon = p \cos\theta + q \sin\theta$ (%)

$\%Z = \sqrt{p^2 + q^2}$

- %Z가 커지면 전압 변동율이 커져 불리해짐.

(7) 단락 전류 및 단락 용량
- 단락용량(차단용량)은 다음 식으로 구해지며 그 값은 %Z에 반비례한다.
- $Is = In \times \frac{100}{\%Z}$ (MVA) $Ps = Pn \times \frac{100}{\%Z}$ (MVA)

이 공식에서 %Z 가 커지면 단락용량 Ps는 작아져서 유리해짐.

(8) 전자 기계력
- 위식에서 %Z가 커지면 단락용량이 작아진다.
 따라서 사고시 사고전류가 작아지고 권선에 미치는 전자력도 작아진다.

$F = 2.04 \times 10^{-8} \times \frac{I_1 I_2}{D}$

F : 도체에 작용하는 힘 (kg/m)
$I_1 I_2$: 각 도체의 전류 순시값
D : 도체 간격 (m)

3) 사용 가능성
- 50Hz 변압기를 60Hz 전원에 사용시 손실감소로 용량은 증가하고 단락용량도 작아져 사용이 가능하나 전압 강하율이 좀 커지는 문제가 있음.
- 따라서 전압강하율만 문제가 없다면 사용이 가능함.

2. 전동기
1) 고려 사항
정격 주파수 50Hz의 농형 유도 전동기를 60Hz에서 사용시 고려 사항은 아래와 같다.
- 회전 속도 변화
- 토오크 변화
- 손실 및 온도 상승
- 효율등

2) 주파수가 50Hz에서 60Hz로 증가할 때 특성 변화
  (1) 회전수 증가

   $$N = \frac{120f}{P}(1-s)$$

   즉, 전동기의 속도는 주파수에 비례하여 증가

  (2) 최대 토오크 감소

   $$T = \frac{P}{\omega} = \frac{P}{2\pi f} \quad \text{에서}$$

   토오크 T는 주파수에 반비례하므로 감소

  (3) 손실 감소
   ① 자속밀도

   $$E = 4.44 \Phi N f \text{ 이므로 } \Phi = K \cdot Bm = K\frac{1}{f} \quad \text{에서}$$

   자속밀도는 주파수에 반비례하여 감소
   ② 무부하손 감소 (1.25 - 1.35배)
     Wi = Wh + We = kh f Bm$^{1.6}$ + ke (t f Bm)$^{2.0}$ (W/kg)
   ③ 온도 상승 : 손실감소에 의해 온도 저하

  (4) 효율
    손실이 감소하므로 효율 상승

  (5) 2차 전류 및 기동 전류 증가

   $$I_2 = \frac{sE_2}{\sqrt{R^2 + (sX)^2}}$$

   (XL = ωL = 2 π f L)에서 주파수가 커지면 XL는 커지므로
    I_2 는 감소하여서 온도 저하의 원인이 됨.

3) 사용 가능성
  50Hz 전동기를 60Hz 전원에 사용시 손실감소, 회전수 증가에 따른 냉각효과 증가 등으로 온도가 저하 되나 연결된 기계에 무리가 올 수 있으며 토오크가 감소하여 사용할 수가 없음.
  즉, 전동기처럼 회전수나 토오크의 관계가 있는 제품은 주파수를 반드시 맞추어 사용해야 함.

참고 : 타 전기기기의 주파수에 의한 영향

기기명	60Hz용을 50Hz에서 사용시	50Hz용을 60Hz에서 사용시
스테레오 테이프레코더	레코드나 테이프의 회전이 늦어져 음질이 저음으로 된다.	레코드나 테이프의 회전이 빨라져 음질이 고음으로 된다.
세탁기	모터의 회전이 늦어지고 타이머도 늦어진다.	모터의 회전이 빨라져 모터에 주는 부담이 커진다. 타이머는 빨라진다.
냉장고	냉각능력은 변하지 않으나 타이머는 늦어진다. 서리제거가 늦어진다.	냉각능력은 변하지 않으나 타이머식의 경우는 타이머가 빨라진다. 서리제거가 빨라진다.
전자레인지	가열이 불균일해지고 타이머는 늦어진다.	가열이 불균일하게 되고, 타이머는 빨라진다. 트랜스의 부담이 커져 가열한다.
전기시계 (교류용)	시간이 늦어짐	시간이 빨라짐
형광등	전류가 증가하여 램프가 밝아지나 안정기 수명이 짧아진다.	램프가 어두워지고 점등이 잘 안 된다.
전열기 백열전구	영향 없이 정상적으로 사용할 수 있다.	영향 없이 정상적으로 사용할 수 없다.
TV	영향 없이 정상적으로 사용할 수 있다.	영향 없이 정상적으로 사용할 수 있다.

두려워하지 말라
내가 너와 함께 함이라

놀라지 말라
나는 네 하나님이 됨이라

내가 너를 굳세게 하리라
참으로 너를 도와 주리라
참으로 나의 의로운 오른손으로 너를 붙들리라

(이사야 41;10)

5장

제109회 (2016.05)
기출문제

건축전기설비
기술사
기출문제

국가기술 자격검정 시험문제

기술사 제 109 회 　　　　　　　　　　제 1 교시 (시험시간: 100분)

분야	전 기	자격종목	건축전기설비기술사	수험번호		성명	

※ 다음 문제 중 10문제를 선택하여 설명하시오. (각10점)

1. KSC 3703의 터널 조명 기준에서 규정하고 있는 휘도대비계수를 설명하고 휘도대비계수의 비에 따른 터널 조명방식 3가지를 설명하시오.

2. 전로에 시설하는 기계기구의 철대 및 금속제 외함(외함이 없는 변압기 또는 계기용 변성기는 철심)에는 400V 미만의 저압용은 제3종 접지공사, 400V 이상의 저압용은 특별 제3종 접지공사, 고압용 또는 특고압용은 제1종 접지공사를 하여야 한다. 이와 같은 규정을 따르지 않아도 되는 경우에 대하여 설명하시오.

3. 산업통상자원부 고시에 의한 전기안전관리자 직무 중 전기설비 공사 시 안전 확보를 위하여 관리 감독하여야 할 사항과 공사 완료시 확인 점검하여야 할 사항을 설명하시오.

4. 주파수 60Hz이하, 공칭전압이 교류 1000V 이하와 공칭전압이 직류 1500V 이하로 공급되는 건축전기설비의 전압밴드(Voltage Bands)에 대하여 설명하시오.

5. 건축전기설비에서 지중전선로의 종류별 시설방법 및 특성을 설명하시오.

6. 직렬리액터에 대하여 다음 사항을 설명하시오.
    1) 설치목적　2) 용량산정　3) 설치 시 문제점 및 대책

7. 변압기 용량산정 시 필요한 수용율, 부등율, 부하율에 대하여 설명하시오.

8. 에너지저장시스템용 전력변환장치를 용도에 따라 분류하고 설명하시오.

9. 축전지의 충 방전 현상에서 발생하는 메모리효과(Memory Effect)를 설명하시오.

10. 광원의 연색성(Color Rendition)평가에 대하여 설명하시오.

11. 피뢰기의 공칭방전전류를 설명하고 설치 장소에 따른 적용 조건을 설명하시오.

12. 저압 직류지락차단장치의 구성방법과 동작원리에 대하여 설명하시오.

13. 전력용 콘덴서의 허용 최대사용전류에 대하여 설명하시오.

국가기술 자격검정 시험문제

기술사 제 109 회　　　　　　　　　제 2 교시 (시험시간: 100분)

| 분야 | 전 기 | 자격종목 | 건축전기설비기술사 | 수험번호 | | 성명 | |

※ 다음 문제 중 4문제를 선택하여 설명하시오.　(각25점)

1. 전력계통의 중성점접지방식 중 직접접지, 저항접지, 비접지 방식에 대하여 특징을 비교 설명하시오.
2. 단상 유도전동기의 원리 및 기동방식의 종류별 특징을 설명하시오.
3. 건물용 에너지 관리기술의 체계적인 개발과 보급을 위하여 제정된 건물 에너지 관리시스템(BEMS)의 기능을 상세하게 설명하시오.
4. 이상적인 초전도 전류제한기가 갖추어야 할 조건을 설명하고 전류 제한형 초전도변압기에 대하여 설명하시오.
5. 의료장소의 전기설비 시설기준에서 다음 사항을 설명하시오.
    1) 안전을 위한 보호설비 시설
    2) 누전 차단기 시설
    3) 비상 전원 시설
6. 전력간선설비에서 저압간선 케이블의 규격 선정시 고려사항을 설명하시오.

국가기술 자격검정 시험문제

기술사 제 109 회　　　　　　　　　제 3 교시 (시험시간: 100분)

분야	전 기	자격 종목	건축전기설비기술사	수험 번호		성 명	

※ 다음 문제 중 4문제를 선택하여 설명하시오.　(각25점)

1. 가로등 또는 보안등 등에 사용하는 광원 및 배광방식의 종류별 특징을 각각 비교 설명하시오.

2. 건축전기설비의 매설구조물에 대하여 다음 사항을 설명하시오.
   1) 부식 현상 및 방지 대책
   2) 전기방식(Cathodic Protection)의 종류 및 특징

3. 건축물 설계 시 변전실 계획과 관련한 전기적 고려사항(위치, 구조, 형식, 배치, 면적 등)과 건축적 고려사항을 구분하여 설명하시오.

4. 건축물에서 계약전력은 장래 증설계획 및 전기요금과 밀접한 관계가 있다. 고압 이상으로 수전하는 수용가의 계약전력 결정기준과 수전전압 결정 방법을 설명하시오.

5. 전동기를 합리적으로 사용하기 위해서는 정격에 맞는 전동기를 선정해야 한다. 정격과 관련된 다음 사항을 설명하시오.
   1) 정격의 정의
   2) 정격 선정 시 고려사항
   3) 전동기 명판에 표시하는 정격 사항
   4) 전동기의 종류

6. 주차관제설비의 구성요소와 설계 시 고려사항을 설명하시오.

국가기술 자격검정 시험문제

기술사 제 109 회 　　　　　　　제 4 교시 (시험시간: 100분)

| 분야 | 전 기 | 자격종목 | 건축전기설비기술사 | 수험번호 | | 성명 | |

※ 다음 문제 중 4문제를 선택하여 설명하시오. (각25점)

1. 수상 태양광설비에 대하여 다음 사항을 설명하시오.
    1) 발전계통의 구성요소
    2) 수위 적응식 계류장치
    3) 발전설비의 특징

2. 건축화 조명의 종류별 조명방식, 특징 및 설계 시 고려사항을 설명하시오.

3. 여름철 태풍, 장마 등으로 안전사고가 종종 발생하고 있다. 가로등 감전사고의 안전대책을 설명하시오.

4. 이차전지를 이용한 전기저장장치의 시설기준에 대하여 다음 사항을 설명하시오.
    1) 적용범위 및 일반 조건
    2) 계측장치 등의 시설
    3) 제어 및 보호장치의 시설
    4) 계통연계용 보호장치 시설

5. 변류기(CT)의 이상현상 발생원인과 대책에 대하여 설명하시오.

6. 저압 유도전동기의 보호방식에 대하여 설명하고 보호방식 선정 시 고려사항을 설명하시오.

5장

제109회 (2016.05)
문제해설

건축전기설비 기술사 기출문제

1.1 KSC 3703의 터널 조명 기준에서 규정하고 있는 휘도대비계수를 설명하고 휘도대비계수의 비에 따른 터널 조명방식 3가지를 설명하시오.

인용 : KSC 3703 터널 조명 기준

1. 용어 정의
　1) 휘도대비계수(qo)
　　터널의 특정 지점에서의 노면휘도와 수직면 조도와의 비(L/Ev)
　2) 노면휘도(L)
　　운전자의 눈 위치로부터 각 1°로 내려다본 전방 주시점 부근의 차로에 대한 도로 표면의 평균 휘도로서, 측정 범위는 특별히 지정하지 않는 한 휘도계 전방 60 m에서 160 m 범위 차도의 마른 노면으로 한다. 단위는 cd/m^2이다.
　3) 수직면 조도(Ev)
　　도로 위 10 cm 위치의 수직면 조도로, 차량의 진행방향에 수직으로 설치한 표준 장해물에 비치는 조도

2. 터널 조명방식
　터널 조명방식은 휘도대비계수(qo)의 비에 따라 다음의 3가지로 구분된다.
　1) 대칭조명(Symmetric lighting)
　　교통의 진행 방향과 동일 방향 및 반대 방향으로 같은 크기의 빛이 투사되는 조명방식으로, 양 방향으로 대칭적인 광도분포를 보이는 조명기구를 사용하는 것이며,
　　표준 장해물에서의 휘도대비계수가 0.2 이하이다.

　2) 카운터빔 조명(Counter-beam lighting)
　　빛이 교통의 진행과 반대되는 방향으로 물체에 투사되는 조명방식으로, 이 방향으로 큰 배광을 갖도록 비대칭적으로 빛을 발산하는 조명기구를 사용하는 것이며, 노면휘도는 높아지고 장해물은 노면을 배경으로 검은 실루엣으로 나타나며 표준 장해물에서의 휘도대비계수가 0.6 이상이다.

　3) 프로빔 조명(Pro-beam lighting)
　　교통의 진행과 같은 방향으로 빛이 물체를 향해 비치는 조명방식으로, 이 방향으로 큰 배광을 갖도록 비대칭적으로 빛을 발산하는 조명기구를 사용하는 것이며, 이 경우 노면에 수직인 차량의 배면이나 물체의 휘도는 높아지게 된다.

1.2 전로에 시설하는 기계기구의 철대 및 금속제 외함(외함이 없는 변압기 또는 계기용 변성기는 철심)에는 400V 미만의 저압용은 제3종 접지공사, 400V 이상의 저압용은 특별 제3종 접지공사, 고압용 또는 특고압용은 제1종 접지공사를 하여야 한다. 이와 같은 규정을 따르지 않아도 되는 경우에 대하여 설명하시오.

1. 판단기준 제 18 조 (접지공사의 종류)
   1) 단독 접지
      접지공사는 다음표에서 정한 것으로 하며 각 접지공사별 접지저항 값은 표에서 정한 값 이하로 유지하여야 한다.
      다만 공통접지 및 통합접지를 하는 경우는 제외한다.

접지공사의 종류	접지저항 값
제1종 접지공사	10 Ω
제2종 접지공사	변압기의 고압측 또는 특고압측의 전로의 1선 지락전류의 암페어 수로 150(1초를 초과하고 2초 이내에 자동적으로 전로를 차단하는 장치를 설치할 때는 300, 1초 이내에 자동적으로 고압전로 또는 사용전압 35 kV 이하의 특고압전로를 차단하는 장치를 설치할 때는 600)을 나눈 값과 같은 Ω수
제3종 접지공사	100 Ω
특별 제3종 접지공사	10 Ω

   2) 공통 접지 (common earthing system)
      고압 및 특고압과 저압 전기설비의 접지극이 서로 근접하여 시설되어 있는 변전소 또는 이와 유사한 곳에서는 다음 각 호에 적합하게 공통접지공사를 할 수 있다.
      ① 저압 접지극이 고압 및 특고압 접지극의 접지저항 형성 영역에 완전히 포함되어 있다면 위험전압이 발생하지 않도록 이들 접지극을 상호 접속하여야 한다.
      즉, 전력계통의 접지를 공통으로하는 것을 말한다.
      ② 공통 접지공사를 하는 경우 고압 및 특고압계통의 지락사고로 인해 저압계통에 가해지는 상용주파 과전압은 다음 표에서 정한 값을 초과해서는 안 된다.

고압계통에서 지락고장시간(초)	저압설비의 허용 상용주파 과전압(V)
>5	$U_o + 250$
≤5	$U_o + 1,200$
중성선 도체가 없는 계통에서 U_o는 선간전압을 말한다.	

③ 그 밖에 공통접지와 관련된 사항은 KS C IEC 60364-4-44 및 KS C IEC 61936-1의 10에 따른다.

3) 통합 접지 (global earthing system)

전기설비의 접지계통과 건축물의 피뢰설비 및 통신설비 등의 접지극을 공용하는 통합접지 (국부접지계통의 상호접속으로 구성되는 그 국부접지계통의 근접구역에서는 위험한 접촉전압이 발생하지 않도록 하는 등가 접지계통)공사를 할 수 있다.

즉, 전력계통, 통신계통, 피뢰계통까지 공동으로하는 접지를 말한다.

이 경우 낙뢰 등에 의한 과전압으로부터 전기설비 등을 보호하기 위해 KS C IEC 60364-5-53-534에 따라 서지보호장치(SPD)를 설치하여야 한다.

2. 설치 요건

1) 공통접지는 대부분 철골, 철근등을 접지 전극으로 활용하여 접지하는데 이 경우 대지와의 사이에 전기저항치가 2Ω 이하이여야 한다.
2) 철골, 철근등을 접지 전극으로 활용하는데 문제점 고려
    - 접지 도선을 통해 많은 노이즈와 서지 전류 유입
    - 철골 구조 하부에 전식
    - 콘크리트 균열에 의한 안전성등
3) 특히 IEC 60364와 62305 도입에 따라 통합접지(등전위접지)를 하기위해서는 반드시 철골등 건축물의 모든 금속부분을 등전위 본딩을 해야 한다.

1.3 산업통상자원부 고시에 의한 전기안전관리자 직무 중 전기설비 공사 시 안전 확보를 위하여 관리 감독하여야 할 사항과 공사 완료시 확인 점검하여야 할 사항을 설명하시오.

인용 : 전기안전관리규정 제10조

1. **전기설비 공사 시 관리 감독하여야 할 사항**
   1) 설계도서를 검토
      전기안전관리자는 전기설비 공사에 따른 설계도서를 검토하고, 전기설비 개·보수 및 기타 작업시 입회하여 작업지시 및 업무의 감독을 하여야 한다.
   2) 안전 확보
      전기안전관리자는 전기설비 공사 시 안전 확보를 위하여 다음 각 호의 사항을 관리·감독하여야 한다.
      ① 정전범위와 시간, 작업용 기계·기구 등의 준비사항 확인
      ② 작업시간 및 공사구역 표지판 설치
      ③ 정전 중 차단기, 개폐기의 오조작에 대한 방지조치
      ④ 전원 투입 시 작업자 위치확인 등 안전여부 확인
      ⑤ 작업책임자의 지정과 그 책임내용 확인
      ⑥ 위험장소 및 작업에 대한 안전조치 이행
         (고소작업, 추락위험작업, 화재위험 작업, 그 밖의 위험작업 등)

   3) 공사 감리
      ① 전기안전관리자는 다음 각 호의 전기설비 공사의 경우에는 감리업무를 수행할 수 있다.
         - 비상용예비발전설비의 설치, 변경공사로서 총공사비가 1억 원 미만인 공사
         - 전기수용설비의 증설 또는 변경공사로서 총공사비가 5천만 원 미만인 공사
      ② 전기안전관리자는 전기설비 공사가 설계도서 및 전기설비기술기준 등에 적합하게 시공되는지 여부를 확인하여야 한다.
      ③ 전기안전관리자는 전기설비 공사 중 불합리한 부분, 착오 및 불명확한 부분 등에 대해서는 그 내용과 의견을 관련자 및 소유자에게 제시하여야 한다.
      ④ 전기설비 공사가 설계도서와 상이하게 진행되거나 공사의 품질에 중대한 하자가 예상되는 경우에는 소유자와 사전협의하여 공사 중지를 명할 수 있다.

2. 공사 완료시 확인·점검해야 할 사항
   ① 완공된 전기설비가 설계도서대로 시공되었는지의 여부
   ② 제반 가설시설물의 제거와 원상복구 되었는지의 여부
   ③ 완공된 전기설비의 점검 및 측정 실시

1.4 주파수 60Hz이하, 공칭전압이 교류 1000V 이하와 공칭전압이 직류 1500V 이하로 공급되는 건축전기설비의 전압밴드(Voltage Bands)에 대하여 설명하시오.

1. 개요
   감전보호에는 그 사용전압의 고려가 필요, 전압에 대한 일률적 구분이 필요하여 전압밴드를 규정함.

2. 전압 밴드
   1) 전압 밴드 종류 및 적용범위

종 류	적 용 범 위
밴드 I	1. 전압값의 특정 조건에 따라 감전 보호를 하는 경우의 설비 2. 전기통신, 신호, 제어 및 경보설비등 기능상의 이유로 전압을 제한하는 설비
밴드 II	1. 가정용, 상업용 및 공업용 설비에 공급하는 전압 2. 공공 배전 전압 포함

   2) 교류 전압 밴드

밴 드	접지계통 대지간	접지계통 선간	비접지계통(주) 선간
I	$U \leq 50$	$U \leq 50$	$U \leq 50$
II	$50 < U \leq 600$	$50 < U \leq 1000$	$50 < U \leq 1000$

   U : 설비 공칭 전압(V)
   (주) : 1상과 중성선에 접속되는 전기기기는 그 절연이 선간 전압에 적합하도록 할 것

   3) 직류 전압 밴드

밴 드	접지계통 대지간	접지계통 선간	비접지계통 선간
I	$U \leq 120$	$U \leq 120$	$U \leq 120$
II	$120 < U \leq 900$	$120 < U \leq 1500$	$120 < U \leq 1500$

   (주) 이 값은 리플프리 직류에 적용(리플 성분이 10% 이하)

1.5 건축전기설비에서 지중전선로의 종류별 시설방법 및 특성을 설명하시오.

1. 인용 : 판단기준 제136조(지중 전선로의 시설)
   1) 지중 전선로는 전선에 케이블을 사용하고 또한 관로식, 암거식 또는 직접 매설식에 의하여 시설하여야 한다.
   2) 지중 전선로를 관로식 또는 암거식에 의하여 시설하는 경우에는 다음 각 호에 따라야 한다.(2016.1 개정)
      ① 관로식에 의하여 시설하는 경우에는 매설 깊이를 1.0m이상으로 하며, 매설 깊이가 충분하지 못한 장소에는 견고하고 차량 기타 중량물의 압력에 견디는 것을 사용할 것.
      ② 암거식에 의하여 시설하는 경우에는 견고하고 차량 기타 중량물의 압력에 견디는 것을 사용할 것.
   3) 지중 전선로를 직접 매설식에 의하여 시설하는 경우에는 매설 깊이를 차량 기타 중량물의 압력을 받을 우려가 있는 장소에는 1.2 m 이상, 기타 장소에는 60 cm 이상으로 하고 또한 지중 전선을 견고한 트라프 기타 방호물에 넣어 시설하여야 한다.

2. 종류별 시설 방법
   1) 직매식
      - 전력케이블을 직접 지중에 매설하는 방식으로,
      - 일반적으로 케이블보호재로서 트러프(trough)를 사용
      - 모래를 충진한 뒤 뚜껑을 덮고 되메우기 한다.
      - 케이블 교체시에 도로굴착이 수반되어 현재는 거의 사용 않함.
      - 장래 회선 증설이 예상되지 않는 경우
      - 추후 굴착이 용이한 경우

   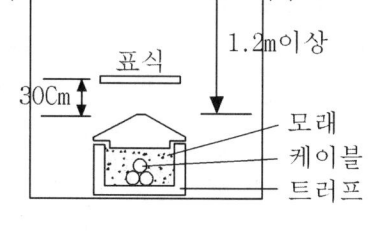

   2) 관 로 식
      - 합성수지 파형관, 강관, 흄관등 pipe 를 사용
      - 일정 거리의 관로 양끝에는 맨홀을 설치
      - 유지보수의 편이성으로 현재는 주로 이 방식이 사용되고 있다.
      - 장래 회선증설이 예상되는 경우

   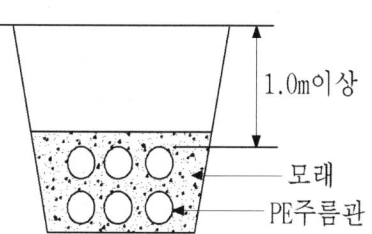

3) 전력구 식(공동구 식=암거식)
   - 터널(tunnel)과 같은 형태의 지하구조물
   - 내부 벽측에 케이블을 부설
   - 유지 보수작업을 위한 작업원의 통행이 가능한 크기
   - 건설비가 많이 소요되고
   - 케이블 화재시에 큰 피해가 예상되는 방식
   - 발·변전소등 케이블이 다회선 인출개소
   - 감지 설비 필요
   - 무독성 케이블 권장

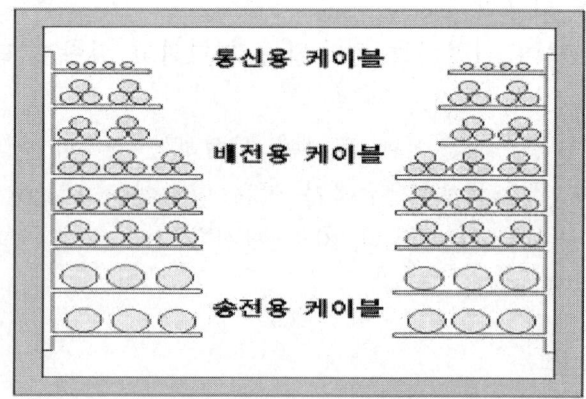

3. 공사방식별 특성

구 분	장 점	단 점
직매식	- 공사비 저렴 - 공사기간 짧음 - 굴곡개소 시공 용이	- 외상사고 발생우려 - 보수, 점검 불편 - 증설, 철거 곤란
관로식	- 증설, 철거 용이 - 보수, 점검 비교적 용이 - 외상사고 발생우려 감소	- 회선량 많을수록 송전용량 감소 - 굴곡개소 시공 곤란 - 케이블 신축 흡수력 저조
전력구식	- 다회선 포설 용이 - 보수, 점검 편리 - 외상사고 발생우려 적음	- 공사비 고가 - 공사기간 장기간 소요 - 케이블 화재시 파급확산

1.6 직렬리액터에 대하여 다음 사항을 설명하시오.
   1) 설치목적   2) 용량산정   3) 설치 시 문제점 및 대책

1. 직렬 리액터의 설치 목적
   1) 고조파 억제
      콘덴서 투입시 발생하는 제3고조파는 △권선 내에서 순환하므로 선로에 나타나지 않으나 제5고조파가 나타나 이 영향으로 파형이 일그러지고 통신선에 유도장해를 미치게 되는데
      직렬 리액터를 설치하여 콘덴서에서 발생하는 고조파를 억제한다.
   2) 투입시 과도 돌입 전류 억제
      콘덴서가 완전히 방전된 상태에서 전압이 인가되면 콘덴서는 순간적으로 단락 상태가 되어 정격전류의 약 5~6배의 돌입전류가 흐른다.

      투입시 돌입전류 $I_{max} = I_c \left(1 + \sqrt{\dfrac{X_c}{X_L}} \right)$

      - 돌입전류 영향
         개폐기 접점의 이상 마모
         OCR의 오동작
         사이리스터, 전력변환소자의 파괴
   3) 콘덴서 개방시 이상현상 억제
      - 재점호 현상에 의해 콘덴서 개방과 동시에 전동기, 변성기, 콘덴서 자신의 절연이 파괴되는 수가 있다.
   4) 파형의 개선
      콘덴서에서 발생하는 제5고조파를 제어하여 파형의 일그러짐을 개선 할 수 있다.

2. 용량 산정 방법
   1) 5고조파 제거 목적인 직렬리액터

      $5\omega L = \dfrac{1}{5\omega C}$ $5X_L = \dfrac{X_c}{5}$ $\therefore X_L = 0.04 X_c$

      여기서 X_L = 직렬 리액턴스 임피던스
             X_c = 콘덴서 임피던스
      직렬 리액터의 용량은 위 계산과 같이 전력용 콘덴서 용량 Q[kVA]의 4%이면 되나 실제로는 회로가 용량성이 되는 것에 대한 안전율을 고려하여 보통 유도성 일반 부하에는 6%, 변환기, 아아크로 등에서는 8~15% 정도로 한다.

2) 3고조파 제거 목적인 직렬리액터

$$3\omega L = \frac{1}{3\omega C} \qquad 3X_L = \frac{X_c}{3} \qquad \therefore X_L = 0.11 X_c$$

3고조파 제거용 직렬 리액터의 용량은 위 계산과 같이 전력용 콘덴서 용량 Q[kVA]의 11%이면 되나 실제로는 변압기의 △회로에서 제거가 되므로 별도의 리액터를 설치하지는 않는다.

3. 설치 시 문제점 및 대책

1) 콘덴서 단자 전압[3.3kV, 3상, 500kVA(167×3), Y결선]

$$V_c = \frac{V_1}{\sqrt{3}} = 1905(V)$$

6% 직렬 리액터 삽입시 단자 전압 $V_c = 1905 \times \frac{1}{1-0.06} = 2027(V) = 106.4\%$

13% 직렬 리액터 삽입시 단자 전압 $V_c = 1905 \times \frac{1}{1-0.13} = 2190(V) = 115\%$

캐패시터 허용 과전압은 정격의 110%로 규정하고 있으므로 회로 전압의 상승분을 포함하여 캐패시터의 단자전압이 110% 이상 될 수 있는 직렬 리액터를 삽입할 경우에는 사전에 과전압, 과용량을 고려해야한다.

2) 용량 비 일치

예를 들어 6kVA 리액터를 100kVA 콘덴서에 설치하였다가 50kVA의 콘덴서에 옮겨 설치한다면

리액터 용량은 $6kVA \times (\frac{50kVA}{100kVA})^2 = 1.5\, kVA$ 가 되어

50 kVA 콘덴서에 대하여 3%의 리액터가 되어 제5고조파를 억제할 수 없다.
(풀이)

(1) 100kVA 콘덴서에 6kVA 직렬리액터 접속시

- 전류 $I_1 = \frac{P}{E} = \frac{100,000}{200} = 500(A)$

- 직렬리액터 내부저항 $R = \frac{P}{I^2} = \frac{6,000}{500^2} = 0.024(\Omega)$

(2) 50kVA 콘덴서에 6kVA 직렬리액터 접속시

- 전류 $I_2 = \frac{P}{E} = \frac{50,000}{200} = 250(A)$

- 직렬리액터 용량 $P = I^2 R = 250^2 \times 0.024 = 1.5\ kVA$

(3) 따라서 이 직렬리액터는 50kVA에 대하여 3% 리액터 역할을 하여 제5고조파를 제거할 수 없게 된다.

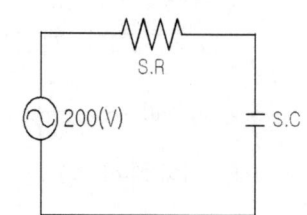

1.7 변압기 용량산정 시 필요한 수용율, 부등율, 부하율에 대하여 설명하시오.

1. 개요
   수용율과 부등율은 변압기 용량 결정을 위하여 사용되는 것으로서 변압기 용량은 각 부하의 설비 용량, 수용율, 부등율, 장차 증설 계획 등을 고려하여 결정하여야 하며 그 관계를 살펴보면 다음과 같다.

2. 부하율, 수용율, 부등율
   1) 수용율
      수용가의 부하설비는 동시에 전부가 사용되는 일은 거의 없으므로 수용가의 부하설비 합계와 그것이 사용되고 있는 시점에서의 최대 전력과는 반드시 일치하지는 않는다.
      수용율이란 이 최대 수요 전력(kW)과 부하설비 용량의 합계(kW)와의 백분율(%)이다.

      $$수용율 = \frac{최대 수용 전력}{부하 설비용량 합계} \times 100\,(\%)$$

   2) 부등율
      부등율이란 수전방식에서 변압기를 2 STEP 방식 채택시 Main TR에만 적용하는 것으로서 다음식과 같이 나타낸다.

      $$부등율 = \frac{각 부하의 최대 전력의 합}{합성 최대 수용 전력} \times 100\,(\%)$$

   3) 부하율
      부하의 평균 전력(kW)과 최대 수요 전력(1시간 평균) (kW)의 백분율(%)을 말하며 일 부하율, 월 부하율, 년 부하율등이 있다.

      $$부하율 = \frac{부하의 평균 전력}{최대 수요전력\,(1시간평균)} \times 100\,(\%)$$

   4) 변압기 용량

      $$변압기 용량 \geq 부하 설비 합계 \times \frac{수용율}{부등율}\,(kW)$$

1.8 에너지저장시스템용 전력변환장치를 용도에 따라 분류하고 설명하시오.

1. 전력 변환 장치 종류

    전력용 반도체 Device를 이용하여 전력의 흐름을 제어하고, 전압, 전류, 주파수들의 행태를 변환하는 장치이다.
    1) 순변환 장치, 정류기, Converter   : AC -> DC
    2) 역변환 장치, Inverter   : DC -> AC
    3) 초퍼, DC/DC Converter   : DC -> DC
    4) Cyclo Converter, 교류 전력 조정기 : AC -> AC

2. ESS용 전력변환장치(POWER CONDITIONER)의 기능
    1) 분산형 전원에서 출력된 전력을 필요한 전력으로 변환
    2) 한전의 전력 계통 (22.9kV 또는 380/220V)에 역 송전
    3) 분산형 전원의 성능을 최대로 함
    4) 이상시나 고장시 보호기능등을 종합적으로 갖춤.

3. 전력변환장치의 용도에 따른 분류
    1) 가역 전력변환 장치
        사이리스터 변환 장치를 포함하는 전력 변환 장치로, 교류측에서 직류측으로와 그 반대 방향으로 전력을 공급할 수 있도록 접속된 것.
    2) 비가역 전력 변환 장치
        사이리스터와 다이오드를 조합시킨 전력 변환 장치로, 에너지는 교류측에서 직류측으로만 흐르는 것.

4. 전력변환장치의 구성에 따른 분류
    1) 상용주파(LF) 절연 변압기 방식

    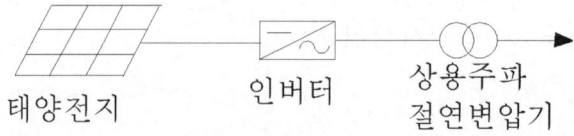

    태양전지   인버터   상용주파 절연변압기

    - 태양전지의 직류 출력을 상용주파의 교류로 변환 후 변압기로 전압을 변환하는 방식임.
    - 내부 신뢰성이 높고 직류 유출이 적어 Noise Cut 성능 우수
    - 상용주파 변압기를 이용하기 때문에 중량이 무겁고 부피가 커지며
    - 변압기 전력손실이 커서 효율이 떨어지는 단점이 있음.

2) 고주파(HF) 절연 변압기 방식

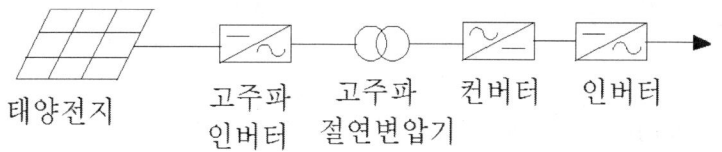

태양전지 고주파   고주파   컨버터   인버터
          인버터   절연변압기

- 태양전지의 직류 출력을 고주파의 교류로 변환한 후 고주파 변압기로 변압한다. 이후 고주파 교류->직류, 직류->상용주파 교류로 변환하는 방식이고 고주파 절연 변압기가 직류 유출을 방지한다.
- LF방식에 비하여 전력 손실이 적어 효율이 좋음.
- 소형 경량이지만 회로가 복잡하고 가격이 고가임

3) Transless 방식

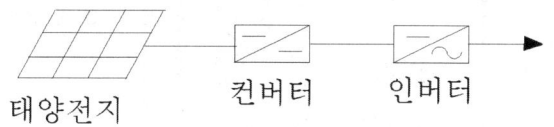

태양전지   컨버터   인버터

- DC-DC컨버터 : 정전력 출력 특성으로 승압을 목적으로 한다.
  DC-AC인버터 : 상용 주파 교류로 전환
- 2차 회로에 변압기를 사용하지 않는 방식으로
- 소형 경량이며 저가임.
- 상용전원과의 사이에 비 절연이므로 직류의 유출 가능성이 있음.
- 이 방식이 신뢰도와 효율이 높아 발전 사업용으로 유리하다.

5. 특성 비교

구 분	상용주파 변압기 방식	고주파 변압기 방식	Transless 방식
효율	미흡	보통	양호
경제성	미흡	보통	양호
안정성	양호	보통	미흡
용량	10kW이상	100kW이상	
장점	- 회로 구성이 간단함 - 변압기절연으로 안정성 우수	- 계통과 절연으로 안정성 우수 - 고효율화, 소형 경량화	- 변압기를 사용하지 않으므로 고효율, 소형, 경량화
단점	- 변압기 사용으로 효율 저하 - 크기, 무게 커짐	- 구성이 복잡함 - 직류성분 유출 우려	- 안정성 부족 - 직류성분 유출 우려

1.9 축전지의 충 방전 현상에서 발생하는 메모리 효과(Memory Effect)를 설명하시오.

1. 메모리 효과(Memory Effect)란?

    전지를 완전히 방전시키지 않은 상태에서 충전을 하게 되면 전지의 충전 가능 용량이 줄어드는 니카드(NiCad) 전지 특성.

    니카드 전지의 단점으로 Cad 결정 구조 때문에 일어나는 현상이며 메모리 효과가 생기면 전지의 충전 가능 용량이 줄어들어 심하면 초기 용량의 70% 정도만 사용할 수 있게 된다. 메모리 효과는 니카드 전지를 강제 방전시킴으로써 방지할 수 있다.

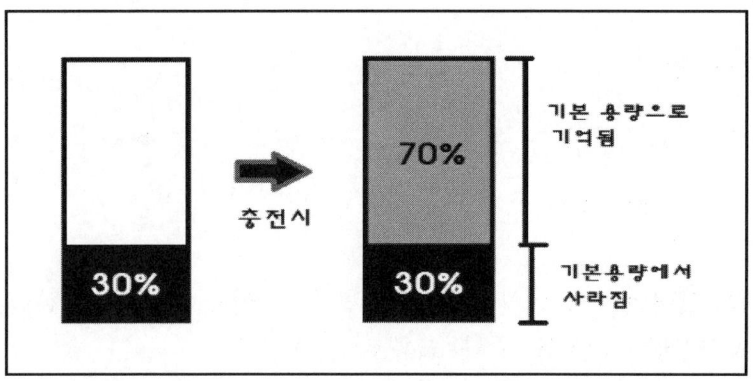

2. 전지별 특성 비교

분류	전지	기전압	용량 (순위)	메모리효과	외형	가격 (순위)	충전 (수명)
화학전지	1차전지	탄소아연	1.5V	1 낮을수록 작음	해당사항 없음		1 낮을수록 저렴함	일회용 충전시 쇼트가 발생할 수 있다.
		망간		1			1	
		알칼라인		2			2	
	2차전지	납축전지	2V	-	거의 없음 완전 방전시 수명 대폭 감소		-	길다. 완전 방전 시 수명 대폭 떨어짐.
		니켈카드뮴	1.2V	3	있음		3	300~500회
		니켈수소		4	많이 사라짐		4	
		리튬이온	3.7V	5	거의 없음 완전 방전시 수명 대폭 감소		5	500회
		리튬이온폴리머						

1.10 광원의 연색성(Color Rendition)평가에 대하여 설명하시오.

1. 연색성 (Color Rendition)

   같은 물체의 색이라도 낮에 태양빛 아래에서 본 경우와 밤에 형광등 밑에서 본 경우는 전혀 다른색으로 보인다. 이와 같이 빛의 분광 특성이 색의 보임에 미치는 현상을 연색성이라 하며, 연색 평가지수로 나타낸다.

   1) 연색성 평가지수(Color Rendition Index)

      물건의 색을 자연광($Ra:100$)과 램프로 봤을 때의 차이를 평가하여 수치로 표시한 것으로 평가치가 100 에 가까울수록 연색성이 좋은 것을 의미한다.

   2) 평균 연색성 평가지수

      기호 "Ra"로 나타내는 연색성 평가수를 "평균 연색성 평가지수" 라고 부르며 8종류 시험색 ($R1$~$R8$)을 평가한 값을 평균한 것임.

연색성 그룹	연색평가지수 Ra	사 용 처
1	$Ra \geq 85$	직물공장, 도장공장, 인쇄공장 주택, 호텔, 레스토랑 등 연색성을 중요시하는 장소
2	$85 > Ra \geq 70$	사무소, 학교, 백화점등
3	$70 > Ra$	연색성을 중요시 하지 않는 장소

   3) 특수 연색성 평가지수

      개개의 시험색을 기준 광원으로 조명 했을때와 시료 광원으로 조명 하였을 때의 색 차이로 시험색은 다음과 같이 7가지가 있다.

      R_9 : 적색

      R_{10} : 황색

      R_{11} : 녹색

      R_{12} : 청색

      R_{13} : 서양인 피부색

      R_{14} : 나뭇잎 색

      R_{15} : 동양인 피부색

1.11 피뢰기의 공칭방전전류를 설명하고 설치 장소에 따른 적용 조건을 설명하시오.

1. 피뢰기의 공칭 방전 전류란
    1) 피뢰기의 보호 성능을 표현하기 위하여 방전 전류 파고치 뇌 충격전류로 표시
    2) 그 지방의 뇌우발생일수와 관계되나 제 요소를 고려하여 일반적인 장소의 공칭 방전 전류는 내선규정에서 아래표와 같이 규정하고 있다.

2. 피뢰기의 설치 장소에 따른 적용 조건 (내선 규정 적용)

선로 공칭전압 (KV)	중성점 접지	피뢰기 정격 전압 / 공칭 방전 전류	
		변전소	배전선로.수용가
6.6	비 접지 계통	7.5KV / 2.5KA	7.5KV / 2.5KA
22.9	다중 접지 계통	21 KV / 5KA	18KV / 2.5KA
22	비 접지 계통	24KV / 5KA	-

3. 피뢰기 동작 원리

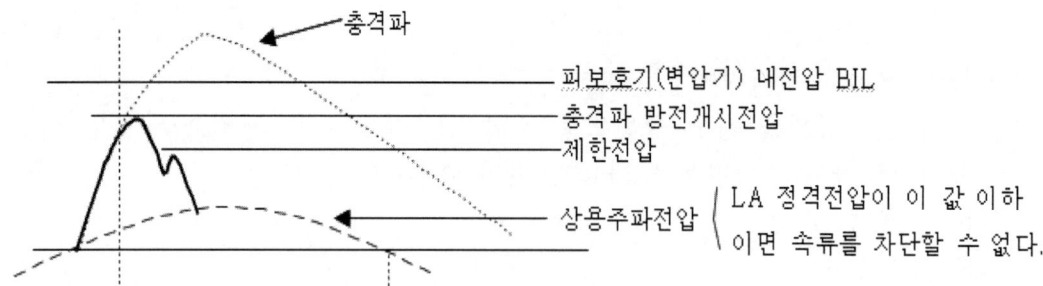

1) 상용 주파전압에 이상전압이 더하여져 방전 개시전압이 되면 방전 개시
2) 방전 전류가 흐르고 있을 때 제한 전압 발생
3) 써지 전압 소멸 후에도 속류로 인해 도통상태 지속되다가 일정값 이하에서 속류차단
4) 이러한 동작이 반 싸이클 내에 이루어 진다.
5) 종류에는 밸브형, 저항형, 밸브저항형, 갭레스형이 있으나 최근에는 주로 갭레스형이 많이 사용된다.

1.12 저압 직류지락차단장치의 구성방법과 동작원리에 대하여 설명하시오.

인용 : 전기설비 판단기준 (제8장 제3절 저압 옥내직류 전기설비)

1. 저압 직류 지락 차단장치 (제291조)의 설치 조건 : 2013년 추가 개정
   직류전로에는 지락이 생겼을 때에 자동으로 전로를 차단하는 장치를 시설하여야 하며, "직류용" 표시를 하여야 한다.

2. 직류 계통 고장 보호
   1) 직류 과전류 보호 (순시-76F, 한시-76D)
      - 2차측의 과전류를 검출하여 선로를 보호
      - 정 방향과 역 방향 전류를 모두 고려

   2) 차전압 보호
      Feeder와 인버터간의 이상 전압강하를 검출하여 서로 정정된 값 이상으로 전압차가 발생하면 동작시간 특성에 따라 동작

   3) 직류 저전압 보호 (80F)
      선로의 부족 전압 발생시 계통의 이상을 검출하고 선로를 차단

   4) 지락 고장 보호
      (1) 지락 과전압 계전기 (64P)
          선로의 고 저항 지락 고장이나 원거리 고장등 고장전류가 작은 경우 고장을 검출

      (2) 선택 지락 계전기
          선로의 지락사고를 검출하여 해당 구간만 차단

3. 직류지락차단장치의 구성방법과 동작원리
   1) 지락 과전압 계전기(64P)
      - 계전기 내부의 접지저항기를 통해 유입된 전류를 이용해 저항기의 전위차 측정 후 설정 값과 비교하여 고장 발생 유무를 판단한다.
      - 이 방식은 지락 고장의 여부는 판별할 수 있으나 지락 고장이 발생한 구간은 판별할 수 없기 때문에 지락 사고 발생 시 사고 구간과 건전 구간까지 같이 차단된다.

2) 선택 지락 계전기
   - 기존의 지락 과전압 계전기의 단점을 고려하여 지락 고장 발생시 64P 계전기가 고장 검출 후 아래 그림과 같이 Bypass 회로를 동작시켜 각 급전선 전류 증가분을 설정 시간에 적분하여 고장 구간을 판별하여 고장 구간만을 차단시키기 위한 보호요소이다.

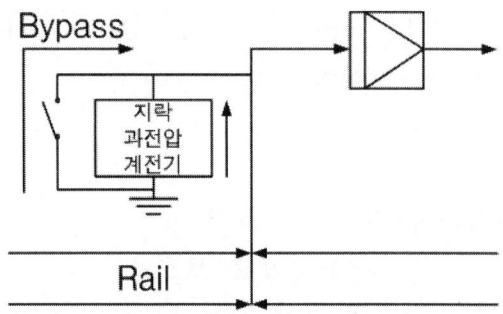

   - 정상 운전시 Bypass 회로는 열려 있어 기존의 DC 급전 시스템과 동일한 상태가 된다.
     지락고장 발생시 지락 과전압 계전기(64P)가 지락전류를 검출하면 Bypass 회로가 닫힘 상태가 되어 이전의 비 접지에서 접지 시스템으로 변환되어 고장 전류가 급격히 증가한다.
   - Bypass 회로는 설정 시간 후에 다시 열림 상태가 되며 이 설정 시간 동안 전류 변화량이 적분되어 Bypass 회로 개방 후 각 피더의 전류 변화량을 비교하여 변화량이 가장 큰 피더를 선택하여 변전소간 통신을 이용하여 차단기를 동작시킴으로써 고장 구간만을 차단시킬 수 있다.

1.13 전력용 콘덴서의 허용 최대사용전류에 대하여 설명하시오.

인용 : KSC 4801 저압 진상 콘덴서
        KSC 4802 고압 및 특별고압 진상 콘덴서

1. 전력용 콘덴서 정격
    1) 콘덴서의 최대 사용전류
        - "콘덴서의 최대 허용전류는 정격 전류의 1.3배로 한다."라고 KSC 4801과 KSC 4802에 명시되어 있다.
        - 콘덴서 전류가 정격전류의 120% 이상 흐르는 경우에는 고조파의 영향을 받고 있다고 믿어지므로 이러한 경우에는 다른 기기에 악영향을 줄 것을 고려하여 직렬리액터를 사용할 필요가 있다.

    2) 콘덴서 최고 허용 전압 및 허용 시간

정격 전압의 배수	허용 인가 시간
1.1	24시간 중 8시간 이하
1.15	24시간 중 30분 이하
1.2	1개월중 5분 이하가 2회 이하
1.3	1개월중 1분 이하가 2회 이하

    3) 콘덴서 단자전압의 상승 원인
        - 6% 리액터 삽입에 의해 콘덴서 단자전압은 약 6% 상승하고, 콘덴서 전압도 약 6% 증가하여 발열의 원인이 된다.

2. 대책
    1) 직렬리액터가 없는 콘덴서의 경우는 배전계통의 임피던스와 공진현상이 발생하고, 고조파의 확대 현상이 발생하기 때문에 필히 직렬리액터를 부착한 콘덴서로 할 것
    2) 콘덴서의 용량은 전부하 상태에서 역률이 거의 1이 되도록 선정할 것
    3) 고조파 유입량을 정격전류의 120% 이하로 할 것
    4) 저압측에 설치하는 경우는 저부하시에 전압상승을 초래하기 때문에 필히 자동역률 조정장치를 설치할 것

2.1 전력계통의 중성점접지방식 중 직접접지, 저항접지, 비접지 방식에 대하여 특징을 비교 설명하시오.

1. 중성점 접지 목적
   1) 지락 고장시 건전상의 전위상승을 억제하여 전선로 및 기기의 절연레벨을 경감
   2) 뇌, 아크 지락, 기타에 의한 이상 전압의 경감
   3) 지락 고장시 지락 계전기의 동작을 확실히 하게함.

2. 중성점 접지방식
   1) 직접 접지 방식($Z_n = 0$)

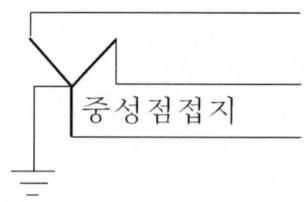

   < 장점 >
   (1) 지락 사고시 건전상의 대지 전압은 거의 상승하지 않아 (1.3이하) 선로 애자 개수를 줄이고 기기의 절연 레벨을 낮출 수 있다.
   (2) 선로 전압 상승이 낮기 때문에 정격 전압이 낮은 피뢰기 사용 가능
   (3) 단 절연 가능
       단 절연 : 중성점은 항상 0 전위이므로 선로측에서 중성점에 이르는 전위 분포를 점차 낮추어 변압기 중량이 가벼워지고 가격을 낮출 수 있다.
   (4) 지락시 지락 전류가 커서 보호 계전기 동작이 확실하고 고속 차단기와의 조합으로 고속 차단 방식(6Cy이내 차단)이 가능.
   < 단점 >
   (1) 지락 전류가 저 역율의 대 전류이므로 과도 안정도가 나빠진다.
   (2) 지락 고장시 병행 통신선에 전자 유도 장해를 줄수 있으나
       고속 차단으로 영향을 줄일 수 있다.
   (3) 지락 전류가 커서 기기에 충격에 의한 손상을 줄 수 있다.
   이 방식은 절연 레벨의 저감이 가장 큰 장점으로 우리 나라의 송전 계통에서 채택하는 방식이다.

2) 저항 접지 방식 (Zn = R)

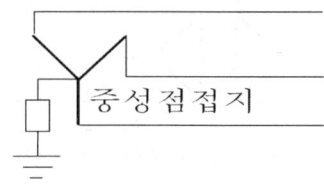

 (1) 저항값이 30Ω 이하인 저 저항 접지 방식과 100~1,000Ω 인 고 저항 접지 방식이 있다.
 (2) 접지 저항이 너무 낮으면 고장 발생시 통신 유도 장해가 있고, 너무 높으면 계전기의 동작이 문제되고 동시에 건전상의 대지 전압 상승을 초래 함.
 (3) 현재 이 방식은 대부분 직접 접지방식으로 전환되는 추세임.

3) 리액터 접지 방식(Zn = jXℓ)
 (1) 저항 접지 방식과 마찬가지로 고장 전류를 제한
 (2) 과도 안정도를 향상 시킬 목적으로 채용하는 방식

4) 소호 리액터 접지방식

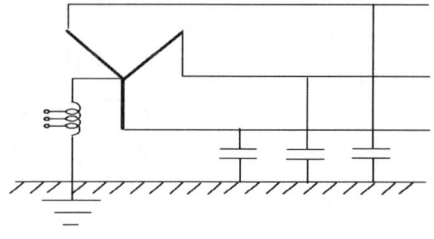

변압기의 중성점을 송전 선로의 대지 정전 용량과 공진(ωL=1/3ωC)하는 리액터를 통하여 접지하는 방식
< 장점 >
 (1) 지락 고장시 고장점에는 극히 작은 손실 전류만 흐름.
 (2) 고장점에 전압의 상승률이 적다.
 (3) 정전 없이 송전이 가능
< 단점 >
 (1) 단락 사고시 이상 전압 발생 우려
 (2) 선택 접지 계전기의 동작이 곤란하여 Tap 변동등 조작, 보수가 까다롭다.

5) 비 접지 방식

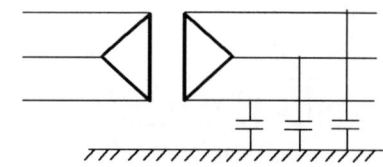

< 장점 >
(1) △-△ 결선 변압기 사용시 채택
(2) 선로의 길이가 짧거나 전압이 낮은(33Kv) 계통에서 사용
(3) 대지 정전 용량이 작아 대지 충전 전류가 적음
(4) 지락 고장시 지락 전류는 아주 작아서 그대로 송전 가능함.
(5) 단상 변압기를 △-△ 결선으로 사용 중 1대 고장시 V-V결선 운전 가능
< 단점 >
(1) 전압이 높고 선로 길이가 긴 경우는 대지 정전 용량이 증가하여 지락 사고시 이상 전압 발생 가능

3. 중성점 접지 방식 비교

항 목	직접 접지	저항접지, 리액터접지	비 접지
1. 접지 계수	75% 이하	중간	75% 초과 가능
2. 지락사고시 건전상 전압상승	작다 (1.3E이하)	중간	크다. 장거리송전시 이상전압발생
3. 임피던스	0	저저항 : 30Ω이하 고저항 : 100Ω이상	∞
4. 지락 전류	최대	중간	380mA 정도로 적다.
5. 지락시 통신선 유도장해	최대 고속차단으로 최소화	중간	작다
6. 보호 계전기 동작	가장 확실 (신뢰도 최고)	중간	지락 계전기 적용 곤란
7. 절연 레벨	저감절연 단 절연	중간	전 절연 균등 절연
8. 애자 갯수	최저	중간	최고
9. 변압기 절연	단절연	전절연	전절연
10. 장 점	전압 상승 작다 보호 계전기 확실 절연 레벨을 낮출수 있음	전압 상승 작다 보호 계전기 확실 지락 전류 작다 통신 장애 작다.	지락 전류 작다 통신 장애 작다.
11. 단 점	지락 전류가 큼 통신 장해 큼	저항기 또는 리액터 시설비 고가 소호리액터 조작복잡	전압 상승 크다 보호 계전기 불확실 절연 레벨을 낮출 수 없음

2.2 단상 유도전동기의 원리 및 기동방식의 종류별 특징을 설명하시오.

1. 단상 유도 전동기의 원리
   1) 고정자 권선에 단상 교류를 가하면, 권선측 방향으로 교번 자기장이 발생한다.
   2) 서로 반대 방향으로 회전하는 2개의 회전 자기장이 형성 되므로 기동 토오크가 발생하지 않아 기동할 수 없다.
   3) 이때 어떤 방향이든 회전력을 주면 토오크가 발생하여 속도가 가속되고 회전을 하여 정상 운전된다.

2. 단상 유도 전동기의 기동 방식
   1) 분상 시동형

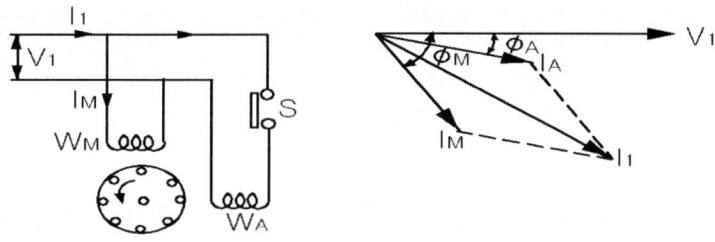

   - 주 권선과 보조 권선을 $90°$ 차이로 배치하여 위상차 발생으로 기동이 되며 주 권선은 항시 전원에 접속 되어 있지만
   - 기동 권선은 적당한 속도가 되면 원심력 개폐기에 의해 권선이 전원에서 분리된다.
   - 보조권선 : 주권선보다 가늘기 때문에 R값이 크고, 권선수도 적어 L값이 적으므로 Φ값이 적다.
   - $\theta = \dfrac{L}{R}$ 에서 R값이 크고 L값이 적기 때문에 θ가 적어 주권선 전류보다 보조 권선 전류의 위상이 앞서 기동기 가능함.
   - 장점 : 값이 비교적 싸다.
   - 단점 : 시동 전류가 매우 크다.
            큰 출력의 것은 제작이 어렵다.
   - 용도 : FAN, 브로워, 사무기계 등 소형 전동기

   2) 콘덴서 시동형

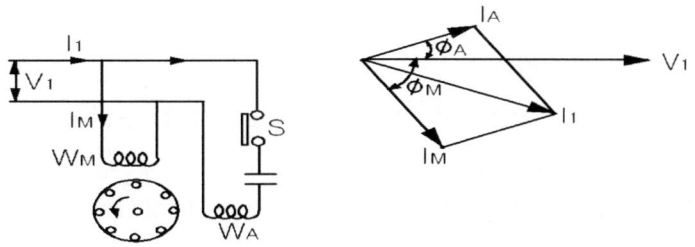

- 시동용 보조권선에 직렬 콘덴서를 접속하여 기동시에만 전류를 흘림
- 시동 회로의 전류는 주 권선쪽보다 앞선 위상이 되므로 회전자계가 발생하며 분상 시동형보다 큰 기동전류를 얻음
- 동기속도의 75~80%정도에서 보조권선의 스위치 개방

3) 콘덴서 모터

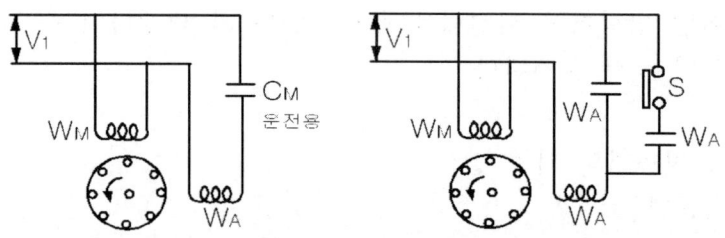

<콘덴서 모터 기동형>   <콘덴서 모터 콘덴서 기동형>

- 시동시는 물론 운전시에도 콘덴서를 보조권선에 접속한 영구 콘덴서 모터 형과
- 운전용 콘덴서와 기동용 콘덴서를 병렬로 접속하여 기동한후 기동용 콘덴서는 회로에서 분리하는 두가지 방법이 있다.
- 운전용 콘덴서는 연속사용이 가능한 유입콘덴서나 MP콘덴서 사용
- 콘덴서를 연결한 채 운전하므로 역율이 좋고 동손도 작다.
- 장점 : 역율과 효율이 양호하여 일반적으로 많이 사용하며 가격이 저렴하다.
- 단점 : 콘덴서가 자주 고장나고 과열이 됨
- 용도 : 양수기, 펌프, 콤프레셔 등

4) 반발 시동형

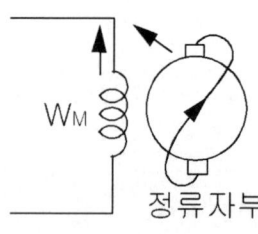

- 회전자에 직류 전동기와 같이 정류자를 갖고 있고 기동시에는 반발 전동기로서 시동하므로 큰 시동 토오크가 얻어지며, 시동 후 속도가 동기 속도의 70~80%가 되면 원심력 스위치로 정류자 전체를 단락하여 농형 회전자가 되어 회전한다.
- 시동 토오크가 크게 필요한 장소에 적합
- 단점 : 정류자 자주 유지 보수

5) 쉐이딩(Shading) 코일형
- 고정자에 돌극을 만들고 여기에 세이딩코일이라 불리우는 동대로 만든 단락 코일 S를 넣는다.
- 이 전동기는 이동자계가 약하고 시동 토오크가 작다.

- 운전중은 세이딩코일이 필요하지 않지만 제거할 수 없으므로 세이딩 코일 내의 손실 때문에 운전시 속도 변동이 크고 효율이 낮다.

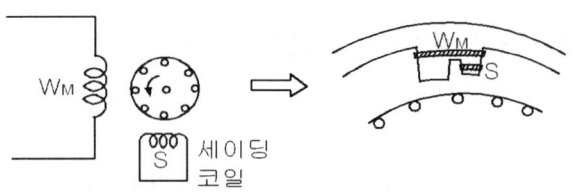

- 그러나 구조가 극히 간단하기 때문에 수십W 이하의 극히 소형의 전동기는 많이 사용하고 있다.
- 단점 : 역전 불가.

	분상 시동형	콘덴서 시동형	반발 시동형	쉐이딩 코일형
시동 전류 (%)	500-600	400-500	300-400	400-500
시동 토오크(%)	125-200	200-300	400-600	40-50
출 력 (W)	20-400	100-400	100-750	1.4-10

2.3 건물용 에너지 관리기술의 체계적인 개발과 보급을 위하여 제정된 건물 에너지 관리시스템(BEMS)의 기능을 상세하게 설명하시오.

인용 : KSF 1800-1 (건물 에너지 관리시스템)

1. BEMS 정의
   1) 컴퓨터를 사용하여 건물관리자가 합리적인 에너지 이용이 가능하게하고 쾌적하고 기능적인 업무환경을 효율적으로 유지·관리하기 위한 제어·관리·경영 시스템
   2) 건물 내 에너지 사용기기(조명, 냉·난방설비, 환기설비, 콘센트 등)에 센서 및 계측장비를 설치하고 통신망으로 연계하여
      - 에너지원별(전력·가스·연료 등) 사용량을 실시간으로 모니터링하고,
      - 수집된 에너지사용 정보를 최적화 분석 S/W를 통해 가장 효율적인 관리방안으로 자동제어하는 시스템이다.

2. 필요성
   1) 시장규모
      '10년 20억 달러에서 '16년 60억 달러 전망(미국), 전세계적으로는 '15년 700억 달러 예상되어 각국이 도입을 적극 추진 중
   2) 각 국의 온실가스 감축 등 환경규제 및 에너지 위기에 능동적으로 대처하고, 고부가가치 신 성장사업으로 육성 필요

3. BEMS 시스템 구성도

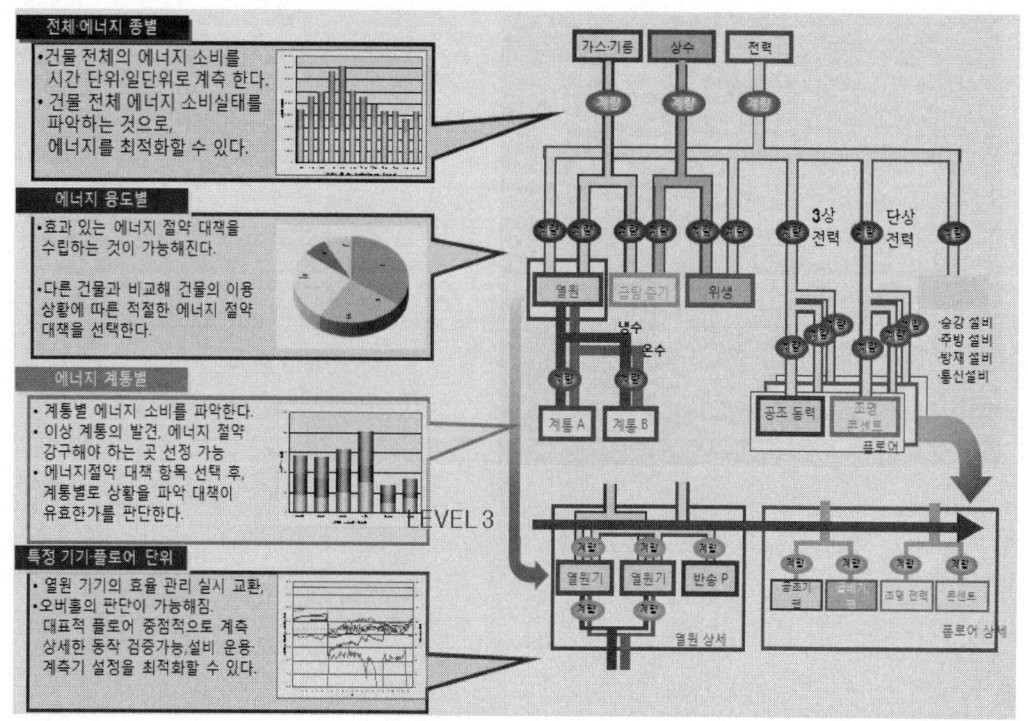

4. 주요 특성
   1) 기존의 유사한 건물관리 시스템은 각종 설비기기에 대한 단순한 상태감시(정상가동 유무 등)와 단편적인 자동 또는 수동제어 중심임.
      - 건물자동화시스템(BAS) : 설비기기 상태 감시 및 중앙관제
      - 시설관리시스템(FMS) : 건축물정보, 자재, 장비, 작업, 인력, 도면등 관리
      - 지능형건축물시스템(IBS) : 설비, 조명, 엘리베이터, 방재 등 건축물내 시스템

   2) BEMS는 에너지사용정보를 수집·분석하여 건축물 특성에 따라 최적화된 개선방안을 제시하고, 이에 따라 자동제어하여 건물이 상시 최적가동상태를 유지되도록 하는 첨단시스템으로 건축·기계·전기·신재생 등 건물 에너지와 관련된 고도의 전문지식에 정보통신기술을 접목시킨다는 점에서 기존시스템과 차별화됨.

   3) BEMS 구축을 위해서는 건설기술(CT)과 정보통신기술(IT) 및 에너지기술(ET)의 융합이 필요하며 더불어 용도와 규모별로 건물에너지 패턴을 분석하고 이를 해석해서 최적안을 도출해 낼 수 있는 전문인력 확보가 중요
      - CT : Construction Technology
      - IT : Information Technology,
      - ET : Energy Technology

5. BEMS의 기능
   1) 데이터 표시 기능
      획득 수집한 건물 에너지 소비 및 관련 데이터를 알기 쉽게 컴퓨터 화면 등을 통해 표시하는 기능
   2) 감시 기능
      입력값과 실제 운영 결과를 비교하여 운전 범위나 기준값을 벗어나는 경우 운영자에게 알려주는 기능
   3) 데이터 및 정보 조회 기능
      운영자가 원하는 기간 동안의 건물 에너지 소비 및 관련 데이터의 정보를 표시 또는 그래프로 제공
   4) 건물 에너지 소비 현황 분석 기능
      운영자가 건물 에너지 소비 현황을 쉽게 파악할 수 있도록 다음과 같은 항목에 대한 분석 기능을 제공한다.
      - 에너지원별 소비량
      - 용도별 소비량
      - 수요처별 소비량

- 이산화탄소 배출량
- 최대 수요 전력
- 건물 에너지 효율 수준
- 에너지 소비 절감량 및 절감율
- 에너지 소비 원단위 : 단위 면적당 소비되는 에너지의 양
- 석유 환산톤으로 환산한 1차 에너지 소비량
  · 석유 환산톤 : 원유 1톤을 연소할 때 발생하는 열량을 말하며 단위는 TOE를 사용
  · 1차 에너지 소비량 : 소비된 모든 종류의 에너지량을 천연상태에서 얻을 수 있는 형태로 환산한 에너지량

5) 설비의 성능 및 효율 분석 기능
건물에서 운용되는 각종 설비의 운전상태와 성능을 쉽게 파악할 수 있도록 분석 기능을 제공한다.

6) 실내·외 환경 정보 제공 기능
- 외기의 온도와 습도
- 실내 공기의 온도와 습도
- 실내 공기중 CO_2 농도
- 실내 조도

7) 에너지 소비량 예측 기능
에너지를 절약하고 건물과 설비의 계획적인 운영에 도움을 주기 위하여 건물의 에너지 소비량을 예측하는 기능을 제공

8) 에너지 비용 분석 기능
- 기간별 에너지 비용 조회
- 예상 에너지 비용 조회

9) 제어 시스템 연동 기능
자체적으로 제어기능을 수행하거나 그렇지 못한 경우에는 건물자동화 시스템과 연동해서 자동으로 제어하는 기능

6. 데이터 처리 절차

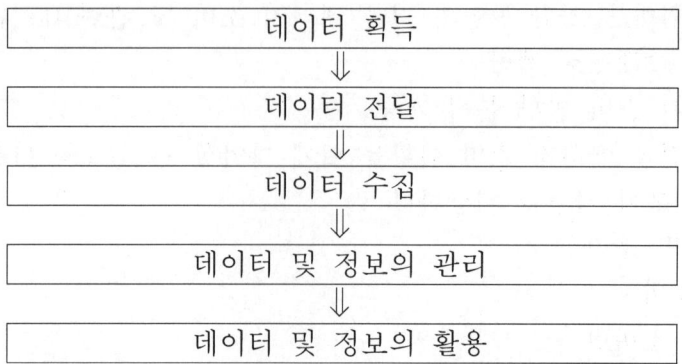

2.4 이상적인 초전도 전류제한기가 갖추어야 할 조건을 설명하고 전류 제한형 초전도변압기에 대하여 설명하시오.

1. 초전도 전류제한기가 갖추어야 할 조건
   1) 초전도체는 아래와 같은 3가지 임계값
      (Critical Value)을 갖아야 한다.
      - 임계 전류밀도(Critical Current Density. Jc)
      - 임계 자기장(Critical Magnetic Field. Hc)
      - 임계 온도 (Critical Temperature. Tc)

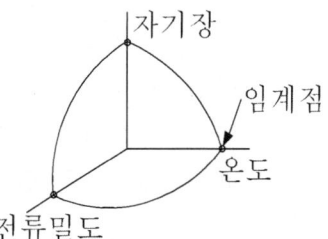

   2) 초 전도체는 이 범위 안에 존재하여야 성질을 유지할 수 있다.
   3) 만약 이 세가지중 하나라도 범위를 넘어서게 되면 초 전도체는 상 전도체로 되는데 이를 Quench현상이라 한다.

2. 전류 제한형 초전도변압기
   1) 등가회로

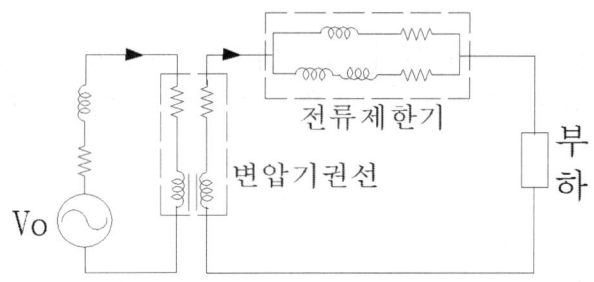

   2) 동작 원리
      (1) 기존 변압기의 권선을 Cu 대신 초전도 도선을 사용하여 소형화
      (2) 고온 초전도 변압기는 액체 질소가 초전도 재료의 냉각재로 사용
      (3) 초전도 전류 제한기
         - 정상 상태일때는 부하 전류가 흐르고
         - 사고시에는 부하전류가 증가하여 증가된 부하전류가 초 전도 도체에 흘러 초 전도 상태가 상 전도 상태로 바뀌어 사고 전류를 제한함
         - 리미터와 트리거 구성
         - 리미터의 형태에 따른 분류 : 저항형, 유도형

   3) 초전도 변압기의 특징
      (1) 저 손실 (고 효율)
         초전도체의 대표적인 특징은 저항이 0 이라는 것이다.
         따라서 저항이 없으므로 전류가 흐를때 발생하는 주울열이 "0"

즉, 동손이 없으므로 초전도 변압기는 기존의 변압기에 비하여 50% 정도 효율이 상승하여 손실이 절감된다.

(2) 소형화 (무게 및 부피 감소)

초전도 변압기 권선은 같은 단면적의 일반 변압기에 비해 10~20배의 전류를 흘릴 수 있으므로 권선의 용량을 1/10 ~ 1/20로 줄일 수 있다.
따라서 전체의 변압기 중량을 1/2 ~ 1/3로 감소 시킬 수 있어, 수송이 용이하고 설치 면적을 대폭 줄일 수 있다.

(3) 안전성 향상

기존의 유입 변압기는 권선의 냉각과 절연을 위해 절연유를 사용하므로 과열시 화재와 폭발의 위험성을 내포하고 있다.
그러나 초전도 변압기는 냉각을 위해 액체 질소를 사용하므로 안선성 면에서 탁월하다.

(4) 환경 친화적

유입변압기는 기름의 폐기 또는 재활용 과정에서 환경을 오염 시킬 수 있으나 초전도 변압기는 기름을 사용하지 않으므로 환경성 면에서 훨씬 우월하다.

(5) 과부하 내량 증가

변압기는 100% 이상의 과부하로 운전하면 수명이 급격히 저하된다. 그러나 초전도 변압기는 여름철의 Peak시 과부하가 걸려도 수명에 별 문제가 되지 않는 장점이 있다.

3. 향후 전망

미국, 일본, 유럽등의 초전도 변압기 기술에 비하여 우리나라의 이 분야의 기술은 늦은편이지만 현재 국내 몇 개의 연구 기관과 제조업체들이 좋은 연구 결과를 발표하고 있다.
현재 22.9kV/6.6kV 1Φ 1MVA 급이 개발되었고, 수년내 154/22.9kV 3Φ 100MV 급의 개발을 목표로 개발 중이어서 앞으로 초고압 변압기를 선두로 이 초전도 변압기 개발이 박차를 가할 것으로 예상한다.

2.5 의료장소의 전기설비 시설기준에서 다음 사항을 설명하시오.
   1) 안전을 위한 보호설비 시설
   2) 누전 차단기 시설
   3) 비상 전원 시설

1. 의료장소 구분
   1) 그룹 0
      일반병실, 진찰실, 검사실, 처치실, 재활치료실 등 장착부를 사용하지 않는 의료장소
   2) 그룹 1
      분만실, MRI실, X선 검사실, 회복실, 구급처치실, 인공투석실, 내시경실 등 장착부를 환자의 신체 외부 또는 심장 부위를 제외한 환자의 신체 내부에 삽입시켜 사용하는 의료장소
   3) 그룹 2
      관상동맥질환 처치실(심장카테터실), 심혈관조영실, 중환자실(집중치료실), 마취실, 수술실, 회복실 등 장착부를 환자의 심장 부위에 삽입 또는 접촉시켜 사용하는 의료장소

2. 의료장소별 접지계통
   1) 그룹 0 : TT 계통 또는 TN 계통.
   2) 그룹 1 : TT 계통 또는 TN 계통. 다만, 전원자동차단시 중대한 지장을 초래할 우려가 있는 회로에는 의료 IT 계통을 적용할 수 있다.
   3) 그룹 2 : 의료 IT 계통.
      생명유지 장치가 아닌 일반 의료용 전기기기에 전력을 공급하는 회로 등에는 TT 계통 또는 TN 계통을 적용할 수 있다.
   4) TN 계통을 적용할 때에는 TN-C 계통으로 시설하지 말 것.

3. 안전을 위한 보호설비 시설
   1) 직접/간접 접촉에 대한 보호
      - SELV와 PELV 그룹 I 과 그룹 2의 의료 장소
        SELV 또는 PELV 회로를 사용할 때 기기에 인가된 공칭 전압은 25V 실효값 교류 또는 60V 비 맥동 직류를 초과하여서는 안 된다.
      - 충전부의 절연 및 장벽 또는 외함에 의한 보호가 필수적이다
      - 그룹 2의 의료 장소
        기기의 노출 도전부(예를 들면 수술실 조명)를 등전위 결합 도체에 연결해야 한다.

2) 직접 접촉에 대한 보호
   - 충전부의 절연에 의한 보호 격벽 또는 외함에 의한 보호만이 허용된다.
   - 장해물에 의한 보호는 허용되지 않는다.
   - 접촉 범위 밖 설치에 의한 보호는 허용하지 않는다.

3) 간접 접촉에 의한 보호
   (1) 그룹1과 그룹2의 의료장소에서 전원의 자동차단은 다음을 적용 한다.
       IT, TN, TT 시스템의 경우 규약접촉전압 U_L이 25V를 초과하지 않아야 한다.
       ($U_L \leq 25$ V)
   (2) TN 시스템 (누전 차단기 시설)
       - 정격 잔류 전류가 32A 이하인 그룹1의 최종 회로에서는 최대 잔류 동작전류가 30mA 인 잔류 전류 장치가 사용된다.
       - 그룹2의 의료장소에서 정격 잔류 동작전류가 30mA를 넘지 않는 잔류 전류 보호 장치를 이용한 전원의 자동차단에 의한 보호는 다음의 회로에서만 사용된다.
         · 수술대 전원용 회로
         · X-레이 장치용 회로
         · 정격전력이 5kVA 이상인 대형 기기용 회로
         · 중요하지 않은 전기기기용(생명 유지장치외) 회로
       - 모든 충전도체의 절연수준을 보장하도록 TN-S 시스템을 권장 된다.
   (3) TT 시스템 (누전 차단기 시설)
       그룹 1과 그룹 2의 의료장소에서 TN 시스템의 요구사항을 적용하고 모든 경우에 잔류 전류 보호장치를 사용해야 한다.
   (4) IT 시스템
       - 의료 IT 시스템은 다음의 특정 요구사항에 부합하는 절연 모니터링 장치가 장착 되어야 한다.
         · 직류 내부 임피던스는 최소 100 kΩ 이어야 한다.
         · 시험전압은 25V d.c. 이상 이어서는 안 된다
         · 고장 상태에서도 삽입전류는 1 mA 보다 커서는 안 된다.
         · 적어도 절연저항이 50kΩ까지 감소할 때는 표시가 제공되어야 하며 시험장치가 제공되어야 한다.
       - 의료 IT 시스템의 경우 다음의 부품을 내장한 음향 및 시각적 경보시스템을 적절한 위치에 배치하여 의료진이 영구적으로 모니터링 할 수 있도록 해야 한다.
         · 통상 동작을 나타내는 녹색등

- 절연저항을 위한 최소값 설정에 도달했을 때 불이 켜지는 황색등
  (이 등은 정지시키거나 차단시키는 것이 불가능 하여야 한다)
- 절연저항을 위한 최소값 설정에 도달했을 때 소리가 나는 음향경보
  (이 음향경보는 소음이 될 수 있다)
- 황색 신호는 고장이 제거되거나 통상조건이 복원되면 꺼져야 한다.
- 의료 IT 변압기에 대한 과부하 및 고온 모니터링이 요구된다.

(5) 보조 등전위 결합
  - 그룹 1과 그룹 2의 각 의료장소에 보조 등전위 결합도체를 설치하고 "환자환경"에 위치하는 다음 부분들간의 전위차 균형을 맞추기 위해 등전위 결합 버스바에 접속되어야 한다.
    · 보호도체
    · 외부도전부
    · 전기 간섭 장애에 대한 차폐
    · 도전성 바닥 격자에 접속
    · 절연변압기 있을 경우의 금속 차폐
  - 그룹2의 의료장소에서 콘센트의 보호도체와 고정 기기 사이 또는 외부도전부와 등전위 결합 버스바 사이의 접속저항을 포함한 도체의 저항은 0.2Ω을 넘지 않아야 한다.
  - 등전위 결합 버스바는 의료장소내 또는 근처에 위치하여야 한다.
  - 접속은 확실히 눈에 보이고 개별적으로 쉽게 차단될 수 있도록 배열되어야 한다.

4. 비상전원
 1) 절환시간 0.5초 이내 공급 장치
   - 0.5초 이내에 전력공급이 가능하고 최소 3시간 동안 유지하여야 한다.
   - 적용 장소 : 수술실, 수술준비실, 수술처치실, 중환자실

 2) 절환시간 15초 이내 공급 장치
   - 15초 이내에 전력공급이 가능하고 최소 24시간 동안 유지하여야 한다.
   - 적용 장소 : 분만실, 내기경실, 검사실, 물리처리실등
                탈출로, 비상구, 표시등, 비상 발전용, 스위치 기어와 컨트롤 기어 소방관을 위해 선정된 승강기, 연기 추출을 위한 환기 시스템

3) 절환시간 15초를 초과 공급 장치
   - 최소 24시간 동안 유지하여야 한다.
   - 적용 장소 : 마사지실, 소독기기, 냉난방 환기 시스템. 조리 기기, 축전지 설비 등

4) 비상 전원 요구 사항
   - 의료 장소에서 비상 전원용 전원은 통상 전원의 고장 시 정해진 시간 주기 동안 미리 결정된 절환 주기 내에 전기에너지를 공급하기 위해 충전되어야 한다.
   - 하나 또는 여러 개의 상도체에서 공칭 전압의 10 % 이상 주 배전반의 전압이 강하된다면 안전 전원은 자동적으로 전원이 공급되어야 한다.

2.6 전력간선설비에서 저압간선 케이블의 규격 선정시 고려사항을 설명하시오.

1. 환경 조건
   간선 및 배선설비 설계는 설비가 영향 받을 수 있는 다음의 환경 조건을 고려한다.
   1) 주위온도 및 기후조건
   2) 물기, 분진, 부식 또는 오염물질의 존재 여부
   3) 기계적 충격 및 진동
   4) 식물 또는 곰팡이, 동물(벌레, 새, 작은 동물)
   5) 전자기 장애, 정전기 또는 이온화의 영향
   6) 태양방사, 지진, 낙뢰, 바람
   7) 전기설비 사용특성
      (1) 전기설비 공사 중 또는 사용 중에 배선이 받는 응력
      (2) 배선을 지지하는 건축물의 벽 또는 기타 부분의 특성
      (3) 사람과 가축이 배선에 접촉할 가능성
      (4) 지락 고장 및 단락 전류에 의해 발생할 수 있는 전기·기계적 응력
      (5) 설치 장소의 특성
   8) 건축물의 구조, 특성 및 용도
   9) 화재 및 외부적 영향

2. 간선 결정시 고려사항
   1) 전선의 허용 전류
      (1) 연속시(상시) 허용 전류

      허용전류 $I = A \times S^m - B \times S^n$ (A)
      여기에서 S : 도체의 공칭 단면적 (㎟)
      　　　　 A, B : 케이블 종류와 설치방법에 따른 계수
      　　　　 m, n : 케이블 종류와 설치방법에 따른 지수

      대개의 경우 첫 번째 항만 적용하면 되고, 두 번째 항은 대형 단심 케이블을 사용하는 경우에만 적용하면 된다.

허용 전류표	구분	구리 도체		알루미늄 도체	
		A	m	A	m
A.52-2	2	11.2	0.6118	8.61	0.616
	3≤120㎟	10.8	0.6015	8.361	0.6025
	3<120㎟	10.19	0.6118	7.84	0.616
	4	13.5	0.625	10.51	0.6254
	5	13.1	0.600	10.24	0.5994
	6≤120㎟	15.0	0.625	11.6	0.625
	6<120㎟	15.0	0.625	10.55	0.640
	7	17.6	0.551	13.5	0.551

(2) 단락시 허용 전류

단락 또는 지락시 고장전류가 통전 가능한 허용 전류를 말하며 흐르는 시간도 대개 2초 이하이고 이때의 전선의 단면적은 다음과 같다.

$$\text{단면적 } S = \frac{\sqrt{Is^2 \cdot t}}{k} = 0.0496 In \quad (\text{mm}^2)$$

여기서 Is : 단락 고장 전류 (A) = 20In
  t : 차단 장치의 동작 시간(초) = 0.1초
  k : 절연재료에 의한 온도 계수 (XLPE:130)

(3) 순시(기동시) 허용 전류
- 기동 전류가 큰 전기 기기 동작 시 배전선의 손상 없이 짧은 시간(0.5초) 내에 최대로 허용 할 수 있는 순시 전류로 전선의 열화특성, 기계적 특성, 전기적 특성을 고려하여 결정하여야 한다.

2) 전압강하
(1) 직류회로
  $\Delta e = 2 \cdot L \cdot I \cdot R$
  여기서 Δe : 전압강하(V) L : 전선 1본 길이(m)
    I : 선로의 전류(A) R : 전선의 저항(Ω/m)

(2) 교류회로
  $\Delta e = Es - Er = Kw\, L\, I\, (R \cos\theta + X \sin\theta)$
- 여기에서 Kw : 배전 방식에 의한 계수

X항은 무시, R에 고유저항($\frac{1}{58} \times \frac{100}{97}$)을 대입하여 간단히하면 아래와 같이 나타낼 수 있다.

전 기 방 식	전 압 강 하
- $1\phi 2w$ - 직류 2선식 (Kw:2)	$e = \dfrac{35.6\, L\, I}{1000\, A}$
- $3\phi 3w$ (Kw: $\sqrt{3}$)	$e = \dfrac{30.8\, L\, I}{1000\, A}$
- $3\phi 4w$, $1\phi 3w$ (Kw:1)	$e = \dfrac{17.8\, L\, I}{1000\, A}$
e : 상전압 강하임. 따라서 380/220V 회로에서 전압 강하율은 e / 220 이어야 함.	

(3) 내선 규정에 의한 허용 전압강하 (1415-1)
- 저압 배선중의 전압 강하는 간선 및 분기회로에서 각각 표준전압의 2% 이하로 하는 것을 원칙으로 한다.
- 단, 전기사용 장소 안에 시설한 변압기에서 공급하는 경우에는 간선의 전압강하를 3%이하로 할 수 있다.
- 공급 변압기 2차측 단자(전기 사업자로부터 공급을 받는 경우는 인입선 접속점)에서 최 원단의 부하에 이르는 전로가 60m를 초과하는 경우에는 다음에 따를 수 있다.

구 분	120 m 이하	200m 이하	200m 초과
전기 사업자로부터 공급	4 % 이하	5 % 이하	6 % 이하
전기사용장소안에 시설한 변압기에서 공급	5 % 이하	6 % 이하	7 % 이하

3) 기계적 강도
 (1) 단락시 열적 용량
  - 전선에 의해 발생한 Joule열은 도체의 온도를 상승시킴과 동시에 절연물 속을 통해서 외부로 방산된다.
  - 그러나 수초 이하의 단락 전류일때는 도체에서 발생한 열은 모두 도체의 온도를 상승 시키는데 소비된다.

 (2) 단락시 전자력
    단락 고장시 단락 전류의 상호 작용에 의해 개개의 도체에 전자력이 작용한다. 전류가 같은 방향이면 흡인력, 반대 방향이면 반발력이 생기고 그 힘은 아래 공식과 같다.
    $F = K \times 2.04 \times 10^{-8} \times I_m^2 / D$ (kg/m)
    여기서 K : 배열 형태에 따른 계수 (0.866~0.809)
           I_m : 단락전류 피크치 (A)
           D : 케이블 중심 간격 (m)
    대책 : 전자력에 너무 커지지 않도록 스페이서의 간격을 조정한다.

 (3) 진동
  1. 부수덕트
    - Bus Duct가 건물의 진동 주기와 접근하면 공진을 일으킬 수 있으므로 스프링 행거등의 간격을 적당히 하여 공진을 방지한다.

2. 전선
- 1상에 여러 가닥의 케이블을 사용할 때는 그 배치에 따라 동상 케이블에 흐르는 전류에 불 평형이 생겨 케이블의 이용율이 저하됨은 물론 역율 저하, 선로 전압강하, 전력 손실 및 도체 발열 및 진동으로 이어진다.
- 이를 해결하기 위하여는 (전류 불평형 방지대책)
  1. 연가(선로가 긴 경우)
  2. 상별 배치를 어긋나게(예. RST STR TRS)
  3. 동일 종류, 같은 굵기, 같은 길이의 전선 사용

(4) 신축
가. BUS DUCT
Expantion 또는 엘보 등을 두어야한다.
나. Cable Tray
- 케이블 트레이는 1.5m ~ 2m 간격으로 조영재에 견고히 고정
- Snake 배열과 연가등을 하여 전자력을 감소시키는 방안 검토.
다. 수직 부설
- 자중이 커지므로 적당한 간격으로 지지한다.

4) 연결점의 허용온도
단자부와 같이 연결부는 다른 부분에 비하여 접촉저항이 크므로 열 발생이 많기 때문에 접촉면적을 크게 하고 접촉압력도 높여야 한다.
또한 주기적인 점검이 필요하며 어느 용량 이상의 경우는 온도센서 등을 사용하여 허용온도 이상 발생되지 않는지 점검해야 한다.

5) 열방산 조건
주위 조건에 따라 열방산이 좋은 곳도 있지만 주위온도가 높거나 밀폐공간 등 전선의 온도를 높일 조건이 있다면 이를 고려해야 한다.

6) 기타 고려 기타
(1) 장래 증설에 대한 여유도
(2) 부하의 수용율
(3) 비선형부하의 연결

3.1 가로등 또는 보안등 등에 사용하는 광원 및 배광방식의 종류별 특징을 각각 비교 설명하시오.

1. 도로 조명 설계시 검토사항
   1) 도로의 폭, 교통량
   2) 도로의 주변 환경
   3) 관계 법령(KSA3701. 시도 조례)
   4) 조도, 균제도, 유도성, 글레어, 에너지 절약등
   5) 허용전압강하 : 6%이내
   6) 전기공급방식 : 1Φ2W, 1Φ3W, 3Φ4W(장거리)
   7) 기타 : 누전차단기 설치, 접지등

2. 조명 설계 기준(KSA 3701)
   1) 운전자에 대한 도로 조명 기준

도로 조명	교 통 량	등급	평균노면 휘도(Cd/㎡)
1. 고속도로 자동차 전용도로	교통량 많고 도로선형 복잡한 곳	M1	2.0
	교통량이 많거나 도로 선형이 복잡한 곳	M2	1.5
	교통량이 적고 도로 선형이 단순한 곳	M3	1.0
2. 도시도로 국도	신호등등 교통제어가 부족한 곳	M2	1.5
	신호등등 교통제어가 잘되어 있는 곳	M3	1.0
3. 지방도로 주택지역도로	신호등등 교통제어가 부족한 곳	M4	0.75
	신호등등 교통제어가 잘되어 있는 곳	M5	0.5

   2) 보행자에 대한 기준

야간 보행자 교통량	지 역	수평면조도(lx)	수직면조도(lx)
보행자 많은 도로	상업	20	4
	주택	5	1
보행자 적은 도로	상업	10	2
	주택	3	0.5

3. 도로 조명 설계
   1) 광원
      광속, 수명, 광색, 효율, 설치환경 조건, 경제성 등을 검토하여 결정

종류	특 성
1. 수은등	종전에는 일반적으로 많이 사용하였으나 연색성이 나빠 새로이 설계되는 도로에서는 사용 많이 안함.
2. 나트륨등	요철의 구별이 잘되고 효율이 수은등의 2배(100lm/W)로 높아 많이 사용하나 적색 계통의 빛이 강하여 연색성은 좋은 편은 아님.
3. 메탈할라이드	나트륨등에 비해 효율은 떨어지나(70lm/W) 연색성이 우수하여 가로등, 공원등에 많이 사용함.
4. LED 램프	수명이 반영구적이며(60,000시간~100,000시간) 즉시 점등 및 재점등 가능함. 난점 : 고가

   2) 배광 방식
      (1) 조명 기구의 종류

배광형식		특 징	적 용
Cut Off Type		눈부심을 엄격히 제한 한 것으로 주변이 어두우면서 밝은 조명 필요시 적용	고속도로 및 국도
Semi-Cut Off Type		눈부심을 어느 정도 제한하고 주변이 밝은 도로에 적용	일반 도로
Non Cut Off Type		눈부심에 대한 고려를 적게한 도로	도시 내 도로

      (2) 조명 기구의 설치 높이
         10m 이상으로하나 필요한 경우
         휘도분포, 조명 효과를 고려한다.

      (3) 경사 각도 (θ)
         5도 이내가 좋다.

      (4) 오버 행 => 짧을수록 좋다.

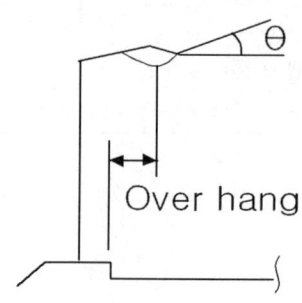

(5) 조명 기구 배열

종 류	형 태	적 용 도 로	특 성
1. 편측식		노폭이 좁은 도로	조도가 도로 한쪽으로 편중 될 수 있다.
2. 지그재그식		일반 도로	조도를 도로 양쪽에 고르게 분포시킬 수 있다.
3. 대칭식		고속도로나 차량 빈도가 많은 도로	등 간격이 좁아지므로 설비비가 커진다.
4. 중앙 1열식		공원 도로	효율이 높다.

(6) 조명 기구 설치 간격 (일반적으로 40m 내외)

$$S = \frac{FUNM}{WKL} (lm)$$

여기서 S : 등기구 간격 (m)
　　　　F : 광원 1개당 광속 (lm)
　　　　U : 조명율
　　　　N : 조명기구배열계수 (한쪽, 중앙:1, 마주보기, 지그재그:2)
　　　　M : 보수율
　　　　W : 도로의 폭(m)
　　　　K : 조도 환산 계수 (아스팔트:15, 콘크리트:10)
　　　　L : 기준 휘도 (Cd/m^2)

(7) 도로 균제도

　- 종합 균제도　$U_0 = \dfrac{\text{최소 노면 휘도}}{\text{평균 노면 휘도}}$

　- 차선축 균제도 $U_1 = \dfrac{\text{차로 중심선상의 최소 휘도}}{\text{차로 중심선상의 최대 휘도}}$

도로 분류	종합 균제도	차선축 균제도
고속 도로	0.4	0.7
주 간선 도로		
보조 간선 도로		0.5
국지 도로		

3) 기타
   (1) 분기 차단기 : 전기 설비 기술기준에 누전차단기 설치 의무화됨.
       (2003.2.28.)

3.2 건축전기설비의 매설구조물에 대하여 다음 사항을 설명하시오.
  1) 부식 현상 및 방지 대책
  2) 전기방식(Cathodic Protection)의 종류 및 특징

1. 개요
  1) 접지 : 접지극이 토양과 접촉되어 부식 발생
          대지 저항율, PH등 물리적인 성질, 주위환경등 영향
  2) 전식 : 직류 전철 부근에 매설된 금속 배관에서 주로 발생하며
          전철에서 대지로 누설되는 누설전류에 의해 발생
  3) 부식의 형태

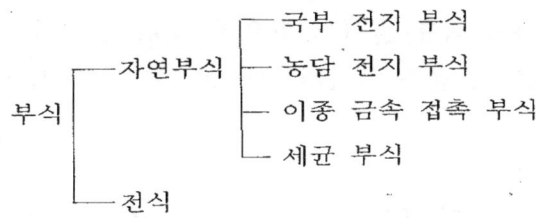

2. 부식의 종류
  1) 국부 전지 부식 (마이크로 셀 부식)
    금속 표면은 불순물, 산화물, 기타피막, 결정구조등에 의해 매우 불균일하여 전극 전위는 동일 금속이라도 부분적으로 전위차가 존재하여 국부전지가 형성되어 부식이 진행된다.
  2) 농담 전지(濃淡 電池) 부식 (마이크로 셀 부식)
    동일 금속의 다른 부분에서 대지의 염류 농도나 용존 가스(O_2)량이 다른 경우 금속 표면에 양극 부분과 음극부분을 형성하고 양극 부분의 부식이 촉진된다.
  3) 세균부식
    매설 금속체의 부식은 토양중에 있는 세균 때문에 현저히 촉진된다.
    그중 대표적인 유산염, 환원 박테리아이고 산소 농도 PH 6~8의 점토질에 가장 번식하기 쉽다.
  4) 이종 금속 접촉 부식(갈바닉 부식)

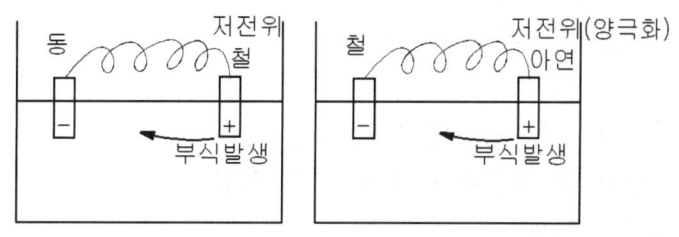

이종 금속이 결합하여 부식되는 것으로 고전위 금속과 저전위 금속이 접촉할 경우, 전극전위가 낮은 금속이 양극화되어 양극부분이 부식한다.
토양중에서 이 부식이 일어나는 사례로는 황동과 직결된 철판, 동제 접지체와 연결된 철 구조물 등이다.
- 자연 전위열

금속 종류	은	동	납	강, 주철	알루미늄	아 연
전위(V)	-0.06	-0.17	-0.5	-0.45 ~ 0.65	-0.78	-1.07

5) 전식(미주전류 부식)
- 매설 금속체에 외부 전원의 누설 전류에 의해서 발생
- 도시의 지하와 같이 여러 종류의 매설물이 혼합하여 있을 때 심함.
- 전식에는 교류 전식과 직류 전식이 있으며, 직류 전식이 심함.
- 자연부식은 금속표면이 전부 부식하는데 전식은 국부적으로 부식한다.

3. 부식 현상 및 방지 대책
1) 도장법 : 피 보호 금속체의 표면을 페인트 코팅 또는 테이핑
2) 희생 양극법(유전 양극법)
   (1) 원리
       - 금속체에 상대적으로 전위가 낮은
         금속을 도선에 의해 접속
       - 이종 금속간 이온화 경향을 이용
       - 금속체가 음극이 되고 접속시킨
         금속이 양극이 됨.
       - 희생 양극 : 철보다 저전위인
         Mg, Al, Zn 등을 이용

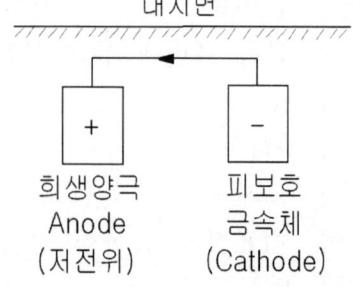

   (2) 장점
       - 별도의 전원이 불필요
       - 설계, 설치가 매우 쉽다.
       - 유지보수가 거의 불필요
       - 주위 시설물 간섭이 적음
       - 전류 분포가 거의 균일
       - 다수로 분포된 배관등에 적합
   (3) 단점
       - 방식 전류가 적은 경우만 사용 가능
       - 토양 저항이 큰 경우와 수중에는 부 적합
       - 유효 범위가 제한적

3) 외부 전원법(강제 전원법)
   (1) 원리
      - 금속체에 외부에서 전원을 연결
      - 희생양극(Anode)은 부식이 심하므로 내구성이 강한 재질을 사용

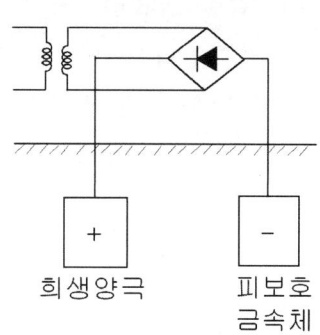

   (2) 장점
      - 대용량의 방식 전류 가능
      - 전압 전류 조정 가능
      - 자동화 가능
      - 토양의 저항 영향을 적게 받음
      - 내 소모성 양극을 사용시 장 수명 가능
   (3) 단점
      - 설계, 설치 복잡
      - 타시설물에 방식전류 간섭 우려
      - 유지 관리 비용이 필요
      - 과도한 방식이 될 수도 있음.

4. 전기 방식 종류 및 특징
   - 전철에서 누설전류를 대지에 유출시키지 않고 직접 레일에 되돌려 주는 방식임.
   - 종류 : 직접법, 선택 배류법, 강제 배류법
   (1) 직접 배류법

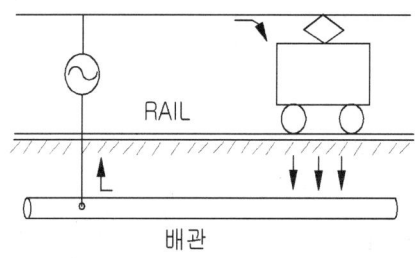

   - 그림과 같이 금속체와 레일을 도선으로 연결
   - 시설은 비교적 간단하나 효과가 적어 많이 사용 안함.

장 점	단 점
1. 별도의 전원을 공급하지 않으므로 시설비 유지비 저렴	1. 전철의 위치에 따라 효과에 차이날 수 있다. 2. 전철이 운행하지 않을 때는 효과가 없을 수 있다.

(2) 선택 배류법

변전소의 (-)극과 매설관 사이에 다이오드를 연결하여 누설전류 방향을 선택하여 부식 방지

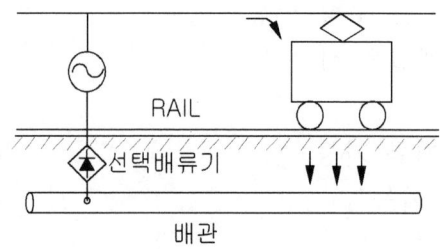

장 점	단 점
1. 전철의 전류를 이용하므로 유지비 저렴 2. 전철의 운행시에도 자연부식 방지	1. 전철의 위치에 따라 효과에 차이날 수 있다. 2. 전철이 운행하지 않을 때는 효과가 없을 수 있다.

(3) 강제 배류법

레일에 직류를 강제적으로 전원 공급장치가 필요

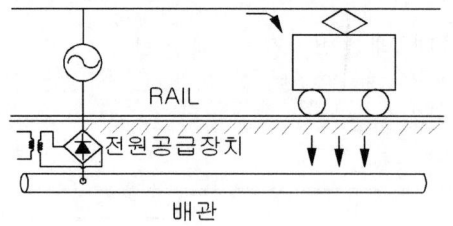

장 점	단 점
1. 효과 범위가 넓다. 2. 전압 전류 조정이 용이 3. 전철의 휴지기간에도 효과 있음	1. 전원을 필요로 하기 때문에 시설비, 유지비 고가 2. 타 설비에 대한 영향을 미칠 수 있음 3. 신호 장해를 일으킬 수 있음.

3.3 건축물 설계 시 변전실 계획과 관련한 전기적 고려사항(위치, 구조, 형식, 배치, 면적 등)과 건축적 고려사항을 구분하여 설명하시오.

1. 개요

    변전실의 설치 장소는 건물의 용도, 종류, 부하의 분포상태, 설비 용량, 수전 방식 등에 따라 각종 제약을 받지만, 가능한 부하의 중심에 위치하여 배전이 원활하게 이루어져야 하며, 다음과 같은 기본적 고려사항을 검토해야한다.
    1) 안전성
        인체에 대한 안전
        재산에 대한 안전 : 화재, 폭발 등
    2) 신뢰성 : 무정전 또는 최소의 정전
    3) 경제성 : 적정한 수준의 균형

2. 변전실 계획시 전기적 고려 사항
    1) 위치
        - 부하의 중심에 있고 전원 인입, 간선 배선이 편리 한 곳
        - 기기 반출입이 용이 한 곳
        - 지반 침하가 없고 진동이 없는 장소
        - 장래 증설 및 확장이 가능 할 것
        - 부식성가스 및 먼지가 없는 곳
        - 고온 다습한 장소를 피할 것
        - 폭발성 및 가연물이 없는 곳
        - 침수 우려가 없는 곳
        - 종합적으로 경제적인 곳

    2) 구조
        - 방화 구조나 내화 구조로서 불연재료로 구획되고 창문이나 출입구에는 방화문을 설치하며 비상구 방향으로 개폐가 가능할 것
        - 창문의 파손으로 인해 빗물이 날아 들어오거나 조류나 짐승이 들어오지 않도록 고려할 것
        - 견고한 기초이고 충분한 내진 조치를 한 구조일 것

    3) 형식
        - 시설 장소 : 옥내, 옥외
        - 수전 전압 : 특고압, 고압, 저압
        - 형태 : 개방형, 폐쇄형

- 절연물 : 건식, 몰드식, 유입식, 가스식
- 차단 방식 : CB형, PF-CB형, PF-S형

4) 배치
   - 수 변전설비 전후면 조작 공간 확보
   - 기기 및 벽등과 충분한 공간 확보

< 기기 배치시 최소 이격거리. 단위 : mm >

	앞면	뒷면	열상호간	옆면
특별고압반	1,700	800	1,400	600
고압, 저압 배전반	1,500	600	1,200	600
변압기 등	1,500	600	1,200	600

   - 관리가 편리한 동선 확보
   - 변전실을 효과적으로 이용하도록 기기 배치
   - 발전기실, 전력 감시실등은 변전실과 인접하여 독립적으로 방화 구획 할 것
   - 축전지는 무보수 밀폐형으로 큐비클 내에 수납할 것

5) 면적
   (1) 전압 방식에 따른 계산
   면적 $A_1 = k \cdot (TR용량.P[kVA])^{0.7}$
   여기서, A : 변전실 추정면적[m2]
         k : 변압 방식에 따른 계수
            특고압 → 고압 : 1.7
            특고압 → 저압 : 1.4
            고압 → 저압 : 0.98

   (2) 건축물 면적에 따른 계산
   $A_2 = 3.3 \sqrt{P} \times a$ (m²)
   a : 건축물 면적에 따른 계수
      6,000 m² 미만 : 2.66
      10,000 m² 미만 : 3.55
      10,000 m² 이상 큐비클식 : 4.3
      형식 구별 없는 경우 : 5.5

(3) $A_3 = 2.15 \times (P)^{0.52}$ (㎡)

   (4) $A_4 = 5.5 \sqrt{P}$ (㎡)

3. 변전실 계획시 건축적 고려 사항
   1) 변전실의 높이
      변전실의 높이는 실내에 설치되는 기기의 높이, 바닥 트랜치를 위한 무근 콘크리트 높이, 큐비클 높이, bus duct 및 케이블 트레이 높이 등에 따라 결정되어야 하지만 불필요하게 높으면 건설비가 많이 소요되며 유지 보수상에도 문제가 발생할 수 있어 보통 아래와 같은 높이로 설계한다.
      - 특별고압수전 : 4,500[mm]이상
      - 고압, 저압수전 : 3,000[mm]이상
   2) 바닥 하중 : 200~500 kg/㎡
   3) 케이블 Pit : 200~300mm
   4) 내진 설계
   5) 바닥이 고르고 진동에 견딜 것
   6) 방화 구획
   7) 기기 반출입에 지장이 없는 사이즈의 방화문 설치
   8) 침수를 고려하여 기계실보다 바닥레벨을 높게 설계

3.4 건축물에서 계약전력은 장래 증설계획 및 전기요금과 밀접한 관계가 있다. 고압 이상으로 수전하는 수용가의 계약전력 결정기준과 수전전압 결정 방법을 설명하시오.

인용 : 한전 전기공급약관

1. 계약전력 결정기준
  <제 19 조 : 계약전력 결정기준>
  1) 계약전력은 제20조(계약전력 산정)와 같이 산정한 부하설비 용량이나 변압기 설비 용량 중 고객이 신청한 것을 기준으로 결정한다.
  2) 고압이상으로서 부하 설비를 기준으로 신청하는 경우에는 고객과 한전이 협의하여 결정한다.
     다만, 현장 여건상 사용설비의 조사가 곤란하거나 한전 직원의 출입이 용이하지 않은 경우에는 변압기 설비를 기준으로 결정한다.
  3) 순수 주거용으로 전기사용을 신청하는 경우에는 제1항과 달리 계약전력을 결정할 수 있다.

  <제 20 조 : 계약전력 산정>
  1) 사용설비에 의한 계약전력은 사용설비 개별 입력의 합계에 다음 표의 계약전력 환산율을 곱한 것으로 한다.

구분	계약전력 환산율	비고
처음 75kW에 대하여	100%	계산의 합계치 단수가 1kW 미만일 경우에는 소숫점 이하 첫째 자리에서 반올림한다.
다음 75kW에 대하여	85%	
다음 75kW에 대하여	75%	
다음 75kW에 대하여	65%	
300kW 초과분에 대하여	60%	

  2) 이 때 사용설비 용량이 입력과 출력으로 함께 표시된 경우에는 표시된 입력을 적용하고, 출력만 표시된 경우에는 세칙에서 정하는 바에 따라 입력으로 환산하여 적용한다.
     - 사용설비 용량이 출력만 표시된 경우에는 아래 표에 따라 입력으로 환산한다.

사용설비별			출력표시	입력(kW)환산율
백열전등 및 소형기기			W	100%
형광등			W	125%
수은등·메탈등·나트륨등 등의 방전등			W	115%
전열기			kW	100%
특수기기(전기용접기 및 전기로)			kW 또는 kVA	100%
전동기	저압	단상	kW	133%
		삼상	kW	125%
	고압, 특별고압		kW	118%

3) 다만, 사용설비 1개의 입력이 75kW를 초과하는 것이 있을 경우에는 초과 사용설비의 개별 입력이 제일 큰 것부터 하나씩 계약전력 환산율을 100%부터 60%까지 차례로 적용하고, 나머지 사용설비의 입력 합계에는 하나씩 적용한 계약전력 환산율이 끝나는 다음 계약전력 환산율부터 차례로 적용한다.

2. 수전전압 결정 방법

   <제 23 조 : 전기공급방식, 공급전압>

   1) 고객이 새로 전기를 사용하거나 계약전력을 증가시킬 경우의 공급방식 및 공급전압은 1전기 사용 장소내의 계약전력 합계를 기준으로 다음 표에 따라 결정하되, 특별한 사정이 있는 경우에는 달리 적용할 수 있다. 다만, 고객이 희망할 경우에는 아래 기준 보다 상위전압으로 공급할 수 있습니다.

계약전력	공급방식 및 공급전압
1,000 kW 미만	교류 단상 220V 또는 교류 삼상 380V중 한전이 적당하다고 결정한 한가지 공급방식 및 공급전압
1,000kW 이상 10,000kW 이하	교류 삼상 22,900V
10,000kW 이상 400,000kW 이하	교류 삼상 154,000V
400,000 kW 초과	교류 삼상 345,000V 이상

   2) 제1항에 따라 1,000kW미만까지 저압으로 공급시에는 1전기사용 계약단위의 계약전력은 500kW미만이어야 한다.

3) 제1항에도 불구하고 다음 각 호의 하나에 해당하는 경우에는 공급전압을 달리 적용할 수 있다.

① 신설 또는 증설 후 계약전력이 40,000kW 이하의 고객에 대해서는 한전변전소의 공급능력에 여유가 있고 전력계통의 보호협조, 선로구성 및 계량방법에 문제가 없는 경우 22,900V로 공급할 수 있다.

② 신설 또는 증설 후의 계약전력이 400,000kW를 초과하는 고객에 대해서는 전력계통의 공급능력에 여유가 있고 전력계통의 보호협조, 선로구성 및 계량방법에 문제가 없는 경우 154,000V로 공급할 수 있다.

③ 해당지역의 전기공급 상황에 따라 변전소 건설이 필요한 지역에서 고객이 변전소 건설장소를 제공할 경우에는 제1항에 불구하고 고객이 희망하는 특별고압 중 1전압으로 공급할 수 있습니다.

<제 24 조 : 한전공급설비 설치공간 확보, 제공>

1) 연면적이 500㎡ 이상인 건축물의 대지에는 한전이 전기를 배전하는데 필요한 전기설비를 설치할 수 있는 공간을 확보, 제공하여야 한다.
2) 고압 이상의 전기를 지중으로 공급받는 고객은 한전의 공급설비 설치장소를 제공해야 한다.
3) 아파트 등 공동주택 고객은 기술적 또는 기타 사유로 부득이 한 경우 전기사용장소 내에 한전의 공급설비 설치장소를 제공해야 한다.
4) 제1항부터 제3항까지의 경우 한전의 공급설비 설치장소는 고객과 협의하여 결정 한다.

3. 공급 전압 정리

계 약 전 력	공 급 방 식 및 공 급 전 압

단일건물 : 500 [KW] 미만
집합건물합계 : 1,000[KW] 미만
(2015.7.1.부터 시행)
	- 교류 단상 220V 또는 교류3상 380V
	- 단, 150kW 이상인 경우는 한전에
	  공급설비 설치장소를 무상으로
	  제공해야 함.

500 [KW] 이상
10,000 [KW] 이하
	- 교류 3상 22.9 KV
	- 단, 한전변전소에 여유가 있고
	  보호협조등 문제가 없을 때는 22.9 KV로
	  40,000kW까지 공급 가능

10,000 [KW] 초과
400,000 [KW] 이하
	- 교류 3상 154 KV
	- 단, 한전변전소에 여유가 있고
	  보호협조 등 문제가 없을 때는
	  400,000kW초과시에도 154kV 공급 가능

400,000 [KW] 초과	- 교류 3상 345 KV 이상

3.5 전동기를 합리적으로 사용하기 위해서는 정격에 맞는 전동기를 선정해야
한다. 정격과 관련된 다음 사항을 설명하시오.
 1) 정격의 정의
 2) 정격 선정 시 고려사항
 3) 전동기 명판에 표시하는 정격 사항
 4) 전동기의 종류

1. 정격의 정의
   전동기의 정격은 표준 규격에 정해져 있는 온도 상승한도를 초과하지 않고
   기타의 제한에 벗어나지 않는 상태를 말하며 다음과 같이 나누어진다.

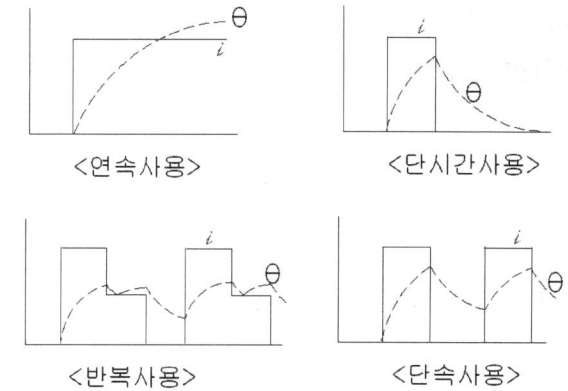

 1) 연속 사용 정격
    지정된 조건하에서 연속 사용할 때 온도상승과 기타 제한 값이 규정치 이하
    인 정격.
 2) 단시간 사용 정격
    지정된 조건하에서 일정 단시간 사용할 때 온도상승과 기타 제한 값이 규정
    치 이하인 정격.
 3) 반복 사용 정격
    지정된 조건하에서 일정 부하의 기동과 정지를 반복 사용할 때 온도 상승과
    기타 제한 값이 규정치 이하인 정격.
 4) 단속 사용 정격
    일정한 부하로 온도상승이 일정치에 도달하지 않는 시간동안 계속 운전하
    다가 정지하고, 온도가 주위온도까지 강하하지 않은 사이에 다시 부하 운전을
    하는 것

2. 정격 선정 시 고려사항
   1) 전동기 종류
      직류 전동기, 단상 유도 전동기, 3상 유도 전동기, 권선형 전동기, 동기 전동기
   2) 전동기 특성
      출력, 회전수, 토오크, 효율, 진동, 소음, 가격

3. 전동기 명판에 표시하는 정격 사항
   1) 정격 출력(kW 또는 W) 또는 정격 용량(kVA)
   2) 정격 전압(V)
   3) 정격 전류 (A)
   4) 정격 주파수(Hz)
   5) 정격 회전 속도(rpm)
   6) 상수
   7) 기타 형식, 제조 번호등

4. 전동기의 종류
   1) 주위 환경 : 주위 온도, 해발 고도, 습도
   2) 보호 등급
      - IP등급
      - 밀폐구조 : 전폐형, 개방형, 방폭형
      - 설치 장소 : 옥내용, 옥외용, 수중용
   3) 절연 등급 : E종, B종, F종, H종
   4) 취부 방법 : 수평 취부, 수직 취부
   5) 연결 방법 : 직결, 벨트, 커플링

3.6 주차관제설비의 구성요소와 설계 시 고려사항을 설명하시오.

1. 일반사항
   1) 주차관제설비는 차량의 안전한 유도를 위한 설비로서 차량검지장치, 신호등, 유도등, 제어반으로 구성되며 주차대수를 판정하여 주차상태를 표시(만차표시)하는 설비까지 포함한다.
   2) 자동으로 차량의 출입을 제한하거나 요금을 부과하는 장치를 설치하는 경우 주차관제설비에 포함한다.

3. 주차관제설비 구성요소
   1) 차량 유도등
      차량의 동선에서 주차차량이 입구, 출구, 주차방향을 정확히 할 수 있도록 설치한다.

   2) 신호등
      (1) 단색신호등 : 주의등으로 사용되며 차량검출장치에 의해 점멸한다.
      (2) 2색신호등 : 적색, 청색의 등화로서 차량의 정지와 통행의 신호로 사용한다.
      (3) 황색회전(경광)등 : 일반적으로 일방통행의 출구에 사용하며 건축물 내부 주차장에서는 광범위한 안전등으로 사용한다.
      (4) 문자식 신호등 : 문자에 의해 정지, 통행의 사인을 표시하여 건축물 내에서만 사용한다.
      (5) 신호제어기 : 차량검출장치의 신호를 검출하여 신호등을 동작 시키거나 제어반으로 통보하여 주차정보를 알리는 것으로서 일반적으로 2조씩을 설치하여 검지순서에 따라 입·출차 방향을 알 수 있게 한다.

   3) 차량검출장치
      (1) 루프코일 : 차량통과시 인덕턴스변화를 검출하여 신호제어기에 통보하는 방식으로 일반적으로 사용한다.
      (2) 적외선 빔 : 적외선을 발사하는 투광기와 수광하는 수광기를 2조씩을 설치하여 차량 통과 시 빛의 차광을 검출하는 방법으로 신호제어기에 통보한다.

4) 주차정보 표시
   (1) 차량의 주차상태 계수(주차수량, 공차구역정보 등)를 하도록 하며, 이에 대한 정보를 운전자에게 알려 주도록 주차정보표시를 한다.
   (2) 주차정보표시는 일반적으로 만차표시등(공차정보 표시 포함)으로 설계하여 전체(또는 층별)만차표시가 되도록 한다.
   (3) 차량주차상태 검출설비(주차감지기)를 설치하여 주차 구역별 공차 정보 표시를 하도록 검토한다.

5) 출입제한 설비
   (1) 사전에 허가를 받은 차량만 통과시키거나 요금부과장치의 주차권을 발행한 경우의 차량을 통과시키는 설비이다.
   (2) 출입허가 차량인식장치는 리모컨 스위치, 카드독취방식(RF-ID), 센서확인방식 및 번호인식장치 등을 사용한다.

6) 요금부과 장치
   (1) 게이트는 입구 및 출구에 설치되며 허가받은 차량 인식과 요금부과장치에 의해 동작한다.
   (2) 주차권 발행기는 차량검지장치 또는 수동버튼에 의하여 동작한다.
   (3) 요금정산은 주차권 확인에 의한 수동요금 계산방식과 자동요금 정산장치에 의한 방식으로 한다.

3. 주차관제설비 설계시 고려사항
   1) 주차장에서 차량의 출입 시 공공도로에서 이를 알 수 있는 표시등을 설치한다.
   2) 주차장내 신호등, 유도등은 교통의 안전과 관리운영을 고려하여 설치한다.
   3) 주차상태 표시 및 요금부과장치에 대한 검토를 한다.

4.1 수상 태양광설비에 대하여 다음 사항을 설명하시오.
   1) 발전계통의 구성요소
   2) 수위 적응식 계류장치
   3) 발전설비의 특징

1. 개요
   1) 환경문제 대응과 지속가능한 에너지원 확보라는 목적으로 신재생 에너지를 활용한 발전이 빠르게 보급되고 있다.
   2) 특히 그 중에서 소규모 3kW급 일반가정용부터 MW급 발전사업 규모까지 우리 생활에 가장 깊숙이 다가온 분야가 태양광발전 시스템이라 할 수 있다.
   3) 건축물에 태양광 발전시설을 설치하는 경우 설치면적, 구조안정성, 장기임대, 음영의 간섭 등의 어려움이 있고, 대지에 설치하는 경우에도 농지 또는 임야지를 이용함에 따라 각종 민원과 인허가 관련 갈등과 맞닥뜨리게 된다.
   4) 하지만 수상 태양광발전은 이러한 문제점들을 상당수 해결할 수 있는 대안이 될 수 있다.

2. 수상 태양광설비

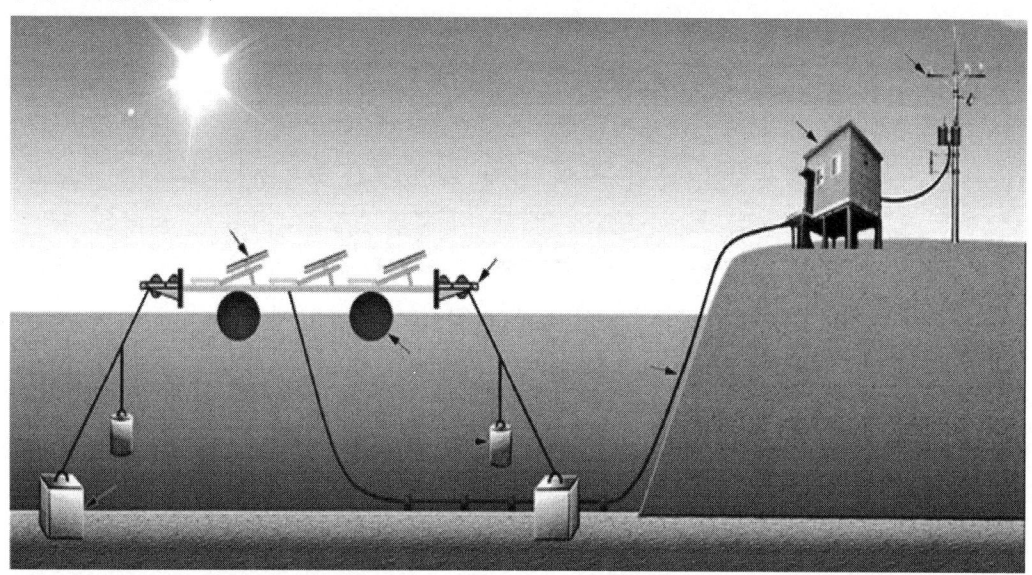

   1) 발전계통 구성요소
      - 수상태양광은 그림과 같이 수면 위에 계류장치로 고정된 부유체에 태양광 모듈을 고정한 구조가 일반적이다.
      - 이때 부유체는 설계 최대 외압조건(보통, 풍속30~35m/sec)에서 모듈을 지지하게 되는데, 계류장치는 이 부유체를 고정하는 역할과 댐 수위의 변화에 따라 발생하는 계류선의 여유장력을 조정하여 부유체의 방향을 일정하게 유지하도록 하는 역할을 담당한다.

2) 수위 적응식 계류장치
   (1) 부유체 형상별 분류
   수상 태양광 설비의 건설 비용에서 부유체 및 계류 시설이 차지하는 구성 비율은 약 43%로 건설비를 낮추기 위해서는 무엇보다 부유체 기술개발이 중요하다.
   현재 국내외 시장을 형성하고 있는 부유체는 아래와 같이 형상별로 2종류로 분류할 수 있다.

   가. 프레임형
   - 알루미늄 프로파일 또는 FRP H빔을 조립하고 하부에 부력재를 연결하는 구조
   - 구조적 안정성이 높아 모듈 경사각을 최대 효율 각도로 설계할 수 있어 발전 이용률이 높은 장점이 있으나 건설비용이 높아 최대설계 외압을 크게 감안해야 하는 지역(주로 저수면적이 넓은 저수지)에 설치되고 있음.
   - 적용 : 합천댐, 당진화력, 덕곡저수지

   나. 부력일체형
   - 성형이 용이한 PE재질로 부력통과 모듈을 지지하는 부유체를 일체화한 구조
   - 모듈 경사각을 낮춰 최대 설계 외압으로 작용하는 수직 및 수직 풍하중을 감소시키는 구조로 발전이용률은 떨어지지만 건설비는 프레임형에 비해 20% 정도 낮출 수 있는 장점이 있다.
   - 적용 : 국내 계획 중, 오케가와(일본), 가와고에(일본)

   (2) 추적 방식에 따른 분류
   가. 고정형
   추적식에 비해 건설비는 저렴하니 효율이 떨어짐.

   나. 추적형
   육상 추적식 태양광과 달리 수상 태양광에서 추적식은 태양광의 이동에 따른 움직임 외에 수심변화에 따른 상하 움직임을 동시에 고려해야 하는 어려움이 있고 현재까지는 프레임형 고정식에 비해 2~3배 건설비가 높아 이를 해결하기 위해 연구개발이 진행되고 있다.
   현재 2013년 합천댐 100kW급(k-water)과 2014년 금광저수지 465kW급(한국농어촌공사) 설비가 설치되어 운영되고 있다.

3) 수상 태양광 발전설비의 특징
   - 넓은 수면은 음영 간섭이 적고, 낮은 주변온도와 바람이 많아 태양광발전에 유리한 환경이지만
   - 반대로 강한 바람, 습기 등에 항상 노출된 조건이므로 이에 대응하는 설계·시공을 하지 않는다면 운영 시 발전 이용률 저하로 사업수익성이 크게 낮아질 수 있다.
   - 그 밖에도 저수지의 바닥 형상, 홍수기 부유물, 저수지 운영패턴, 옥외 계통연계설비 부지 및 계통연계 조건 등 입지여건에 따라 초기 건설비 상승과 관련 개발 인허가가 불가능할 수 있기 때문에 무엇보다 수상 태양광 입지 선정에 많은 시간투자를 할 필요성이 있다.
   - 옥상태양광은 주변온도가 35℃일 때 모듈온도가 50℃를 초과하게 되면 급속히 발전량이 감소되는 것에 반해, 수상태양광은 주변 온도가 일 최고 28℃를 넘지 않으며 모듈온도가 55℃까지 상승해도 육상에 비해 발전출력이 감소되지 않는다.

4) 육상 태양광 발전 설비와 비교

육상 태양광 발전 설비	수상 태양광 발전 설비
넓은 대지 면적이 필요하며 농지나 임야를 훼손 할 수 있음	유휴 수면(댐, 저수지, 호수, 하천 등)을 활용할 수 있음
부지 매입비용이 과다 할 수 있음	부지 매입이 필요 없음
지반의 온도 상승에 효율 저하	수온이 낮으므로 발전 효율을 높일 수 있음
환경 훼손이 큼	비교적 환경 훼손이 적음
바람 등에 견딜 수 있는 구조물이 필요	바람뿐 아니라 물의 높이나 흐름에 대하여 검토해야 됨(단점)

4. 맺음말
   - 수상 태양광 발전설비는 그동안 추진되어 왔던 육상, 해상에 비해 출발점은 늦었지만 토지 이용율 측면에서 타 설비에 비해 유리하고
   - 바람 등 환경의 영향도 상대적으로 적게 받는 특징이 있다.
   - 다만 부유 설비 등에 의한 설치비가 육상에 비해 좀 크지만 소음 등에 의한 민원 등을 고려할 때 적극적으로 추진되어야 할 설비이다.

4.2 건축화 조명의 종류별 조명방식, 특징 및 설계 시 고려사항을 설명하시오.

1. 개요

    건축화 조명이란 건축의 일부를 광원화 하는 것으로 건축의 구조나 마감이 조명기구의 일부로서 역할을 함으로써 좋은 조명의 요건을 만족하고 쾌적한 분위기를 만드는 것이다.

2. 건축화 조명방식

    1) 광천장 조명

    (1) 천장내부에 광원을 설치하고 천장면에 확산 투과재인 메탈 아크릴 수지판을 붙인 것으로 고 조도가 요구 되는 홀이나 쇼룸등 넓은 면적에 적합.

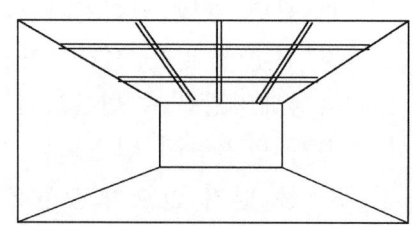

    (2) 저휘도의 광천장이 되어 부드럽고 깨끗한 조명이 됨.
    (3) 유지보수가 쉽고 고조도(1,000~1,500lx)를 얻을수 있다
    (4) 주의사항
      - 얼룩지면 보기 싫어지므로 램프 배열을 고르게 배열.
        일반 : S < 1.5 D
        파형플라시틱 사용시 : S < D

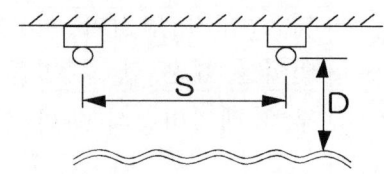

      - 보등이 있는 경우 보조 조명 설치

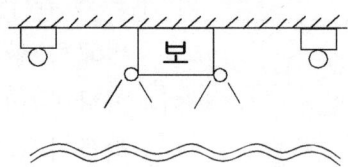

    2) 루버 천장 조명
    (1) 천장내부에 광원설치하고 천장면에 루버를 설치하여 루버 격자 사이로 빛을 내는 방식으로
      - 직사 휘도가 적고
      - 고 조도를 얻을수 있다.
      - 용도: 사무, 홀등 넓은 장소

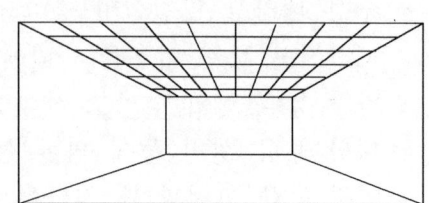

(2) 직접 램프 빛이 눈에
   들어오지 않도록
   - 보호각이 30° 전후인 경우
     S < 1.5 D
   - 보호각 45° 인 경우
     S < D

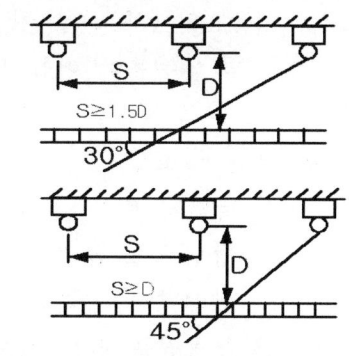

3) 다운 라이트 조명
   (1) 천장에 구멍을 뚫어 등기구를
       매입하는 것으로 하면 개방형,
       하면 루버형, 하면 확산형등이 있음
   (2) 구멍크기, 배열등에 따라 분위기
       연출가능
   (3) 일렬배열, 랜덤배열 등 다양한 구성 가능
   (4) 주로 백열등, 할로겐, 3파장 형광등을 많이 사용
   (5) 천장면이 어두워 보이는 현상이 있음.
   (6) 천장내 다른 설비와의 간섭을 사전에 확인이 필요

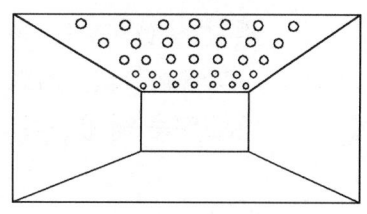

4) 코퍼 조명
   (1) 천장에 여러개의 삼각, 사각,
       동그라미등의 등기구 매입하여
       단조로움을 피하는 방식으로
   (2) 고천장의 은행, 1층홀, 백화점
       등에 주로 사용

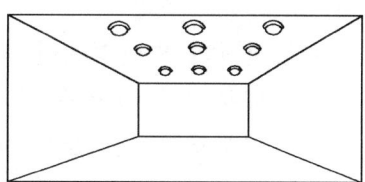

5) 코오브 조명
   (1) 램프를 코브에 감추고 코브벽
       또는 천장면을 이용 간접조명
   (2) 효율은 낮으나 분위기가 좋은편임.
   (3) 천장과 코브면의 반사율과 확산성이
       높아야함
   (4) 램프가 보이지 않도록 설계하고
   (5) 천장을 균일하게 조명하기 위해
       - 코오브가 한쪽에만 있을 경우 : 기구
         발광면을 마주보이는 구석을 향하게 함.
       - 코오브가 양쪽에 있을 경우 : 기구
         발광면을 천정 중앙면을 향하게 함.

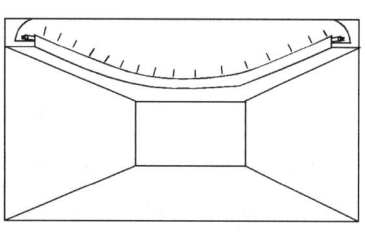

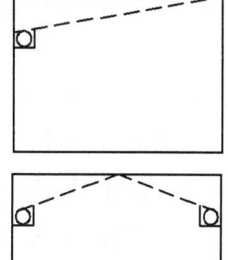

- 코오브가 너무 천장면에 근접하면 천장
  중심부분이 어둡고 양측벽에 밝은 선이 생김.

6) 밸런스 조명
  (1) 벽면을 밝은 광원으로 조명하는
      방식으로 숨겨진 램프의 빛이
      아래쪽과 위쪽을 조명하게 하는 방식
  (2) 실내면은 밝은 색으로 마감하고
      밸런스 판으로는 목재, 금속판등
      투과율이 낮은 재료를 사용하고
      램프로는 형광등이 적당함.

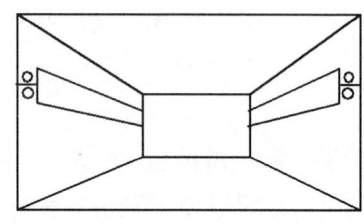

7) 코너 조명
  (1) 천장과 벽 모서리에 등기구 설치하여
      천장과 벽면을 동시 조명하는
      조명방식
  (2) 주로지하도, 터널등에 이용

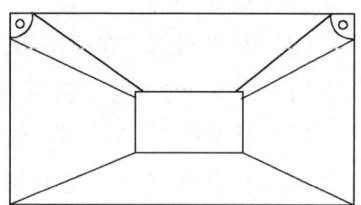

8) 코오니스 조명
  (1) 천정과 벽면경계에 둘레턱을 만들어
      내부에 등기구를 설치하고
      하부로만 조명하는 방식
  (2) 광원으로는 주로 형광등 사용

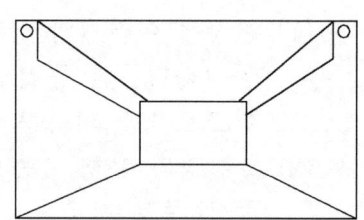

9) 광량 조명
  (1) 조명기구를 천장에 연속적으로
      매입하거나 노출시키는 방식
  (2) 지하실이나 자연광이 들어가지
      않는 방에서 낮 동안 창문에서
      채광되고 있는 청명한 느낌을 줌

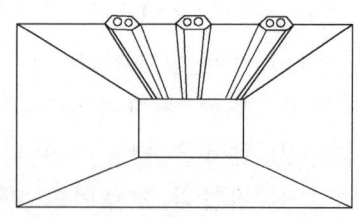

10) 광창 조명
    지하실 또는 자연광이 들어오지 않는
    실내에서 주간에 창으로부터 채광하는
    느낌을 주게 하는 조명방식

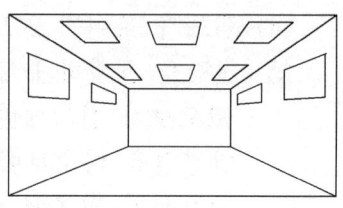

11) 바닥 조명
   (1) 건축물의 바닥의 공간을 확보하여 광원을 설치한 후 고강도 투과 유리판을 덮어서 조명함.
   (2) 빛이 아래에서 상부로 비추어 지므로 조형의 효과와 형체 감각을 효과적으로 보여줄 수 있다.
   (3) 보행자 통로를 비추는 효과가 있다.

3. 건축화 조명의 특징
   1) 장점
      - 실내를 미려화
      - 실내를 차분하게 하는 효과
      - 표면 마감이 조명기구의 역할을 수행함

   2) 단점
      - 조명율이 낮아짐
      - 건축비가 많이 소요됨
      - 시공후 수정이나 보수가 어려움

4. 설계시 유의사항
   - 건축 설계자와 협의하여 건축 마감재질을 충분히 검토
   - 소방 설계자와 협의하여 광원이 발화원이 되지 않도록 설계
   - 광색, 광원배치, 발광면의 크기, 빛의 조화등을 검토하여 설계
   - 조명기구 : 배광특성을 충분히 고려하여 선택
   - 건축 마감면 : 반사율 검토
                  빛의 분산을 고르게 하는 재질을 선정
   - 투과판 : 투과율을 높일 수 있는 재질 고려
   - 조명 목적을 파악하여 원하는 조명환경이 되도록 설계
   - 에너지 절약을 고려하여 고효율 광원 선정

4.3 여름철 태풍, 장마 등으로 안전사고가 종종 발생하고 있다. 가로등 감전사고의 안전대책을 설명하시오.

1. 개요
1) 감전은 전기를 사용하는 이상 피할 수 없는 면도 있지만, 전기에 대한 기초지식을 습득하고 안전수칙을 준수하면 감전사고는 대폭 줄일 수 있다.
2) 예컨대, 전원을 넣은 채로 전기기구를 수리하면 감전의 위험성이 많으므로 정전후 작업을 하여야 하며, 전기가 흐르고 있는지의 여부는 반드시 검전 드라이버나 검전기 등을 사용해야 한다.
3) 또한 가로등은 침수시 감전의 우려가 더욱 커지므로 반드시 누전차단기를 설치하여야 하며 반드시 접촉전압이나 보폭 전압이 규정치 이하가 되도록 접지도 실시해야 한다.

2. 가로등 감전사고 원인
1) 집중 호우시 감전사고의 대부분은 가로등(일부는 신호등 또는 입간판)의 누전으로 인한 것임.
2) 감전의 주요원인은 가로등의 누전차단기 미설치 또는 기능상실, 절연 및 접지불량 등임
3) 감전사고의 대부분은 전기안전공사의 부적합시설 통보를 받고도 시정조치를 하지 않은 가로등에서 발생함.

3. 가로등의 안전관리 현황 및 문제점
1) 시·도가 부적합 가로등에 대해 한전에 단전을 요청할 수 있도록 되어 있으나 실제로는 단전요청에 소극적임.
2) 전기안전공사는 부적합 가로등에 대해 한전에 직접 단전을 요청할 수 있는 권한이 없음
3) 가로등을 관리하는 시·군·구의 전문 인력이 부족

4. 안전 대책
1) 전국 가로등 및 신호등에 대한 일제 안전점검 실시
2) 부적합 시설에 대해서는 시정조치
3) 부적합 가로등 및 신호등은 보수토록 관계부처 및 해당 지자체에서 추진
4) 부적합 가로등 및 신호등의 근절방안 강구
   - 안전점검결과 부적합시설에 대해서는 시·도지사가 한전에 의무적으로 단전을 요청토록 하고, 전기안전공사에게도 한전에 단전을 요청할 수 있는 권한 부여

- 가로등·신호등의 준공 검사시 한전의 사용전점검 외에 전기안전공사의 안전점검 확인서 첨부를 의무화
5) 가로등 안정기와 분전함(누전차단기 내장)을 현재보다 높이 설치하도록 법규 개정 현재 가로등 안정기는 지상 60cm ~ 95cm에 설치
6) 지방자치단체의 가로등 관리 인력을 확충하거나 Outsourcing
7) 가로변의 불법 전기시설물에 대한 단속 강화
8) 시·군·구에서는 반복·상습적으로 설치되는 불법 입간판 등을 계고 및 통지등 행정 집행의 절차 없이 즉시 철거 가능토록 법 개정
9) 관계부처와 협조, 가로변의 불법 전기시설물을 일제 조사 및 철거 추진
   대상시설 : 불법 전기 입간판, 에어콘 방열팬 시설 등 누전 우려 전기시설물

참고 : 전기설비 판단기준 제225조(옥측 또는 옥외의 방전등 공사)

① 옥측 또는 옥외에 시설하는 관등회로의 사용전압이 1 kV 이하인 방전등으로서 네온방전관 이외의 것을 사용하는 것은 제166조 제1항(옥내전로의 대지 전압의 제한), 제213조 (옥내 방전등 공사) 및 제214조 (옥내 방전등 배선공사)의 규정에 준하여 시설하여야 한다.

② 옥측 또는 옥외에 시설하는 관등회로의 사용전압이 1 kV를 초과하는 방전등으로서 방전관에 네온 방전관 이외의 것을 사용하는 것은 다음 각 호에 따라 시설하여야 한다.

1. 방전등에 전기를 공급하는 전로의 사용전압은 저압 또는 고압일 것.
2. 관등회로의 사용전압은 고압일 것.
3. 방전등용 변압기는 다음 각 호에 적합한 절연 변압기일 것.
    가. 금속제의 외함에 넣고 또한 이에 공칭단면적 6.0 mm^2의 도체를 붙일 수 있는 황동제의 접지용 단자를 설치한 것일 것.
    나. 가목의 금속제의 외함에 철심은 전기적으로 완전히 접속한 것일 것.
    다. 권선 상호 간 및 권선과 대지 사이에 최대 사용전압의 1.5배의 교류전압(500 V 미만일 때에는 500 V)을 연속하여 10분간 가하였을 때에 이에 견디는 것일 것.
4. 방전관은 금속제의 견고한 기구에 넣고 또한 다음에 의하여 시설할 것.
    가. 기구는 지표상 4.5 m 이상의 높이에 시설할 것.
    나. 기구와 기타 시설물(가공전선을 제외한다) 또는 식물 사이의 이격거리는 60 cm 이상일 것.
5. 방전등에 전기를 공급하는 전로에는 전용 개폐기 및 과전류 차단기를 각 극(과전류 차단기는 다선식 전로의 중성극을 제외한다)에 시설할 것.
6. 방전등에는 적절한 방수장치를 한 옥외형의 것을 사용할 것.

③ 옥측 또는 옥외에 시설하는 관등회로의 사용전압이 1 kV를 초과하는 방전등으로서 방전관에 네온 방전관을 사용하는 것은 제215조 (옥내의 네온 방전등 공사)의 규정에 준하여 시설하여야 한다.

④ 가로등, 보안등, 조경등 등으로 시설하는 방전등에 공급하는 전로의 사용전압이 150 V를 초과하는 경우에는 제1항부터 제3항까지의 규정에 준하는 외에 다음 각 호에 따라 시설하여야 한다.

1. 전로에 지락이 생겼을 때에 자동적으로 전로를 차단하는 장치를 각 분기회로에 시설하여야 한다.
2. 전로의 길이는 상시 충전전류에 의한 누설전류로 인하여 누전차단기가 불필요하게 동작하지 않도록 시설할 것.
3. 사용전압 400 V 이하인 관등회로의 배선에 사용하는 전선은 케이블을 사용하거나 이와 동등 이상의 절연성능을 가진 전선을 사용할 것.
4. 가로등주, 보안등주, 조경등 등의 등주 안에서 전선의 접속은 절연 및 방수성능이 있는 방수형 접속재[레진충전식, 실리콘 수밀식(젤타입) 또는 자기융착테이프와 비닐절연테이프의 이중절연 등]을 사용하거나 적절한 방수함 안에서 접속할 것.
5. 가로등, 보안등, 조경등 등의 금속제 등주에는 접지공사를 할 것.
6. 보안등의 개폐기 설치 위치는 사람이 쉽게 접촉할 우려가 없는 개폐 가능한 곳에 시설할 것.
7. 가로등, 보안등에 LED 등기구를 사용하는 경우에는 KS C 7658(2009) "LED 가로등 및 보안등기구의 안전 및 성능요구사항"에 적합한 것을 시설할 것.

⑤ 옥측 또는 옥외에 시설하는 관등회로의 사용전압이 400 V 이상인 방전등은 먼지가 많은 장소, 가연성 가스 등이 있는 곳, 위험물 등이 있는 장소, 화약류 저장소등에는 시설하여서는 아니 된다.

4.4 이차전지를 이용한 전기저장장치의 시설기준에 대하여 다음 사항을 설명하시오.
   1) 적용범위 및 일반 조건
   2) 계측장치 등의 시설
   3) 제어 및 보호장치의 시설
   4) 계통연계용 보호장치 시설

인용 : 전기설비 판단기준 제8장 제4절(이차전지를 이용한 전기저장장치의 시설)
       2016년 1월 추가 개정분

1. 적용범위 및 일반 조건(제295조)
   1) 이차전지를 이용한 전기저장장치는 다음 각 호에 따라 시설하여야 한다.
      - 충전부분이 노출되지 않도록 시설하고, 금속제의 외함 및 이차전지의 지지대는 다음과 같이 접지공사를 할 것.

기계기구의 구분	접지공사의 종류
400 V 미만인 저압용의 것	제3종 접지공사
400 V 이상의 저압용의 것	특별 제3종 접지공사
고압용 또는 특고압용의 것	제1종 접지공사

      - 이차전지를 시설하는 장소는 폭발성 가스의 축적을 방지하기 위한 환기시설을 갖추고 적정한 온도와 습도를 유지할 것.
      - 이차전지를 시설하는 장소는 보수점검을 위한 충분한 작업공간을 확보하고 조명 설비를 시설할 것.
      - 이차전지의 지지물은 부식성 가스 또는 용액에 의하여 부식되지 아니하도록 하고 적재하중 또는 지진 등 기타 진동과 충격에 대하여 안전한 구조일 것.
      - 침수의 우려가 없는 곳에 시설할 것.

   2) 여기에서 정하지 않은 전기저장장치의 시설은 관련 판단기준을 준용하여 시설하여야 한다.

2. 계측장치 등의 시설 (제297조)
   1) 전기저장장치를 시설하는 곳에는 다음 각 호의 사항을 계측하는 장치를 시설하여야 한다.

- 이차전지 집합체의 출력 단자의 전압, 전류, 전력 및 충·방전 상태
- 주요변압기의 전압, 전류 및 전력

2) 발전소·변전소 또는 이에 준하는 장소에 전기저장장치를 시설하는 경우 전로가 차단되었을 때에 관리자가 확인할 수 있도록 경보 장치를 시설하여야 한다.

3. 제어 및 보호장치의 시설 (제296조)
    1) 전기저장장치가 비상용 예비전원 용도를 겸하는 경우에는 비상용부하에 전기를 안정적으로 공급할 수 있는 시설을 갖추어야 한다.
    2) 전기저장장치의 접속점에는 쉽게 개폐할 수 있는 곳에 개방상태를 육안으로 확인 할 수 있는 전용의 개폐기를 시설하여야 한다.
    3) 전기저장장치의 이차전지에는 다음 각 호에 따라 자동적으로 전로로부터 차단하는 장치를 시설하여야 한다.
        - 과전압 또는 과전류가 발생한 경우
        - 제어장치에 이상이 발생한 경우
        - 이차전지 모듈의 내부 온도가 급격히 상승할 경우
    4) 직류 전로에 과전류차단기를 설치하는 경우 직류 단락 전류를 차단하는 능력을 가지는 것이어야 하고 "직류용" 표시를 하여야 한다.
    5) 직류전로에는 지락이 생겼을 때에 자동적으로 전로를 차단하는 장치를 시설하여야 한다.

4. 계통 연계용 보호장치 시설 (제283조)
    1) 계통 연계하는 분산형 전원을 설치하는 경우 다음 각 호의 1에 해당하는 이상 또는 고장 발생시 자동적으로 분산형 전원을 전력계통으로부터 분리하기 위한 장치 시설 및 해당 계통과의 보호협조를 실시하여야 한다.
        ① 분산형전원의 이상 또는 고장
        ② 연계한 전력계통의 이상 또는 고장
        ③ 단독운전 상태
    2) 연계한 전력계통의 이상 또는 고장 발생시 분산형전원의 분리 시점은 해당 계통의 재폐로 시점 이전이어야 하며, 이상 발생 후 해당 계통의 전압 및 주파수가 정상 범위 내에 들어올 때까지 계통과의 분리상태를 유지하는 등 연계한 계통의 재폐로 방식과 협조를 이루어야 한다.
    3) 단순 병렬운전 분산형전원의 경우에는 역전력 계전기를 설치한다.
        단, 신·재생에너지를 이용하여 전기를 생산하는 용량 50 kW이하의 소규모 분산형전원 (단, 해당 구내계통 내의 전기사용 부하의 수전 계약전력이 분산형 전원 용량을 초과하는 경우에 한한다)으로서 제1항 제3호에 의한 단독운전 방지기능을 가진 것을 단순 병렬로 연계하는 경우에는 역전력 계전기 설치를 생략할 수 있다.

4.5 변류기(CT)의 이상현상 발생원인과 대책에 대하여 설명하시오.

1. CT 등가회로

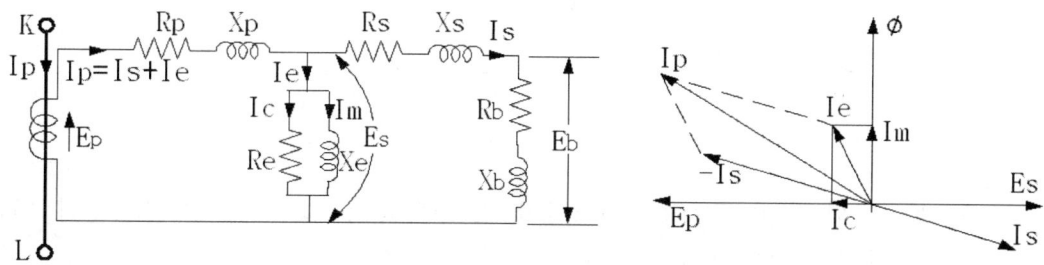

Rp, Xp : 1차 권선 저항 및 누설 리액턴스
Rs, Xs : 2차 권선 저항 및 누설 리액턴스
Rb, Xb : 2차 부담 저항 및 리액턴스
Re, Xe : 철심의 철손 저항 및 여자 리액턴스
Ip, Ip : 1차 전류 및 2차 전류 (Ip· n:이상적인 CT 2차 변류비. $n = \dfrac{I_2}{I_1}$)
Ie, Ic, Im : 여자 전류, 철손 전류 및 자화 전류
Ep, Es, Eb : 1차 유기전압, 2차 유기전압 및 2차 단자전압
Φ : 철심 자속

2. CT의 이상현상 발생 원인

1) 변류기 2차가 개로되면 1차전류 Ip가 모두 여자전류 Ie가 되어, 이 여자 전류에 의해 철심은 포화되고 철손이 증가하여 과열, 소손되게 된다.
2) 또한 2차를 개로한 상태에서 1차 전류를 보내면, 2차 단자에 고전압(임펄스 파형)이 발생해서 2차회로의 절연이 파괴 될 수가 있다.
   이때 2차 유기 전압 단자에 E_2 는 자속이 매우 크기 때문에 Φ의 시간적 변화에 비례하고 다음 식으로 나타낸다.

$$E_2 = -N_2 \dfrac{d\Phi}{dt} \ (V)$$

또한 E_2 전압은 그림과 같이 임펄스 파형을 나타낸다.

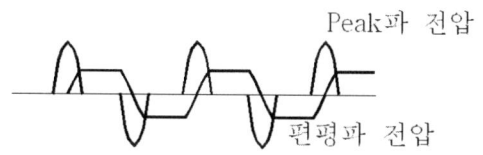

3) Vector도

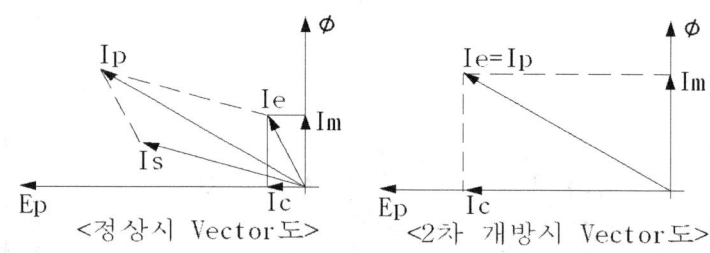

<정상시 Vector도>   <2차 개방시 Vector도>

위 벡터도와 같이 2차가 Open되어 있으면 Ic가 엄청 커져서 Ip=Ie가 되어 2차 단자에 고전압이 유기된다.

3. 대책

1) 변류기 2차 단자는 1차 전류 통전 중에는 절대 개방하거나 단선시키지 않는다.
2) CT 2차 회로를 점검하거나 기기를 교체할 때는 필히 2차 단자를 단락시킨다. (일반적으로 CTT에서)
3) 1차측 전원을 차단하고 점검 및 기기 교체를 시행한다.
4) 2차 개로 전압을 억제하기 위해 그림과 같은 셀렌 정류기를 사용한다.

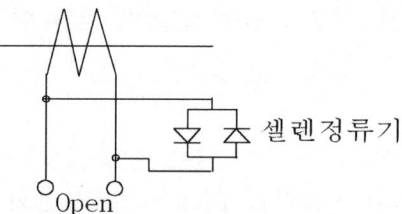

5) 비 직선 저항을 이용 고전압 발생시 방류하는 방식이 있다.

4.6 저압 유도전동기의 보호방식에 대하여 설명하고 보호방식 선정 시 고려사항을 설명하시오.

1. 전동기의 고장 원인
   1) 전기적 원인

종 류	원 인	현 상	보호 대책
1. 과부하	기계의 과중한 부하	과열→절연파괴→소손	OCR, EOCR
2. 결 상	연결부위나 접점등의 결함에 의해 3상중 1상이 결상	토오크 부족으로 회전 중지→과열→소손	결상 계전기(POR)
3. 층간 단락	한상 권선의 절연 취약	코일 단락→소손	PF
4. 선간 단락	권선의 열화로 선간 절연 파괴	선간 단락→소손	PF
5. 권선 지락	절연 취약 부분에서 몸체로 누설 전류 발생	완전지락으로 발전→소손	지락 계전기(GR)
6. 과전압	전선로 이상	심할 경우 절연파괴, 소손	과전압 계전기(OVR)
7. 저전압	전선로 이상	심할 경우 토오크 저하로 정격 전류 이상의 전류가 흘러 소손	부족 전압 계전기(UVR)

   2) 기계적 원인

종 류	원 인	현 상	보호 대책
1. 구 속	과부하로 정지된 상태	정격전류의 수배 전류가 흘러 과열→소손	과전류 계전기
2. 회전자와 고정자 마찰	전동기 축의 이상	기계적 마찰에 의한 열 발생 또는 권선 마모로 과열→소손	과전류 계전기 정기적인 유지 보수
3. 베어링 마모 윤활유, 그리스 부족	베어링의 노후, 윤활유, 그리스 미보충	기계적 열로 인한 과열, 소손	정기적인 유지 보수

2. 전동기 보호 예
   1) 고압 전동기
      (1) 단락 보호 : 고압 PF 또는 OCR의
                     순시 요소
      (2) 과전류 보호 : OCR의 한시 요소
      (3) 지락 보호
          접지계통 - OCGR
          비접지 계통 : OVGR, DGR(SGR)
      (4) 과전압 보호 : OVR
      (5) 저전압 보호 : UVR
      (6) 결상 보호 : POR
      (7) 역상 보호 : RPR
          상기 계전기들중
          - 전류용은 CT(비접지 계통은 ZCT)
          - 전압용은 PT를 계전기 입력단에 설치해야 하며
          - 계전기 동작 신호(접점)를 차단기(주로 VC사용)에 주어 트립을 시킴.

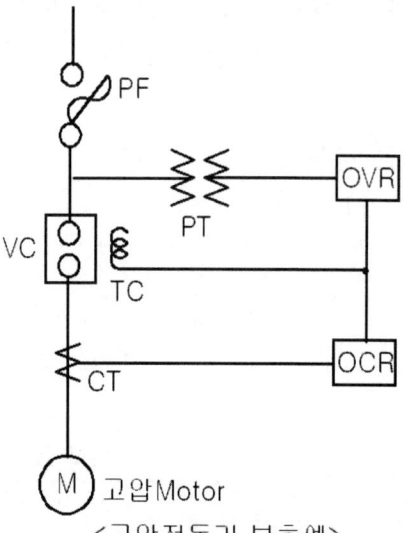
<고압전동기 보호예>

   2) 저압 전동기

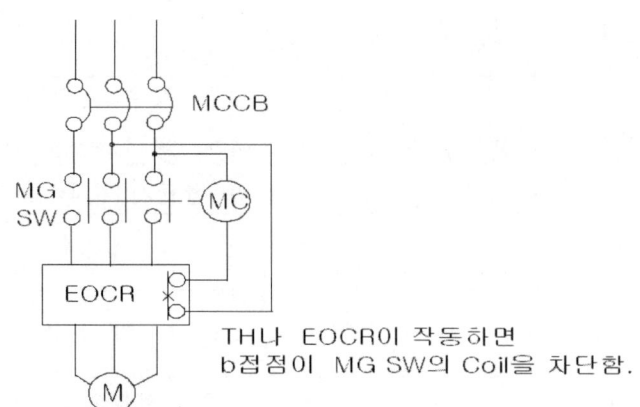
<저압 전동기 보호 예>

기 능	Fuse	MCCB	ELB	TH	EOCR		
					2E	3E	4E
단 락	O	O	선택	선택			
과전류	Δ	O	선택	O	O	O	O
결 상					O	O	O
역 상						O	O
지 락			O				O

3. 보호 방식 선정시 고려사항

모든 회전기기의 사용 가능 연한을 10~15년으로 추정하면 장기간 사용한 전동기는 전면의 피로 현상에 의해 약간의 문제가 발생해도 소손으로 이어지게 된다. 따라서 전동기 소손을 최소화 하려면 전동기 선정시 다음 사항을 고려해야 한다.

1) 기계 용량과 특성에 맞는 전동기 선정
2) 용도에 맞는 정확한 계전기 선정
3) 계전기의 TAP을 부하 특성에 맞게 SETTING
4) 계전기의 정상 작동 여부 정기적으로 CHECK
5) 정기 적인 유지 보수(베어링 교체, 윤활유 급유등)
6) 수명이 다해 노후 된 전동기 교체등을 해야 한다.

4. 맺는말

1) 저압 전동기는 일반적으로 열팽창계수가 다른 2개의 바이메탈이 팽창하는 기계적 힘을 이용, 접점을 개폐하는 재래식 열동형 계전기를 사용하여 왔으나
2) 점차 전자화된 전자식 과전류 계전기의 사용이 증가하고 있는 추세이다.
3) 전자식 과전류 계전기는 과부하 보호 기능뿐만 아니라 전동기의 운전 상태를 감시하는 기능과 사전 경보 기능을 가지고 있는 점에서 상당히 발전된 보호계전기라 할 수 있다.
4) 전동기의 전용 디지털 계전기 MPR은 온도 상승의 주원인이 되는 과부하, Stall, 기동, 역상 등을 주 보호 대상으로 하고, 여기에 단락, 지락보호 등 계통 보호 계전 요소와 과전압, 저전압 계전기를 갖추고 있다.

매일 아침 하루 일과를 계획하고
그 계획을 실행하는 사람은,
극도로 바쁜 미로 같은 삶 속에서
그를 안내할 한 올의 실을 지니고 있는 것이다.
그러나 계획이 서있지 않고
단순히 우발적으로 시간을 사용하게 된다면,
곧 무질서가 삶을 지배할 것이다.

(빅터 위고)

6장

제110회 (2016.08)
기출문제

건축전기설비 기술사 기출문제

국가기술 자격검정 시험문제

기술사 제 110 회 　　　　　　　　　제 1 교시 (시험시간: 100분)

| 분야 | 전기전자 | 자격종목 | 건축전기설비기술사 | 수험번호 | | 성명 | |

※ 다음 문제 중 10문제를 선택하여 설명하시오. (각 10점)

1. 건축전기설비공사의 공사시방서에 명기되어야 할 사항에 대하여 설명하시오.
2. KS C IEC 60364-4-41(안전을위한 보호-감전에 대한보호)에 근거한 비접지 국부 등전위본딩에 의한 보호에 대하여 설명하시오.
3. 보호용 변류기에서 25VA 5P20과 C100의 의미를 설명하시오.
4. 변압기의 여자전류가 비정현파로 되는 이유에 대하여 설명하시오.
5. 전동기의 기동방식 선정시 고려사항에 대하여 설명하시오.
6. 태양전지 모듈 설치시 발전에 영향을 미치는 요인 3가지를 쓰고 설명하시오.
7. BLDC(Brush Less DC) 모터의 동작원리와 특징에 대하여 설명하시오.
8. 전력용 콘덴서의 내부소자 보호방식에 대하여 설명하시오.
9. 설계의 경제성 등 검토에 관한 시행지침에 근거한 설계VE(Value Engineering)의 다음 사항에 대하여 설명하시오.
    1) 설계VE 검토 실시 대상 2) 실시 시기 및 횟수 3) 단계별 업무절차 및 내용
10. 저압전기설비에 설치된 SPD(Surge Protective Device) 고장의 경우 전원공급의 연속성과 보호의 연속성을 보장하기 위하여 SPD를 분기하기 위한 개폐장치의 설치방식 설명하시오.
11. 차단기 회복전압의 종류 및 특징에 대하여 설명하시오.

12. 고압케이블의 차폐층을 접지하지 않을 때의 위험성에 대하여 설명하시오.

13. 다음 회로에서 스위치 SW를 닫기 직전의 전압 $V_{oc}[V]$와 a-b점에서 전원측을 쳐다본 등가 임피던스(Z_{eq}), 스위치 SW를 닫은 후 Z에 흐르는 전류[A]를 구하시오.

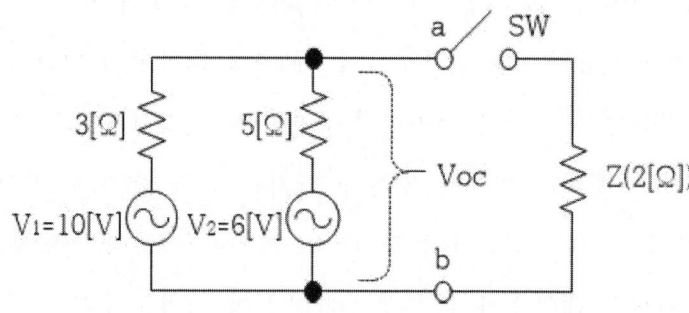

국가기술 자격검정 시험문제

기술사 제 110 회   제 2 교시 (시험시간: 100분)

분야	전기전자	자격종목	건축전기설비기술사	수험번호		성명	

※ 다음 문제 중 4문제를 선택하여 설명하시오. (각 25점)

1. 전력시설물 공사감리업무 수행지침에 근거한 공사착공단계 감리업무와 공사시행단계 감리업무에 대하여 설명하시오.
2. 고조파가 콘덴서에 미치는 영향과 대책에 대하여 설명하시오.
3. 전기설비기술기준에 의한 통합접지시스템을 적용할 경우 이 기준에서 정하는 설계요건과 특징 그리고 건물 기초콘크리트 접지 시공방법에 대하여 설명하시오.
4. 변압기에서 발생하는 부분방전의 개념과 부분방전시험에 대하여 설명하시오.
5. 대형교량의 야간경관 조명설계에 대하여 설명하시오.
6. 아래 그림에서 송전선의 F점에서의 3상 단락용량을 구하시오.
   단, G1, G2는 각각 50[MVA], 22[kV], 리액턴스 20[%], 변압기는 100[MVA], 22/154[kV], 리액턴스12[%], 송전선의 거리는 100[km]로 하고 선로 임피던스 Z=0+j0.6[Ω/km]라고 한다.

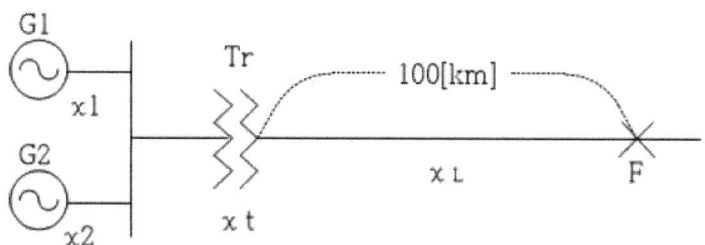

국가기술 자격검정 시험문제

기술사 제 110 회 　　　　　　　　제 3 교시 (시험시간: 100분)

분야	전기전자	자격종목	건축전기설비기술사	수험번호		성명	

※ 다음 문제 중 4문제를 선택하여 설명하시오. (각 25점)

1. 건축전기설비공사의 설계 및 시공시 타 공정과 협의할 인터페이스 사항이 많이 발생한다. 이에 대하여 타 공정과 협의할 인터페이스 사항에 대하여 설명하시오.

2. 건축물에서 신호 전송에 주로 사용되는 UTP(Unshielded Twisted Pair) 케이블, 동축케이블, 광케이블의 구조, 특징 및 종류에 대하여 설명하시오.

3. 영상변류기(ZCT)의 검출원리, 정격과전류 배수, 정격여자임피던스, 잔류전류 고려사항에 대하여 설명하시오.

4. 누전차단기의 오동작을 발생시키는 다음 사항에 대한 원인과 대책에 대하여 설명하시오.
　　1) 서지에 의한 것　　2) 순환전류에 의한 것　　3) 유도에 의한 것

5. 전기설비에서 정전을 최소화하기 위한 대책에 대하여 설명하시오.

6. 스마트그리드(Samart Grid)의 구현 기술과 V2G(Vehicle to Grid)에 대하여 설명하시오.

국가기술 자격검정 시험문제

기술사 제 110 회 　　　　　　　　　제 4 교시 (시험시간: 100분)

분야	전기전자	자격종목	건축전기설비기술사	수험번호		성명	

※ 다음 문제 중 4문제를 선택하여 설명하시오.　(각 25점)

1. 건축전기설비공사의 공사업자는 시공계획서와 시공상세도(Shop Drawing)를 제출하여 감리원 승인을 득하여 시공하여야 한다. 이에 대하여 시공계획서와 시공상세도에 포함 하여야 할 사항에 대하여 설명하시오.

2. 진행파의 기본원리를 설명하고, 가공선과 케이블의 특성임피던스와 전파속도에 대하여 설명하시오.

3. 최근 조사한 전력변압기의 연간 평균 부하율이 낮게 나타나고 있어 설비용량의 과다로 변압기 효율적 이용을 못하고 있는 실정이다. 이에 대한 전력용변압기의 효율적관리 방안에 대하여 설명하시오.

4. 내열배선과 내화배선의 종류, 공사방법 및 적용장소와 케이블 방재에 대한 설계방안에 대하여 설명하시오.

5. 발전기실 설계시 다음 사항에 대하여 설명하시오.
    1) 발전기실 위치
    2) 발전기실 면적
    3) 발전기실의 기초 및 높이
    4) 발전기실의 소음 및 진동대책

6. 하절기 피크전력을 제어하기 위한 최대수요전력제어에 대하여 설명하시오.

하루 공부하지 않으면
그것을 되찾기 위해서는 이틀 걸린다.

이틀 공부하지 않으면
그것을 되찾기 위해서는 나흘 걸린다.

1년 공부하지 않으면
그것을 되찾기 위해서는 2년 걸린다.

〈탈무드 중에서〉

6장

제110회 (2016.08)
문제해설

건축전기설비
기술사
기출문제

1.1 건축전기설비공사의 공사시방서에 명기되어야 할 사항에 대하여 설명하시오.

인용 : 국토해양부 전기공사 표준시방서

1. 개요
    건축전기설비 공사 시방서는 설계자에 따라 여러 가지가 있을 수 있으나
    여기에서는 국토해양부 전기공사 표준 시방서에 명기되어 있는 항목에 대하여
    기술하기로 한다.

2. 건축전기설비공사 공사시방서 항목

    제1장 총칙

    제2장 옥외공사

    제3장 수변전 설비공사

    제4장 예비전원 설비공사

    제5장 옥내배선 공사

    제6장 조명 설비

    제7장 동력 설비공사

    제8장 반송 설비공사

    제9장 감시제어 설비공사

    제10장 통신 및 약전 설비공사

    제11장 전기방재 설비공사

    제12장 전식방지 설비공사

1.2 KS C IEC 60364-4-41(안전을위한 보호-감전에 대한보호)에 근거한 비접지 국부 등전위본딩에 의한 보호에 대하여 설명하시오.

1. KSC IEC 60364의 감전 보호(안전보호) 체계

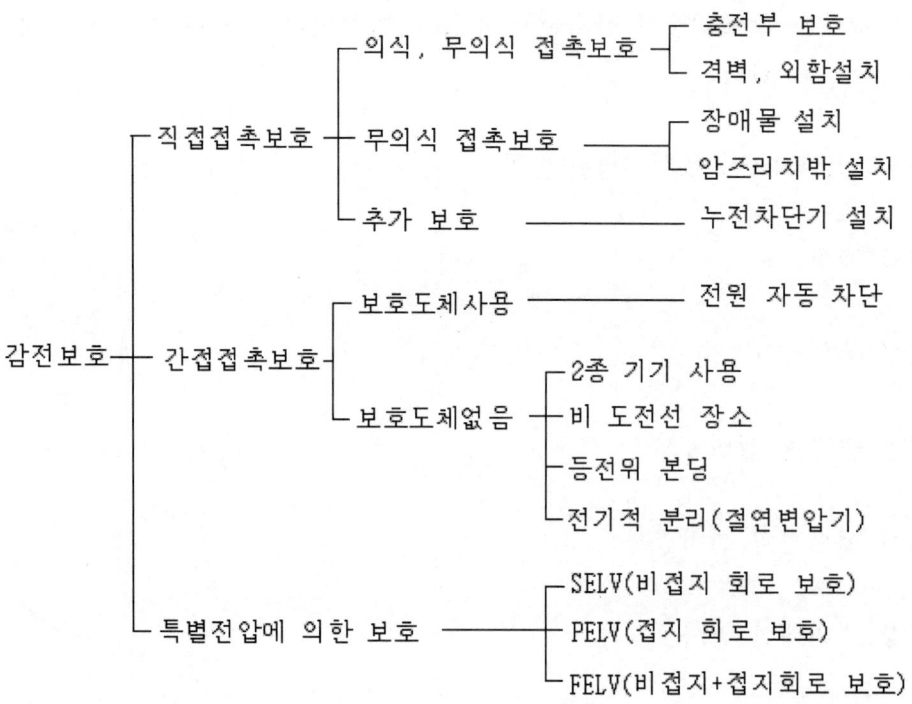

2. 간접 접촉 보호(고장 보호)
   고장시 노출 도전성 부분에 접촉해 생길지도 모르는 위험에 대한 사람 또는 가축의 보호를 말한다.
   1) 전원의 자동 차단에 의한 보호
      (1) 전원차단
         - 충전부와 노출도전성 부분 또는 보호도체 사이에 교류 50V를 초과하는 접촉전압이 발생할 경우는 그 전원을 자동 차단해야 한다.
         - 보호기의 종류 : 과전류 차단기, 누전 차단기등

      (2) 보호 접지와 등전위 본딩
         전원의 자동 차단에 의한 보호를 한 경우 보호 접지와 등전위 본딩은 다음에 의한다.
         - 보호 접지
           노출 도전성 부분은 보호 도체에 접속하여야 한다.

- 등전위 본딩
  사람이 접촉할 경우 위험한 접촉전압이 발생할 우려가 있는 도전성 부분과 계통외 도전성 부분(철골, 수도관, 가스관, 금속배관등)은 전기적으로 상호 접속하는 등전위 본딩을 해야 한다.

2) 2종 기기사용에 의한 보호
   - 이중 절연 또는 강화 절연 전기기기 사용

3) 비 도전성 장소에 의한 보호
   - 노출 도전성 부분과 계통외 도전성 부분은 사람이 동시에 접촉하지 않도록 배치해야 한다.
   - 보호 도체를 시설하지 않아야 한다.
   - 전기 설비는 고정되어야 한다.
   - 해당 장소에 외부의 전위가 인입되지 않도록 해야 한다.

4) 비 접지용 국부 등전위 본딩에 의한 보호
   - 비접지 국부 등전위 본딩은 위험한 접촉전압이 나타나는 것을 방지하기 위함이다.
   - 모든 전기기기는 기초보호(직접접촉에 대한 보호)중 하나를 준수하여야 한다.
   - 등전위 본딩용 도체는 동시에 접근이 가능한 모든 노출 도전부 및 계통외 도전부와 상호 접속하여야 한다.
   - 국부 등전위 본딩 계통은 노출 도전성 부분 또는 계통외 도전부를 통해 대지와 직접 접촉되지 않아야 한다.
   - 이 요건이 충족되지 않는 경우 전원의 자동차단에 의한 보호를 적용할 수 있다
   - 특히 대지로부터 절연된 도전성 바닥이 비접지 등전위 본딩 계통에 접속된 곳에서는 등전위 장소에 들어가는 사람이 위험한 전위차에 노출되지 않도록 하기 위한 주의 조치가 취해져야 한다.

5) 전기적 분리에 의한 보호
   절연 변압기 또는 그와 동등 이상의 안전 등급의 전원으로하고 전기를 공급하는 전로는 다음 조건을 만족해야 한다.
   - 회로의 전압 : 500V 이하

1.3 보호용 변류기에서 25VA, 5 P 20 과 C 100의 의미를 설명하시오.

1. 개요
   1) 계기용 변류기(CT)는 일반적으로 계전용과 계기용을 겸하여 사용하지만 중요한 부하와 전력회사 등에서는 계전기용과 계기용을 분리하여 사용하여야 한다.
   2) 왜냐하면 계기용은 계기의 보호를 위하여 포화가 낮은점에서 되어야 하지만, 계전기용은 포화가 낮은점에서 이루어지면 계전기 동작이 되지 않아 큰 사고로 연결될 수 있기 때문에 포화점이 높아야 한다.

2. CT 특성
   1) 계전기용

계급	형식	임피던스 Z (Ω)	2차전류 I (A)	부담(VA) $I^2 Z$	20배전류시 2차단자전압 $20I_n \cdot Z(V)$	허용오차 (비오차)
C 100	B-1	1	5	25 VA	100	-10%
C 200	B-2	2	5	50 VA	200	"
C 400	B-4	4	5	100 VA	400	"

   2) 계기용 특성

계급	형식	임피던스 Z (Ω)	2차전류 I (A)	부담(VA) $I^2 Z$	허용오차
1.2	B-0.5	0.5	5	12.5 VA	1.2%
1.2	B-0.9	0.9	5	22.5 VA	"
1.2	B-1.8	1.8	5	45 VA	"

   * 전력 수급용에는 0.3, 0.5, 1.0급 등이 있음.

3. 25 VA, 5 P 20 과 C 100
   1) IEC 표기 방법
      - IEC에서는 5P20, 10P20과 같이 표기한다.
      - 과전류 정수 20배에서 비오차가 5% 또는 10%의 계전기용 이라는 의미임.

2) ANSI 표기 방법
   - C 100 와 같이 표기한다.
   - 2차 단자에 정격전류의 20배 전류(5x20=100A)를 흘렸을 때 단자 전압이 100V라는 의미임.
     $E_2 = I \times Z = 5(A) \times 20배 \times 1(\Omega) = 100(V)$
   - B-1 의 의미
     B는 부담의 약자이고 1은 임피던스 값을 나타냄
     부담 $P = I^2 \times Z = 5^2 \times 1 = 25$ (VA)

1.4 변압기의 여자전류가 비 정현파로 되는 이유에 대하여 설명하시오.

1. 개요
변압기에 전원을 인가하면 정상 운전 시 전류에 비하여 과도한 전류가 흐르는데 이것은 투입 시 가해진 전압의 위상과 철심 재질, 잔류자속에 의해 그 크기가 다르며 때로는 정격 전류의 수배에서 수십 배의 크기로 0.5초~수십초까지 지속 될 수도 있는데 이것을 변압기의 여자 돌입 전류라 부른다.

2. 여자 돌입 전류
1) 발생원인
   (1) 변압기 여자시(투입시) 전압 위상 : 전압 위상이 0일때 최악 조건임.
   (2) 철심재료 : 상시 포화선 가까이의 자속밀도에서 사용하는 경우에 크게 되며 최근의 변압기는 여자돌입전류에 대하여 가혹하다.
   (3) 잔류 자속이 큰 경우
   (4) 전원(계통)의 임피던스가 적은 경우

2) 돌입 전류 파형의 분석(크기)

고 조 파	제2고조파	제3고조파	제4고조파	제5고조파
기본파에 대한 백분율	63%	27%	5%	4%

3) 지속 시간
   회로의 저항분, 와전류, 히스테리시스등에 의한 손실에 따라 서서히 감쇠하나, 대용량의 변압기는 저항분이 인덕턴스분에 비해 적기 때문에 시정수($\tau = \dfrac{L}{R}$)가 커지게 되어 감쇠시간이 길어진다.
   짧은 경우는 10Cycle 정도, 긴 경우는 1~2분정도가 되기도 한다.

4) 발생 Mechanism
   (1) 인가전압의 위상이 파고치에서 투입할 경우

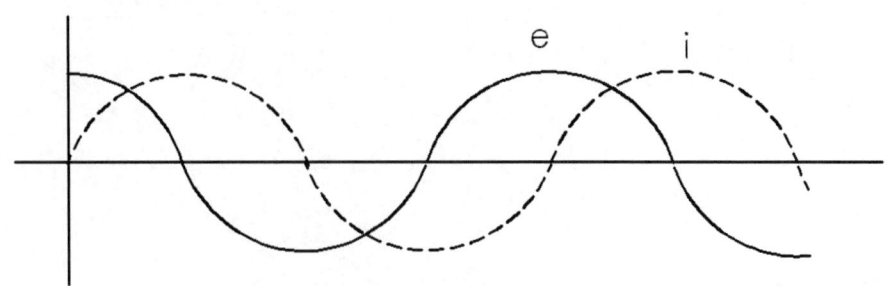

여자전류는 인가전압보다 위상이 늦은 0에서 시작하여 전압파형과 같은 정현파가 되므로 큰 돌입전류는 발생하지 않는다.

(2) 인가 전압의 위상이 0에서 투입할 경우
   가. 정상 운전시
      인가전압 V 에 대하여 90^0 지상인 자속 φ가 생긴다.
   나. 변압기 가압시

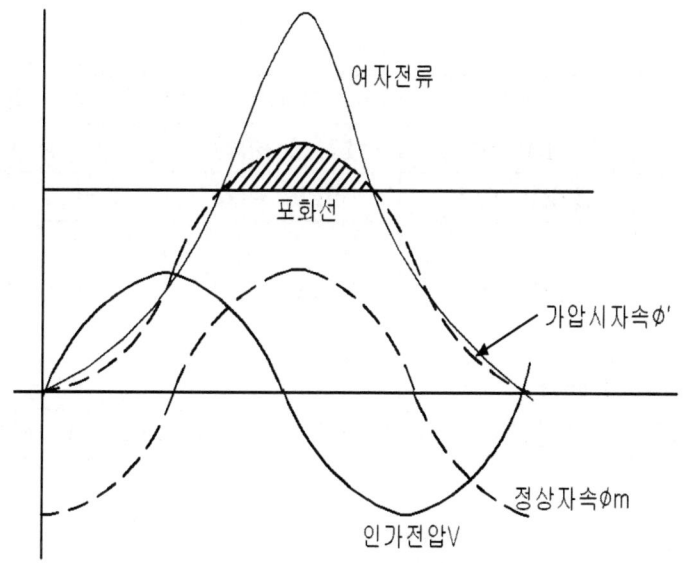

- 최초의 자속을 0 으로하면 그림의 φ'와 같이 정상 자속 φ를 위쪽으로 평행 이동한 모양이 된다.
- 그러나 φ'은 설계 포화자속 φc 이상 증가할 수 없으므로 철심이 포화된다.
- 철심이 포화되면 변압기의 여자 임피던스 Z(ωL)가 대단히 작아져
  $I = \dfrac{e}{Z}$ 에서 그림과 같은 큰 여자돌입전류가 흐르게 되며 파형이 찌그러져 비 정현파가 된다.

1.5 전동기의 기동방식 선정시 고려사항에 대하여 설명하시오.

1. 개요
   1) 3상 농형 유도 전동기의 특징
      - 구조가 간단, 값이 저렴, 취급의 용이, 운전 특성이 양호
      - 기동시 기동 전류가 크고 역율이 20~40%로 대단히 낮음

   2) 기동방식

기동방식	220V	380V	적 용
전전압 기동	7.5kW 이하	11kW 이하	소용량
Y-△ 기동	22kW 이하	55kW 이하	중규모 부하
리액터 기동	22kW 초과	55kW 초과	대용량 부하
기동 보상기 (콘돌퍼 기동)			
크샤 기동	소용량		
VVVF 기동방식	기동전류가 적고 안정적 기동 및 속도제어 가능		

2. 유도전동기의 장단점
   1) 장점
      - 회전수의 변화가 적어 정속도 운전에 적합
      - 구조가 간단, 견고함.
      - 가격이 저렴(소형, 중형에 많이 사용)

   2) 단점
      - 역율이 나빠 진상용 콘덴서 필요
      - 경부하시 더욱 나쁘므로 무부하 운전이나 경부하 운전은 피할 것.
        (정격 부하에서 최대 역율, 최대 효율임.)
      - 속도 제어가 어렵다.(최근에는 VVVF 발달로 속도제어가 가능하여
        직류전동기를 대체하기도 함)

3. 기동 방식 선정시 고려사항
   1) 전압 강하 : 전동기는 기동시 큰 기동 전류가 흘러 계통에 전압강하를
      일으켜 다음과 같은 문제가 발생할 수 있다.
      - 조명의 순간적인 어두움 또는 방전등의 소등
      - 전자 개폐기의 정지로 인한 부하 차단등

2) 전원측 변압기 용량
   - 전원측 변압기가 전동기 용량의 10배 이상일 경우 : 직입 기동 가능
   - 전원측 변압기가 전동기 용량의 3배 이하일 경우 : 직입 기동 불가

3) 부하 특성 : 부하측이 요구하는 속도, 토오크 특성

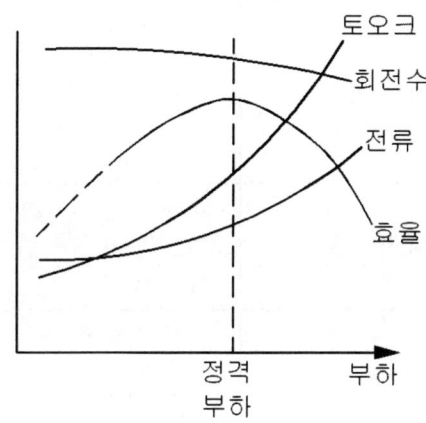

1.6 태양전지 모듈 설치시 발전에 영향을 미치는 요인 3가지를 쓰고 설명하시오.

1. 태양광 발전 설계시 고려사항

구 분	일반 사항	기술적 사항
설치 위치 결정	・양호한 일사 조건	・태양고도별 비음영 지역 선정
설치 방법 결정	・설치의 차별화 ・건물과의 통합성	・태양광발전과 건물과의 통합 수준 ・BIPV 설치 위치별 통합방법 및 배선방법 검토 ・유지보수의 적절성
디자인 결정	・실용성 ・설계의 유연성 ・실현 가능성	・경사각, 방위각의 결정 ・구조 안정성 판단 ・시공 방법
태양전지 모듈 선정	・시장성 ・제작 가능성	・설치 형태에 따른 적합한 모듈 선정 ・건자재로서의 적합성 여부
설치 면적 및 시스템 용량 결정	・모듈 크기	・모듈 크기에 따른 설치면적 결정 ・어레이 구성 방안 고려
시스템 구성	・최적 시스템 구성 ・실시 설계 ・사후 관리 ・복합시스템 구성 방안	・성능과 효율 ・어레이 구성 및 결선방법 결정 ・계통연계 방안 및 효율적 전력공급 방안 ・모니터링 방안
어레이	・고정 ・가변	・경제적 방법 고려 ・설치장소에 따른 방식
구성요소별 설계	・최대 발전 보장 ・기능성 ・보호성	・최대발전 추종제어(MPPT) ・역전류 방지 ・최소 전압강하 ・내외부 설치에 따른 보호기능
독립형 시스템	・신뢰성	・최대공급 가능성 ・보조전원 유무
계통연계형 시스템	・안정성 ・역류 방지	・지속적인 전원공급 ・상호 계측 시스템

2. 태양전지 모듈 설치시 발전에 영향을 미치는 요인
  1) 일사량
     - 태양의 일사량은 지역과 위도에 따라서 차이가 있다.
     - 우리나라의 경우 일사량은 봄, 여름, 가을, 겨울 순이고 지역에 따라서는 여름철에 가장 많은 지역도 있다.
     - 일사량의 강도는 태양전지 모듈의 변환 효율에 영향을 준다.
     - 따라서 태양광 발전시스템의 설치 장소와 방향 및 각도는 매우 중요하다.

2) 온도의 영향과 발전량
   - 태양전지 모듈 표면에 조사되는 일사량과 발전량은 비례하지 않는다.
   - 태양전지 모듈이 전기를 생산하는 과정에서 자체적으로 발생되는 열과 주변의 대기 상태에 따라 온도가 상승하여 실제 시스템의 변환 효율과 실내 공간의 열부하에 영향을 미치게 된다.
   - 대개 태양전지 모듈의 온도가 1도 상승 하면 변환 효율은 0.5 % 정도 떨어진다.
   - 결국엔 태양전지의 모듈의 자체온도를 가능한 낮게 유지할수록 변환효율과 실내공간의 단열효과에 도움이 되므로 시스템 주변 온도로 부터 태양전지 모듈의 온도 저감 방안이 강구 되어야 한다.

3) 음영과 발전량
   - 태양전지 모듈 의 표면의 일부 또는 전부가 그림자에 의해서 직사광의 방해를 받으면 감소가 된다.
   - 따라서 시스템 주변에 건물 등으로 인하여 그림자가 생기지 않도록 해야 한다.

1.7 BLDC(Brush Less DC) 모터의 동작원리와 특징에 대하여 설명하시오.

1. 개요
 1) 종래의 일반 DC 모터는 효율 및 동작특성이 우수하여 동력용은 물론 서보 모터로서 널리 사용되어 왔다.
 2) 하지만 브러시와 정류자의 접촉에 의한 기계적인 스위칭으로 인하여 수명이 길지 못하고 정기적인 보수를 필요로 하며 브러시에서의 전기 및 자기적인 잡음 등이 발생하여 전기기기에 장애를 주는 일 등이 발생했다.
 3) BLDC(Brushless DC) 모터의 경우 이러한 DC 모터의 결점을 보완하기 위해서 브러시와 정류자 등의 기계적인 스위칭을 반도체 소자를 이용한 전자적인 스위칭을 하는 모터이다.

2. BLDC 모터의 구조 및 동작 특성
 1) BLDC 모터는 계자가 회전하는 회전 계자형이다.

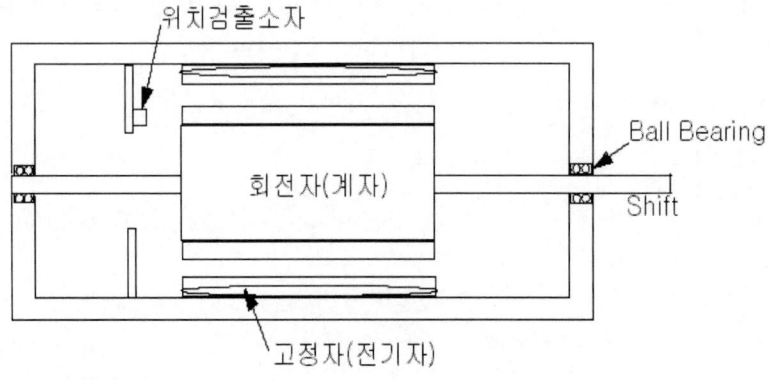

 2) BLDC 모터의 동작에 있어 가장 큰 특징은 DC 모터와 같이 속도/토크 특성이 선형적으로 감소한다는 것이다.
    다음은 BLDC 모터의 속도/토크 특성 곡선을 나타내었다.

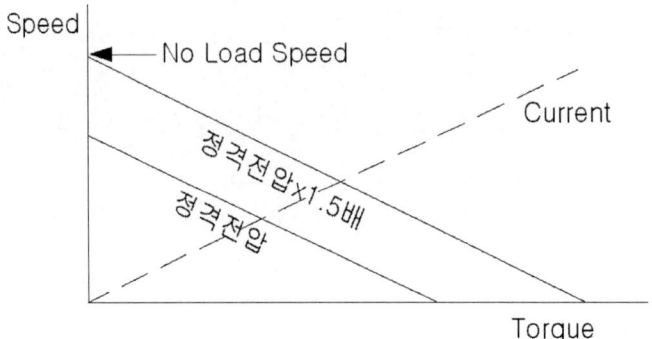

3. BLDC 모터의 동작 원리

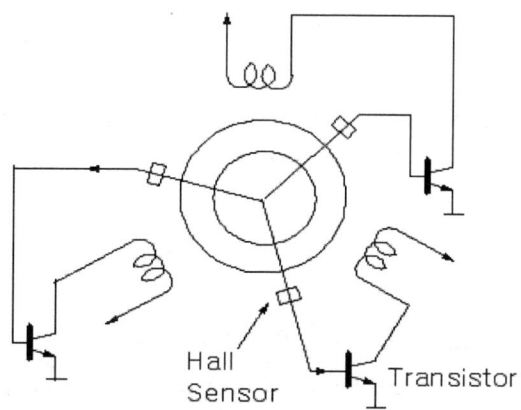

1) BLDC 모터에서는 정류작용을 위해서 브러시 및 정류자 대신에
2) 회전자의 위치를 검출하는 소자와 이 위치 정보에 따라 해당하는 고정자 코일의 전류를 스위칭하는 소자가 필요하다.
3) 위 그림은 위치 검출 소자로 홀(Hall) 소자를 사용하고 스위칭 소자로 트랜지스터를 사용한 예이다.
4) 회전자가 회전을 함에 따라서 홀 소자는 회전자의 위치 신호를 트랜지스터에 인가하고 여기서 회전 토크가 발생하도록 스위칭한다.

4. BLDC 모터의 특징
1) 신뢰성이 높고 수명이 길다.
 - 일반 DC 모터의 최대 단점인 브러시와 정류자가 없기 때문에 정기적인 보수가 필요 없다.
2) 제어성이 우수하다.
3) 효율이 좋다.(브러시의 전압강하나 마찰 손실이 없으므로)
4) 전기적(불꽃 발생), 자기적 잡음이나 기계적 소음이 거의 없다.
5) 소형화, 박형화가 용이하다.
6) 고속운전이 가능하다.
7) 순간허용 최대토크와 정격토크의 비가 크다.
 - 일반 DC 모터의 경우에는 정류한계가 있지만, BLDC 모터는 정류한계가 없으므로 순간허용 최대토크를 크게 잡을 수 있다.
8) 냉각이 용이하다.
 - 일반 DC 모터에서는 회전자 측에서 열이 많이 발생하지만, BLDC 모터에서는 고정자에만 열이 발생하므로

5. 용도
테이프 레코드, 음향기기, 전산 주변기기, 의료기기 등

1.8 전력용 콘덴서의 내부소자 보호방식에 대하여 설명하시오.

1. 개요
   콘덴서는 외부 환경에 의한 고장과 내부 사고에 의한 고장으로 분류 할 수 있으며, 보호 방식은 기계적인 방법과 전기적인 방법이 있다.

2. 콘덴서의 열화 원인
   1) 주위 온도 영향
      콘덴서의 최고 허용 온도는 일반적으로 40℃이다.
      따라서 주위 온도가 높은 경우 과열에 따라 수명이 단축되게 된다.
   2) 과전압 및 과전류
      허용 전압 : 110% 이하
   3) 고조파 전류
      허용 고조파 전류 : 35% 이하

3. 열화 방지 대책
   1) 온도 상승 방지
      - 발열기기와 200mm 이상 이격
      - 콘덴서 기기간 : 100mm 이상 이격
      - 상부 : 300mm 이상 공간 확보
      - 환기구 및 환기 장치 설치

   2) 과전압 대책
      - 진상 운전 방지(진상시 컨덴서 개방)
      - 유도 전동기의 자기 여자 용량 이하로 콘덴서 설치
      - 완전 방전후 재 투입
      - 개로시 재점호 발생하지 않는 차단기 선정(진공 개폐기, 가스차단기)

   3) 과전류 대책
      - 직렬 리액터 설치(투입시 돌입전류 및 고조파 전류 억제)
      - 직렬 리액터 용량 (제5고조파 : 6%, 제3고조파: 변압기 △결선)

4. 보호 방식
   1) 외부 환경에 의한 보호
      (1) 과전압 보호
         - 콘덴서의 연속 사용 전압은 정격 전압의 110% 정도이므로 그 이상의 전압에 대하여는 보호를 해야 한다.

- 일반적으로 정격 전압의 130%에서 2초내 동작하도록 하며 과거에는 유도형 한시 과전압 계전기를 많이 사용하였으나 최근에는 전자식 디지털 계전기가 많이 보급되고 있다.
- 디지털 계전기
  과거 유도형처럼 각각의 기능마다 별개의 계전기나 계기를 가지는 것이 아니고, 거의 모든 종류에 계전기 기능과 계기 기능이 한곳에 집합되어 있으며 계기용만의 기능은 계전기용 기능을 겸한 제품에 비하여 저렴하다.

(2) 저전압 보호
정격 전압의 70% 이하에서 2초내 동작
기타는 위 과전압 계전기와 동일

2) 내부 사고에 의한 보호
(1) 단락 보호 (PF)
- 소자 파괴에서 단락에 이르는 순간에 단락전류를 차단하여 회로를 개방
- PF의 한류효과에 의하여 1/2 CYCLE정도로 차단
- 선정시 고려사항
  ㄱ. 콘덴서 정격전류의 1.5배 정격전류를 통전 할 수 있을것
  ㄴ. 콘덴서 정격전류의 7배 전류가 0.2초간 흘러도 용단하지 않을 것
  ㄷ. 돌입 전류에 동작하지 말 것
- PF의 보호는 콘덴서 정격용량 50 KVAR 이하가 적합하다.

(2) 과전류 보호(OCR)
일반적으로 과전류 계전기 사용
투입시 투입전류(정격 전류의 약5배)에 동작하지 말아야 함.
동작은 정격 전류의 150% 정도가 적당함.

(3) 지락 보호(OCGR, SGR)
전력 계통의 중성점 접지방식, 대지 분포 용량등에 따라 그 영향이 다르기 때문에 일괄적인 보호 방식은 곤란함.
모선에 접속된 타 Feeder와 선택 차단방식 적용

5. 기기내부 사고 검출 방식
콘덴서 내부 소자가 절연 파괴 되면 과전류로 소자가 소손, 탄화하여 내부 아아크열로 인한 절연유가 분해 가스화되어 내압이 상승하고 용기나 부싱이 파괴되며 내부 고장시 회로로부터 신속히 분리되어야한다.

1) 중성점 전류 검출 방식(Neutral Current Sensing)
   Y결선한 콘덴서 2조를 병렬로 결선하여 콘덴서 1개 소자 고장시 중선점에 불평형 전류를 감지하여 고장회로를 제거하는 방식

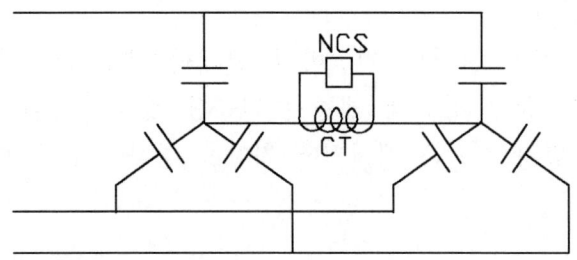

   < 특징 >
   - 검출 속도가 빠르고 동작이 확실함.
   - 회로 전압의 변동, 직렬 리액터의 유무, 고조파의 영향을 받지 않는다.
   - 콘덴서 회로 투입시 돌입전류에 의한 오동작이 없다.

2) 중성점 전압 검출 방식 (Neutral Voltage Sensing)
   단일 스타 결선에 보조 저항을 단자에 설치하여 보조 중성점을 만들어 중성점의 불평형 전압을 검출하는 방식

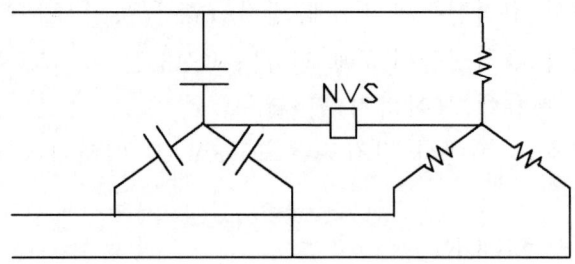

3) Open Delta 보호 방식

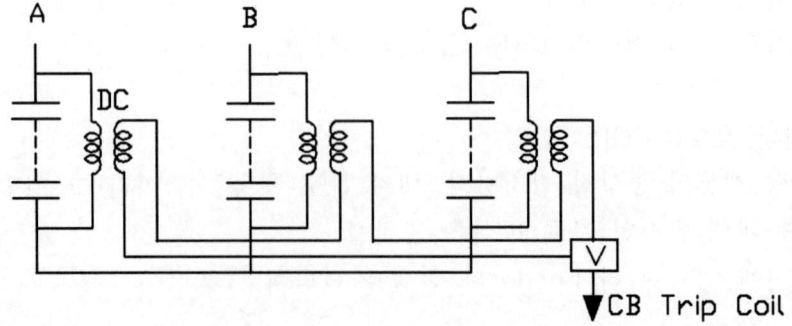

   각상의 방전 코일 2차측에 그림과 같이 Open Delta로 결선한 것으로 평형 상태에서는 V 전압이 0 Volt 이나 사고시에는 이상 전압이 검출된다.
   (22.9 kV 계통에 적용)

4) 전압 차동 보호 방식
   Open Delta 보호 방식과 같은 전압 검출 방식이나 절연 처리의 잇점으로 고압에서 특고압까지 적용(6.6kv~22.9kv)

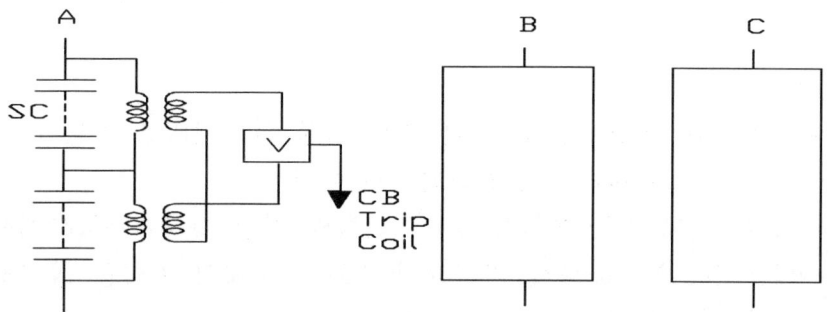

5) 보호용 접점 방식
   콘덴서내 일부 소자 절연 파괴시 내압상승에 따른 용기 변형을 압력 스위치 또는 마이크로 스위치로 검출하여 차단기 개방

(1) 내압식 보호 접점 방식
    내압 검출용 압력 스위치와
    보호용 접점 구성

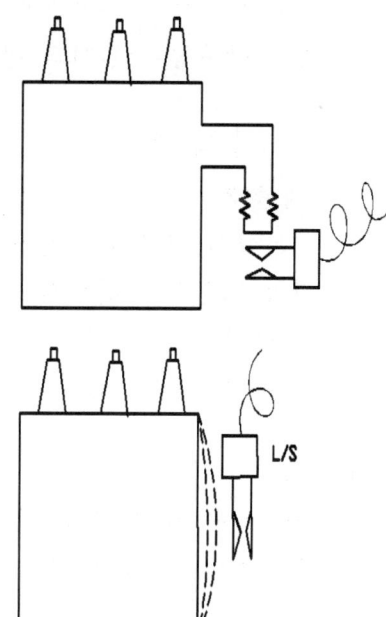

(2) 암 스위치 방식
  - 용기의 팽창 부위를 검출하는 방식
  - (마이크로 스위치등)Arm Switch
    보호 방식
   - 콘덴서 외함의 팽창 변위를 검출
     하여 고장을 판별하는방식.
     75 kvar 이하 : 10mm정도
     " 이상 : 15mm정도에서
     Arm에 연결된 Limit SW 동작

1.9 설계의 경제성 등 검토에 관한 시행지침에 근거한 설계VE(Value Engineering)의 다음 사항에 대하여 설명하시오.
1) 설계VE 검토 실시 대상 2) 실시 시기 및 횟수 3) 단계별 업무절차 및 내용

1. 정의
   1) 가치공학(Value Engineering)이란 말로 제품이나 서비스 기능의 향상과 코스트의 인하를 실현하려는 경영관리 수단이다.
   2) 이는 상품이 갖고 있는 기능을 중시, 기능의 개선 향상에 의해 제품의 가치를 높이는 것이 특징으로서 최저의 코스트로 최고의 기능을 실현하는 것이 목적이라 할 수 있다.

2. 설계VE 검토 실시 대상(건설기술관리법 시행령 제38조의 13)
   1) 총공사비 100억원 이상인 건설공사의 기본설계, 실시설계
   2) 공사시행중 공사비 증가가 10%이상 발생되어 설계변경이 요구되는 건설공사
   3) 신공법 또는 특수공법에 의하여 시공되는 건설공사
   4) 기타 발주청이 설계의 경제성등의 검토가 필요하다고 인정하는 공사

3. 실시 시기 및 횟수
   1) 설계단계
      - 기본설계 완료시가 가장 적용효과가 높음
      - 미국 기본설계 완료시 적용 : 프로젝트 예산의 10 ~ 20% 절감효과
   2) 시공단계
      - 행정적인 절차, 법적 제재 등이 따름

   3) 결과
      - 제안건수 ⇒ 설계 VE : 시공 VE = 80% : 20%
      - 절감액 ⇒ 설계 VE : 시공 VE = 96% : 4% (미연방도로청)

4. 단계별 업무절차 및 내용
   1) 준비 단계
      - 정보 수집
      - 대상 선정
   2) 분석 단계
      ① 기능 분석
         - 기능 정의 : 요구 기능을 분석하여 불필요, 중복기능 삭제
         - 기능 평가 : 그 기능에 얼마의 가치가 있는가를 결정

② 아이디어 창출 : 명확하게 될 기능을 확실히 달성키 위해 수단을 많이 생각해 내는 단계(Brain Storming 및 Check List)
③ 개략평가 및 구체화
④ 상세평가 및 대안 개발
⑤ 제안 및 발표
3) 실행 단계
   실시 및 후속 조치

5. VE의 목표

$$V = \frac{F}{C} \quad \text{Value Index} = \frac{Fuction}{Cost}$$

1) Cost 절감에 의한 가치향상 : $\frac{F\rightarrow}{C\downarrow} = V\uparrow$

2) 기능향상에 의한 가치향상 : $\frac{F\uparrow}{C\rightarrow} = V\uparrow$

3) Cost 절감, 기능향상에 의한 것 : $\frac{F\uparrow}{C\downarrow} = V\uparrow$

4) VE 실시 시 부분적으로 하지 말고 Team 구성이 효과가 크다.

6. VE의 특징

1) 제품의 생산 원가절감
2) 생산 공정의 개선, 단축
3) 사무조직 등 Soft Ware 시 관리기술 개선
4) VE측면에서의 건설업 특성
   ① 개별 수주산업의 의한 일체생산
   ② 한건의 공사금액이 크다.
   ③ 옥외작업이 많다.
   ④ 가설물 구축, 철거, 운반이 필요하다.
   ⑤ 어셈블리 산업이다.
   ⑥ 중층 하청의존의 노동집약적 생산이다.

7. 시행 효과

1) VE는 부분적인 구성요소를 대상으로 하는 것이 아니라, 전반적인 프로젝트에 대한 신뢰성 있는 점검을 가능하게 한다.
2) 건설공정의 생산성을 향상시키는 제안이 많이 도출됨에 따라 기업이익 창출에 혁신적으로 기여할 수 있다.

3) 개선결과를 데이터 베이스화 함으로써 기업의 노하우를 축적할 수 있고, 유사현장 또는 유사사례가 생길 경우 검색하여 활용할 수 있다.
4) 설계단계에서의 VE 효과 대상시설물의 체적이나 규모를 축소시켜 전체 투자비를 절감할 수 있기 때문에 설계단계에서 VE적용시 직접적인 수혜대상자는 발주자이며, 특히 건설공사비는 사실상 설계단계에서 확정되기 때문에 건설사업의 효율화를 위해서는 설계단계에서의 VE도입이 필수적이라 할 수 있다.

설계단계에서 VE적용은 소요되는 비용이나 기간에 비하여 절감액이 상대적으로 크게 나타나며, 시설물의 기능과 성능분석, 자재의 성능과 수량, 공법이나 시설물의 위치선정, 사용될 공법의 적합성 여부 검토, 대안 공법의 적용가능성 검토등 건설사업의 효율성 증대에 크게 기여할 수 있다.
5) 시공단계에서 VE 기법을 활용하면 시공지식과 경험을 최적으로 활용할 수 있는 시공성 개념을 높일 수 있다.

1.10 저압전기설비에 설치된 SPD(Surge Protective Device) 고장의 경우 전원공급의 연속성과 보호의 연속성을 보장하기 위하여 SPD를 분기하기 위한 개폐장치의 설치방식 설명하시오.

인용 : KSC IEC 60364-443.61643.내선규정 5220조

1. 개요
   1) 배전 계통으로부터 전달되는 대기현성으로 인한 과도 전압 및 기기 개폐 과전압에 대한 전기설비 보호를 목적으로 한다.
   2) 전력공급점에 나타날 수 있는 과전압, 년간 뇌우일수, 서지보호장치의 위치 및 특성등을 고려하여 보호장치를 결정한다.
   3) 여기에서는 저압 서지 보호를 주로 다루기로 한다.

2. 옥내 배전계통의 과전압 Catagory

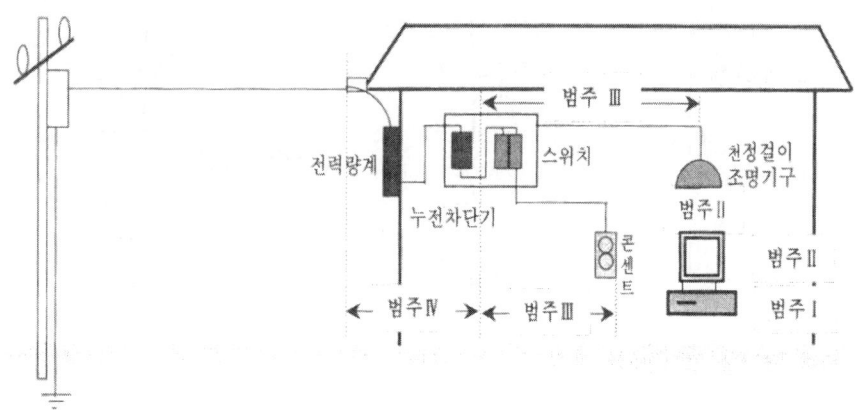

해설 그림 5220-① 주택의 옥내 배전계통과 과전압 범주

3. SPD 형식

형 식	설치 위치 및 보호대상	시험 항목
Class Ⅰ	인입구 부근, 직격뢰 보호	I_{imp}
Class Ⅱ	인입구 부근, 유도뢰 보호	I_{MAX}
Class Ⅲ	기기 부근, 유도뢰 보호	U_{OC}

4. SPD 구조 및 기능
 1) 동작 형태별 분류

구 조	기 능	소 자		
1 포트 S P D	전압스위치형	Air Gap형	가스방전관형	Thyristor형
	전압제한형	배리스터형		억제형
	복합형	직렬 조합		
		병렬 조합		
2 포트 S P D	복합형			

(1) 전압 스위칭형
  서지가 인가되지 않은 경우는 높은 임피던스 상태에 있다가, 서지가 유입되면 급격히 임피던스가 낮아져 이상전압을 방전시키는 것
(2) 전압 제한(LIMIT)형
  서지가 인가되지 않은 경우는 높은 임피던스 상태에 있다가, 서지가 유입되면 연속적으로 임피던스가 낮아져 이상전압을 방전시키는 것.

(3) 복합형

전압 스위칭 소자 및 전압 제한형 소자 모두를 갖는 TYPE으로 가스 방전관과 배리스터를 조합것이 대표적이다.

2) 용도별 분류

(1) 전원용 SPD

분전반, UPS, 모터 제어반, 발전기등의 입입부에 설치

(2) 신호 제어용 SPD

자동화 및 감시 제어 시스템의 입출력부에 설치하여 기기보호

3) SPD의 구비조건

- 상시에는 전압강하와 손실이 적고 정상 신호에 영향을 주지 말아야 한다.
- 이상 전압 유입시에는 가능한 낮은 동작 전압과 빠른 시간에 응답하여 이를 차단한 후
- 이상 전압이 해소된 후에는 즉각 원래 상태로 회복되는 능력을 가지고 있어야 한다.

5. SPD 설치 방법

1) 보호 가능 모드 (KSC IEC 61643 표3)

SPD위치	TN-C	TN-S	TT	IT(중성성 있는 경우)	IT(중성성 없는 경우)
상-중성선 사이	-	①	①	①	-
상 - PE 사이	-	②	②	②	O
상-PEN 사이	O	-	-	-	-
중성선-PE 사이	-	O	O	O	-
상 - 상 사이	+	+	+	+	+

O : 적용 가능   - : 적용 불가   + : 선택사항   ①② : 둘중 택1

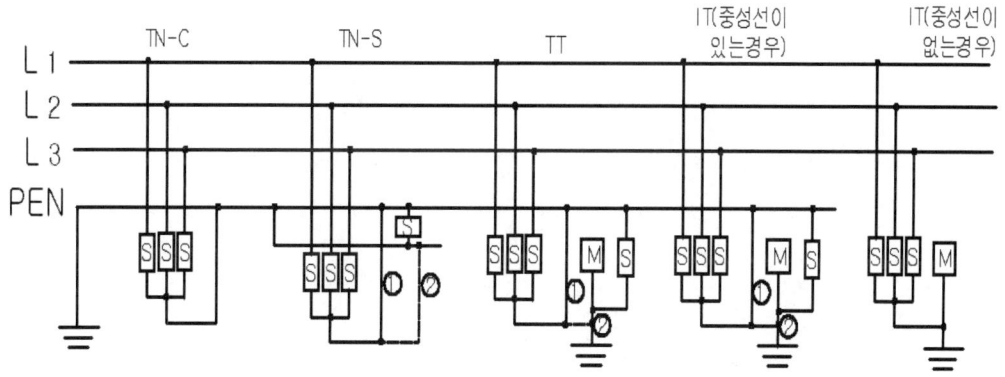

2) SPD규격이 보호 대상 기기의 특성에 적합해야 한다.
3) SPD는 건축물 인입구 또는 설비 인입구와 가까운 장소에 설치
4) SPD의 접지는 가능한 한 공통접지를 하는 것이 좋다.
5) 접속도체는 가능한 짧게 배선하고(0.5m이하)
6) 접지극에 직접 접속하는 것이 좋다.
7) 접지도체 단면적은 10㎟ 이상의 동선 또는 이와 동등할 것
   (단, 건축물에 피뢰설비가 없는 경우는 단면적이 4㎟ 이상의 동선가능)

6. SPD 보호 장치 설치 장소
   1) 전력 공급을 우선하는 회로 : SPD의 회로내에 설치
   2) 기기 보호를 우선하는 회로 : SPD의 전원측에 설치
   3) 위 1) 및 2)를 동시 확보하는 회로 : SPD를 병렬로 설치

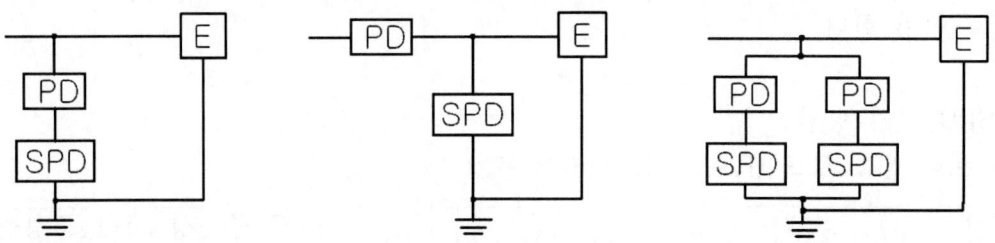

위에서 SPD : 서지보호기,   PD : SPD보호기,   E : 피보호기기임.

1.11 차단기 회복전압의 종류 및 특징에 대하여 설명하시오.

1. 개요
1) 전력 계통에서 차단기를 차단하는 경우 과도 현상으로 이상전압이 발생하고, 특히 유도성 또는 용량성의 경우는 그 메카니즘이 복잡하다.
2) 일반적으로 지상전류에서는 재기전압이 나타나고 진상전류에서는 재점호 현상이 나타난다.

2. 소호원리

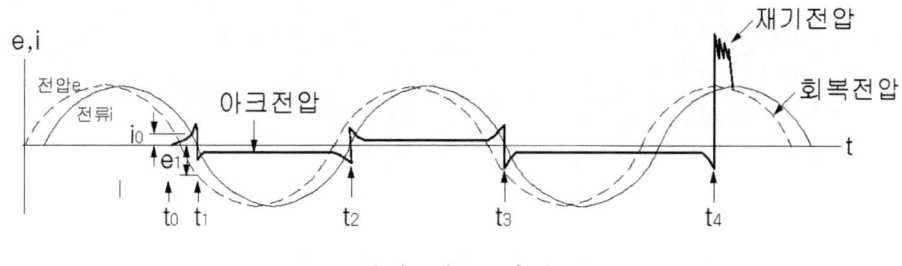

<단락 전류 차단>

1) 보호계전기가 동작하여 차단기가 전극을 열면 기계적으로는 전극이 열리지만 전기적으로는 도통 상태가 지속되어 아크전압이 발생한다.
2) 위 그림에서 t_0 점에서 접촉자가 개리되더라도 순시전류 i_0에 의하여 아크가 발생한다.
3) t_1 이 되면 전원전압 e_1 에 의하여 아크가 발생하여 전류가 흐른다.
4) 이 아크는 반 주기마다 반복하여 점멸하지만 t_4가 되면 접촉자가 충분히 이격되어 전극간 절연내력이 아크전압보다 크다면 소호가 된다.

3. 개폐시 나타나는 현상
1) 회복전압 Recovery Voltage
   - 차단기의 차단직후 차단기의 극간에 나타나는 상용주파수의 전압으로서 실효치로 나타낸다.
   - 상용 주파 회복전압(PFRV:Power Frequency Recovery Voltage) 이라고도 함.

2) 재기전압(과도 회복 전압) TRV : Transient Recovery Voltage
   회복전압으로 안정되기전에 고유진동에 의해 이상전압이 발생되고 점차 감소되어 회복전압으로 되는 과정의 과도 전압을 말한다.
   즉, 차단 직후 접촉자간에 나타나는 과도 전압을 말한다.

3) 재점호 (Reignition)

　　재기전압에 의해 아크가 소멸되었다 다시 발생하는 현상으로 전극간 절연 내력이 아크전압보다 작을 때 나타난다.

1.12 고압케이블의 차폐층을 접지하지 않을 때의 위험성에 대하여 설명하시오.

1. 목적

도체의 주위에는 도체에 흐르는 전류의 크기에 비례하고, 거리에 반비례하는 유기 전압이 발생하므로, 도체 주위를 0 전위화하여, 인체의 위험 전압을 제한하고 전력 손실을 감소시켜 케이블의 안전성 향상, 케이블의 성능 향상, 통신선의 장해방지 목적 등으로 동 Tape등으로 금속 차폐층을 설치한다.

2. 차폐층을 접지하지 않을 때의 위험성
   1) 외상에 의한 절연체 파손
   2) 인체의 위험 전압 발생 (제한 전압 : 50V)
   3) 케이블 사고시 지락 전류의 대지 방류 불가
   4) 통신 선로의 유도 장해
      정전유도 : 전력 케이블과 통신선의 상호캐패시턴스에 의한 정전적 결합
      전자유도 : 인덕턴스에 의한 전자적 결합
   5) 부분 방전, 충전 전류에 의한 Tracking 현상 발생
   6) 전압이 절연체에 불균일하게 가해져 내전압 성능 저하

3. Sheath 유기 전압 저감 대책
   1) 연가

   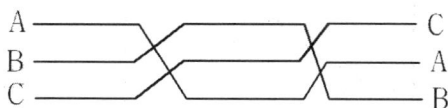

   2) 접지
      (1) 편단 접지(Single Point Bonding)

      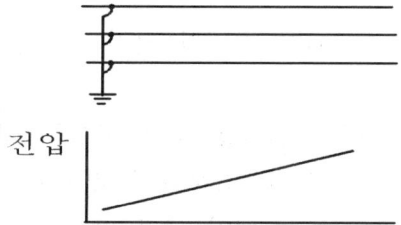

      - IJ(Insulation Joint)를 중심으로 시스의 한 단은 접지하고 다른 단은 개방
      - 시스 순환 전류에 의한 손실 방지
      - 개방단의 시스에는 Surge LA, Surge Limiter 등의 방식층 보호 설비 시설

(2) 양단 접지(Solid Bonding)

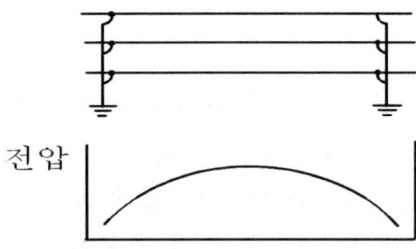

- 케이블 시스를 2개소 이상 일괄접지
- 시스 유기전압은 낮아지지만 장거리 선로에서는 순환전류 손실이 큼
- 허용 전류면에서 충분한 여유가 있으며 시스회로손이 문제가 되지 않는 경우 적용
- 장거리 해저 케이블 등에 적용

(3) 크로스 본딩(Cross Bonding System)

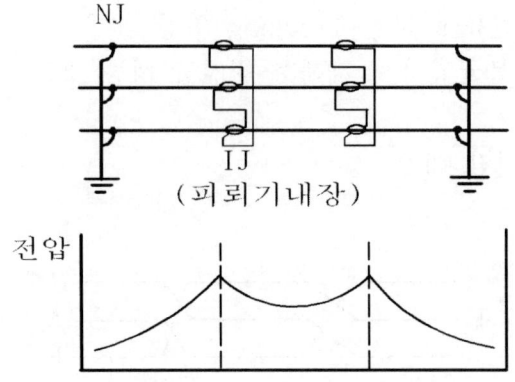

- 케이블 길이를 3등분하여 3상의 차폐선을 I.J(절연접속함)를 통해 상호 연가 형태 구성
- 차폐 전압의 벡터합이 0이되어 접지간 거리의 긍장이 불평형이 되어도 차폐 손실 저감
- 실제 케이블 길이가 달라 Surge성 이상 전압이 나타나므로 154kv의 경우 절연 접속함에 보호 장치 취부해야 하므로 건설비 과다(대책 : 극간과 대지간에 LA 설치하여 절연 파괴 방지)
- 선로 긍장이 길어 편단접지로 효과가 없을 때 적용
- 경제성 보수면에서 유리하므로 장구간 단심케이블에 가장 많이 적용

1.13 다음 회로에서 스위치 SW를 닫기 직전의 전압 Voc[V]와 a-b점에서 전원측을 쳐다본 등가 임피던스(Zeq), 스위치 SW를 닫은 후 Z에 흐르는 전류[A]를 구하시오

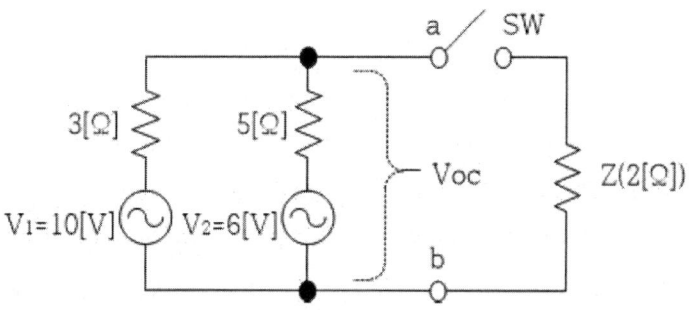

1. 테브난의 정리

$$V_{ab} = \frac{Y_1 V_1 + Y_2 V_2}{Y_1 + Y_2} = \frac{\frac{10}{3} + \frac{6}{5}}{\frac{1}{3} + \frac{1}{5}} = 8.5(V)$$

$$Z_{ab} = \frac{1}{Y_1 + Y_2} = \frac{1}{\frac{1}{3} + \frac{1}{5}} = 1.875(\Omega)$$

스위치를 닫은 후 $I = \dfrac{V_{ab}}{Z_{ab} + R} = \dfrac{8.5}{1.875 + 2} = 2.19(A)$

2. 밀만의 정리

$$V_{ab} = \frac{Y_1 V_1 + Y_2 V_2}{Y_1 + Y_2 + Y_3} = \frac{\frac{1}{3} \cdot 10 + \frac{1}{5} \cdot 6}{\frac{1}{3} + \frac{1}{5} + \frac{1}{2}} = 4.38(V)$$

$$I = \frac{Vab}{Z} = \frac{4.38}{2} = 2.19(A)$$

2.1 전력시설물 공사감리업무 수행지침에 근거한 공사착공단계 감리업무와 공사시행 단계 감리업무에 대하여 설명하시오.

1. 개요

감리에는 설계 감리와 공사 감리가 있으며 설계 감리는 설계 도서(시방서, 도면, 계산서등)가 관계 법령, 기술기준등에 적합하며 목적하는 대로 설계가 되었는지 확인 하는 것을 말하며, 공사 감리는 전력 시설물의 설치, 보수 공사에 대하여 발주자의 위탁을 받은 공사 감리업체에 소속된 감리원이 설계 도서 기타 관계서류의 내용 대로 시공되는지 여부를 확인하고 품질 관리, 공사 관리 및 안전 관리 등에 대한 기술 지도를 하며, 관계 법령에 따라 발주자의 권한을 대행하는 것을 말한다.(전력 기술 관리법)

2. 감리원의 직무

 1) 공사 착공 단계
   - 감리 업무 착수계 제출(감리원 연락처등 기재)
   - 설계 도서 및 공사 계약서 인수 및 검토
   - 착공 신고서 검토 및 보고
   - 공사 안내판 설치 지시
   - 가설물(현장 사무실, 공사용 임시 전력등) 검토 승인
   - 인허가 업무 지시 및 지도 감독

 2) 공사 시공 단계
  (1) 일반 행정 업무
   - 감리 문서 작성 비치(근무 상황부, 감리일지, 검사서류, 지시부등)
   - 발주자에게 수시 및 정기 보고
   - 공사 진행 상황 사진 촬영 및 보관
   - 기성 내역서 검토 및 기성 검사

  (2) 시공 관리
   - 시공 계획서 검토 및 승인
   - 시공 상세도 검토 및 승인
   - 작업 실적 및 시공 확인 (설계 도서와 일치여부)
   - 주요 기자재 검토 및 승인
   - 주요 기자재 입고 검사 및 승인
   - 매몰 부분 및 특수 공법 검토 및 시공 확인

(3) 품질 관리
 - 품질 관리 계획서 검토 및 승인
 - 중점 관리 대상 선정 및 관리 방안 수립
 - 성능 시험 계획, 관리, 검사 및 시험 성과 검토

(4) 공정 관리
 - 공정관리 계획서 검토 승인
 - 공사 진도 관리
 - 공사 지연시 지연 만회 대책 지시, 검토 확인

(5) 안전 관리
 - 안전 관리 계획서 검토 및 승인
 - 안전 관리 조직 편성 확인
 - 안전 관리에 관한 사항 지도
 - 안전 점검 실시 여부 확인
 - 안전 교육 실시 여부 확인
 - 안전 관리 결과 보고 검토
 - 사고시 사고 처리 지시 및 보고

3) 준공 단계
 - 준공을 위한 시운전, 예비검사 실시
 - 준공 검사 및 검사 조서 작성
 - 준공도 작성 제출 확인
 - 인계 인수 계획 수립 및 진행
 - 하자 보수 분쟁시 의견 제시
 - 준공 후 감리 업무 인계, 인수
   (시방서, 준공도, 준공 사진첩, 준공 내역서, 시공도, 시험성적서, 기자재 구매서류, 공사 관련 기록부, 인허가 관련철, 시설물 인계 인수서, 준공검사 조서 등)

2.2 고조파가 콘덴서에 미치는 영향과 대책에 대하여 설명하시오.

1. 개요

   최근 Power Elecronics(전력 전자 기기)를 이용한 기술이 다양화 되고 그 응용 범위가 확대됨에 따라 산업 현장에서 많이 사용되고 있다.
   이 전력 전자 기기는 전력 계통의 가장 중요한 고조파 발생 기기로서 전압, 전류의 파형 왜곡 원인이 된다.
   전력 계통에서 전압 전류의 왜곡이 확대되면
   1) 전력 기기의 과열, 소손
   2) 기기의 이상 소음, 진동
   3) 전력 계통의 진동
   4) 통신 유도 장해
   5) 노이즈원으로서의 각종 장해
   6) Thyrisror 응용기기의 제어기능 불안정 및 오동작등의 현상이 일어남.

2. 고조파 제한
   1) 전압 왜율

      고조파가 포함된 파형은 비 정현파로 나타나며 비 정현파는 기본파 성분과 기본파 배수 주파수 성분(고조파)으로 분해된다.
      비 정현파 = 기본파 + 고조파(3,5,7....)
      이러한 고조파가 계통에 미치는 영향을 고려하여 배전 계통에서는 전압 왜율을 아래와 같이 제한하고 있다.

고조파 차수	3	5	7	종 합
배전 계통	3%	4%	3%	3%

   2) 전류 왜율

      전류는 전압에 비해 훨씬 높은 왜율을 나타내며 기본파 주파수의 과 전류율은 실효치로
      콘덴서 : 130%
      직렬 리액터 : 120% 까지는 실용상 지장이 없는 것으로 알려져 있다.

3. 콘덴서 및 직렬 리액터의 고조파 영향

   고조파 전류원에서 발생하는 고조파 전류는 전원측 임피던스와 전력용 콘덴서 임피던스에 따라 분류된다.
   고조파가 전력용 콘덴서 및 직렬 리액터에 미치는 영향은
   - 콘덴서 및 직렬 리액터의 손실 증가

- 고조파 전류 증가에 따른 과열
- 과전압 발생
- 계통의 공진 현상 발생

1) 콘덴서 및 직렬 리액터의 손실 증가

    고조파 유입시 콘덴서 및 직렬 리액터의 손실은
    $W = W_1 \left[1 + \Sigma (\frac{In}{I_1})^2 \right]$ 과 같이 나타난다.

    여기서 W : 고조파 유입시 손실
    W_1 : 기본파만의 손실

    손실의 증대는 콘덴서 및 직렬 리액터의 온도가 이상 상승하고 경우에 따라서는 소손되는 일도 있다.
    또한 유입되는 고조파 전류가 커지면 콘덴서나 직렬 리액터에 이상음이나 진동이 발생할 수도 있다.

2) 고조파 전류 증가에 따른 과열

    콘덴서에 고조파 전류가 유입되면 아래식과 같이 전류의 실효값이 커져 접속 부분에 과열이 발생하는 원인이 되고 이는 철심, 권선, 절연물의 온도 상승이 되어 소손등의 장해로 발전할 수가 있다.

    $I = I_1 \sqrt{1 + \Sigma (\frac{I_N}{I_1})^2}$

    여기서 I : 고조파 전류
    I_1 : 기본파 전류
    In : n파 고조파 전류

3) 과전압 발생

    또한 n차의 고조파 전류가 유입 되었을 때 콘덴서 단자 전압
    $Vc = V_1 (1 + \Sigma \frac{In}{I_1})$ 으로 높아진다.

    고조파에 의해 단자 전압이 높아지면 유전체의 절연 수명에 영향을 주며 이에 따라 콘덴서 내부 소자나 직렬 리액터 내부의 절연이 파괴 될 수 있다.

4) 계통의 공진 현상 발생

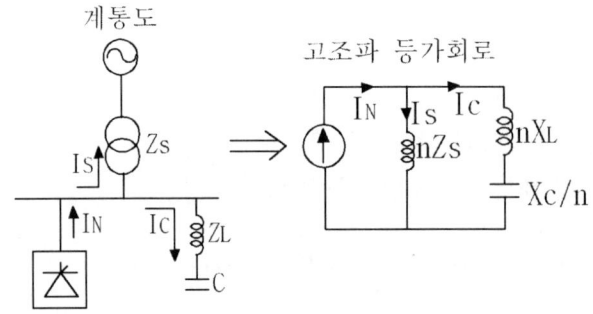

(1) $nX_L - \dfrac{Xc}{n} > 0$ => 유도성

(2) $nX_L - \dfrac{Xc}{n} < 0$ => 용량성

(3) $nX_L - \dfrac{Xc}{n} = 0$ => 직렬 공진

(4) $nXs \fallingdotseq nX_L - \dfrac{Xc}{n}$ => 병렬 공진

상기 4가지 현상 중에서 (4)의 조건이 될 때는 전원과 콘덴서 회로의 임피던스가 고조파 전류에 의해 병렬 공진을 일으키고 이때 계통 전체에 대해 전압 왜곡을 일으킨다.
고조파 왜곡 비교 : 유도성 < 직렬 공진 < 용량성 < 병렬 공진

4. 전력용 콘덴서의 허용 최대 사용 전류 및 허용 과전압

전압 구분	규격	최대 사용 전류		허용 과전압 (L=6% 경우)
		직렬 리액터 무	직렬 리액터 유	
저압 (100~400V)	KSC 4801	130%이하	120%이하	110%
고압 (3~6KV)	KSC 4802	고조파포함 135%이하	120%이하	최고 115% 24시간 평균 110 %
특고압(10KV 이상)				110%

5. 대책
 1) 직렬 리액터 설치 : 이론상 4%, 실제 6%
 2) 저압측 설치시 자동 역율 조정장치 설치 : 페란티 현상 방지
 3) 전력용 콘덴서 사용을 최대한 억제하는 방법과 유도 전동기 대신 동기 전동기 채용

2.3 전기설비기술기준에 의한 통합접지시스템을 적용할 경우 이 기준에서 정하는 설계요건과 특징 그리고 건물 기초콘크리트 접지 시공방법에 대하여 설명하시오.

1. 개요

   기존 건축물의 접지 형태는 보호용, 기능용, 뇌 보호용의 접지를 분리한 이른바 독립 접지를 한 건축물이 많다. 건물의 부지 면적이 한정되어 있는 상황에서 독립 접지는 전위 간섭의 영향을 받기 쉽고 접지 기능을 충족 시키지 못하는 경우가 많다. 그러나 공통 접지는 접지 계통의 전위가 같고 전위 간섭등의 영향이 적다.

2. 판단기준 제18조 (접지공사의 종류)

   접지공사는 다음표에서 정한 것으로 하며 각 접지공사별 접지저항 값은 표에서 정한 값 이하로 유지하여야 한다.

   다만 공통접지 및 통합접지를 하는 경우는 제외한다.

접지공사의 종류	접지저항 값
제1종 접지공사	10 Ω
제2종 접지공사	변압기의 고압측 또는 특고압측의 전로의 1선 지락전류의 암페어 수로 150(1초를 초과하고 2초 이내에 자동적으로 전로를 차단하는 장치를 설치할 때는 300, 1초 이내에 자동적으로 고압전로 또는 사용전압 35 kV 이하의 특고압전로를 차단하는 장치를 설치할 때는 600)을 나눈 값과 같은 Ω수
제3종 접지공사	100 Ω
특별 제3종 접지공사	10 Ω

3. 공통 접지 (common earthing system)

   고압 및 특고압과 저압 전기설비의 접지극이 서로 근접하여 시설되어 있는 변전소 또는 이와 유사한 곳에서는 다음 각 호에 적합하게 공통접지공사를 할 수 있다.

   1) 저압 접지극이 고압 및 특고압 접지극의 접지저항 형성 영역에 완전히 포함되어 있다면 위험전압이 발생하지 않도록 이들 접지극을 상호 접속하여야한다. 즉, 전력계통의 접지를 공통으로하는 것을 말한다.

   2) 공통 접지공사를 하는 경우 고압 및 특고압계통의 지락사고로 인해 저압계통에 가해지는 상용주파 과전압은 다음표에서 정한 값을 초과해서는 안 된다.

고압계통에서 지락고장시간(초)	저압설비의 허용 상용주파 과전압(V)
>5	$U_o + 250$
≤5	$U_o + 1,200$
중성선 도체가 없는 계통에서 U_o는 선간전압을 말한다.	

3) 그 밖에 공통접지와 관련된 사항은 KS C IEC 60364-4-44 및 KS C IEC 61936-1의 10에 따른다.

4. 통합 접지 (global earthing system)
   1) 전기설비의 접지계통과 건축물의 피뢰설비 및 통신설비 등의 접지극을 공용하는 통합접지(국부접지계통의 상호접속으로 구성되는 그 국부접지계통의 근접구역에서는 위험한 접촉전압이 발생하지 않도록 하는 등가 접지계통)공사를 할 수 있다.
   2) 즉, 전력계통, 통신계통, 피뢰계통까지 공동으로하는 접지를 말한다.
      이 경우 제6항의 규정을 따르며, 낙뢰 등에 의한 과전압으로부터 전기설비 등을 보호하기 위해 KS C IEC 60364-5-53-534에 따라 서지보호장치(SPD)를 설치하여야 한다.

5. 설치 요건
   1) 공통접지는 대부분 철골, 철근등을 접지 전극으로 활용하여 접지하는데
      이 경우 대지와의 사이에 전기저항치가 2Ω 이하이여야 한다.
   2) 철골, 철근등을 접지 전극으로 활용하는데 문제점 고려
      - 접지 도선을 통해 많은 노이즈와 서지 전류 유입
      - 철골 구조 하부에 전식
      - 콘크리트 균열에 의한 안전성등
   3) 특히 IEC 60364와 62305 도입에 따라 통합접지(등전위접지)를 하기위해 서는 반드시 철골등 건축물의 모든 금속부분을 등전위 본딩을 해야 한다.

6. 기초 접지극. 구조체 접지극
   - 기초 접지 전극이라 함은 구조물 기초의 철근 콘크리트를 이용하는 방법을 말하는 데 반해
   - 구조체 접지 전극(=자연적 접지 전극)은 기초는 물론 구조체의 철골, 철근, 기둥 등 모든 구조체를 접지극으로 사용하는 것을 말함.

1) 기초 접지극 형태 (B형)

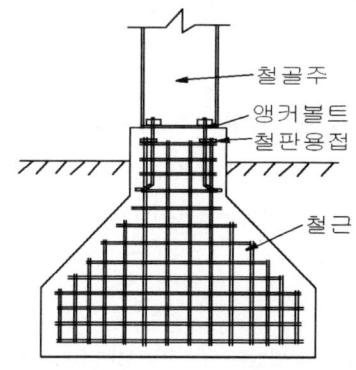

2) 건물 구조체 접지
 (1) 철골조, 철근 콘크리트조등의 건축물은 구조족으로 일체화되어 있어 각 부분은 서로 낮은 전기저항으로 결합될 수 있기 때문에 전기적인 새장(Cage) 이라고 말할 수 있다.

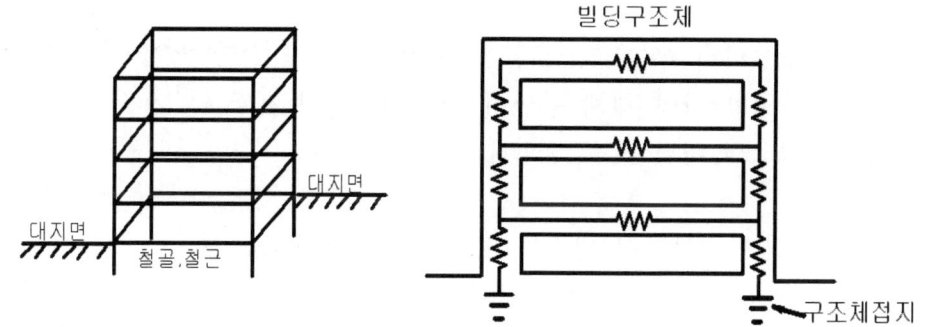

 (2) 건물 구조체의 전기적 특성은 낮은 전기저항을 갖는 전기적 양도체로 입체적 전기 회로망이라고 볼 수 있다.

3) 건물 구조체 접지 방식을 적용하기 위한 조건
 - 건물 구조체는 철골 또는 콘크리트 구조이어야 한다.
 - 건물 구조체 접지 방식은 여러설비가 공통 접지 시스템을 구성하고 있기 때문에 가급적 등전위 접지 이어야 한다.
 - 건물 구조체 접지 저항은 그 값이 낮아 뇌서지나 과도전압 유입시에도 문제 발생이 없어야 한다.
 - 건물 구조체 접지저항값은 2Ω 이하가 적합하며, 만약 2Ω을 얻을 수 없는 경우에는 보링접지나 메쉬접지등 타 접지와 복합 방식을 구성해야 한다.

2.4 변압기에서 발생하는 부분방전의 개념과 부분방전시험에 대하여 설명하시오.

1. 부분 방전 개념
   부분 방전은 전기적 작용에 의해 일어나는 전리작용(양이온과 음이온으로 분리되는 현상)으로 대전물체의 정전기가 공기의 절연파괴강도 (DC인 경우 30 kV/Cm)에 달한 경우에 일어나는 현상임.

2. 부분 방전의 종류
   부분 방전은 주로 대기중에 발생하는 기중방전과 물체 표면을 따라 발생하는 연면방전으로 대별되며, 기중방전에는 코로나 방전, 스트리머 방전, 불꽃방전 등이 있음.
   1) 코로나 방전 Corona Dischage
      - 대전체나 방전물체의 돌기부에서 발생하기 쉽다.
      - 발광현상 발생
      - 정(+) 코로나가 부(-) 코로나 보다 강하다.
      - 방전에너지가 작아 재해 원인이 될 확률은 적다.
      - 방전극이 뾰족하면 낮은 전압에서도 발생 가능.

      돌기

   2) 스트리머 방전(=브러쉬 방전) Streamer Dischage=Brush Dischage.
      - 코로나 방전이 다소 강해져 강한 빛과 파괴음을 수반하는 방전
      - 나뭇가지 형태로 진전
      - 가연성가스나 작은 분진에 화재 폭발을 일으킬수가 있으며 전격 원인도 됨.

      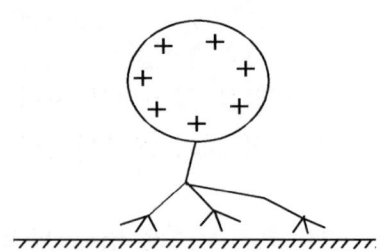

   3) 불꽃 방전 Spark Dischage
      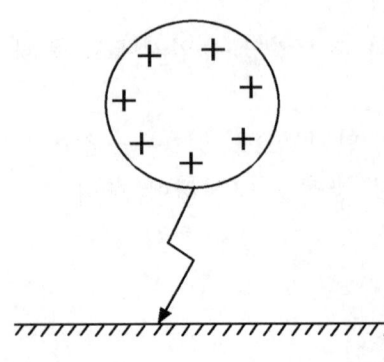
      - 전극간 전압이 상승하면 방전에 의한 도전로를 통하여 강한 빛과 소리를 내며 공기 절연이 파괴되거나 단락 등이 된다.
      - 공기 절연 파괴 전압
        평판 전극 : 30 kV/Cm
        침대침 전극 : 5 kV/Cm
        단, 대전체 표면, 극간 거리, 대기압, 온도, 습도에 따라 달라질 수 있음.

4) 연면방전
   - 정전기가 대전되어 있는 부도체에
     접지체가 접근한 경우 발생
   - 별 모양의 나뭇가지 형태로 발광 수반함.
   - 부도체 표면을 따라서 방전이 이루어짐.
   - 방전 에너지가 커서 착화 혹은 전격의
     확률이 대단히 크다.
   - 연면방전의 발생이 쉬운 경우
     o 부도체의 대전량이 극히 큰 경우
     o 대전된 부도체 가까이에 접지체가 있는 경우

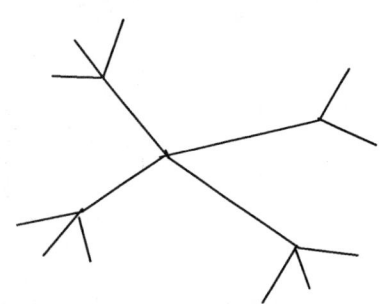

3. 부분 방전 시험 종류

1) 부분 방전 시험(UHF 시험)
   부분 방전은 절연물중 Void, 이물질, 수분등에 의해 발생하는 코로나 방전에 의한 국부적인 열화 검출을 목적으로 다음과 같은 방법에 의해 이상 유무를 확인함.
   - 전자파를 측정하여 누설 전하량이 10pC 이내시 양호

2) 온도 분포 측정 (적외선 측정)
   적외선 카메라를 설치하여 기기에서 발생하는 열을 영상으로 변환하는 장치로서, 비 정상적인 열이 발생하면 발열점의 위치등을 즉각 확인할 수 있다.

3) 절연유 특성 시험
   유입 변압기의 경우 절연유 일부를 추출하여 다음과 같은 특성을 측정하는 방법임.
   - 절연 파괴 전압 (kV) 측정
   - 체적 저항율 측정 ($\Omega \cdot m$) : 수분에 주로 관계되며 수분량 증가시 급격히 저하됨.
   - 유중 수분량 측정
   - 전산가 측정 : 절연유의 산화 정도를 측정

4) 유중 가스 분석
   (1) 원리
       변압기 내부에 이상 발생시 과열이 발생하고, 이 열에 의해 절연유가 분해되어 Gas 발생 -> 유중가스의 조성비, 발생량 등을 분석하여 절연유, 절연지, 프레스보드 등의 열화를 진단한다.

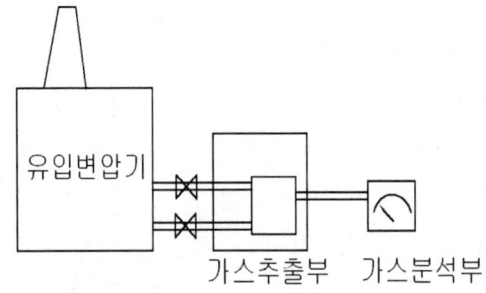

  (2) 검출기구 : 절연유 유중가스 분석기

5) 열화 센서법

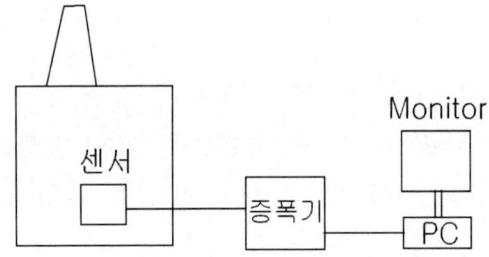

변압기 내부에 센서를 설치하여 변압기의 열화정도에 따라 경보 또는 선로를 차단하는 방식으로 다음과 같은 장점이 있다.
- Real Time 감시
- Data 분석, 관리 자동화
- 수명 예측
- 유입식의 경우 절연유 열화상태 및 온도 관리 가능

6) 유전정접(正接)법(tan δ 법)
   - 절연체에 고압 시험용 변압기를 이용하여 교류전압을 인가하면 절연물에 유전체 손실이 발생하고
   - 이때 절연물이 콘덴서 역할을 하므로 전전류는 충전전류보다 δ만큼 뒤진다.
   - Shelling Bridge로 손실각 tanδ를 측정하고
     tan δ값이 5%이상이면 열화가 진행되는 것으로 보면 된다.
   - 가장 정확한 방법이지만 시험 설비가 커서 이동이 어렵기 때문에 제조사에서 주로 사용함.
   - 손실각율 tan δ = $\dfrac{손실}{전압 \times 전류} \times 100(\%)$ 이다.

2.5 대형교량의 야간경관 조명설계에 대하여 설명하시오.

1. 개요
   1) 대교 경관 조명시에는 교량의 건축적 조형미를 표현하여
   2) 도시의 Land Mark로서의 상징성을 갖도록 설계
   3) 교량의 입체감을 살리고
   4) 축제 기간등 특별한 날에는 변화된 분위기 연출등을 할 수 있어야 함.

2. 대교 경관 조명 설계시 고려 사항

   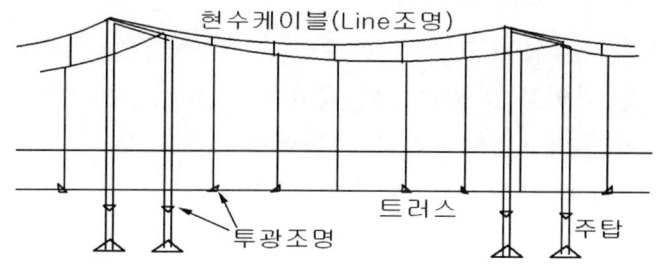

   1) 대상물 특징 파악
      - 대상물의 형태와 크기, 표면 재질, 색채
      - 교량 주변 생태계와의 관계
      - 대상물의 보는 시각에 따른 변화등
   2) 주변 환경
      - 조명 시설에 따른 주간 미관
      - 야간 주변의 밝기과의 조화
   3) 시설 측면
      - 전원 공급 여부
      - 조명 기구의 위치, 적합성, 시공성
      - 타 시설물에 대한 안전성등
   4) 조명 연출
      - 이미지 부각 및 분위기 연출
      - 음영 효과 및 3차원 효과
      - 최근 광원인 광 섬유 조명, LED등 활용 방안등

3. 조명 설계
   1) 재래식 광원
      (1) 나트륨등 및 메탈 할라이드등 방전등
         - 광량이 크고 저렴하나 점등 및 재점등시 시간이 많이 소요
         - 광색이 단조로움

           - 발광 효율이 좋지 않아 전력 낭비가 심함
        (2) 할로겐
           - 순시 점등은 가능하나 수명이 짧고 발광 효율이 나쁨
        (3) 네온사인

    2) 최신 광원
        (1) 무전극 램프 및 PLS램프
           - 등당 광량이 크고 순시 점등 및 순시 재 점등이 가능함.
           - 광색도 자연광에 가깝고 효율도 좋은 편임
           - 단점 : 기존 방전등에 비하여 고가
        (2) LED 램프 및 광 섬유 조명
           - 교량 상부등 라인을 연출하는데 효과적
           - 발광 효율이 좋아 에너지 절약 측면에서 유리
           - 광색을 자유롭게 변화시켜 총 천연색 칼라 연출

    3) 조명 기구
        (1) 투광형
           - 협각형 : 투사 길이가 길고 좁을 때 사용(10m이상)
           - 중각형 : 투사 길이 중간 (5 ~ 10m)
           - 광각형 : 투사길이가 짧고 넓을 때 사용 (5m이하)
           - 교각에 주로 설치하여 상부 트러스 부위를 조명함
        (2) Line형
           - 광 섬유 조명처럼 라인을 연출 할 때 사용
           - 현수 케이블에 설치

    4) 조도 계산 및 Aiming
        - 컴퓨터 프로그램에 의해 조도를 계산하고
        - 컴퓨터를 이용하여 Simulation
        - 조명 연출을 위하여 Aiming을 하여 각도를 조절한다.

4. 경관 설계시 주의 사항
    1) 주간에 주변 경관을 해치지 않도록 한다.
    2) 부근의 건물과 운전자, 보행자등에 눈부심이 없어야 함.
    3) 광해에 대한 대책
    4) 차량 전철등 진동에 대한 대책
    5) 고효율 조명 기기 선정등

2.6 아래 그림에서 송전선의 F점에서의 3상 단락용량을 구하시오.

단, G1, G2는 각각 50[MVA], 22[kV], 리액턴스 20[%], 변압기는 100[MVA], 22/154[kV], 리액턴스12[%], 송전선의 거리는 100[km]로 하고 선로 임피던스 Z=0+j0.6[Ω/km]라고 한다.

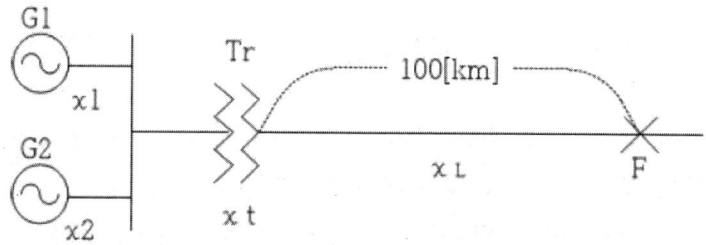

1. 기준 용량 : 100MVA로 한다.

2. 정격 전류 $In = \dfrac{100 \times 10^3}{\sqrt{3} \times 154} = 374.9\,(A)$

3. % 임피던스

   1) $\%Zg = 20 \times \dfrac{100}{50} = 40(\%)$

   2) $\%Z_T = 12 \times \dfrac{100}{100} = 12(\%)$

   3) $\%Z_l = \dfrac{P\,Z}{10\,V^2} = \dfrac{100 \times 10^3 \times 60}{10 \times 154^2} = 25.3(\%)$

   4) 합성 $\%Z = \dfrac{40}{2} + 12 + 25.3 = 57.3(\%)$

4. 단락 전류 $Is = \dfrac{100}{\%Z} \times In = \dfrac{100}{57.3} \times 374.9 = 654.3(A)$

5. 단락 용량 $Ps = \sqrt{3}\ VIs = \sqrt{3} \times 154 \times 654.3 = 174.53(MVA)$

3.1 건축전기설비공사의 설계 및 시공시 타 공정과 협의할 인터페이스 사항이 많이 발생한다. 이에 대하여 타 공정과 협의할 인터페이스 사항에 대하여 설명하시오.

1. 개요
   1) 건축전기설비공사의 경우 설계 및 시공시 건축등 타 공정과 협의할 사항이 많이 발생한다.
   2) 만약 사전에 협의를 충분히 하지 않을 경우 많은 간섭이 일어날 수 있으며 때로는 이의 해결이 쉽지 않는 경우도 발생한다.
   3) 주로 협의를 해야 하는 타 공정은 건축, 토목, 설비, 소방, 통신, 조경등 전 공정이라 할 수 있으며 공정별 협의 해야 하는 사항은 아래의 것들을 들 수 있다.

2. 타 공정과 협의할 인터페이스 사항
   1) 건축
      - 변전실 및 발전기실 위치 및 면적
      - 변전실 및 발전기실 높이
      - 변전실과 기계실의 높이 차
      - 바닥 하중
      - 장비 반입구 위치 및 반입구 크기
      - EPS 위치 및 면적
      - EPS 문의 크기 및 높이
      - 발전기실등의 환기 관계
      - 발전기의 연도 설치 여부 및 위치
      - 부식성 가스나 유해성 가스 유무
      - 홍수, 침수 피해
      - 배수나 배기가 용이 한지
      - 방음 시설 설치 유무
      - 피뢰침 위치등

   2) 토목
      - 옥외 전기 배관과 우수, 하수 배관과의 간섭 여부
      - 옥외 가로등 및 보안등 라인과 도로 간섭 여부
      - 토목 공정과 전기 공정과의 협조
      - 접지 공사시 간섭 여부
      - 전력구 설치시 전력구와 기타 토목 공정 간섭 여부등

3) 설비
   - 설비 기기의 전기 공급 전압, 용량등 협의
   - 설비 기기 위치
   - 상하수도 배관과 전기 배관과의 간섭 여부
   - 공조 및 환기 덕트와 조명 기구 높이 간섭 여부
   - 급배기구와 조명 기구와의 평면적 간섭 여부등

4) 소방
   - 스프링 쿨러의 전기 공급 전압, 용량등 협의
   - 스프링클러 배관과 조명 기구 높이 간섭 여부
   - 감지기 및 스프링클러와 조명 기구와의 평면적 간섭 여부
   - 배연 덕트와 조명 기구 높이 간섭 여부
   - 비상용 승강기의 용량등

5) 통신
   - 전력 감시 제어 및 조명 제어 인터페이스 관계
   - 통합 접지 여부
   - CCTV 전원 공급 방식
   - 기타 통신 장비 전원 공급 방식등

3. 맺는말
   1) 상기외 에도 건축전기설비공사의 경우 타 공정과 협의할 사항이 많이 발생한다.
   2) 따라서 설계시 및 시공시 수시로 공정간 협의를 통하여 서로 간섭 사항을 해결해 가야 하며 이를 게을리 할 경우 상당히 큰 문제가 발생할 수 있다.
   3) 또한 공정간 협의 못지않게 발주처, 설계자, 시공사, 협력사 및 감리단의 협의가 수시로 이루어져 문제점을 사전에 제거해야 될 필요성이 있다.

3.2 건축물에서 신호 전송에 주로 사용되는 UTP(Unshielded Twisted Pair) 케이블, 동축케이블, 광케이블의 구조, 특징 및 종류에 대하여 설명하시오.

0. 개요
전자 통신 전송 매체로는 유선으로 UTP케이블, 동축 케이블, 광 케이블 등이 있으며 무선으로는 인공위성, 지상 마이크로파, 라디오파 등이 있다.

1. 이중선(Two-wire open lines)
   - 가장 간단한 전송매체 : 각각의 가닥은 다른 가닥으로부터 절연되어 있고, 둘 다 공간에 노출되어 있다.
   - 비트 전송률(19.2Kbps 미만 정도)을 사용하는 50m 내로 떨어져 있는 장비를 연결하는데 적합하다.
   - 누화(crosstalk)나 불필요한 잡음이 생기기 쉽다.

2. 이중나선(Twisted pair lines)
   - 한 쌍의 가닥들이 서로 꼬여있는 이중나선을 사용해서 불필요한 잡음 신호들을 제거할 수 있다.
   - 서로 평행한 통신선보다 외부 자장으로부터의 영향(누화)을 적게 받기 위해서 꼬아서 사용한다.
   - 짧은 거리(100m 미만)에서는 1Mbps 정도의 비트 전송률로 사용하는 것이 적절하다.
   1) 비차폐 이중나선(UTP:Unshielded Twisted Pairs)
      - 전화망에서 널리 사용됨
      - 많은 데이터 통신 응용분야에도 사용됨
   2) 차폐된 이중나선(STP:Shielded Twisted Pairs)
      - 격리/보호물질을 사용하여 신호간섭의 영향을 줄인다.

종 류	전송 속도	통상 속도	적 용
CPEV	9600 bps	10,000 bps	일반 전화망
CAT 3	16 M	10 M	일반 전화망 + 전산망
CAT 4	20 M	16 M	〃
CAT 5	100 M	100 M	디지털
CAT 5e	100 M	150 ~ 620 M	〃
CAT 6	250 M	100 M 거의 광 수준 단, 손실 큼, 간선(백본)	〃

3. 동축케이블(Coaxial cable)
   - 영상(TV) 특성 임피던스 : 75 Ω
     통신용   ″   : 50 Ω
   - Pair Cable 에 비해 : 1회선 대 채널 가능
                         저 손실이며 Noise
                         (누화)가 적다.
                         45 MHz 이하에서 사용
   - 근거리 통신망(100미터 이내)의 짧은 거리에서는 UTP 또는 STP 케이블을 사용하는 것이 동축케이블을 사용하는 것보다 신뢰성이 우수하다.

4. 광케이블(Optical fiber)
   - 코아(심, 유리재질) + 글레딩(피복)

종류		굴절율	외경
싱글 모드(monomode)		- 단일 경로를 따라서 전파 - 중심부의 직경을 단일 파장 (3~10㎛)으로 줄임.	5~15㎛
멀티 모드 multi-mode	스텝 인덱스(SI)	- 중심부를 따라서 여러번 반사되면서 전파 - 낮은 비트 전송률에 사용	40~100㎛
	그래드 인덱스(GI)	- 중심에서부터 멀어짐에 따라 굴절 - 수신되는 신호의 펄스폭을 좁게하는 효과	40~100㎛

(특징)
   - 고속 광 대역 통신 가능(G급)
   - 외경 축소
   - 손실 저감 (장거리 전송 가능)
   - 부도체 (유리) : 전자 유도 작용
     영향이 없어 Noise 왜란 영향 없음.
                누화 현상 없음
   - 보안성 유지 : 분기 불가능 하므로
     (단점) 유리 순도 9*9 필요 (최근 플라스틱 개발됨)
            부가 장비(컨버터) 필요 : 광 E -> 전기 E
            제조 공법이 어렵고 접속이 어렵다. 고가

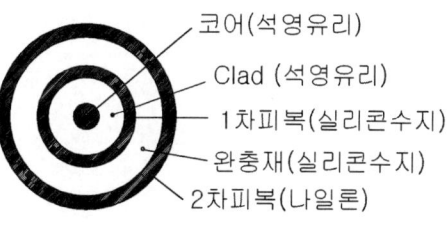

5. 인공위성(Satellites)
   - 대기권 밖의 고도에서 지구주위를 돌면서 지상의 중계소와 원거리 통신을 위해 사용되는 통신장비를 갖춘 인공위성.
     저궤도위성(LEO), 정지위성(GEO), 중궤도위성(ICO) 등이 있다.
   - 마이크로웨이브로 통신한다.
   - 흔히 접시형 안테나등의 장비를 이용한다.
   - 다른 나라간의 네트워크 연결에서부터 같은 나라안에서의 다른 네트워크를 고속의 비트 전송률로 연결하는데 이르기까지 데이터 전송 용도로 광범위하게 사용된다.

6. 지상 마이크로파(Terrestrial microwave)
   - 비실용적이거나 너무 비싸서 물리적 전송매체를 설치할 수 없을 경우에 통신 링크를 제공하기 위해 폭넓게 사용된다.
   - 강과 늪 또는 사막 등을 연결하는 경우
   - 건물이나 나쁜 기후 조건과 같은 요소들에 의해 방해를 받을 수 있다.
   - 50km를 초과하는 거리에 대해서도 신뢰성 있게 사용될 수 있다.

7. 라디오파(Radio)
   - 지상에 설치된 송수신기들을 이용하여 그리 멀지 않은 거리의 유선 링크들을 대신하는 데 사용된다.

3.3 영상변류기(ZCT)의 검출원리, 정격과전류 배수, 정격여자임피던스, 잔류전류 고려사항에 대하여 설명하시오.

1. 개요
계전기에 필요한 영상전류를 얻는방법으로 접지 계통에서는 Y접속의 잔류 회로 또는 3차 영상 분로접속으로 가능하지만, 비 접지 계통에서는 지락 전류가 작아 ZCT를 사용하고 있다.

2. 검출원리

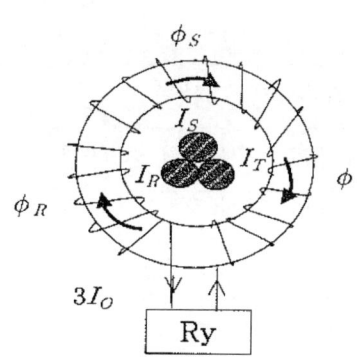

1) 영상 전류를 검출하기 위하여 1개의 철심을 사용함.
2) 비접지 선로의 지락 보호에 선택 지락 계전기와 함께 사용
3) 정상시
   - 1차 전류 : Ir + Is + It = 0
   - 철심 자속 : Φr + Φs + Φt = 0
   - 2차 전류 : ir + is + it = 0

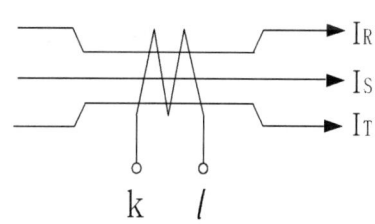

2) 지락시에는 1차분에 영상 전류가 포함 되므로
   - 1차 전류 : Ir + Is + It = 3 Io
   - 철심 자속 : Φr + Φs + Φt = 3 Φo
   - 2차 전류 : ir + is + it = 3 io가 된다.

3. 정격
1) 정격 전류 표준
   - 정격 영상 1차 전류 : 200 mA
   - 정격 영상 2차 전류 : 1.5 mA
2) 영상 2차 전류의 허용 오차

계급	영상 2차 전류	적 용
H급	1.2 mA이상 1.8mA 이하	정밀도가 큰 것을 요구 할 때 사용
L급	1.0 mA이상 2.0mA 이하	과전류 배수가 큰 것을 요구 할 때 사용

3) 정격 과전류 배수

영상변류기가 포화하지 않는 영상 1차전류의 범위를 나타내는 것이다.

- n_0 : 계전기가 정격 영상 전류 이하에서 동작하는등 과전류 영역의 특성을 문제삼지 않을 때
- $n_0 > 100$: 영상 1차전류 20A 정도를 고려할 때
- $n_0 > 200$: 이상 지락시 과전류 보호를 할 때 채용.

4) 잔류 전류 한도

- 정격부담(10Ω, 역율 0.5 지연전류)에서 2차측에 흐르는 전류의 최대치로서 아래표와 같다.

정격 1차 전류	영상 변류기의 잔류 전류 한도
400A 이상	영상 1차 전류 100 mA 에서의 영상 2차 전류값
400A 미만	영상 1차 전류 100 mA 에서의 영상 2차 전류값의 80%

5) 종류 : 관통형, 권선형

4. 영상 변류기 설치 시 주의 사항 (74.1.1)

관련 규정 ; 내선 규정 705-6

1) 영상 변류기 접지

(1) 영상 변류기를 케이블 부하 측에 설치 할 경우 : 차폐층의 접지선은 영상 변류기를 관통하지 않아야 함.

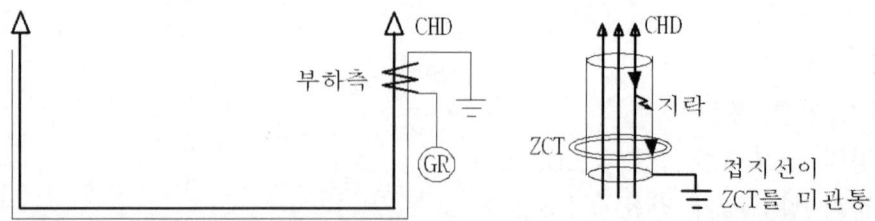

(2) 영상 변류기를 케이블 전원 측에 설치 할 경우 : 차폐층의 접지선은 영상 변류기를 관통한 후 접지해야 함.

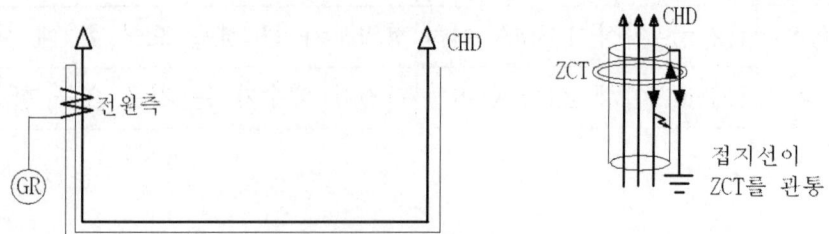

즉, 지락 전류가 접지선을 통하여 ZCT를 통과 할 수 있도록 접지선을 선택하면 됨.
2) 지락 계전기에 접속하지 않을 때 : 2차측을 단락
3) 영상 변류기 접속
   영상 변류기는 원칙적으로 1회로에 1대 사용하고 그 2차측은 서로 접속하지 않는다.
   그러나 부하전류가 코서 1회로에 복수의 회선(병렬)이 사용될때는 영상 변류기를 병렬로 접속할 수 있다.
  (1) 동일 회선에 복수개 설치하면
      - 각 회선 전류가 불평형이 되어 영상 전류가 발생할 수 있어
      - 계전기 오동작, 부동작 원인이 된다.
      - 이때는 병렬 회로에 1개의 변류기를 사용하여 영상 순환전류를 방지
  (2) 영상 변류기 2대를 병렬 접속하면
      - 순환 전류 발생
      - 동작 감도 저하 현상이 일어남.

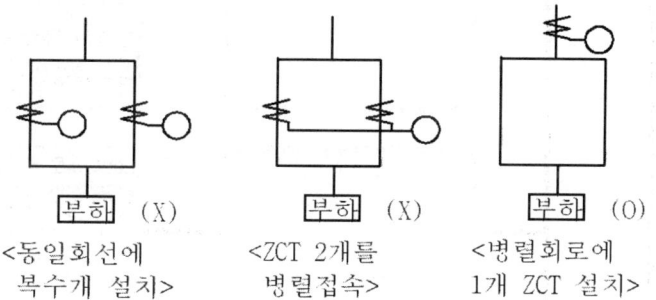

<동일회선에 복수개 설치>　　<ZCT 2개를 병렬접속>　　<병렬회로에 1개 ZCT 설치>

4) 잔류 전류
  (1) 원인
      정상 상태에서 2차 회로에는 전류가 흐르지 않아야 하지만 실제로는 1차 도체, 2차 도체, 철심의 상호간 위치관계, 형상등에 따라 불평형 분의 잔류전류가 흐를수 있다.
  (2) 대책
      - 1차 도체, 철심, 2차 권선의 상호 관계를 기하학적으로 대칭이 되도록 배치
      - 정격 1차전류가 큰 변류기 사용

3.4 누전차단기의 오동작을 발생시키는 다음 사항에 대한 원인과 대책에 대하여 설명하시오.
1) 서지에 의한 것   2) 순환전류에 의한 것   3) 유도에 의한 것

1. 개요

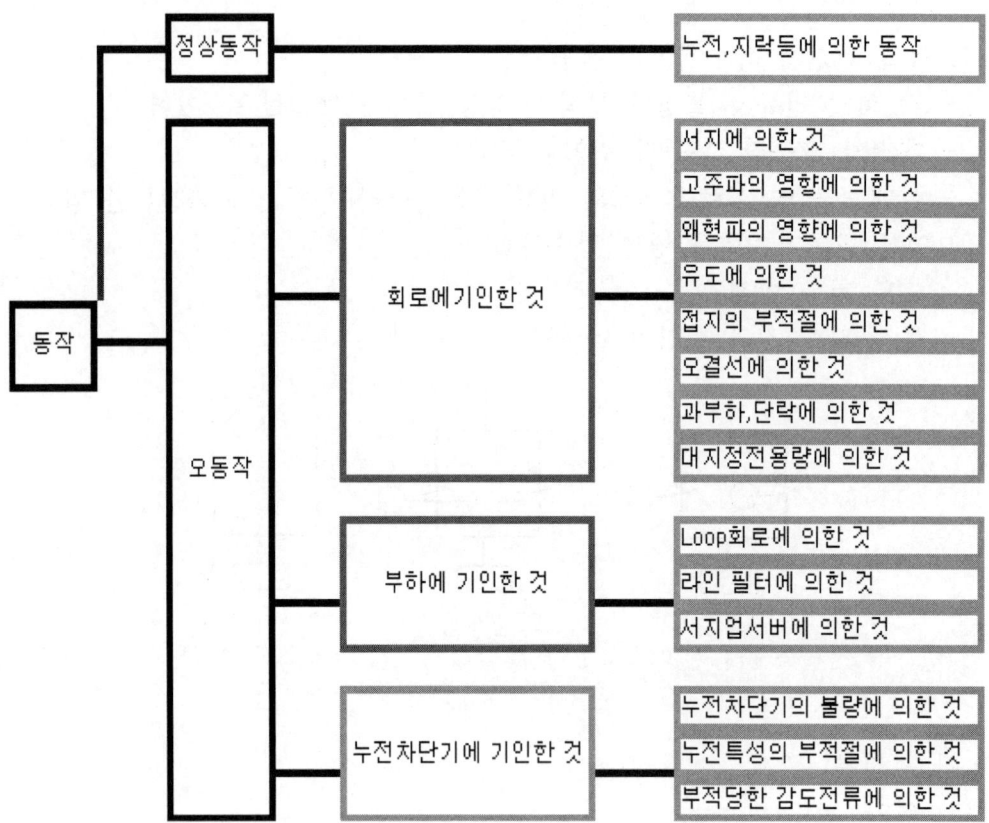

2. 누전차단기의 오동작 원인 및 대책
   1) 써지에 의한 오동작
      - 배전선 유도뢰의 2차 이행에 의한 써지에 대해서는 KS나 JIS규격에 의해서 뇌 임펄스 부동작 시험이 실시되어 뇌써지 성능은 한층 개선되고 있다. 그러나 유도성의 부하를 개폐시, S에서 개폐한 때 발생하는 개폐 써지는 단발성 펄스가 아니고, 연속성 펄스인 것이 많다.
      - 개폐 써지를 방지하기 위해서는 개폐기 S 접점간에 콘덴서, 저항기등의 아크 경감장치를 부가 설치 또는 부하측에 써지 업서버를 삽입하면 효과가 있다.

2) 순환전류에 의한 오동작 (접지의 부적절에 의한 오동작)
 (1) 다음 그림1과 같이 공동접지선을 사용한 경우, 그림의 실선 위치에 영상
    변류기를 설치하면 영상변류기의 일차도체가 LOOP를 형성한다.
    이것을 피해야 하며 점선과 같은 위치에 영상 변류기를 설치하면 좋다.

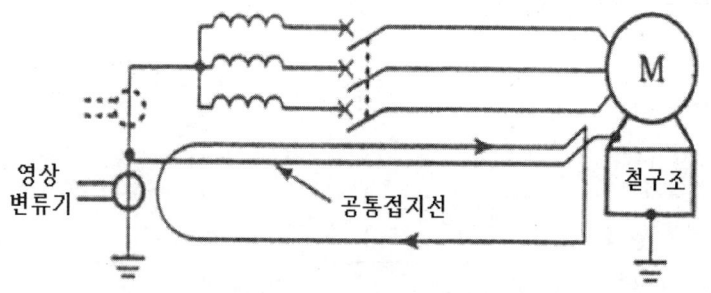

그림1. 공통 접지선을 사용한 경우

 (2) 다음 그림2와 같이. 영상변류기의 설치 위치보다도 전원측에 금속관 또
    는 케이블의 금속차폐에 3종 접지공사가 되어 있는 경우는 금속관에 지
    락이 일어난 때에 누전차단기가 정상적으로 동작하지 않는 경우가 있다.

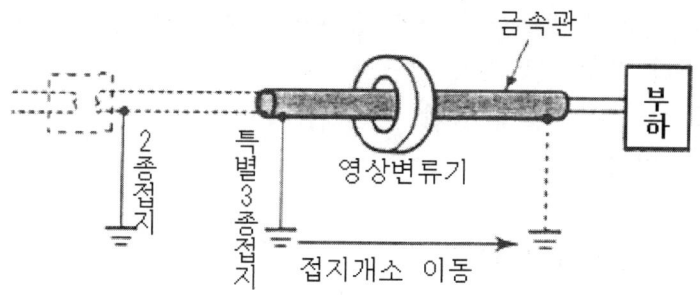

그림2. 금속관 공사의 접지

 (3) 복수의 전동기계 기구 모두 접지선을 공통접지되는 경우는 각각의 전동
    기계 기구의 분기회로마다에 누전차단기를 설치하여야 한다.
    이것은 다음 그림3과 같이 누전차단기를 설치한 회로와 설치하지 않는
    회로의 기계가 공통접지선에 의해 연결되어 있으면, 누전차단기가 없는
    기계에서 지락사고가 발생한 경우, 사고가 제거되고 있지 않는 상태에서
    다른 기계에도 사고가 파급되어 위험하게 될 수 있다.

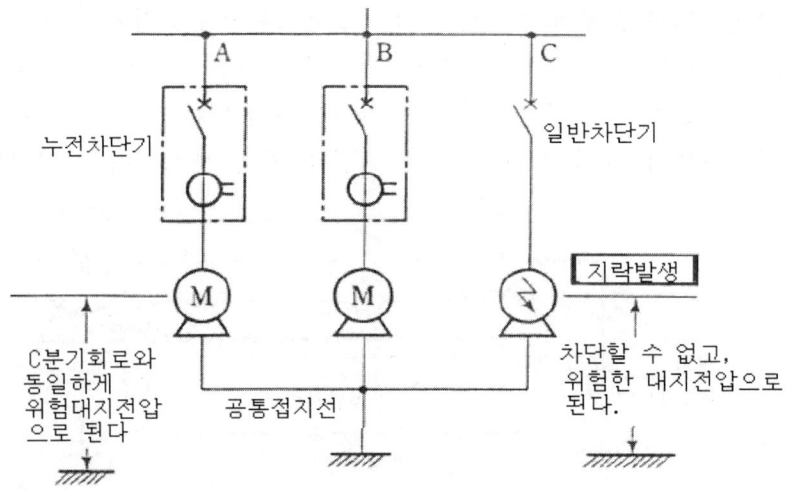

그림3. 공통접지선을 사용한 경우의 문제점

3) 유도(誘導)에 의한 오동작
   - 가까이에 방송국, 무선국, 아마츄어 무선국이 있는 경우, 전파강도. 주파수. 기후. 지형. 배선 방법등이 나쁜 방향으로 중첩되면 오동작할 우려가 있다.
   - 다음 그림과 같이 전원측에 잡음방지용 콘덴서를 설치하는 것에 의해 오동작을 방지할 수 있다.

4) 왜형파(고조파) 영향에 의한 것
   - 누설전류가 고조파를 함유한 왜형파의 경우, 고조파에 의한 왜형율이 클수록 감도전류의 변화는 크다.

3.5 전기설비에서 정전을 최소화 하기 위한 대책에 대하여 설명하시오.

1. 개요

    산업의 고도성장 산업 구조의 첨단, 정밀화 추구등으로 산업활동의 전기에 대한 의존도가 점차 높아가며 이와 비례하여 정전이 산업체에 미치는 영향도 커지게 되었다.

2. 정전이 산업체에 미치는 영향
    1) 가동률 저하
        전체공정 설비의 완전 가동 시간까지 생산정지, 공정 중 불량품 발생, 원재료의 재공급등으로 더욱 가동률 저하.
    2) 생산 손실의 발생
        - 투입된 원료가 제품으로 생산되지 않고 폐기되는 손실
        - 정상제품이 되지 못한 품질등급 저하 손실
        - 정지시간동안 제품 생산을 못하고 지출된 제비용 고정비에 대한 손실
    3) 품질 및 서비스 저하
        - 전력 공급지장에 따라 손실이 매우 심각한 산업체는 별도의 비상발전설비 무정전설비등을 확충하거나 단독의 송배전설비를 필요로 하게 되어 전원측 투자비가 많이 소요되고 정밀설비의 열화촉진 및 고장 증가 유지보수비 증가
        - 이에 따라 생산제품 품질저하 및 서비스 질의 저하가 우려 됨
    4) 산업 재해요인
        공장 조업중 정전시 설비 오동작이나 작업자의 불안전한 행동 및 심리로 인하여 안전사고 요인 증가
        제작공정의 돌발적 중지로 인해 위험물에 의한 위험분위기 생성등 재해 요인 증가
    5) 종업원의 의욕 저하
        일상적인 운전보다 운전초기나 정지후 재 가동시 작업조건이 나쁘기 때문에 정전이 빈번할 경우 일의 성과는 적고 작업은 힘들어 작업 의욕 감소

3. 정전 손실의 극소화 대책
    1) 무정전 전원 설치
        순간 정전으로도 손실이 큰 설비에 UPS를 설치, 전체적으로는 자금이 많이 소요되므로 설비중요도에 따라 2계열화하여 UPS용량을 적정하게 산정하고 비상용 발전기와 동시 사용해야 경제적

2) 비상용 발전기 설치
   단시간 정전으로 손실이 발생하지 않을 경우 전반적으로 적용시켜 피크시 정상부하일 부분을 담당, 전체적인 계약전력 요금에 대한 합리화 용도로 활용
3) 전원선의 전용선화
   - 타 산업체로 부터의 사고 파급방지, 최단 긍장 설치로 신뢰도 향상
   - 변전소와 거리가 가까워야 경제적
4) 내부 보호기기의 합리화
   - 순간정전이나 전압강하시 가동중인 기기가 정지해야 손실이 적은 경우도 있으나 손실이 발생하지 않는 경우가 많다.
   - 따라서 일정범위의 전압강하나 순간정전에 대해서는 각 보호기기의 합리적 정전을 통해 빈번한 정지 방지
5) 정전작업의 표준화 및 교육훈련
   조업시간 단축, 종업원 재해 예방
6) 기기의 선정
   순간적인 정지로 중대한 영향이 있는 공정은 전력에너지 이외의 대체수단이 있는 경우 타 에너지원으로 설비를 선정하여 예측 가능한 운전을 실시한다.

4. 향후전망
  1) 정전은 생산성 저하, 국가 경쟁력 약화로 이어지므로 전기사업자는 무정전 공법 적용 및 배전자동화를 적극 시행해야 하며
  2) 산업체에 정책적 배려를 하여, 전력 공급신뢰도가 좋은 별도의 공업단지 입주방안 등을 적극적으로 지원하여야 할 것이다.

3.6 스마트그리드(Samart Grid)의 구현 기술과 V2G(Vehicle to Grid)에 대하여 설명하시오.

1. 스마트 그리드 구성요소(핵심 기술 수준)

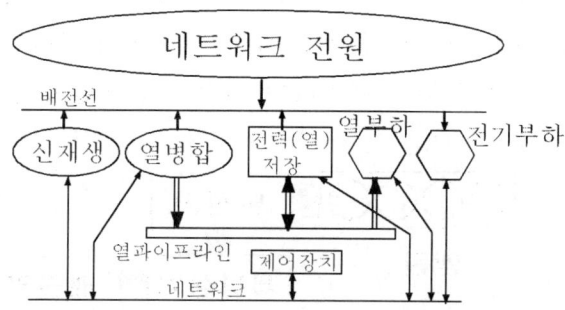

1) 신재생에너지
2) 지능형 송전 시스템
3) 지능형 배전 시스템
4) 지능형 전력기기
   - 초전도 기기
   - FACTS(유연 송전 시스템)
   - HVDC(직류 송전 시스템)
   - Smart Meter
5) 지능형 전력 통신망
6) 기타
   - 전기차 충방전 시스템
   - LED, 그린 가전제품등 에너지 고효율 전력기기

2. 전기자동차의 종류 및 특성
 1) 종류
  (1) 밧데리전용 전기자동차
      밧데리전용 자동차는 밧데리의 전원을 이용하여 모터를 구동하고 전원이 다 소모되면 재충전.
  (2) 하이브리드 자동차
      하이브리드 전기자동차는 엔진을 가동하여 전기발전을 하여 밧데리에 충전을 하고 이 전기를 이용하여 전기모터를 구동하여 차를 움직이게 하는 자동차.
   가. 직렬 방식 (그림1)
       엔진에서 출력되는 기계적 에너지는 발전기를 통하여 전기적 에너지로 바뀌고 이 전기적 에너지가 밧데리나 모터로 공급되어 차량은 항상 모터로 구동되는 자동차. 기존의 전기자동차에 주행거리의 증대를 위하여 엔진과 발전기를 추가시킨 개념.
나. 병렬 방식 (그림2)
밧데리 전원으로도 차를 움직이게 할 수 있고 엔진(가솔린 또는 디젤)만으로도 차량을 구동시키는 두가지 동력원을 사용. 주행조건에 따라 병렬방식은 엔진과 모터가 동시에 차량을 구동할 수도 있다. 전륜은 엔진이 위치하고 후륜은 모터가 위치하여 각각의 동력원이 전륜, 후륜을 구동시킴.

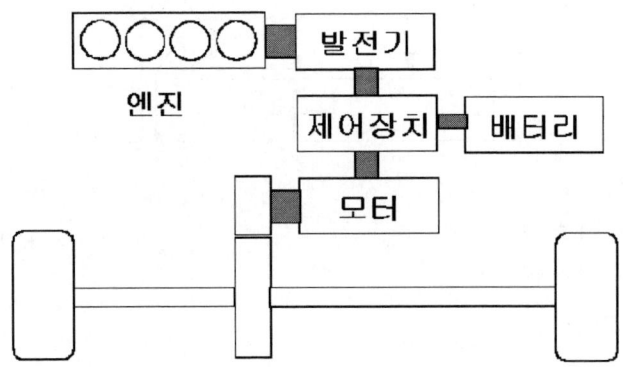

그림 1. 하이브리드 자동차의 구조(직렬방식)

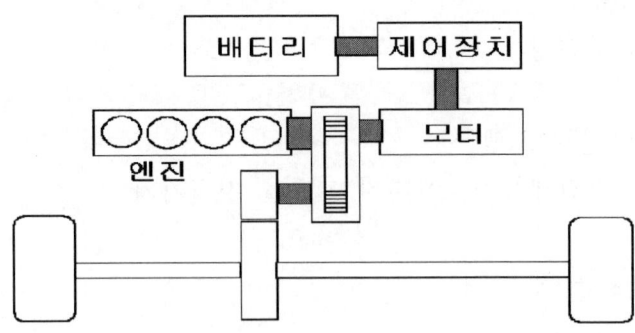

그림 2. 하이브리드 자동차의 구조(병렬방식)

(3) 태양에너지 자동차
가. 정의
태양의 빛에너지를 전기적에너지로 변환(전기셀)하여 밧데리에 충전하고 밧데리의 전기를 이용하여 전기모터를 구동하여 차를 움직이게하는 자동차.
나. 운영
낮에는 태양빛의 에너지를 이용하여 모터를 구동하는 밧데리의 전원에 보조전원으로 공급하며 밤이면 순수 밧데리의 전원을 이용.

다. 설치
    태양전기셀은 차량의 지붕이나 본네트에 부착되어진 전원을 밧데리에 충전.
 2) 전기 자동차의 특성
    재충전이 가능한 주축전지와 구동용 전동기, 전동기 속도제어장치, 보조전지 및 보조 충전지 충전용 직류-직류변환기, 충전기 등과 기계적 부품으로 구성.

3. 전기자동차용 구성

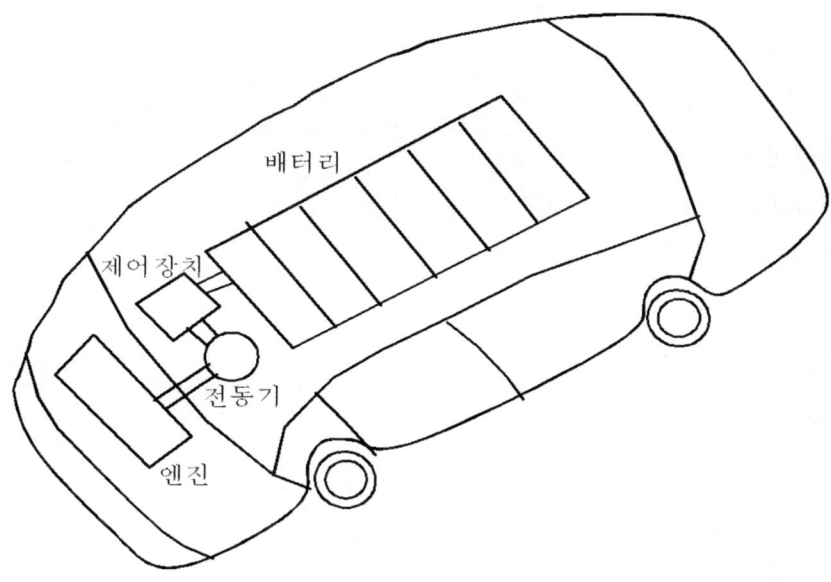

부품명	특 성
축전지	. 주로 연축전지 사용 : 에너지 밀도 34wh/kg, . Ni-Fe, Na-S 등 신형전지 개발완료
전 동 기	. 직류 타여자전동기, 직류분권전동기 사용
제어장치	. 트랜지스터 및 SCR 사용 및 회생제동, 개별적 기능
기타장치	. 제어장치, 변환기, 충전기 분리제작 사용

4.1 건축전기설비공사의 공사업자는 시공계획서와 시공상세도(Shop Drawing)를 제출하여 감리원 승인을 득하여 시공하여야 한다. 이에 대하여 시공계획서와 시공상세도에 포함 하여야 할 사항에 대하여 설명하시오.

1. 시공계획서에 포함 하여야 할 사항
    제1장 공사 일반
    제2장 공사 관리
    제3장 공사협의 및 조정
    제4장 시공점검·확인 및 검측 등
    제5장 가설공사
    제6장 자재관리
    제7장 품질관리
    제8장 안전 및 보건 관리
    제9장 환경관리
    제10장 설비 일반

2. 시공상세도에 포함 하여야 할 사항
    1) 시공상세도 구성
        - 구성
          도면을 체계적으로 작성, 관리하기 위해서는 시공상세도는 각 공정별로 분류된 목록에 의하여 구성한다.
        - 분류 체계 적용
          분류체계에 의한 목록은 사업명, 도면명, 도면번호, 도면 파일명등이 일관성이 있어야 한다.

    2) 시공상세도 작성 원칙
        - 이해가 쉽도록 상세히 작성한다.
        - 간결하게 표기하고 중복을 피한다.
        - 작성자, 검토자, 확인자등의 서명이 있어야 한다.
        - 가능한 같은 규격의 도면을 사용하며 정확한 치수를 기입한다.
        - 단위는 mm의 사용을 원칙으로 한다.
        - 주석(Note)란을 만들어 시공시에 유의할 사항등을 기입한다.
        - 보이는 부분은 실선으로 표기하고 숨겨진 부분은 파선으로 표기함을 원칙으로 한다.

4.2 진행파의 기본원리를 설명하고, 가공선과 케이블의 특성임피던스와 전파속도에 대하여 설명하시오.

1. 개요
1) 진행파의 정의
   진행파란 선로위를 일정한 방향으로 전파하는 파동으로서, 무손실 선로에서는 특성임피던스 $\sqrt{\dfrac{L}{C}}$ 에 의해 결정된다.

2) 개념도

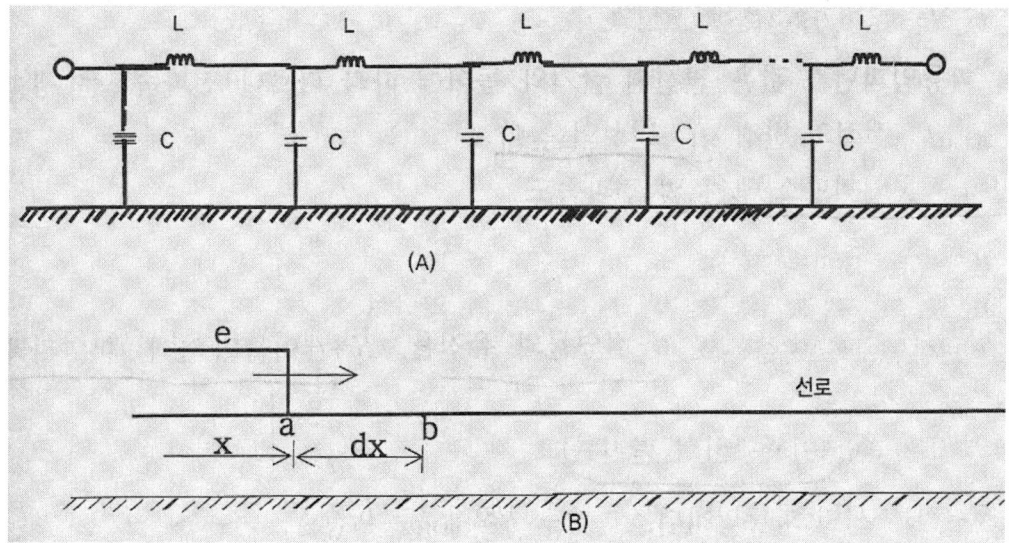

2. 무한장 선로의 특성 임피던스
1) 선로 정수가 L, C뿐인 무한장 선로에서 전위 진행파가 점 a까지 진행하면 dx만큼 앞선 b점에는 진행파가 도달하지 못하였으므로 전위 및 전류는 "0" 이다.

2) 이때 dx구간에 축적될 전하 dq = e C dx이고
   - dx구간을 충전하기 위한 전류 진행파 관계식

   $i = \dfrac{dq}{dt} = eC\dfrac{dx}{dt} = eCV$ [단, 전파속도 $V = \dfrac{dx}{dt}$ 임]

   - I에 의한 자속 dΦ = Li dx에서 전압진행파 관계식

   $e = \dfrac{d\varPhi}{dt} = Li\dfrac{dx}{dt} = LiV$ 임.

   <참고>
   q = C e
   Φ = L I
   $i = \dfrac{dq}{dt}$
   $e = \dfrac{d\varPhi}{dt}$

- 위에서 특성임피던스

$$Z = \frac{e}{i} = \frac{LiV}{eCV} = \frac{Li}{eC} = \frac{L}{ZC}$$

$$Z^2 = \frac{L}{C} \Rightarrow Z = \sqrt{\frac{L}{C}} \text{ 임.}$$

3. 전파속도

   $e = iLV$

   $\quad = eCV \cdot LV$ 에서

   $1 = CV \cdot LV$

   $\therefore V^2 = \dfrac{1}{LC} \quad \Rightarrow V = \dfrac{1}{\sqrt{LC}}$ 임

4. 진행파의 반사 및 투과
   1) 변이점 : 파동 임피던스가 다른 회로의 연결점.
   2) 변이점에서 진행파는 아래 그림과 같이 일부 반사, 일부 통과하여 타 회로에 전달된다.

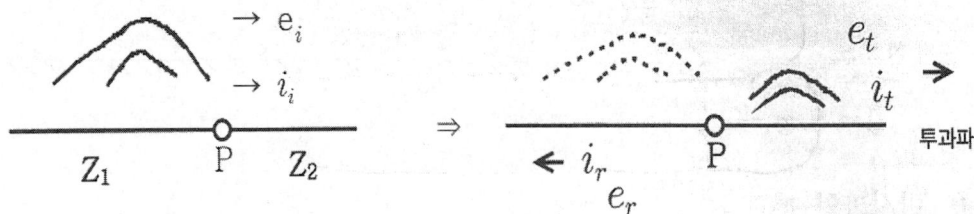

e_i, i_i : 진입파 파고치 전압, 전류   P : transition point

e_r, i_r : 반사파의 전압, 전류 Z_1 : 변이점 前의 특성 임피던스

e_t, i_t : 투과파의 전압, 전류 Z_2 : 변이점 後의 특성 임피던스

4.3 최근 조사한 전력변압기의 연간 평균 부하율이 낮게 나타나고 있어 설비용량의 과다로 변압기 효율적 이용을 못하고 있는 실정이다. 이에 대한 전력용변압기의 효율적 관리 방안에 대하여 설명하시오.

1. 개요
   국내 변전설비용량은 내선규정에 의한 방법과 주택 건설기준에 의한 방법으로 대별되며 내선규정에 의한 수용율을 적용하여 정한다.
   그러나 가전기기의 용량이 증가하는 대신 수용율은 낮아져서 과잉 설계가 되고 있는 현실이다.

2. 부하 용량 추정
   1) 부하 LIST에 의한 부하 용량 계산 방법
      - 부하를 알 경우 사용하는 방법으로 주로 실시 설계시 적용
      - 실제 설계에 의한 부하 종류별, 군별 용량 집계
        (전등, 전열, 일반동력, 냉방동력, 소방동력, 승강기 동력, 비상용부하 및 기타 특수부하)
   2) 표준 부하 밀도에 의한 부하 용량 추정 방법
   (1) 내선규정 3315절
        내선규정 3315절에 의해 부하 용량을 모를 경우에 적용하며 주로 기본 설계시 적용한다.
        총 부하 설비용량 = P x A + Q x B + C[VA]
        A : 전용부하밀도 [VA/m^2]　　　　B : 공용부하밀도 [VA/m^2]
        C : 가산부하 [VA]
        P : 전용면적 [m^2]　　　　　　　Q : 공용면적 [m^2]

전용 부하	공장, 교회, 극장	10 [VA/m^2]
	여관, 학교, 음식점, 목욕탕	20
	주택, 아파트, 상점	30
공용 부하	복도, 계단, 창고	5
	강당	10

   (가산부하)
      - 주택, 아파트 1세대당 500(17평 이하)~1000(VA)(17평 초과) 가산
      - 상점의 진열장 : 진열장폭 1m에 대하여 300(VA) 가산
      - 옥외 광고등, 전광 사인등의 VA는 그대로 계산
      - 극장, 댄스홀 등 무대조명, 영화관 특수조명등은 VA를 그대로 계산
      - 고압 전동기 등의 고압 부하는 그대로 계산

(2) 집합 주택 (내선 규정 300-2)
   P (VA) = 30 (VA/m^2) x 바닥면적(m^2) + (500~1,000)(VA)
   ( ) 안의 가산 부하는 1,000을 채택하는 것이 바람직 함

(3) 전전화 주택(내선 규정 300-1)
   P (VA) = 60 (VA/m^2) x 바닥면적(m^2) + 4,000(VA)

(4) 주택 건설 기준 제40조 (건교부)
   세대당 3kW (전용면적 60m^2 미만) + 초과시 10m^2당 0.5 kW

3. 수용율 적용의 문제점 및 대책
   최근에 변압기 과 설계 요인으로는 다음과 같은 것들이 있다.
   1) 대용량 가전 기기 급증
      - 전기오븐 및 전자렌지
      - 에어컨등
   2) 전 전화 주택의 증가
      - 전전화 주택에서는 전용 부하를 60(VA/m^2) 하고도 가산부하를 4,000(VA)로 계산함.
   3) 내선규정의 수용율 과다
   4) 과 설계에 대한 대안
   (1) 가산 기기 부하 하향 조정 (4kVA ->2kVA)
   (2) 내선 규정의 수용율 재 검토 (하향 조정)
   (3) 설계시 변압기 여유율 조정등

세대수	현재 수용율	조정 수용율(안)
100	45	35
500	42	32
850 이상	40	30

4. 변압기의 효율적 관리 방안
   1) 특고압 수전인 경우 수전용량이 500[kVA]이상인 경우는 변압기를 2개 뱅크(군) 이상으로 구분하여 변압기군을 조절 할 수 있도록 한다.
      단, 단일 부하인경우 별도 검토 한다.

2) 변압기의 용량은 건축물 내 또는 구내의 설치장소에 따라 건축의 장비 반입구, 반입통로, 바닥강도 등을 고려하여야 하며 지상 11층 이상이나 지하 5층 이하에 설치되는 경우는 반입용 리프트 또는 화물용 엘리베이터의 허용적재중량과 카 내 크기를 고려하여 선정하여야 한다.

3) 변압기뱅크의 구분은 부하특성, 용량, 부하의 종류를 고려하여 구분하는 것을 기본으로 하며, 하나의 변압기 구분은 (1)의 내용을 참고하되 동력 변압기군의 경우는 계절부하용, 비상용 등의 용도별로 구분하는 것이 좋으며 다음 그림은 변압기군의 구분 개념을 나타낸 것이다.

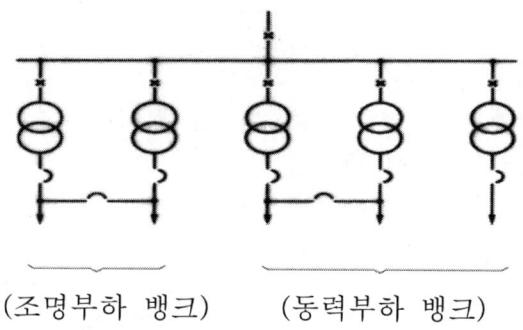

(조명부하 뱅크)   (동력부하 뱅크)

4) 공동주택에서 변압기 뱅크 구분은 전등·전열용과 동력용 구분 없이 동일 용량의 복수(2대, 4대 등) 뱅크로 구성하여, 변압기 사고시 예비운전 및 계절 부하에 의한 운전대수제어로 효율운전이 가능하게 한다.
다만, 단위 동력 부하 용량이 변압기 용량의 1/10을 초과하지 않도록 하고, 운전 대수제어를 고려한 보호기기 정정을 하여야 한다.

4.4 내열배선과 내화배선의 종류, 공사방법 및 적용장소와 케이블 방재에 대한 설계 방안에 대하여 설명하시오.

1. 내열배선과 내화배선의 종류
   1) 내열전선(FR-3)
      - 도체 위에 특수 절연물을 씌우고 내열 보강층을 보호시킨다음 그 위에 난연성 시즈를 처리한 것으로
      - 장시간 고온에 노출되더라도 열화하지 않고, 단락등 단시간의 발열에 의해서 변형되지 않는 전선임.

   2) 내화 전선(FR-8)
      - 내화 보강층 위에 난연성 시즈를 처리한 것이다.
      - 종류 : 단심 케이블, 환형 케이블
      - 난연성 시험 온도 : 816℃에서 20분간 시험하여 자연 소화되어야 함.

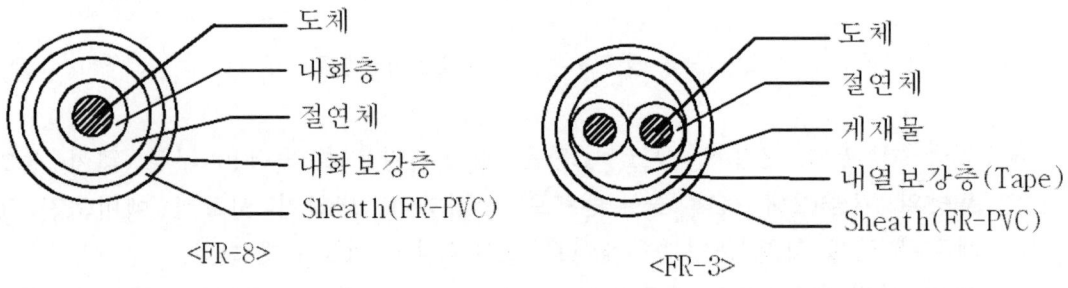

항 목	내화 케이블	내열 케이블
종류	FR-8, NFR-8	FR-3, NFR-3
구조	PE 절연 마이카 / 글라스테이프	XLPE 테이프
난연성 시험	816 ℃ - 20분	816 ℃ - 20분
온도 시험	내화 시험 : 750℃ 3시간	내열 시험 : 380℃ - 15분
용도	600V 전력 케이블 비상용 전원 선로 스프링쿨러, 옥내 소화전 배연 설비, 유도등	100V 이하 약전 배선 자동 화재 경보설비 감지기 회로 비상 대피 안내 방송 회로등

2. 공사 방법 및 적용 장소
   1) 내열 전선
      약전 선로 및 통신 선로에 주로 사용된다.
   2) 내화 전선
      소방 설비의 전원 계통 배선에 주로 사용된다
   3) 사용 예

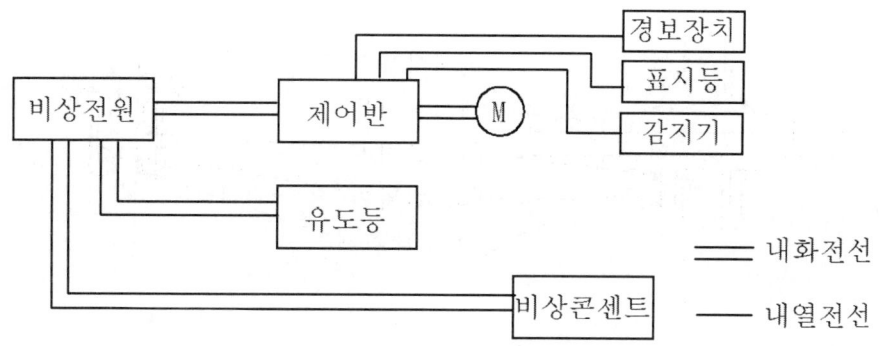

3. 케이블 방재에 대한 설계방안
   1) 선로 설계의 적정화
      - 보호 계통의 검토   - 접지 계통의 검토
      - 케이블 품종 사이즈 검토   - 배선 방법 검토
   2) 열에 강한 케이블 채택
      - 내열 또는 난연 케이블 : MI CABLE, FR-8, FR-3, FR-CV
      - 저독성 난연 케이블   : NFR-8, NFR-3
   3) 방염 처리
      (1) 방염 테이프 처리
      (2) 방화 도포
         화염 방지 컴파운드를 스프레이, 솔질, 흙 손질로 케이블 트레이, 트랜치 등에 화염 확산을 못하도록 방화 조치
      (3) 불활성 물질의 사용
         트레이와 Junction Box 의 전선 주위 공간을 모래, 석면, 기타 불연 재료로 충진 하는 방법으로 전선의 온도 상승 원인이 될수도 있으므로 주의해야 한다.
   4) 소방 시설 설치
      (1) CO_2 , 할론
      (2) 스프링쿨러는 소화 능력은 좋으나 물에 의한 전기 재료의 절연 파괴가 되므로 전기 기기의 소화 시설로는 부 적합함.

5) 관통부의 FIRE STOP(방화 SEAL) 설치
 (1) 관통벽
    불연성 내화판을 벽 양쪽에 대고 내부를 내화 충진재로 충진
 (2) 바닥 관통부 및 입상 관통부
 (3) 방화 구획 구간 통과 PIPE내 등

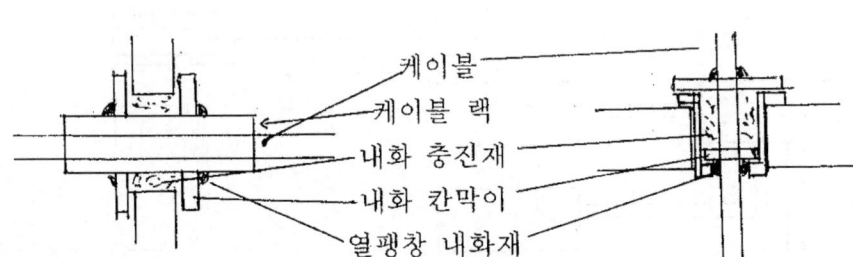

6) 시공 철저 및 정기적인 점검 보수
  - 곡율 반경, 볼트 조임, 흠집등 주의 시공
  - 소동물 침입 방지 시설
  - 이상 점검(수시)
  - 유압, 온도 감지

4.5 발전기실 설계시 다음 사항에 대하여 설명하시오.
   1) 발전기실 위치
   2) 발전기실 면적
   3) 발전기실의 기초 및 높이
   4) 발전기실의 소음 및 진동대책

1. 개요
   발전기는 사용 목적에 따라 상용 발전기와 비상용 발전기로 구분되며 여기에서는 빌딩에서 일반적으로 많이 사용하는 디젤 엔진, 공랭식 발전기실의 설계시 고려사항을 살펴보기로 한다.

2. 발전기실 위치

건축적 고려사항	1. 장비의 반.출입이 용이 할 것 2. 유지 보수에 충분하게 벽, 천정과 이격 시킬 것 3. 전기 기기실끼리 집합되어 있을것 4. 불연재료 재료로 건축되고 출입문은 방화문을 사용할 것 5. 배수가 가능할 것 6. 굴뚝 설치가 가능할것 7. 급기와 배기가 가능하고 짧을 것 8. 급유가 가능할 것 9. 수냉식-냉각수 공급이 가능 할 것 10. 기초는 가능한 한 방진, 독립기초를 할 것 11. 연료 탱크와 발전기는 2m이상 이격할 것 12. 발전기와 건축물은 최소 600mm 이상 이격할 것
환경적 고려사항	1. 환기가 잘되고 환기 시설을 할 것 2. 고온의 장소를 피하고 필요시 냉난방을 할 것 3. 다습한 장소를 피하고 필요시 제습장치를 할 것 4. 화재나 폭발의 위험이 없는 장소 5. 염해에 대하여 고려할 것 6. 부식성 가스나 유해성가스가 없는 곳 7. 홍수, 침수의 우려가 없는 곳 8. 방음 시설을 갖출 것

전기적 고려사항	1. 부하의 중심에 있을 것 2. 전원 인입이 편리 한 곳 3. 간선 등 배선이 용이한 곳 4. 장래 증설이 가능 할 것 5. 경제적 일 것 6. 기술 발달에 따른 신제품을 사용하여 효율성, 편리성을 기할 것

3. 발전기실 면적

   면적 : $S \geq 1.7 \sqrt{P}$ (㎡)

   (추천치 $S \geq : 3\sqrt{P}$)

   여기서 S : 발전기실의 소요면적 (㎡)

   P : 마력(HP)

   가로 : 세로 = 1.5 ~ 2 : 1 이 이상적임

4. 발전기실 기초 및 높이

   1) 발전기실 기초

      (1) 기초 중량

      $W = 0.2\, Wg\, \sqrt{N}$ (kg)

      여기서 W : 발전기 기초 중량 (kg)

      Wg : 발전기 설비 총 중량 (kg)

      N : 엔진의 회전수 (rpm)

      (2) 기초 깊이

      깊이 = $\dfrac{Wg}{2402.8 \times B \times L}$

      여기서 Wg : 발전기 설비 총 중량 (kg)

      2402.8 : 콘크리트 밀도 (kg/㎥)

      B : 기초의 폭 (m)

      L : 기초의 길이 (m)

   2) 발전기실 높이

      H = 엔진 높이의 2배 이상

5. 환경 대책
   1) 소음 대책

소음 종류	원 인	대 책
1. 배기음	- 디젤 엔진 중 가장 큰 소음 원임. - 배기 가스가 고속 또는 충격적인 유동으로 대기 중에 배출될 때 발생	- 소음기 설치
2. 기관음	- 기관 속도 영향이 크고 회전 속도가 높을수록 커진다.	- 방음 커버로 몸체를 차폐 - 건물 구조를 방음 구조로 함. - 저속도 회전기 채택.
소음기 종류	팽창식 / 흡음식 / 공명식 (흡음판)	

   2) 진동 대책
      (1) 진동 원인
         - 회전 운동에 의한 불균형
         - 폭발, 압력 운동의 관성력에 의한 진동
         - 불완전 연소에 의한 회전 변동
         - 운동부 가공 오차에 의한 불균형 등

      (2) 대책
         - 방진 고무 채택 : 소용량에 적합
         - 방진 스프링 채택 : 중, 대용량에 적합

   3) 대기 오염 방지 대책
      (1) 배기 가스 분류
         - 유황 산화물 (SO_x) : 석유 계통의 유황분이 연소 되면서 발생함. 대기중의 수분(H_2O)과 혼합하여 호흡기 장해를 유발한다.
         - 질소 산화물 (NO_x) : 연소 공기 중 질소와 산소가 고온으로 화합 하면서 발생함.

(2) 대책
- 유황분이 적은 연료 사용
- 연료를 예열하고 배기 가스에 탈류 장치 설치
- 높은 연통을 사용하여 배기 가스의 확산 방지
- 기관 연소 시스템을 개량(디젤->가스 터빈)

4.6 하절기 피크전력을 제어하기 위한 최대수요전력제어에 대하여 설명하시오.

1. 최대수요전력제어란?
   1) 최대 수요전력 제어는 각 수용가별로 전력 사용을 목표 전력 이내로 유지될 수 있도록 수용가의 부하를 제어하는 방식이다.
   2) 이때 사용하는 장치가 최대수요전력제어기인데 이는 계절별 및 시간대별로 목표전력을 설정하고 실시간으로 사용 전력이 설정된 목표전력 이내로 유지될 수 있도록 부하를 제어하는 장치이다.
   3) 전력 수용가에 전기 요금 절감 효과뿐 아니라 정부 시책에도 도움을 줄 수 있다.

2. 구성

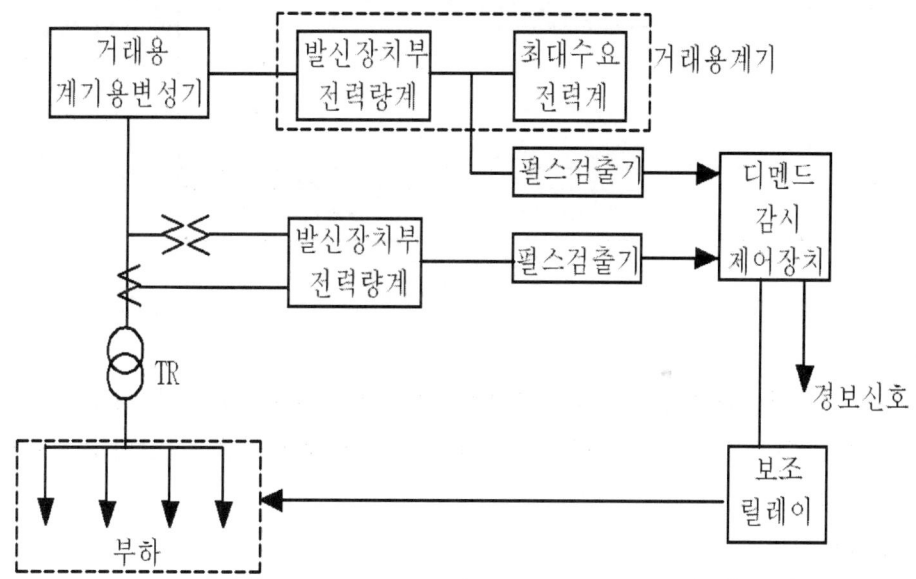

   1) 입력 펄스 회로
      (1) 전력 회사의 거래용 계기에서 펄스의 제공을 받는 경우
      (2) 발신장치부 전력량계를 설치하여 출력 펄스를 이용하는 경우

   2) 제어 출력 회로
      (1) 보조 릴레이, 신호 전송 회로, 제어대상 부하 제어회로 등을 구성할 필요가 있다.
      (2) 제어 대상 부하
         냉난방기등 차단 후 재투입하는데 일정 시간 여유가 있는 부하

3. 용어의 정의 및 제어 방법

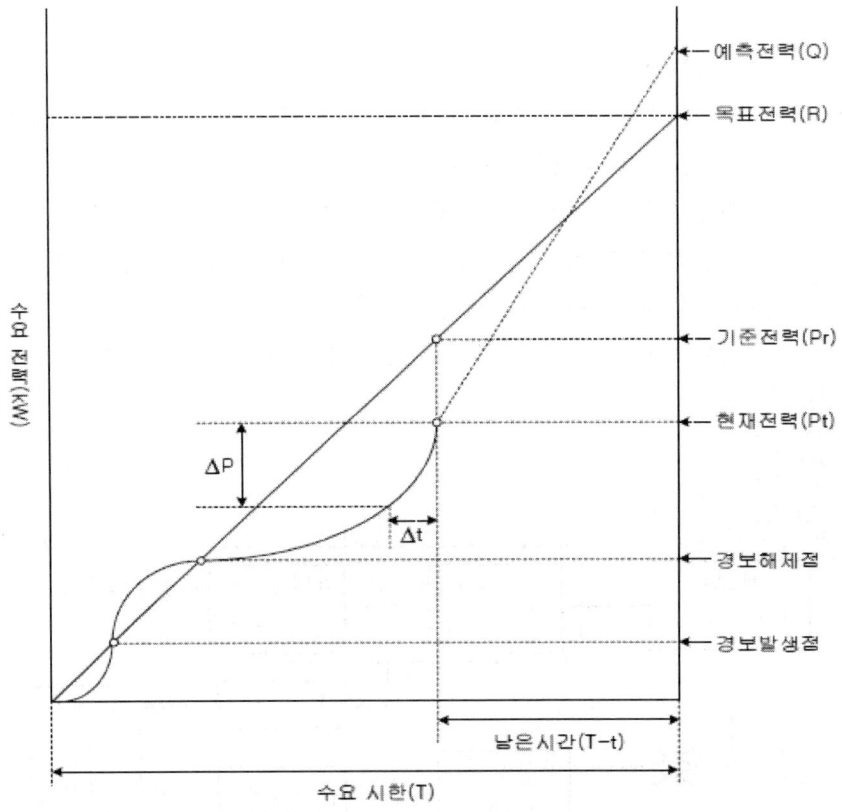

1) 수요시한
   평균전력을 구하기 위하여 정해진 시간의 길이로 국내의 경우 15분으로 설정되어 있으며, 최대 수요 전력제어기가 사용전력을 연산하고 부하를 제어하는데 기본이 되는 시간
2) 수요전력
   수요시한 동안 측정된 전력의 평균값
3) 목표전력
   수용가의 수요전력을 전력 소비상태와 제어가능부하의 용량에 따라 제어하고자 설정한 전력
4) 기준전력
   설정된 목표전력에 대한 현재값으로 현재전력과 비교하여 제어하기 위한 전력
5) 최대수요전력
   일정기간(1개월) 동안 측정된 수요전력 중 최대값
6) 예측전력
   수요시한 이 끝나는 시점의 전력을 미리 예상한 전력으로, 단위 시간 동안 전력변화와 현재 수요전력을 이용하여 계산되며 수요시한이 종료되면 자동으로 리셋.

4. 효과
   1) 수용가 측면
      (1) 전력의 유효 이용
          부하 조정에 의해 계약전력 범위내에서 전력을 효과적으로 사용
      (2) 전기요금의 절약
      (3) 계약전력의 상승 방지
      (4) 부하율 향상에 따른 수전 설비의 여유율 확보
   2) 전력 회사 측면 : 피크 전력을 억제하여 발전 설비 확충에 따른 시설 투자비
                    절감
   3) 국가적 측면 : 에너지의 효율적 이용 및 외화 절약

4. 선정시 고려 사항
   1) 제어 대상
      (1) 일반 업무용
          - 냉방설비 및 관련 보조기기(냉수펌프, 냉각탑)
          - 중요도가 낮은 부하(조명설비 및 통풍용 공조설비)
      (2) 공장
          - 생산에 영향을 주지 않는 통풍용 공조설비
          - 부득이한 경우 다른 기기에 영향을 주지 않는 생산기기
          - 부하를 제어하기가 불가능할 경우 : 경보장치(부저, 경관등)

   2) 부하제어 방법
      (1) 자동부하제어
          최대수요전력 제어기의 신호로 직접 부하를 제어
      (2) 수동부하제어
          자동부하제어를 실시하기 어려운 경우 경보 발생 후 수동 부하 제어

   3) 사전 고려사항
      - 사전에 계절별, 요일별, 전력사용 상태를 파악
      - 생산 공정을 충분히 파악(공장의 경우)
      - 사용전력이 목표 Demand를 초과할 우려가 있을 경우 출력을 어느 정도
        줄일 것인가 사전 검토.